Prüfungsbuch
für Mechatroniker

Fragen und Antworten

- für die Vorbereitung auf die Zwischenprüfung und Abschlussprüfung
- zur Wiederholung
- zum Nachschlagen

Gerhard Schneider
Robert Hönmann
Günter Huyer
Donald Köppert
Gabriele Ringel

Unter Mitarbeit von
Rüdiger Arens und Frank Wigger

2., erweiterte Auflage

W0040236

Best.-Nr. 6080
Holland + Josenhans Verlag Stuttgart

2., erweiterte Auflage 2008

Dieses Werk folgt der reformierten Rechtschreibung und Zeichensetzung.

© Holland + Josenhans GmbH & Co., Postfach 102352, 70019 Stuttgart
Tel.: 07 11/6 14 39 20, Fax: 07 11/6 14 39 22, E-Mail: verlag@holland-josenhans.de,
Internet: www.holland-josenhans.de

Umschlagfoto: Getty images, München
Technische Zeichnungen: Hans-Hermann Kropf, Mönkebude
Redaktion und Lektorat: Angelika Thurow, Bonn
Satz: Satzpunkt Ewert GmbH, Bayreuth

Druck und Weiterverarbeitung: DZA Druckerei zu Altenburg GmbH, Altenburg

ISBN 978-3-7782-6080-7

Vorwort

Mit dem Beruf des Mechatronikers wurde ein neuer Beruf geschaffen, dessen Berufsbild alle Gebiete der Technik, in denen Komponenten der Elektronik, Mechanik und Informatik zusammenwirken, umfasst. Tätigkeitsfelder sind die Automatisierungs- und Automobiltechnik, die Informations- und Telekommunikationstechnik, Medizintechnik und Mikrosystemtechnik. Ein fundiertes Basiswissen aus den Bereichen Elektrotechnik, Informatik und Maschinenbau befähigt den Mechatroniker, die Entwicklung neuer High-Tech-Produkte maßgeblich mitzugestalten.

Das Prüfungsbuch für Mechatroniker baut auf der bewährten Frage-und-Antwort-Form auf. Auf der Grundlage des Rahmenlehrplans und der Ausbildungsordnung der Berufsausbildung für Mechatroniker wurde das Buch in überschaubare Themenbereiche gegliedert. Es gibt in knapper und präziser Form die Stofffülle des Mechatroniker-Berufs wieder und ist somit im Unterricht bei der Erfassung komplexer Sachverhalte, zur Wiederholung und zur Prüfungsvorbereitung gut geeignet.
Die Aufgaben bieten einen handlungsorientierten Ansatz und entsprechen in dieser Form den Aufgabenstellungen in der Abschlussprüfung.

Fachbegriffe werden innerhalb der Fragen bzw. der Antworten definiert und erläutert. Bei Aufgaben, die größere mathematische Berechnungen erfordern, ist neben der Aufgabe das numerische Endergebnis angegeben, der gesamte Lösungsweg befindet sich im Anhang des Buches. Das neue Kapitel 13 enthält Projektaufgaben unterschiedlicher Länge. Die Lösungen dazu sind in Kapitel 17 „Lösungswege" untergebracht.

In der 1. Auflage waren die Aufgaben in englischer Sprache im Text verstreut platziert. In der 2. Auflage erhalten sie ein eigenes Kapitel. Ihr Umfang wurde erheblich erweitert (auf 265 Aufgaben) und umfasst jetzt alle vorher in deutscher Sprache behandelten Themenbereiche. Ein ausführliches Vokabelverzeichnis in Kap. 15 dient als Hilfe für Übersetzungen.

Die neuen Inhalte führten zu einer neuen Nummerierung der Aufgaben, sodass die 1. Auflage und die 2. Auflage nicht nebeneinander im Unterricht benutzt werden können.

Für Anregungen und Hinweise zur Themenauswahl, Gestaltung und Form der Aufgabenstellungen sind Autoren und Verlag dankbar.

Die Autoren

Inhaltsverzeichnis

1 Funktionszusammenhänge in mechatronischen Systemen

1.1 Technische Systeme

1 **Nennen Sie typische Tätigkeitsbereiche des Mechatronikers.**

Typische Tätigkeiten sind die Montage und Instandhaltung von Maschinen, Anlagen und Systemen auf Baustellen, im Service oder in Werkstätten.

2 **Welche Hauptfunktionen haben**

a) Arbeitsmaschinen
b) Kraftmaschinen?

a) **Arbeitsmaschinen:**
Sie sind in ihrer Hauptfunktion stoffumsetzende Maschinen. Mit ihnen werden Stoffe in eine andere Form gebracht, von Ort zu Ort transportiert oder in einen anderen Energiezustand versetzt.
b) **Kraftmaschinen:**
Sie sind in ihrer Hauptfunktion Energieumwandlungsmaschinen. Die zugeführte Energie wird in eine der Nutzung entsprechende Energie umgewandelt.

3 **Was besagt der Energieerhaltungssatz?**

Energie kann weder erzeugt werden noch verloren gehen. Sie kann immer nur von einer Energieform in die andere umgewandelt werden. Die Summe aller Energien ist konstant.

4 **Was ist das wesentliche Merkmal einer Stoffbilanz?**

Die Summe aller zugeführten Stoffe ist gleich der Summe der abgeführten Stoffe.

5 **Beschreiben Sie den Energiefluss beim Elektromotor.**

Elektrische Energie wird zugeführt, im Motor wird sie in Bewegungsenergie und Wärmeenergie (als Nebenprodukt) umgewandelt.

© Holland + Josenhans

6 **Definieren Sie den Begriff Wirkungsgrad einer Maschine.**

Der Wirkungsgrad ist das Verhältnis zwischen technisch nutzbarer und zugeführter Leistung.

7 **Welche physikalische Größe bezeichnet das Arbeitsvermögen von Maschinen?**

Das Arbeitsvermögen von Maschinen bezeichnet man als Energie.

8 **Nennen Sie Arten von Kraftmaschinen.**

Alle Kraftmaschinen sind energieumsetzende Maschinen, z. B.
- Verbrennungsmotoren
- Elektromotoren
- Hydraulische- und Pneumatische Motoren

9 **Nennen Sie Arten von Arbeitsmaschinen.**

Alle stoffumsetzenden Maschinen z. B.
- Hebezeuge
- Förderer
- Krananlagen
- Pumpen
- Werkzeugmaschinen
- Wärmebehandlungsöfen

10 **Erklären Sie am Beispiel einer Drehmaschine den Begriff stoffumsetzende Maschine.**

Stoffumsetzende Maschine: Stoffe werden mit Hilfe von Energie umgeformt.
Beispiel Drehmaschine: Ausgangsstoff ist Stangenmaterial, der Arbeitsmaschine wird Elektroenergie zugeführt. Endprodukt sind die Drehteile, als Neben- oder Abfallprodukt entstehen Späne.

11 **Was sind Funktionseinheiten? Nennen Sie Beispiele.**

Funktionseinheiten sind typische Hauptbestandteile von Maschinen. Kennt man die Aufgaben der einzelnen Einheiten, kann man auch leicht die Gesamtfunktion der Maschinen bestimmen.
Funktionseinheiten sind z. B.
- Antriebseinheiten   ▷

▷ **Fortsetzung der Antwort** ▷
- Trageinheiten
- Regeleinheiten
- Energieübertragungseinhei-
  ten

12 **Nennen Sie ein Beispiel für eine informationsumsetzende Maschine.**

Informationsumsetzende Maschinen sind z. B.
- Taschenrechner
- PC
- CNC-Steuerung
- alle Systeme, die nach dem EVA-Prinzip arbeiten (IT-Systeme)

13 **Nennen Sie die Funktionseinheiten einer Säulenbohrmaschine.**

Die Säulenbohrmaschine kann man in 1 Hauptfunktion und 5 Teilsysteme gliedern:
Gesamtsystem: Bohrmaschine
Hauptfunktion: Bohren von Bohrungen in Werkstücke
Teilsystem 1: Elektromotor – Antreiben der Bohrspindel
Teilsystem 2: Riementrieb – Übertragen und Übersetzen des Drehmomentes von der Motorwelle zur Bohrspindel
Teilsystem 3: Bohrspindel – Aufnehmen und Antreiben des Bohrers
Teilsystem 4: Maschinentisch – Fixieren und Tragen des Werkstückes
Teilsystem 5: Rechner und Steuerung – Berechnen der Schnittdaten und Steuerung der Arbeitsschritte

14 **Nennen Sie die Funktionseinheiten einer CNC-Drehmaschine.**

Die Funktionseinheiten einer Drehmaschine sind:
Antriebseinheit: besteht aus Elektromotor und Regeleinheit
Energieübertragungseinheit: Die Energieübertragung erfolgt über Riementrieb, Kupplung, Hauptspindel und Spannfutter.   ▷

▷ **Fortsetzung der Antwort** ▷
Arbeitseinheit: besteht aus Arbeitsspindel mit Spanneinrichtung und
Revolver
Stütz- und Trageinheit: Basis ist das
Gestell; hydraulische Spanneinrich-
tungen, Reitstock, Schlitten, Führungen und Lager
Verbindungseinheit: Schrauben und
Muttern, Welle-Naben-Verbindun-
gen, Spannelemente und Werkzeug-
halter
**Mess-, Regel- und Steuerungseinrich-
tung:** Winkelschrittgeber, Bedienpult
mit Steuerungsprogramm
**Einheit für Umweltschutz und Arbeits-
sicherheit:** Verkleidung mit Sicht-
schutzfenster, Elektrikschrank, Späne-
sammelrinne und Späneförderer

15 **Welche Grundfunktionen
hat die Steuerungs- und
Regelungseinheit einer CNC-
Werkzeugmaschine?**

Die Grundfunktionen sind Informationen transportieren und speichern,
Steuern und Regeln.

16 **Was bedeutet der Begriff
Flexibles Fertigungssystem?**

Der Begriff kennzeichnet die Eigenschaft eines Fertigungssystems. Es
lässt sich schnell und einfach auf
wechselnde Anforderungen in der
Produktion anpassen. Dies wird z. B.
durch PC-Steuerung und Einsatz von
austauschbaren Baugruppen erreicht.

17 **Wonach lassen sich technische Systeme einteilen?**

Technische Systeme werden nach
ihrer Hauptfunktion eingeteilt in:
– Systeme zur Stoffumsetzung
– Energieumsetzung
– Informationsumsetzung.

18 Was ist die Systemstruktur?

Die Systemstruktur ist die gesamte Anordnung und Verbindung aller Elemente im technischen System. Jedes technische Element kann wiederum als System angesehen werden und wird dann als Untersystem (Subsystem) bezeichnet.

19 Was ist Energie?

Energie ist die Fähigkeit, Arbeit zu verrichten.

20 Was ist Kraft?

Kraft ist das Produkt aus der Masse des Körpers und der Beschleunigung, die er durch diese Kraft erfährt.

21 Wie wird eine Kraft dargestellt?

Sie wird durch einen Kraftpfeil (Vektor) dargestellt, der die Wirkungsrichtung der Kraft durch die Pfeilrichtung und den Betrag der Kraft durch die Pfeillänge darstellt.

22 Erklären Sie den Begriff Leistung.

Leistung ist die Fähigkeit, eine bestimmte Arbeit in einer bestimmten Zeit zu verrichten. Leistung ist der Quotient aus der verrichteten Arbeit und der dafür benötigten Zeit.

23 Was bezeichnet der Begriff Massestrom?

Der Massestrom ist eine kennzeichnende Größe bei Fördermitteln. Er bezeichnet die in einer bestimmten Zeit beförderte Masse eines Stoffes.

24 Nennen Sie Anforderungen, die ein Kunde an Ihre Produkte stellt.

Anforderungen sind:
– hohe Qualität
– geringe Kosten
– hohe Sicherheit
– ökologische Verträglichkeit
– gutes Design.

25 Welche a) ökologischen und b) ökonomischen Anforderungen werden an Fertigungssysteme gestellt?

a) **Ökologische Anforderungen** sind
– keine Gifte freizusetzen
– natürliche Ressourcen zu sparen
– gute Arbeitsbedingungen zu gewährleisten

b) **Ökonomische Anforderungen** sind
– kostengünstig zu produzieren
– Fehlerfreiheit
– Schnelligkeit

26 Wie werden Problemstoffe an einer Drehmaschine entsorgt?

Sie werden z. B. wiederverwertet oder in den dafür vorgesehenen Behältern an den Hersteller zur Entsorgung zurückgegeben.
Beispiel Kühlschmierstoff
– filtern und wiederverwenden
– alte Kühlschmierstoffe an Hersteller zurückgeben.

1.2 Aufbereitung von Arbeitsergebnissen

27 Nennen Sie Kommunikationsmöglichkeiten.

Kommunikation durch:

– Sprache
– Bild
– Daten
– Multimedia

Die Sinne werden einzeln oder in Kombination angesprochen.

28 Welche Darstellungsmöglichkeiten kennen Sie?

Auditive Darstellung (das Hören betreffende Darstellung): z. B. Vortrag
Visuelle Darstellung (das Sehen betreffende Darstellung): Bücher, Aufsätze, Grafiken, Folien
Audio-visuelle Darstellung (das Hören und Sehen betreffende Darstellung): Film, Video, Präsentation

29 Was bedeutet CAE (Computer Aided Engineering) und welche Möglichkeiten bietet das Verfahren?

CAE bedeutet computergestützte Konstruktion. Sie bietet die Möglichkeit der

– 3D-Darstellung/Präsentation
– Analyse
– Simulation
– Dokumentation.

30 Aus welchen Bestandteilen sollte eine Dokumentation bestehen?

Eine Dokumentation besteht im Wesentlichen aus 3 Bestandteilen (z. B. im Verhältnis 10 : 75 : 15 Prozent):

– Einleitung
– Hauptteil
– Schluss.

31 Was ist bei der Gestaltung einer Präsentation zu berücksichtigen?

Nennen Sie 3 wichtige Gesichtspunkte.

Bei der Gestaltung einer Präsentation

– ist eine geeignete Sprache zu verwenden (Fachbegriffe)
– ist eine Visualisierung vorzunehmen (Bild, Film usw.)
– sind möglichst viele Sinne anzusprechen
– sind die Inhalte und die verwendeten Medien aufeinander abzustimmen.

32 Wie sollten Folien oder Präsentationsseiten aufgebaut sein?

Sie sollten:

– übersichtlich und einfach strukturiert sein
– gezielt farblich gestaltet sein (nicht bunt)
– einheitlich aufgebaut sein
– eine gute Orientierung ermöglichen.

1.3 Berechnungsaufgaben zu Funktionszusammenhängen im mechatronischen System

1.3.1 Mechanische Arbeit

33 **Ein Aufzug befördert ein Maschinenteil mit der Gewichtskraft 8 500 N auf 10 m Höhe.**

Welche Arbeit ist aufzuwenden?

$W = 85$ kNm

(Lösungsweg Seite 483)

34 **Ein hydraulischer Zylinder verrichtet eine mechanische Arbeit von 280 Nm.**

Wie groß ist seine Kraft bei einem Weg von 30 cm?

$F = 933,\overline{3}$ N

(Lösungsweg Seite 483)

1.3.2 Potenzielle und kinetische Energie

35 **Eine Trennscheibe arbeitet mit der Schnittgeschwindigkeit v_c = 90 m/s. Vom Umfang der Scheibe löst sich ein Teil mit der Masse m = 15 g. Wie groß ist die kinetische Energie des wegfliegenden Teils?**

$W_k = 60,75$ Nm

(Lösungsweg Seite 483)

36 **Ein Fahrzeug mit der Masse 1 800 kg wird aus einer Geschwindigkeit von 50 km/h bis zum Stillstand abgebremst. Wie groß ist die kinetische Energie, die durch den Bremsvorgang in Wärmeenergie umgewandelt werden muss?**

$W_k \approx 173,4$ kNm

(Lösungsweg Seite 483)

37 Der Hammer einer Ramme hat eine Masse von 80 kg. Er wird 1,2 m hoch angehoben.

a) Wie groß ist seine potenzielle Energie?
b) Wie groß ist seine Geschwindigkeit beim Aufschlag?

a) W_p = 941,76 Nm
b) $v \approx 4,85 \frac{m}{s}$

(Lösungsweg Seite 483)

1.3.3 Wirkungsgrad

38 Welchen Wirkungsgrad hat ein Elektromotor bei einer zugeführten Leistung von 3,5 kW, wenn am Wellenstumpf 3 kW abgegeben werden?

η = 85,7 %

(Lösungsweg Seite 483)

39 Beim Antrieb einer Maschine haben Motor und Getriebe einen unterschiedlichen Wirkungsgrad. Wie wird der Gesamtwirkungsgrad ermittelt?

$\eta = \eta_1 \cdot \eta_2$

Die einzelnen Wirkungsgrade werden multipliziert!

(Lösungsweg Seite 483)

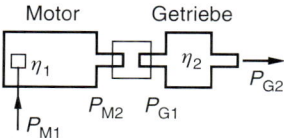

40 **An einer Maschine sind folgende Daten angegeben:**
- **aufgenommene Motorleistung 10 kW**
- **abgegebene Motorleistung zum Getriebe 8 kW**
- **vom Getriebe an das Arbeitsgerät abgegebene Leistung 6 kW.**

Berechnen Sie:
a) **den Wirkungsgrad des Elektromotors**
b) **den Wirkungsgrad des Getriebes**
c) **den Gesamtwirkungsgrad**

a) $\eta_1 \triangleq 80\ \%$
b) $\eta_2 \triangleq 75\ \%$
c) $\eta_1 \triangleq 60\ \%$

(Lösungsweg Seite 484)

1.3.4 Mechanische Leistung

41 **Eine Hebebühne hebt ein Maschinenteil mit der Gewichtskraft 15 000 N in 7 s auf eine Höhe von 2,5 m. Wie groß ist die Leistung?**

$p = 5,4\ \text{kW}$

(Lösungsweg Seite 484)

42 **Wie groß ist das Drehmoment eines Elektromotors, der bei einer Drehzahl von 1500 min^{-1} eine Leistung von 1,5 kW abgibt?**

$M = 9,549\ \text{Nm}$

(Lösungsweg Seite 484)

1.3.5 Massestrom – Volumenstrom

43 **In einer Gießerei werden in 24 Stunden 14 t Formsand zu einer Maschine befördert. Wie groß ist der Massestrom in kg/min?**

$\dot{m} = 9,72\ \dfrac{\text{kg}}{\text{min}}$

(Lösungsweg Seite 484)

44 **In einer 8-Stunden-Schicht werden einer Maschine 3 200 l Kühlwasser zugeführt. Ermitteln Sie den Volumenstrom.**

$\dot{V} = 6,67\ \dfrac{\text{l}}{\text{min}}$

(Lösungsweg Seite 484)

2 Herstellen mechanischer Teilsysteme

2.1 Werkstofftechnik

1 **Warum werden Werkstoffe in Gruppen eingeteilt?**

Es gibt sehr viele Werkstoffe. Um die Übersicht zu behalten, wird eine Gliederung in Werkstoffgruppen vorgenommen.

2 **Wie können Werkstoffe eingeteilt werden?**

Es kann eine Zweiteilung in Metalle und Nichtmetalle vorgenommen werden.

3 **Kann man die Werkstoffgruppe Metalle nochmals untergliedern?**

Die Werkstoffgruppe Metalle kann in Eisenmetalle und Nichteisenmetalle untergliedert werden.

4 **Kann man die Werkstoffgruppe Nichtmetalle nochmals untergliedern?**

Nichtmetalle können nochmals in 2 Gruppen, nämlich Kunststoffe und Naturstoffe/Keramik untergliedert werden.

5 **Nennen Sie Beispiele für Nichteisenmetalle.**

Beispiele für Nichteisenmetalle sind Kupfer, Zinn, Blei, Nickel, Zink, Aluminium, Beryllium, Magnesium, Titan.

6 **Nennen Sie drei Beispiele für Schwermetalle.**

Schwermetalle sind Chrom, Nickel, Gold.

7 **Welcher Nichteisenmetallgruppe gehören Zinn und Zink an?**

Zinn und Zink gehören zu den Schwermetallen.

8 **Nennen Sie Leichtmetalle.**

Leichtmetalle sind Aluminium, Titan, Magnesium.

9 **Zu welcher Metallgruppe gehören die Leichtmetalle?**

Leichtmetalle gehören zur Gruppe der Nichteisenmetalle.

10 **Nennen Sie die wichtigsten Nichtmetalle.**

Die wichtigsten Nichtmetalle sind Glas, Keramik, Kunststoffe, Plaste, Gummi, Holz, Textilien.

11 **Woraus besteht die Legierung Messing?**

Messing ist eine Kupfer-Zink-Legierung.

12 **Nennen Sie Elemente der Nichtmetall-Untergruppe Keramik.**

Zur Gruppe der Keramik zählen Oxidkeramik, nichtoxidische Keramik und Glas.

13 **Nennen Sie Naturstoffe, die im Bereich der Mechatronik zum Einsatz kommen.**

Naturstoffe im Mechatronikbereich sind Gummi, Holz, Hanf.

14 **Ab welcher Dichte spricht man von Schwermetall?**

Ab einer Dichte von 4,5 Gramm pro Kubikzentimeter spricht man von Schwermetall.

15 **Welche besonderen Eigenschaften haben Metalle?**

Metalle sind:
– sehr fest und zäh,
– leiten elektrischen Strom und
– leiten Wärme.

Sie haben einen kristallinen Aufbau.

16 **Nennen Sie metallische Maschinenteile.**

Metallische Maschinenteile sind: Lager, Wellen, Zahnräder.

17 **Nennen Sie nichtmetallische Maschinenteile.**

Nichtmetallische Maschinenteile sind: Dichtringe aus Kunststoff, Hanfseile bei Zügen und keramische Lager.

18 **Wie wird Stahl von Eisenwerkstoffen unterschieden?**

Unterscheidungsmerkmal von Stahl und Eisenwerkstoffen ist der Kohlenstoffgehalt. Ist er kleiner als 2,06 %, handelt es sich um **Stahl**, ist er größer, um **Eisen**.

19 **Was ist der Unterschied zwischen Bau- und Werkzeugstahl?**

Baustahl wird im Allgemeinen zum Bau von Maschinen oder Maschinenteilen verwendet. Aus **Werkzeugstahl** werden Werkzeuge, z. B. Drehmeißel oder Bohrer, hergestellt.

20 **Was ist bei der Werk- und Hilfsstoffauswahl hinsichtlich der Umweltverträglichkeit zu beachten?**

Werk- und Hilfsstoffe sollten wiederverwendbar sein und die Umwelt bei der Entsorgung möglichst nicht belasten.

21 **Nennen Sie Hilfsstoffe.**

Hilfsstoffe sind Schmierstoffe, Reinigungsmittel, Schleifmittel und Kühlschmiermittel.

22 **Wie wird allgemein ein Werkstoff bestimmt?**

Ein Werkstoff wird durch seine Eigenschaften bestimmt.

23 **Nennen Sie Eigenschaften von Werkstoffen.**

Es gibt physikalische, chemische und technologische Eigenschaften von Werkstoffen.

24 **Welche Bedeutung haben die chemischen Eigenschaften?**

Die chemischen Eigenschaften haben im Bezug auf die Umwelteinflüsse bei Metallen sehr große Bedeutung. Sie bezeichnen, wie ein Werkstoff auf Umwelteinflüsse oder auf Materialien (z. B. Säure) reagiert.

25 **Was ist Korrosion?**

Korrosion ist ein Zerfallsprozess, der auf der Materialoberfläche beginnt.

Dieser kann rein chemisch ablaufen (durch Luftsauerstoff) oder durch elektrischen Strom unterstützt werden.

26 **Was ist Korrosionsbeständigkeit?**

Korrosionsbeständigkeit ist die chemische Beständigkeit gegen Einflüsse von außen.

27 **Wie entsteht Rost?**

Rost entsteht durch die chemische Korrosion von Eisen. Der Luftsauerstoff verbindet sich unter Mitwirkung von Wasser mit der Eisenoberfläche zu einer harten porösen Schicht. Die Rostschicht blättert ab und das Material wird dabei zerstört.

28 **Sind auch bei anderen Metallen (außer Eisen) Korrosionsvorgänge zu beobachten?**

Ja, auch andere Metalle korrodieren, sie bilden jedoch keinen Rost, sondern andere metallspezifische Oxidschichten.

29 **Was ist ein Oxid?**

Ein Oxid ist eine chemische Verbindung eines Elements mit Sauerstoff.

30 **Wie bezeichnet man die Oxidschicht, die durch chemische Korrosion von Kupfer entsteht?**

Die Oxidschicht von Kupfer wird als Patina bezeichnet.

31 **Werden Kupfer und Aluminium durch chemisches Korrodieren genauso schnell zerstört wie Eisen?**

Nein, durch die Korrosion bildet sich eine harte Oxidschicht, die das Material vor weiterer Zerstörung schützt. Daher sind z. B. Kupfer und Aluminium korrosionsbeständiger als Eisen.

32 **Was ist elektrochemische Korrosion?**

Bei der elektrochemischen Korrosion erfolgt der Zersetzungsprozess mit Hilfe von elektrischem Strom und einem Elektrolyt. Sie kann entstehen, wenn zwei Metalle und eine elektrisch leitende Flüssigkeit zusammengebracht werden. Dabei wird das unedlere Metall zersetzt.

33 **Was ist ein Elektrolyt?**

Ein Elektrolyt ist eine elektrisch leitende wässrige Lösung von Laugen, Salzen oder Säuren.

34 Was sind physikalische Eigenschaften von Stoffen?

Physikalische Eigenschaften sind exakte Beschreibungen von Stoffen. Dazu gehören z. B. die Dichte, die Masse und die Zustandsänderung eines Werkstoffs.

35 Was ist der Schmelzpunkt eines Stoffes?

Der Schmelzpunkt ist die Übergangstemperatur des Stoffes vom festen in den flüssigen Zustand.

36 Wie wird die Temperatur genannt, bei der flüssige Stoffe in gasförmige übergehen?

Diese Temperatur, bei der flüssige Stoffe in gasförmige übergehen, heißt Siedepunkt.

37 Woran liegt es, dass einige Stoffe einen genauen Übergangswert haben und andere einen Übergangsbereich?

Es liegt an der Reinheit des Stoffes. Stoffgemische haben einen größeren Übergangsbereich.

38 Nennen Sie physikalische Eigenschaften.

Physikalische Eigenschaften sind
– Elastizität
– Plastizität oder
– Sprödigkeit.

39 Was ist Elastizität eines Stoffes?

Elastizität eines Stoffes ist die Fähigkeit, nach einer Verformung wieder in den Ausgangszustand zurückzugehen.

40 Was ist Plastizität?

Plastisch verhält sich ein Stoff, wenn er die Verformung beibehält.

41 Was ist Sprödigkeit?

Spröde verhält sich ein Stoff, wenn er ohne sich zu verformen bei einer Belastung sofort bricht.

42 Nennen Sie Kennwerte, nach denen die Festigkeit von Werkstoffen beurteilt werden kann und wodurch sie ermittelt werden.

Werkstoffkennwerte sind:
– Druckfestigkeit
– Zugfestigkeit
– Scherfestigkeit und
– Biegefestigkeit.

Diese Kennwerte werden in Versuchen ermittelt und in Tabellen aufgelistet.

43 Nennen Sie technologische Eigenschaften eines Stoffes.

Technologische Eigenschaften sind
– Umformbarkeit
– Trennbarkeit und
– Fügbarkeit von Stoffen.

44 Was bedeutet Umformbarkeit eines Stoffes?

Die Umformbarkeit bezeichnet die Fähigkeit eines Stoffes, in eine andere Form gebracht zu werden und diese beizubehalten.

45 Wie können Stoffe umgeformt werden?

Stoffe können durch Pressen, Biegen oder Tiefziehen umgeformt werden.

46 Welche Stoffe lassen sich umformen?

Stoffe, die gute plastische Eigenschaften haben, lassen sich umformen.

47 Was ist Trennen von Stoffen?

Beim Trennen von Stoffen wird der Stoffzusammenhalt lokal aufgehoben und der Stoff damit in eine neue Form gebracht.

48 Nennen Sie Beispiele zum Umformverfahren Trennen.

Beispiele für Trennverfahren sind alle spanenden Vorgänge und das Schneiden.

49 Wovon hängt die Trennbarkeit eines Stoffes ab?

Die Trennbarkeit hängt von der Festigkeit und dem verwendeten Werkzeug ab.

Das Werkzeug muss eine höhere Festigkeit als das Werkstück besitzen.

50 **Was ist Fügbarkeit?**

Fügbarkeit ist die Möglichkeit, Stoffe miteinander zu verbinden.

51 **Nennen Sie Fügverfahren.**

Fügverfahren sind z. B. Löten, Schweißen, Kleben und Falzen.

52 **Nennen Sie wichtige Eigenschaften und Beispiele schweißbarer Werkstoffe.**

Schweißbare Werkstoffe müssen gut schmelzbar sein, möglichst geringe Wärmeleitung besitzen und wenig Oxid bilden.

Beispiele sind legierte und unlegierte Stähle mit geringem Kohlenstoffgehalt und Aluminiumlegierungen.

53 **Was sind tribologische Eigenschaften?**

Tribologie beschäftigt sich mit Reibung und Verschleiß zwischen bewegten Bauteilen. Tribologische Eigenschaften sind Verschleiß- oder Reibeigenschaften von Werkstoffen.

54 **Welche Reibungsarten kennen Sie?**

Es gibt Rollreibung, Gleitreibung und Haftreibung.

55 **Wie kann Reibung vermindert werden?**

Reibung kann man durch Zugabe von Schmierstoffen vermindern.

56 **Nennen Sie Schmierstoffe.**

Schmierstoffe sind Öle und Fette.

57 **Wie sind Metalle atomar aufgebaut?**

Metalle haben Gitterstrukturen mit unterschiedlichen Anordnungen.

58 **Welche Kristallgitterformen kennen Sie?**

Es gibt kubisch-raumzentrierte, kubisch-flächenzentrierte und hexagonale Kristallgitterstrukturen.

59 Wie verändern sich die Eigenschaften der Metalle bezogen auf die Gitterstruktur?

Vom kubisch-flächenzentrierten über das kubisch-raumzentrierte zum hexagonalen Gitter nimmt die Festigkeit des Metalls zu und in umgekehrter Richtung nimmt die Umformbarkeit zu.

60 Was bedeutet Legieren von Werkstoffen?

Beim Herstellen von Legierungen werden mehrere Werkstoffe im flüssigen Zustand gemischt.

61 Warum werden Werkstoffe legiert und wie werden sie benannt?

Durch die **Bildung von Legierungen** sollen bestimmte günstige Eigenschaften des Ausgangsmetalls verbessert werden oder ganz neue Eigenschaften erzeugt werden. Sie haben in der Technik eine größere Bedeutung als die reinen Metalle.

Die **Benennung** richtet sich nach dem Basismetall (z. B. Aluminiumlegierung, Kupferlegierung).

62 Was passiert mit der legierten Schmelze beim Erstarren?

Beim Abkühlen der Schmelze fügen sich die eingebrachten Fremdatome in das Metallgitter ein und verursachen Gitterverschiebungen, die Einfluss auf die späteren Eigenschaften haben.

Die erstarrten Werkstoffe haben dann geänderte physikalische oder technologische Eigenschaften, wie z. B. größere Härte oder bessere Verformbarkeit.

63 Sind Kristallgitter der Metalle auch in der Schmelze vorhanden?

Nein, die Struktur löst sich in der Schmelze auf und die Metallatome sind frei beweglich. Erst beim Abkühlen bilden sich wieder Gitterstrukturen.

64 **Wie können die Eigenschaften von Stählen außer durch Legieren verändert werden.**

Die Eigenschaften der Stähle können durch Wärmebehandlungsverfahren verändert werden. Solche Verfahren sind Glühen, Härten und Vergüten.

65 **Erklären Sie das Verfahren Glühen.**

Beim Glühen wird der Werkstoff auf eine bestimmte Temperatur erhitzt, auf dieser Temperatur gehalten und langsam wieder abgekühlt.

Dieser Vorgang kann dazu dienen, Spannungen aus dem Material zu nehmen oder es weicher zu machen.

66 **Wann wird das Normalglühen eingesetzt?**

Das Normalglühen dient zur Beseitigung von Spannungen, die nach einer Umformung oder nach dem Schweißen entstanden sind. Das Material wird dabei wieder in seinen Ursprungszustand versetzt.

67 **Was ist Härten?**

Beim Härten von Metallen werden diese mit definierten Geschwindigkeiten erwärmt und abgekühlt. Dabei wird die Gitterstruktur gezielt verändert und damit eine größere Härte erzeugt.

68 **Welche Härtemethoden kennen Sie?**

Es gibt verschiedene Verfahren, den Stahl abzukühlen. Der Stahl kann mit Öl, Wasser oder Luft abgekühlt und dabei gehärtet werden. Je schneller die Abkühlung erfolgt, desto größere Spannungen treten auf.

69 **Welche Härtemethoden führen nur zur Härteveränderung in Randbereichen des Materials?**

Die Methoden des Randschichthärtens sind Flammenhärten, Einsatzhärten und Induktionshärten.

70 **Welche Vorteile hat das Randschichthärten?**

Beim Randschichthärten werden beanspruchte Bereiche gezielt gehärtet und andere unverändert gelassen und somit nur dort die Eigenschaften verändert, wo es nötig ist.

71 **Wie können Werkstoffkennwerte ermittelt werden?**

Werkstoffkennwerte können durch Zugversuch oder Härteprüfungsverfahren ermittelt werden.

72 **Nennen Sie zwei Härteprüfverfahren.**

Härteprüfung erfolgt nach Vickers oder Brinell.

73 **Worüber gibt der Zugversuch Auskunft?**

Der Zugversuch gibt Auskunft über die Zugfestigkeit und Dehnbarkeit eines Werkstoffs.

74 **Was sind Verbundwerkstoffe?**

Verbundwerkstoffe bestehen aus mehreren Einzelwerkstoffen, die flüssig, als Fasern oder als Pulver miteinander verbunden werden.

75 **Welche Vorteile haben Verbundwerkstoffe?**

Die chemischen und physikalischen Eigenschaften der Verbundwerkstoffe übertreffen die der Einzelwerkstoffe. Sie werden für bestimmte Anwendungen gezielt hergestellt.

76 **Nennen Sie Beispiele für Verbundwerkstoffe.**

Hartmetalle, Sinterwerkstoffe, Keramik oder verstärkte Kunststoffe

77 **Was sind Sinterwerkstoffe?**

Sinterwerkstoffe sind verpresste Metallpulver.

78 **Was sind faserverstärkte Kunststoffe?**

Faserverstärkte Kunststoffe (GFK) werden aus Glasfasern, die mit Kunststoffen verklebt werden, hergestellt.

79 Nennen Sie Eigenschaften von GFK.

Glasfaserverstärkte Kunststoffe haben eine hohe Festigkeit und sind dabei sehr leicht. Sie können in beliebige Formen gebracht werden.

80 Woraus werden Kunststoffe erzeugt?

Kunststoffe werden synthetisch oder durch chemische Verfahren aus Naturstoffen (z. B. Erdöl) hergestellt.

81 Wie kann man Kunststoffe einteilen?

Kunststoffe werden nach ihren Eigenschaften in Duroplaste, Thermoplaste und Elastomere eingeteilt.

82 Beschreiben Sie Thermoplaste?

Thermoplaste bestehen aus langen Molekülen, die nicht verbunden, sondern verknäult im Material vorliegen.

Sie sind sehr weich und nicht wärmebeständig.

83 Welche Eigenschaften haben Duroplaste?

Duroplaste sind durch ihre stark vernetzte Struktur sehr fest und wärmebeständig. Sie können nicht verformt werden.

Sie sind gut mechanisch bearbeitbar.

84 Welche ökonomischen Gesichtspunkte sind bei der Materialauswahl zu beachten?

Bei der Auswahl der Materialien ist darauf zu achten, dass nur die Materialqualität verwendet wird, die nötig ist. Es muss nicht immer die beste Qualität verwendet werden, da diese auch die teuerste ist. Die Materialien sind genau auf ihren Verwendungszweck abzustimmen.

85 **Was ist unter ökonomischen und ökologischen Gesichtspunkten bei der Bearbeitung von Metallen zu beachten?**

– Späne sind je nach Material getrennt zu sammeln und zu recyceln.
– Die Ausnutzung des Rohmaterials sollte möglichst effizient erfolgen (wenig Verschnitt).
– Umformung ist gegebenenfalls effizienter als spanende Bearbeitung.

2.2 Technische Darstellung

86 **Was ist eine technische Zeichnung?**

Eine technische Zeichnung ist eine maßstäbliche standardgerechte Darstellung.

87 **Was ist eine Skizze?**

Eine Skizze ist eine nicht maßstäblich angefertigte Darstellung. Grundlegende Standards und Maßverhältnisse werden eingehalten.

88 **Welche Vorüberlegungen machen Sie beim Anfertigen einer Skizze?**

Man bestimmt die Hauptansicht und die notwendigen Zusatzansichten, den Platzbedarf und die Abstände der Ausgangslinien.

89 **Wozu dient die technische Zeichnung?**

Die technische Zeichnung dient der Verständigung zwischen den Abteilungen für Entwicklung, Konstruktion, Fertigung, Instandhaltung und dem Maschinenpersonal.

90 **Was sind Papierformate?**

Papierformate sind die geregelten Größen der technischen Zeichnung. Das Format DIN A4 ist dabei die Grundgröße. Durch Vervielfachen entstehen alle anderen Hauptformate.

91 Was bedeutet die Abkürzung DIN im Zusammenhang mit technischen Zeichnungen?

DIN (Deutsches Institut für Normung e.V.) bedeutet, dass die technische Zeichnung nach DIN-Normen erstellt wurde.

92 Welche Zeichnungsarten kennen Sie?

Zeichnungsarten sind Einzelteilzeichnung, Zusammenbauzeichnung, Fertigungszeichnung und Gruppenzeichnung.

93 Was sind Montagezeichnungen?

Montagezeichnungen stellen die Produkte in vereinfachter Form dar und enthalten Angaben zur Montage und Inbetriebnahme.

94 Was sind Zusammenbauzeichnungen?

Zusammenbauzeichnungen stellen die zum Endprodukt zusammengefügten Einzelteile dar. Die Darstellung erfolgt funktional, die Einzelteile erhalten Positionsnummern, und eine Stückliste wird beigefügt.

95 Wie erfolgt die Zeichnungsbeschriftung?

Sie erfolgt in der Regel in ISO-Normschrift nach DIN 6776-1.

96 Welche Linienarten kennen Sie?

Linienarten sind:
Volllinie, Strichpunktlinie, Freihandlinie und Strichlinie.

97 Mit welcher Linienart werden Körperkanten dargestellt?

Körperkanten werden mit einer breiten Volllinie gezeichnet.

98 Mit welcher Linienart werden Hilfslinien dargestellt?

Hilfslinien werden mit schmalen Volllinien dargestellt.

99 Wozu dient das Schriftfeld?

Im Schriftfeld werden zeichnungsspezifische Informationen, wie Datum der Erstellung, Bezeichnung der Darstellung und deren Maßstab untergebracht.

100 Begründen Sie die Notwendigkeit der verkleinerten Darstellung.

Verkleinerungen werden gewählt, um große Gegenstände auf einem übersichtlichen Format abzubilden.

101 Nennen Sie ein Beispiel für einen Verkleinerungsmaßstab.

Der Maßstab 1:2 bezeichnet eine Verkleinerung auf die halbe Originalgröße.

102 Wie werden die Maße in der technischen Zeichnung angegeben?

Die Maße werden immer im Original angegeben, auch wenn die Zeichnung vergrößert oder verkleinert dargestellt ist.

Maßzahlen werden in der Metall- und Elektrotechnik grundsätzlich in Millimetern angegeben.

103 Nennen Sie Elemente der Maßeintragung.

Elemente der Maßeintragung sind
– Maßlinien,
– Maßhilfslinien,
– Maßlinienbegrenzung und
– Maßzahlen.

104 Wie wird die Maßlinienbegrenzung dargestellt?

Die Maßlinienbegrenzung kann durch Punkt, Schrägstrich oder Maßpfeil dargestellt werden.

105 Was ist beim Antragen der Maßzahl zu beachten?

Die Maßzahl muss über der Maßlinie in der Mitte angetragen werden. Sie muss von unten oder von rechts lesbar sein.

106 Unter welchem Winkel treffen Maßlinien und Maßhilfslinien aufeinander?

Maßlinien und Maßhilfslinien treffen unter einem Winkel von 90 Grad aufeinander.

107 **Was ist eine Maßbezugs-linie?**

Auf Maßbezugslinien beziehen sich die Maße in einer Zeichnung in Abhängigkeit von der Herstellung oder Fertigung des Werkstückes.

108 **Was ist das Nennmaß?**

Das Nennmaß ist das technologisch anzustrebende Maß. Abweichungen können zugelassen und als Toleranz angegeben werden.

109 **Wie werden Radien oder Rundungshalbmesser abge-kürzt bezeichnet?**

Radien oder Rundungshalbmesser werden mit einem großen steilen R vor der Maßzahl gekennzeichnet.

110 **Erklären Sie die Systema-tik der Maßeintragung.**

Bei der Maßeintragung wird jede Form eines Werkstückes erfasst. Jedes Maß wird nur einmal eingetragen, aber es darf auch keines fehlen.

111 **Warum werden Werkstü-cke geschnitten dargestellt?**

Sie werden geschnitten, um z. B. wichtige Innenformen sichtbar zu machen.

112 **Wozu werden Schraffu-ren verwendet?**

Schraffuren dienen zur Darstellung von Schnittflächen z. B. bei hohlen Werkstücken. Schraffuren werden auch zur Kennzeichnung verschiede-ner Materialien benutzt.

113 **Was wird bei einer Schnittdarstellung abgebil-det?**

Bei einer Schnittdarstellung wird eine gedachte Ebene (Schnittebene) abgebildet.

114 **Welche Schnittdarstel-lungen kennen Sie?**

Es gibt den Vollschnitt, den Halb-schnitt und den Teilschnitt.

115 Was ist ein Teilschnitt?

Ein Teilschnitt zeigt nur einen begrenzten Teil des Gegenstandes im Schnitt.

116 Was sind Projektionen? Nennen Sie Beispiele.

Projektionen sind Verfahren zum Abbilden dreidimensionaler Objekte in der Ebene. Beispiele sind Frontaldimetrie und Darstellen in Ansichten.

117 Beschreiben Sie die Frontaldimetrie.

Bei der Frontaldimetrie verlaufen die Tiefenlinien unter 45 Grad nach hinten. Sie werden dabei um die Hälfte verkürzt dargestellt. Parallele Linien am Objekt sind auch in der Zeichnung parallel.

118 Was sind Bruchdarstellungen und wie werden sie gekennzeichnet?

Bruchdarstellungen werden verwendet, um gleichförmige, schlanke Werkstücke darzustellen, bei denen sich der Querschnitt über eine größere Länge nicht ändert.

Bruchlinien (schmale Freihandlinie) dienen zur Kennzeichnung.

119 Was ist bei der verkürzten Darstellung zu beachten?

Bei der verkürzten Darstellung müssen beide Enden des Werkstückes gezeichnet werden. Die vollständige Maßeintragung muss gewährleistet sein.

Als Maß wird die wahre Länge angegeben.

120 Was ist in einer Abwicklung zu sehen?

In Abwicklungen z. B. gebogener Blechstücke sind die Abmessungen des Blechzuschnittes zu erkennen.

Bei der Abwicklung werden alle Seitenansichten eines Körpers in die Ebene geklappt.

121 **Wie werden Symmetrien in technischen Darstellungen gekennzeichnet? Nennen Sie ein Beispiel.**

Die Strich-Punkt-Linie wird als Symmetrielinie verwendet. Sie wird z. B. bei der Darstellung eines Kreises als Mittellinie eingesetzt.

122 **Welche Zusatzangaben können in Zeichnungen vorhanden sein?**

Zusatzangaben über Rauigkeiten, Toleranzwerte, Beschichtungen oder Härteangaben der Materialien können vorhanden sein.

123 **Was sind Fließbilder?**

In Fließbildern werden Rohrleitungssysteme vereinfacht dargestellt und ihr funktionaler Zusammenhang gezeigt.

124 **Was zeigen Schaltpläne?**

Schaltpläne stellen den Stromverlauf, die Wirkungsweise oder die Leitungsverbindung der Anlage dar.

125 **Was ist ein Stromlaufplan?**

Ein Stromlaufplan ist die ausführliche Darstellung einer Schaltung mit allen Einzelheiten.

126 **Was versteht man unter CAD?**

CAD (Computer Aided Design) heißt computerunterstütztes Konstruieren.

CAD-Zeichnungen werden am PC erstellt.

2.3 Mechanische Formänderung

127 **Was passiert beim Umformen?**

Beim Umformen eines Körpers wird seine Gestalt bleibend plastisch verändert.

Dabei wird der elastische Bereich des Materials überschritten und die neue Form bleibt erhalten, die Masse verändert sich nicht.

128 **Welche Kraft ist dazu erforderlich und wovon ist sie abhängig?**

Die Umformkraft; sie ist abhängig vom umzuformenden Material und der Temperatur.

129 **Lassen sich alle Materialien umformen?**

Nein, Materialien, die nur einen geringen plastischen Bereich haben, lassen sich nicht umformen, sie werden zerstört.

130 **Was ist zu tun, wenn ein kaltumgeformtes Werkstück weiter umgeformt werden soll?**

Das kaltumgeformte Werkstück muss, um Risse zu vermeiden, erwärmt oder geglüht werden. Es verringern sich Spannungen im Material, die durch die Kaltumformung entstanden sind.

131 **Nennen Sie Umformverfahren.**

Umformverfahren sind
- Biegen,
- Walzen und
- Tiefziehen.

132 **Beschreiben Sie die Materialveränderungen beim Biegen.**

Beim Biegen wird die äußere Seite des Biegeradius gestreckt und die innere Seite gestaucht. Dazwischen befindet sich die neutrale Faser. Sie wird nicht verändert. Auf der gestreckten Seite entstehen Zugspannungen, auf der gestauchten Druckspannungen.

133 **Was ist die gestreckte Länge?**

Die gestreckte Länge entspricht der Länge der neutralen Faser. Es ist die Länge des Materials vor dem Biegen.

134 **Was ist Elastizität?**

Elastizität ist eine Eigenschaft, bei der der Werkstoff nach der Umformung in seine Urform zurückgeht.

135 **Wie verhält sich der Querschnitt des Materials beim Biegen?**

Der Querschnitt wird bei Zugbelastung verringert und bei Druckbelastung vergrößert. Man sprich von Einschnürung und Stauchung.

136 Was ist ein Mindest-biegeradius und wovon ist er abhängig?

Der Mindestbiegeradius ist der kleinste mögliche Radius, mit dem ein Teil gebogen werden kann. Er ist einzuhalten, damit im Material bei der Umformung keine Risse entstehen. Der Mindestbiegeradius ist abhängig von der Werkstückdicke, der Festigkeit und dem Biegewinkel.

137 Was versteht man unter Abkanten?

Abkanten ist das Biegen mit kleinen Radien und scharfen Abbiegungen.

138 Wie können Rohre gebogen werden?

Rohre können nur gleichmäßig gebogen werden, wenn sie Füllungen enthalten, da sonst zu starke Querschnittsveränderungen auftreten.

139 Was kann beim Biegen von Rohren als Füllung verwendet werden?

Als Füllung beim Biegen von Rohren können Federn oder niedrigschmelzende Materialien eingesetzt werden.

140 Was ist beim Biegen von Profilen zu beachten?

Beim Biegen von Profilen treten sehr starke Stauchungen oder Streckungen auf. Daher ist es notwendig, Gehrungsausschnitte vorzunehmen.

141 Was verstehen Sie unter Falzen?

Falzen ist eine Möglichkeit, Bleche miteinander zu verbinden. Dabei werden sie so umgeformt, dass sie sich verhaken und eine Verbindung eingehen.

142 Wann wird das spanende Fertigungsverfahren Sägen eingesetzt?

Sägen wird vorwiegend zum Ablängen von Materialien eingesetzt.

143 Was ist der Keilwinkel am Sägezahn?

Der Keilwinkel ist der Winkel zwischen Span- und Freifläche, also der Winkel des Sägezahns selbst.

144 Was ist der Spanwinkel?

Der Spanwinkel ist der Winkel zwischen der Spanfläche und einer gedachten Ebene senkrecht zur Schnittfläche.

145 Was wird vom Spanwinkel beeinflusst?

Vom Spanwinkel wird die Spanabfuhr und Spanbildung beeinflusst.

146 Wie muss der Spanwinkel verändert werden, damit aus einem Reißspan ein Fließspan wird?

Der Spanwinkel muss größer gemacht werden, dann kann das Material besser abfließen und es entsteht ein langer Fließspan.

147 Was ist Reiben?

Reiben ist das Fertigen von Innenformen mit hoher Maß- und Formgenauigkeit.

148 Wie bezeichnet man Reibwerkzeuge?

Reibwerkzeuge sind z. B. Reibahlen.

149 Warum haben Reibahlen eine ungleiche Teilung?

Sie haben eine ungleiche Teilung, damit ein Rattern vermieden wird.

150 Welche Bohrertypen kennen Sie?

Es gibt die Bohrertypen
– W für weiche, zähe Werkstoffe,
– N für mittlere Festigkeit und
– H für harte Werkstoffe.

151 Welche Bohrerwerkstoffe werden verwendet?

Bohrer werden aus Schnellarbeitsstahl oder Hartmetall hergestellt. Hartmetall wird meist nur als Schneide eingesetzt.

152 Wonach richten sich die Schnittgeschwindigkeiten beim Bohren?

Die Schnittgeschwindigkeiten beim Bohren richten sich nach den Werkstoffen von Bohrer und Material.

153 Welche Verbindungsarten kennen Sie?

Es gibt zwei Verbindungsarten, lösbare und unlösbare Verbindungen.

154 **Nennen Sie Beispiele für lösbare Verbindungen.**

Lösbare Verbindungen sind
– Schraubenverbindungen,
– Stiftverbindungen und
– Klemmverbindungen.

155 **Was ist eine kraftschlüssige Verbindung?**

Bei einer kraftschlüssigen Verbindung wird der Zusammenhalt durch eine wirkende Kraft hervorgerufen, zum Beispiel durch Reibungskräfte zwischen den Materialien.

156 **Nennen Sie kraftschlüssige Verbindungen.**

Kraftschlüssige Verbindungen sind Schraubenverbindungen und Keilverbindungen

157 **Nennen Sie stoffschlüssige Verbindungen.**

Stoffschlüssige Verbindungen sind
– Lötverbindungen,
– Klebverbindungen und
– Schweißverbindungen.

158 **Welche Materialien sind gut schweißbar?**

Eisen und Stahl sind gut schweißbar.

159 **Welche Schweißverfahren kennen Sie?**

Es gibt Metall-Schutzgasschweißen, Wolfram-Inertgas-Schweißen und Gasschmelzschweißen.

160 **Was bedeutet WIG-Schweißen?**

WIG = Wolfram-Inertgas-Schweißen wird für Edelstähle verwendet. Dabei wird zwischen dem Material und einer Wolframelektrode ein Lichtbogen erzeugt, der das Material schmelzen lässt. Der Zusatzwerkstoff wird von Hand zugeführt.

161 **Was ist der Unterschied zwischen Löten und Schweißen?**

Beim Löten wird im Gegensatz zu Schweißen der Werkstoff nicht geschmolzen, sondern ein Lot eingebracht, das an den Oberflächen haftet.

162 **Wozu dient das Flussmittel?**

Das Flussmittel dient zur Verringerung der Senkung der Oberflächenspannung des Lots und zum Korrosionsschutz.

163 **Was ist der Unterschied zwischen Weichlöten und Hartlöten?**

Weichlöten erfolgt bei Temperaturen bis 450 °C, darüber ist es **Hartlöten**. Hartgelötete Verbindungen haben höhere Festigkeit.

164 **Welche Kunststoffe können geschweißt werden?**

Thermoplastische Kunststoffe können geschweißt werden.

2.4 Berechnungen

2.4.1 Fügen

165 **Eine Konsole ist mit einer Schaftschraube an einem Träger befestigt. Wie groß ist die Scherspannung im Schraubenschaft, wenn eine Scherkraft $F = 50$ kN auftritt und die Reibung zwischen Träger und Konsole nicht beachtet wird?**

$$\tau_a = 636{,}62 \, \frac{N}{mm^2}$$

(Lösungsweg Seite 485)

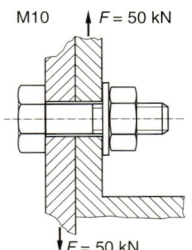

M10 $F = 50$ kN

$F = 50$ kN

© Holland + Josenhans

166 Wie groß ist die zulässige Scherspannung für eine Nietverbindung, wenn die Zugfestigkeit für den Nietwerkstoff R_m = 340 N/mm² beträgt?

$\tau_{aB} = 272 \ \dfrac{N}{mm^2}$

(Lösungsweg Seite 485)

167 Mit welcher Kraft F kann ein Gelenkbolzen belastet werden, wenn die Zugfestigkeit R_m = 430 N/mm² beträgt? Bolzendurchmesser d = 16 mm

F = 138 330,6 N

(Lösungsweg Seite 485)

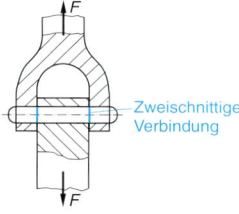

Zweischnittige Verbindung

168 Aus einem Stahlblech soll eine Scheibe mit einem Durchmesser d = 20 mm ausgeschnitten werden. Die Dicke beträgt s = 5 mm, die Zugfestigkeit des Materials 540 N/mm²?

Wie groß ist die erforderliche Scherkraft?

F = 135 648 N ≈ 136 kN

(Lösungsweg Seite 485)

169 Der Tragbolzen einer Rolle hat einen Durchmesser von 10 mm. Wie groß ist die Scherspannung, wenn die Rolle mit 30 kN belastet wird? (Die Verbindung ist zweischnittig.)

$\tau_a = 191 \ \dfrac{N}{mm^2}$

(Lösungsweg Seite 485)

☐170 Mit einer Schraube
M 8 × 1 soll eine Spannkraft
von 5 kN erreicht werden. Welche Handkraft am Schrauben-
schlüssel ist dazu notwendig?
Der Schlüssel hat eine wirksame Hebellänge von 120 mm.

$F_1 = 6,63$ N

(Lösungsweg Seite 485)

F_1 Handkraft
F_2 Schraubenkraft

☐171 Eine Spindelpresse hat
ein Handrad von 500 mm
Durchmesser und eine Spin-
del mit einer 5 mm Steigung.
Das Handrad wird mit einer
Handkraft von 100 N gedreht.
Welche Presskraft kann
erreicht werden?

F_p Presskraft

F_H Handkraft

$F_p = 31\,416$ N

(Lösungsweg Seite 486)

☐172 Ein Gewindefuß eines
Tisches wird mit einer
Gewichtskraft G = 4,5 kN
belastet. Wie lang muss der
Hebel sein, damit dieser Fuß
verstellt werden kann? Die
Handkraft beträgt 150 N. Das
Gewinde ist ein Trapezge-
winde Tr 24 × 5.

$r = 23,9 \approx 24$ mm

(Lösungsweg Seite 486)

2.4.2 Spanen

☐173 In eine Stahlplatte wer-
den Löcher ins Volle gebohrt.
Der Bohrer hat einen Durch-
messer von 10 mm, einen
Vorschub t = 0,2 mm und eine
spezifische Schnittkraft
$k_c = 2\,000$ N/mm². Berechnen
Sie die Schnittkraft F_c und das
Schnittmoment M_c.

$F_c = 2$ kN
$M_c = 5$ Nm

(Lösungsweg Seite 486)

174 **Ein Stahlblock aus C 45 wird mit einem Walzenstirnfräser übergefräst. Der Fräser hat 12 Schneiden, die Schnitttiefe a_p beträgt 5 mm und der Vorschub f_z = 0,1 mm. 3 Schneiden sind im Eingriff. Die spezifische Schnittkraft beträgt k_c = 2 200 N/mm². Berechnen Sie den Spannungsquerschnitt A und die Schnittkraft F_c.**

A = 1,35 mm²
F_c = 2970 N

(Lösungsweg Seite 486)

175 **Eine Welle wird auf einer Drehmaschine abgedreht. Die Schnittgeschwindigkeit beträgt dabei v_c = 150 m/min. Wie groß ist die Schnittleistung P_c bei einer Schnittkraft F_c = 4 kN?**

P_c = 10 kW

(Lösungsweg Seite 486)

2.4.3 Umformen

176 **Aus einem Stahlstab ist ein Ring mit dem lichten Durchmesser d = 180 mm zu biegen. Der Stab hat einen Durchmesser d_s von 14 mm. Welche Länge l muss er haben?**

l = 609,46 mm

(Lösungsweg Seite 486/487)

neutrale Faser

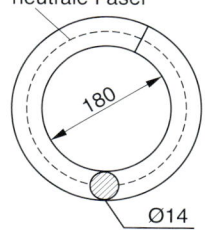

180

Ø14

177 **Aus einem Stahlrohr soll eine Kabelführung gebogen werden. Berechnen Sie die gestreckte Länge des Stahlrohrs!**

$l = 2\,292,3$ mm

(Lösungsweg Seite 487)

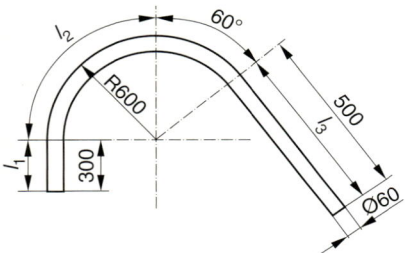

178 **Berechnen Sie die gestreckte Länge des Hakens.**

$l = 195,66$ mm

(Lösungsweg Seite 487)

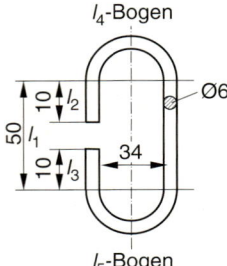

2.4.4 Toleranzen, Passungen

179 **Eine Buchse mit der Bohrung 50H7 soll auf eine Welle montiert werden Ø 50j6. Wie groß sind Mindestpassung und Höchstpassung?**

$P_u = -0,011$
$P_o = +0,030$

(Lösungsweg Seite 487)

$\boxed{180}$ **Ermitteln Sie Maßtoleranz, Höchstmaß und Mindestmaß für $80^{+0,05}_{+0,02}$ und $8\pm0,2$**

$80^{+0,05}_{+0,02}$

$T_B = 0,03$
$G_{OB} = 80,05$
$G_{uB} = 80,02$

$8\pm0,2$
$T_B = 0,4$
$G_{OB} = 8,2$
$G_{uB} = 7,8$

(Lösungsweg Seite 487/488)

2.4.5 Einfache Maschinen

$\boxed{181}$ **Ein Riemenantrieb überträgt ein Drehmoment von M = 200 Nm an einer 150 mm große Scheibe. Wie groß ist die Zugkraft des Riemens?**

$F = 2\,666,66$ N

(Lösungsweg Seite 488)

$\boxed{182}$ **Ein Werkstück wird mit einem Spanneisen auf den Maschinentisch gespannt. Welche Kraft wird dabei erzeugt, wenn die Schraube eine Zugkraft von 10 kN aufbringt?**

$F_W = 6,66$ kN

(Lösungsweg Seite 488)

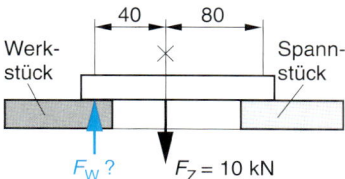

183 **Ein Träger mit der Länge $l = 1,2$ m wird mit 2 Kräften belastet. Wie groß sind die dadurch entstehenden Auflagekräfte in den Lagern?**

$F_B = 6,8$ kN
$F_A = 5,2$ kN

(Lösungsweg Seite 488)

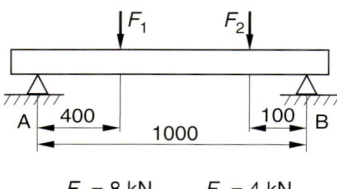

$F_1 = 8$ kN $F_2 = 4$ kN

184 **Welche Kraft F ist erforderlich, um mit einem Keil eine Last von 2 Tonnen um 20 mm anzuheben? Der Keil wird dabei um 100 mm verschoben.**

$F = 3\,924$ N

(Lösungsweg Seite 489)

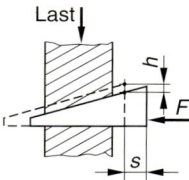

185 **Eine Last von 600 kg soll mit einem Flaschenzug um 2 m angehoben werden. Der Flaschenzug hat 2 lose Rollen. Welche Kraft ist notwendig und wie groß ist der Kraftweg?**

$F_1 = 1\,471,5$ N
$s_1 = 8$ m

(Lösungsweg Seite 489)

3 Installieren elektrischer Betriebsmittel unter Beachtung sicherheitstechnischer Aspekte

3.1 Grundlagen der Gleichstromtechnik

1 Schreiben Sie die folgenden Zahlen in Zehnerpotenzen mit nur einer Stelle vor dem Komma:

a) 57 300   b) 3 450 000
c) 230   d) 0,0067
e) 0,000099   f) 380 · 10³

a) $5{,}73 \cdot 10^4$ b) $3{,}45 \cdot 10^6$
c) $2{,}30 \cdot 10^2$ d) $6{,}7 \cdot 10^{-3}$
e) $9{,}9 \cdot 10^{-5}$ f) $3{,}80 \cdot 10^5$

2 In der Elektrotechnik werden die folgenden Formeln häufig verwendet. Stellen Sie die Formeln nach den gesuchten Größen um.

a) $R = \dfrac{U}{I}$

gesucht: I

b) $U_2 = U_1 \cdot \dfrac{R_2}{R_1 + R_2}$

gesucht: R_1

c) $R_J = R_{20} \cdot [1 + a \cdot (J_2 - J_1)]$

gesucht: ϑ_1

d) $Z = \sqrt{R^2 + (X_L - X_C)^2}$

gesucht: X_L

e) $U_{AB} = \left(\dfrac{R_3}{R_3 + R_4} - \dfrac{R_1}{R_1 + R_2} \right) \cdot U$

gesucht: R_4

a) $I = \dfrac{U}{R}$

b) $R_1 = R_2 \cdot \left(\dfrac{U_1}{U_2} - 1 \right)$

c) $J_1 = J_2 - \dfrac{\dfrac{R_J}{R_{20}} - 1}{a}$

d) $X_L = \sqrt{Z^2 - R^2} + X_C$

e) $R_4 = \dfrac{R_3}{\dfrac{U_{AB}}{U} + \dfrac{R_1}{R_1 + R_2}} - R_3$

Zehnerpotenz	Vorsatzzeichen
10^{-12}	p (Piko)
10^{-9}	n (Nano)
10^{-6}	μ (Mikro)
10^{-3}	m (Milli)
10^{3}	k (Kilo)
10^{6}	M (Mega)
10^{9}	G (Giga)

3 In der Elektrotechnik werden anstelle bestimmter Zehnerpotenzen Vorsätze vor den Einheiten verwendet. Geben Sie die Vorsätze für die folgenden Zehnerpotenzen an: 10^{-12}, 10^{-9}, 10^{-6}, 10^{-3}, 10^{3}, 10^{6}, 10^{9}.

4 Nennen Sie die Basisgrößen des internationalen Einheitssystems (SI-Einheiten) und geben Sie die zugehörigen Einheiten an.

1) Länge in Meter $[l]$ = m
2) Masse in Kilogramm $[m]$ = kg
3) Zeit in Sekunden $[t]$ = s
4) elektrische Stromstärke in Ampere $[I]$ = A
5) Temperatur in Kelvin $[T]$ = K oder Temperatur in Grad Celsius $[\vartheta]$ = °C
6) Lichtstärke in Candela $[I_V]$ = cd
7) Stoffmenge in Mol $[n]$ = mol

5 Schreiben Sie die nachstehenden Größen mit Hilfe der international festgelegten Vorsätze:

a) 10^{-8} A b) 380 000 V
c) 1 200 000 Ω d) 0,0123 V
e) $0,22 \cdot 10^{4}$ Ω f) 0,000075 A

a) 10 nA b) 380 kV
c) 1,2 MΩ d) 12,3 mV
e) 2,2 kΩ f) 75 μA

6 Erklären Sie den Atomaufbau nach dem bohrschen Atommodell.

Das Atom besteht aus dem Atomkern und der Atomhülle. Der Kern besteht aus Protonen (positiv geladen) und den Neutronen (elektrisch neutral). Die Elektronen (negativ geladen) umkreisen den Kern auf elliptischen Schalen.

7 **Erklären Sie den Begriff Elementarladung.**

Die Elementarladung ist die kleinstmögliche elektrische Ladung.
Ladung eines Protons e+:
$Q = +1,602 \cdot 10^{-19}$ As
Ladung eines Elektrons e−:
$Q = -1,602 \cdot 10^{-19}$ As

8 **Aus welchen Angaben setzt sich eine physikalische Größe zusammen?**

Eine physikalische Größe setzt sich aus ihrem Zahlenwert und ihrer Einheit zusammen.
z. B. $U = 230$ V

physikal. Größe = Maßzahl · Einheit

9 **Nennen Sie 5 Arten der Spannungserzeugung und geben Sie je einen Spannungserzeuger an.**

Spannungserzeugung durch
1) bewegte Magnete oder Spulen (Generator)
2) Druck oder Zug bei Kristallen (Piezokeramik)
3) Wärme (Thermoelement)
4) Licht (Fotoelement)
5) chemische Vorgänge (Batterie, Akkumulator)

10 **Ermitteln Sie den Widerstandswert, die Toleranz und die Widerstandsreihe der Widerstände mit dem folgenden Farbcode:**

a) braun-schwarz-rot,
b) braun-rot-orange-silber,
c) orange-orange-rot-rot-rot,
d) violett-grün-gelb-gold,
e) violett-grün-schwarz-orange-braun,
f) rot-gelb-weiß-rot-rot

Widerstandswert, Toleranz, Widerstandsreihe
a) 1 kΩ, 20 %, E6-Reihe;
b) 12 kΩ, 10 %, E12-Reihe;
c) 33,2 kΩ, 2 %, E48-Reihe;
d) 750 kΩ, 5 %, E24-Reihe;
e) 750 kΩ, 1 %, E96-Reihe;
f) 24,9 kΩ, 2 %, E48-Reihe.

11 Erklären Sie den Begriff Messen.

Messen ist eine experimenteller Vorgang zur Ermittlung eines speziellen Wertes einer physikalischen Größe als Vielfaches einer Einheit oder eines Bezugswertes.

12 Erklären Sie den Begriff Prüfen.

Prüfen bedeutet feststellen, ob der Prüfgegenstand vereinbarte, vorgeschriebene oder erwartete Bedingungen erfüllt.

13 Stellen Sie in einem Diagramm über die Zeit je ein Beispiel für einen

a) Gleichstrom,
b) Wechselstrom und
c) Mischstrom

dar.

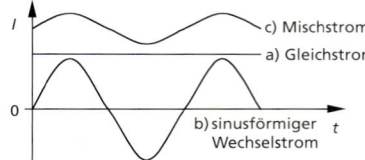

14 Die in der Elektrotechnik verwendeten Werkstoffe werden hinsichtlich ihrer Leitfähigkeit in 3 Gruppen eingeteilt.

Nennen Sie diese und geben Sie je ein Beispiel an.

1) Leiter: z. B. Kupfer, Aluminium, Silber, Gold
2) Halbleiter: z. B. Silizium, Germanium, Selen
3) Nichtleiter: z. B. Glas, Glimmer, Polystyrol

3.2 Einfacher Gleichstromkreis

15 **Aus welchen elektrischen Betriebsmitteln setzt sich ein einfacher, geschlossener Stromkreis zusammen?**

Ein einfacher, geschlossener Stromkreis setzt sich zusammen aus

- einem Spannungserzeuger,
- einem Energiewandler (Verbraucher) und
- den Verbindungsleitungen.

16 **Erklären Sie den Unterschied zwischen der physikalischen und der technischen Stromrichtung.**

Bei der **physikalischen Stromrichtung** fließt der Strom außerhalb der Spannungsquelle vom Minuspol zum Pluspol (Fließrichtung der Elektronen).

Bei der **technischen Stromrichtung** fließt der Stom außerhalb der Spannungsquelle vom Pluspol zum Minuspol.

17 **Stellen Sie einen einfachen elektrischen Stromkreis mit Gleichspannungsquelle sowie einer Lampe als Verbraucher dar und zeichnen Sie die zur Strom- und Spannungsmessung erforderlichen Messgeräte ein.**

Tragen Sie die Zählpfeile für Strom und Spannung nach dem Verbraucherzählpfeilsystem ein.

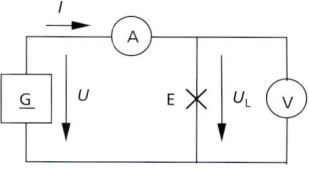

18 **Formulieren Sie das ohmsche Gesetz und geben Sie die Formel an.**

In einem geschlossenen Stromkreis ist die elektrische Stromstärke I der anliegenden Spannung U direkt und dem Widerstand R umgekehrt proportional.

$$I = \frac{U}{R}$$

19 Eine rote Leuchtdiode wird über einen Vorwiderstand an 12 V angeschlossen. Am Widerstand wird bei einem maximal zulässigen Strom von 20 mA eine Spannung von 10,4 V gemessen.

a) Berechnen Sie den Wert des Vorwiderstandes.
b) Wählen Sie den entsprechenden Wert aus der E24-Reihe.
c) Geben Sie den Farbcode an.
d) Könnte der gewählte Wert auch aus der E12-Reihe eingesetzt werden?

a) $R = 520\ \Omega$

(Lösungsweg Seite 489)

b) Da $I_{max} = 20$ mA ist, muss der nächsthöhere Wert aus der E24-Reihe gewählt werden:

$R = 560\ \Omega$

c) grün-blau-braun-gold

d) **Nein**, da bei der E12-Reihe eine Toleranz von ± 10 % zulässig ist, der Widerstandswert aber mindestens 520 Ω betragen muss.

(560 Ω aus E12-Reihe:
504 $\Omega \le R \le 616\ \Omega$)

20 Berechnen Sie für die folgende Schaltung

a) die Stromstärke, für die die Sicherung mindestens ausgelegt sein muss, und
b) den Widerstand der Lampe E1, wenn im Betrieb ein Strom von 260 mA fließt.

a) $I = 120$ mA

(Lösungsweg Seite 489)

Die Sicherung muss für einen Mindeststrom von 120 mA ausgelegt sein.

b) $R = 885\ \Omega$

(Lösungsweg Seite 490)

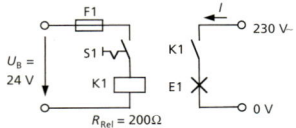

21 Von welchen Größen ist der Widerstand eines elektrischen Leiters abhängig?

Der Widerstand eines elektrischen Leiters ist abhängig

– vom Querschnitt des Leiters
– von der Länge des Leiters
– vom Material des Leiters
– von der Temperatur des Leiters

22 **Nennen Sie den Zusammenhang zwischen dem Widerstand eines Leiters und seinen geometrischen Größen und dem Material.**

Der Widerstand eines Leiters ist umso größer,

– je größer die Länge des Leiters ist,
– je kleiner der Querschnitt des Leiters ist,
– je größer der spezifische Widerstand des Materials ist.

23 **Die Anschlussleitung einer Maschine von der Unterverteilung bis zu den Anschlussklemmen ist 16 m lang und hat einen Querschnittt von 10 mm².**

a) **Berechnen Sie den Widerstandswert einer Kupferader.**
b) **Welcher Querschnitt müsste bei gleichem Widerstandswert gewählt werden, wenn ein Leiter aus Aluminium eingesetzt werden soll?**

a) $R = 28$ mΩ

(Lösungsweg Seite 490)

b) $A_{Al} = 15{,}2$ mm^2

Der nächsthöhere Normquerschnitt: $A_{Al} = 16$ mm^2

(Lösungsweg Seite 490)

24 **Ein elektrischer Heizstrahler 230 V/2800 W ist über eine Kunststoff-Mantelleitung mit Kupferleitern an das Wechselspannungsnetz angeschlossen. Der Weg zwischen Schaltschrank und Heizung beträgt 50 m. An den Anschlussklemmen der Heizung wird eine Spannung von 216,2 V bei einem Strom von 11,78 A gemessen.**

a) **Welcher Leitungsquerschnitt wurde verlegt?**
b) **Welcher Leitungsquerschnitt müsste bei einem Strom von 12 A verlegt werden, damit der Spannungsfall an der Leitung höchstens 3 % beträgt?**

a) $A = 1{,}5$ mm^2

(Lösungsweg Seite 490)

b) $A = 3{,}05$ mm^2

(Lösungsweg Seite 490)

Gewählter Leitungsquerschnitt: $A = 4$ mm^2

▷ Fortsetzung der Frage ▷

c) Berechnen Sie die Stromdichte für den Leiterquerschnitt nach a) und nach b).

▷ Fortsetzung der Antwort ▷

c) nach a) $J = 7,85 \dfrac{A}{mm^2}$

     nach b) $J = 3 \dfrac{A}{mm^2}$

(Lösungsweg Seite 490/491)

---

25 **Eine Leitung mit Kupferleiter (NYM 4 × 16) soll durch eine Leitung mit Aluminiumleiter bei gleicher Länge und gleichem Leiterwiderstand ersetzt werden. Berechnen Sie den erforderlichen Querschnitt der Aluminiumleiter. Geben Sie den nächsthöheren Normquerschnitt an.**

$A_{Al} = 24,2 \ mm^2$

Der nächsthöhere Normquerschnitt
$A_{Al} = 25 \ mm^2$

(Lösungsweg Seite 491)

---

26 **Auf dem Flachdach einer Halle werden Reparaturarbeiten vorgenommen. Die Energieversorgung für die Arbeiten auf dem Dach erfolgt über eine Kabeltrommel mit 50 m Verlängerungsleitung H05RR-F3G1,5. Die komplette Länge der Leitung ist der direkten Sonnenbestrahlung ausgesetzt.**

Berechnen Sie
a) **den Widerstand der Leitung bei 20 °C,**
b) **den Widerstand der Leitung, wenn durch die Sonnenbestrahlung die Leitertemperatur auf 65 °C steigt und**
c) **die prozentuale Widerstandszunahme.**

a) Aus der Bezeichnung der Leitung folgt u. a. $A = 1,5 \ mm^2$.

     $R_{20} = 1,17 \ \Omega$

(Lösungsweg Seite 491)

b) $R_{65} = 1,37 \ \Omega$

(Lösungsweg Seite 491)

c) $\dfrac{\Delta R}{R_{20}} \cdot 100 \ \% = 17,1 \ \%$

Der Widerstand nimmt um 17,1 % zu.

(Lösungsweg Seite 491)

27 **Eine Glühlampe mit Wolframdrahtwendel trägt die Aufschrift 220 V–240 V/ 100 W. Bei Zimmertemperatur beträgt der Widerstand der Drahtwendel 40,6 Ω. Im Betrieb an 230 V fließt ein Strom von 458 mA.**

Berechnen Sie
a) den Einschaltstrom,
b) den Betriebswiderstand und
c) die Temperatur der Drahtwendel im Betriebszustand.

a) $I_{Ein} = 5,67\ A$

   (Lösungsweg Seite 491)

b) $R_T = 502\ \Omega$

   (Lösungsweg Seite 491)

c) $T_2 = 2651\ K$

   (Lösungsweg Seite 491/492)

28 **In einem Schaltplan sind die folgenden Schaltzeichen abgebildet:**

a) 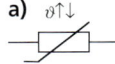 **b)**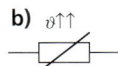

Erklären Sie die Bedeutung der Schaltzeichen und stellen Sie die zugehörige Widerstandskennlinie in einem Diagramm qualitativ dar.

a) NTC-Widerstand (**N**egative **T**emperatur **C**oeffizient); NTC-Widerstände (Heißleiter) sind temperaturabhängige Widerstände, deren Widerstandswerte mit steigender Temperatur sinken.

b) PTC-Widerstand (**P**ositive **T**emperatur **C**oeffizient); PTC-Widerstände (Kaltleiter) sind temperaturabhängige Widerstände, deren Widerstandswerte mit ansteigender Temperatur ab einer bestimmten Temperatur annähernd sprunghaft ansteigen.

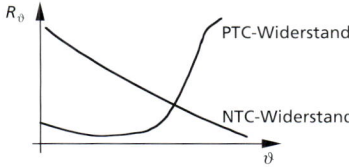

3.2.1 Elektrische Arbeit und Leistung

29 **Der Widerstandswert eines Lastwiderstandes soll mit Hilfe eines Strom- und eines Spannungsmessers bestimmt werden.**

Stellen Sie zwei Messschaltungen dar und nennen Sie Kriterien für deren Einsatz.

1. Stromfehlerschaltung

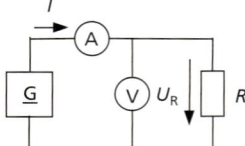

2. Spannungsfehlerschaltung

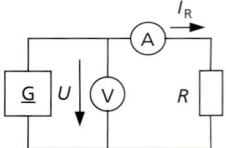

Bei niederohmigen Lastwiderständen wird die Stromfehlerschaltung, bei hochohmigen Lastwiderständen die Spannungsfehlerschaltung eingesetzt.

30 **Geben Sie die Abhängigkeit der Leistung von Spannung, Strom und Widerstand an, und stellen Sie $P = f(U)$ für $R = 1\,k\Omega$ und $0\,V \leq U \leq 4\,V$ dar.**

$$P = U \cdot I$$

$$P = \frac{U^2}{R}$$

$$P = I^2 \cdot R$$

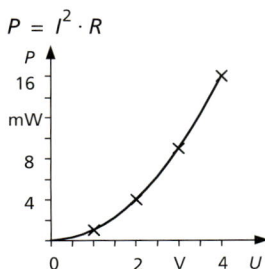

31 **Eine Glühlampe trägt die Aufschrift 230 V/100 W. Berechnen Sie die Stromstärke und den Betriebswiderstand.**

$I = 435$ mA

(Lösungsweg Seite 492)

$R = 529 \ \Omega$

(Lösungsweg Seite 492)

32 **Ein Heizkörper nimmt bei $U = 230$ V eine Leistung von 1000 W auf. Durch einen Vorwiderstand soll die Leistung der Heizung auf 700 W begrenzt werden.**

a) Welchen Wert muss der Vorwiderstand haben?
b) Für welche Leistung muss der Vorwiderstand ausgelegt sein?
c) Wie groß ist die dem Netz entnommene Leistung?

a) $R_V = 10,3 \ \Omega$

(Lösungsweg Seite 492)

b) $P_{RV} = 136,8$ W

(Lösungsweg Seite 492)

c) $P_{ges} = 836,8$ W

(Lösungsweg Seite 492)

33 **Die Spannung an einem elektrischen Verbraucher sinkt um 20 %. Um wie viel Prozent ändert sich dadurch die Leistung?**

Begründen Sie Ihre Antwort durch Berechnung.

Die Leistung sinkt um 36 %

(Lösungsweg Seite 492/493)

34 **In dem nachfolgenden elektrischen Stromkreis ist die von der Glühlampe aufgenommene Leistung zu überprüfen. Zur Verfügung stehen ein Spannungsmesser, ein Strommesser und ein Leistungsmesser.**

a) Indirekte Leistungsmessung

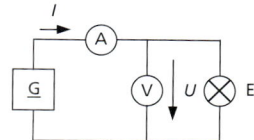

▷ Fortsetzung der Frage ▷

Geben Sie eine Messschaltung
a) zur indirekten Leistungs-
messung und
b) zur direkten Leistungs-
messung an.

▷ Fortsetzung der Antwort ▷

b) Direkte Leistungsmessung

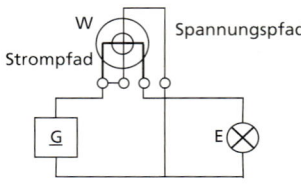

---

35 Ein Gleichstrommotor
treibt ein Getriebe an. Auf
dem Motor befindet sich der
folgende Auszug des Leis-
tungsschildes

DC-Motor	Nr. 9280
440 V	26 A
10 kW	

Berechnen Sie

a) die aufgenommene
Leistung,
b) die Verlustleistung,
c) den Wirkungsgrad des
Motors in %,
d) den Gesamtwirkungsgrad,
wenn das Getriebe einen
Wirkungsgrad von
$\eta_G = 0{,}95$ hat und
e) die monatlichen Energie-
kosten, wenn der Motor an
20 Tagen täglich 8 Stunden
bei einem Tarif von 0,10 €/
kWh in Betrieb ist.

a) $P_{zu} = 11\,440$ W

(Lösungsweg Seite 493)

b) $P_v = 1440$ W

(Lösungsweg Seite 493)

c) $h_M = 87$ %

(Lösungsweg Seite 493)

d) $h_{ges} = 0{,}83$

(Lösungsweg Seite 493)

e) $W = 1830{,}4$ kWh

$K = 183{,}04$ €

Der Betrieb des Motors verursacht pro Monat 183,04 € Energiekosten.

(Lösungsweg Seite 493)

36 **Die Kupferwicklung eines 24-V-Relais hat eine Masse von 200 g. Der Widerstand der Spule beträgt 288 Ω.**

a) **Berechnen Sie die elektrische Arbeit des Relais für eine Betriebszeit von 10 Minuten.**

b) **Welche Betriebstemperatur erreicht die Spule, wenn die Umgebungstemperatur 20 °C beträgt und der Wärmeverlust nicht berücksichtig wird?**

a) $W = 1200\ \text{Ws}$

(Lösungsweg Seite 493)

b) $J_2 = 35,4\ ^\circ\text{C}$

(Lösungsweg Seite 493)

3.3 Schaltungen im Gleichstromkreis

3.3.1 Reihenschaltung von Widerständen

37 **Formulieren Sie sinngemäß das 2. kirchhoffsche Gesetz (Maschenregel) und geben Sie für den nachfolgenden Stromkreis die zugehörige Größengleichung an.**

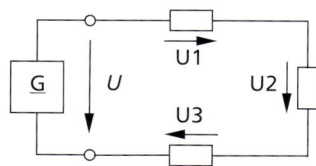

In einem geschlossenen Stromkreis (Masche) ist die Summe aller Spannungen gleich Null. Dabei müssen die Spannungen vorzeichenrichtig summiert werden.

$$U - U_1 - U_2 - U_3 = 0$$

Oder:

Die Summe der Teilspannungen an den Erzeugern ist so groß wie die Summe der Teilspannungen an den Verbrauchern.

$$U = U_1 + U_2 + U_3$$

38 Eine Glimmlampe soll über einen Vorwiderstand an $U =$ 230 V angeschlossen werden.

Berechnen Sie den Wert des Widerstandes und geben Sie den nächstliegenden Normwert nach der E24-Reihe sowie die Farbkennzeichnung an.

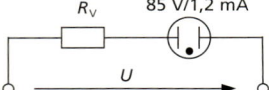

R_V 85 V/1,2 mA

U

$R_V = 121\ k\Omega$

(Lösungsweg Seite 494)

E24-Reihe: gewählt
$R_V = 120\ k\Omega$

Farbcode: braun, rot, gelb, gold
oder
braun, rot, schwarz,
orange, braun

39 In einem Schaltplan befindet sich die folgende Reihenschaltung eines Widerstandes R_V mit einem Relais R_R.

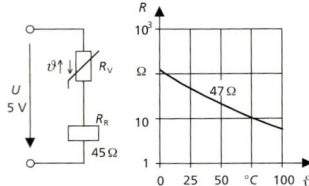

a) **Welche Widerstandsart ist in der Schaltung dargestellt?**
b) **Erklären Sie die Aufgabe des Widerstandes.**
c) **Bei welcher Temperatur des Widerstandes R_V spricht das Relais an, wenn der Ansprechstrom 90 mA beträgt?**
d) **Berechnen Sie die Teilspannung an R_V und R_R.**

a) Der Widerstand ist ein Heißleiter oder NTC-Widerstand.

b) Mit dem Heißleiter wird eine Anzugsverzögerung des Relais erreicht.
Nach Anlegen der Spannung fließt durch die Reihenschaltung ein Strom. Da der NTC-Widerstand im Einschaltmoment hochohmig ist, reicht die Stromstärke nicht aus, um das Relais anzuziehen. Der Stromfluss bewirkt aber eine Erwärmung des NTC-Widerstandes, der dadurch niederohmiger wird. Infolgedessen erhöht sich die Stromstärke und das Relais zieht ein.

c) $R_{ges} = 55,6\ \Omega$

(Lösungsweg Seite 494)

Für $R_V = 10,6\ \Omega$ ergibt sich aus der Kennlinie eine Temperatur von $\vartheta \approx 75\ °C$.

d) $U_{RV} = 0,95\ V$

$U_{RV} = 4,05\ V$

(Lösungsweg Seite 494)

40 **Die Leuchtdiode V (TLUR 5402 (rot)) dient zur Betriebsanzeige. Die Diode wird über einen Vorwiderstand an einer Spannung $U = 24$ V mit einem Strom $I_F = 20$ mA betrieben.**

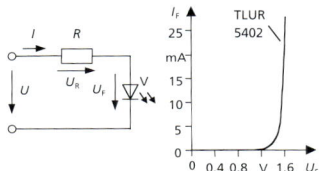

a) **Berechnen Sie den Widerstandswert des Vorwiderstandes und dessen Verlustleistung.**
b) **Ermitteln Sie den nächstliegenden Wert aus der E12-Reihe und geben Sie die Farbkennzeichnung an.**

a) $R = 1120\ \Omega$

$P = 0{,}448$ W

(Lösungsweg Seite 494)

b) Gewählter Wert aus der E12-Reihe: $R = 1{,}2$ kΩ, Farbcodierung: braun-rot-rot-silber

3.3.2 Parallelschaltung von Widerständen

41 **Formulieren Sie sinngemäß das 1. kirchhoffsche Gesetz (Knotenregel) und geben Sie für den nachfolgenden Stromkreis die zugehörige Größengleichung an.**

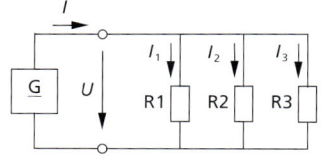

In jedem Stromverzweigungspunkt (Knotenpunkt) ist die Summe aller Ströme gleich Null. Dabei müssen zufließende und abfließende Ströme entgegengesetzte Vorzeichen haben.

$I - I_1 - I_2 - I_3 = 0$

oder:

Die Summe der einem Knotenpunkt zufließenden Ströme ist gleich der Summe der abfließenden Ströme.

$I = I_1 + I_2 + I_3$

42 Zum Abgleichen einer Schaltung benötigen Sie einen Widerstandswert von 170 Ω. Zur Verfügung stehen ein Widerstand 180 Ω aus der E12-Reihe und ein Potenziometer mit einem Maximalwiderstand von 4,7 kΩ.

Auf welchen Wert ist das Potenziometer einzustellen?

$R_2 = 3060 \ \Omega$

(Lösungsweg Seite 494)

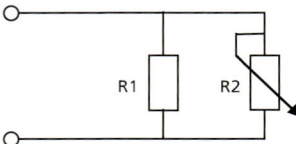

43 In dem nachfolgenden Schaltungsauszug ist der Wert des Widerstandes R_3 nicht mehr lesbar.

Berechnen Sie den Widerstandswert von R_3 für die gegebenen Werte.

$R_3 = 3 \ k\Omega$

(Lösungsweg Seite 495)

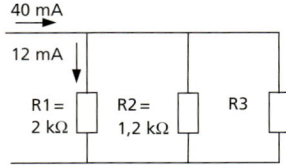

44 Die Widerstände $R_1 = 220$ Ω, $R_2 = 390 \ \Omega$ und $R_3 = 560 \ \Omega$ aus der E12-Reihe sind parallelgeschaltet.

Zwischen welchen Werten liegt der Gesamwiderstand unter Berücksichtigung der Widerstandstoleranzen?

$101 \ \Omega \leq R_{ges} \leq 124 \ \Omega$

(Lösungsweg Seite 495)

45 Die Lampen E1, E2 und E3 dienen zur Beleuchtung eines bestimmten Arbeitsbereichs.

a) Berechnen Sie den Strom I durch die 3 Lampen.

b) Wie viele Arbeitsbereiche können mit einer 16-A-Sicherung abgesichert werden?

a) $I = 1,848$ A

(Lösungsweg Seite 495/496)

b) 8 Arbeitsbereiche können mit einer 16-A-Sicherung abgesichert werden.

(Lösungsweg Seite 496)

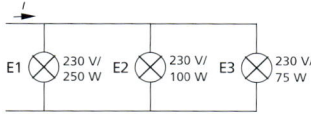

3.3.3 Gemischte Schaltungen

46 Die folgende Schaltung mit den Widerständen $R_1 = 220$ Ω, $R_2 = 82$ Ω, $R_3 = 390$ Ω und $R_4 = 470$ Ω liegt an einer Spannung von 24 V.

Berechnen Sie den Gesamtwiderstand und die Stromaufnahme der Schaltung.

$I = 190$ mA

(Lösungsweg Seite 496)

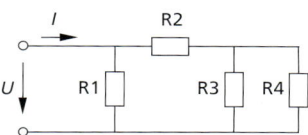

47 Ein Mensch steht auf einer leitfähigen, geerdeten Metallplatte. Durch eine Unachtsamkeit berührt er mit der rechten Hand ein aktives Teil (Phase L1, $U = 230$ V$_{AC}$). Berechnen Sie

a) $R = 973$ Ω

b) $I = 236$ mA

(Lösungsweg Seite 496)

▷

▷ **Fortsetzung der Frage** ▷

a) **den Körperwiderstand R**
b) **den Strom I, der durch den Menschen fließt.**

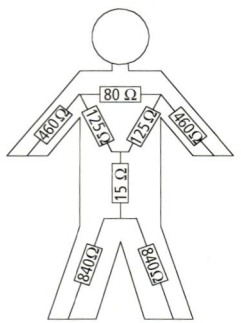

48 **Dimensionieren Sie den Widerstand R_2 so, dass im Einschaltmoment am Relais 6 V anliegen. Berechnen Sie den Vorwiderstand R_3 für $I_F = 20$ mA und ermitteln Sie die Spannung am Relais nach dem Schließen des Kontaktes K1.**

Im Einschaltmoment:

$R_2 = 45\ \Omega$

(Lösungsweg Seite 496)

Nach dem Durchschalten:

$I = 100$ mA

$R_3 = 370\ \Omega$

(Lösungsweg Seite 497)

$I_2 = 75$ mA

(Lösungsweg Seite 497)

$U_{R1} = 5{,}625$ V

(Lösungsweg Seite 497)

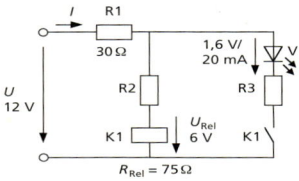

3.3.4 Spannungsteiler

49 **Der Spannungsteiler ist mit den Widerständen $R_1 = 220\ \Omega$, $R_2 = 100\ \Omega$ und $R_3 = 330\ \Omega$ aufgebaut.**

Berechnen Sie die Spannung U_{R3} und den Strom I_3 für eine Spannung $U = 24$ V.

$U_{R3} = 6,21$ V

$I_3 = 18,8$ mA

(Lösungsweg Seite 497)

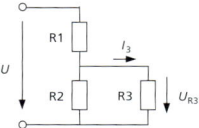

50 **Ein Spannungsteiler liegt an einer Gesamtspannung von 24 V. Bei einem Laststrom $I_3 = 60$ mA fällt über R_3 eine Spannung von $U_{R3} = 12$ V ab. Der Widerstand R_2 beträgt 150 Ω.**

Berechnen Sie

a) den Lastwiderstand R_3,
b) den Widerstand R_1,
c) das Querstromverhältnis q.

a) $R_3 = 200\ \Omega$

   (Lösungsweg Seite 497)

b) $R_1 = 85,7\ \Omega$

   (Lösungsweg Seite 497)

c) $q = 1,33$

   (Lösungsweg Seite 497)

51 **Gegeben ist der folgende Schaltungsauszug:**

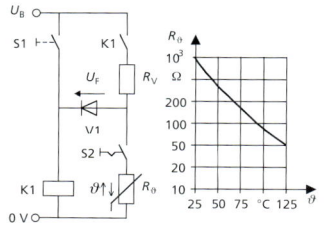

a) Bei Betätigung des Tasters S1 zieht das Relais an und hält sich über den Kontakt K1 und den Widerstand R_V selbst. R_V reduziert den Betriebsstrom durch das Relais.
Nach Schließen des Schalters S2 fließt über K1, R_V und R_ϑ ein Strom, der den NTC-Widerstand R_ϑ erwärmt.
Mit zunehmender Temperatur wird R_ϑ niederohmiger und die Stromstärke größer. Dadurch steigt der Spannungsfall über R_V. Ist die Spannung über R_V so groß,

▷ Fortsetzung der Frage ▷

Daten:

$U_B = 24$ V
$U_F = 0,64$ V;

Relais: Nennspannung
$U_N = 24$ V

Ansprechspannung
$U_{AN} = 18$ V

Abfallspannung
$U_{AB} = 3,6$ V

Widerstand
$R_{REL} = 650\ \Omega$.

a) Beschreiben Sie die Aufgaben der Widerstände R_V und R_ϑ.

b) Berechnen Sie den Einschaltstrom (Taster S1 betätigt) und den Widerstandswert von R_V für einen Dauerstrom von $I = 18,4$ mA.

c) Bei welcher Temperatur von R_ϑ fällt das Relais ab (Schalter S2 betätigt)?

▷ Fortsetzung der Antwort ▷

dass die Abfallspannung des Relais unterschritten wird, so fällt das Relais ab.
R_ϑ dient zur Abfallverzögerung des Relais.

b) Einschaltstrom:
$I_{Ein} = 36,9$ mA
$R_{ges} = 1270\ \Omega$
$R_V = 620\ \Omega$

(Lösungsweg Seite 498)

c) Aus dem Diagramm folgt für
$R_\vartheta = 161\ \Omega$: $\vartheta \approx 75\ °C$.

(Lösungsweg Seite 498)

3.3.5 Brückenschaltung

52 Stellen Sie eine Brückenschaltung dar und geben Sie die Abgleichbedingung an.

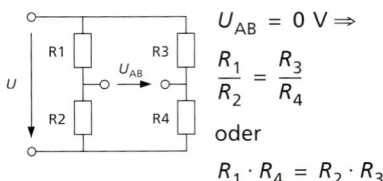

$U_{AB} = 0$ V $\Rightarrow$

$$\frac{R_1}{R_2} = \frac{R_3}{R_4}$$

oder

$$R_1 \cdot R_4 = R_2 \cdot R_3$$

53 Mit Hilfe der folgenden Brückenschaltung ist der unbekannte Widerstand R_X zu bestimmen.

a) Beschreiben Sie den Abgleichvorgang.

b) Ermitteln Sie den Widerstandswert von R_X, wenn die Brückenschaltung für $R_1 = 680\ \Omega$ abgeglichen ist.

a) Der Widerstandswert von R_1 wird so verändert, dass zwischen den Punkten A und B kein Potenzialunterschied mehr besteht. Wenn das Spannungsmessgerät 0 Volt anzeigt, ist die Brückenschaltung abgeglichen.

b) $R_x = 2206\ \Omega$.

(Lösungsweg Seite 498)

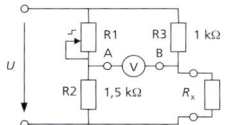

54 Ein magnetfeldabhängiger Widerstand befindet sich als Messaufnehmer in einer Brückenschaltung. Die Stärke des Magnetfeldes variiert von 0,5 T bis 1,5 T. Für die Brückenschaltung sind folgende Werte gegeben:
$U = 5$ V; $R_1 = R_2 = R_3 = 1$ kΩ; $R_0 = 100\ \Omega$.

Zwischen welchen Werten variiert die Spannung U_{AB}?

$-0{,}648$ V $\leq U_{AB} \leq 1{,}204$ V

(Lösungsweg Seite 499)

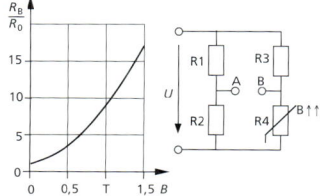

3.3.6 Spannungsquellen bei Belastung

**55 Stellen Sie eine Ersatz-
spannungsquelle sowie eine
Ersatzstromquelle mit Belastung dar und geben Sie die
Größen R_i, U_{KL} und I_L für
ideale Spannungs- und
Stromquellen an.**

Ersatzspannungsquelle

$R_i = 0\ \Omega$

$U_{KL} = U_0$ (konstant)

Ersatzstromquelle

$R_i \Rightarrow \infty$

$I_L = I_0$ (konstant)

**56 Welche der folgenden
Aussagen gilt für eine mit R_L
belastete Spannungsquelle?
Je kleiner der Widerstandswert von R_L wird, desto größer ist**

**a) der Innenwiderstand R_i
b) die Stromstärke I
c) die Klemmenspannung U_{KL}
d) der innere Spannungsfall U_i**

Je kleiner der Widerstandswert von
R_L wird, desto größer ist

b) die Stromstärke I und
d) der innere Spannungsfall U_i.

**57 Welche der nachstehen-
den Angaben trifft für eine
kurzgeschlossene Span-
nungsquelle zu?**

**a) Die Urspannung $U_0 = 0$ V
b) der innere Spannungsfall
$U_i = U_0$
c) die Klemmenspannung
$U_{KL} = 0$ V**

Für eine kurzgeschlossene Spannungsquelle trifft zu:

b) der innere Spannungsfall
$U_i = U_0$;
c) die Klemmenspannung $U_{KL} = 0$ V.

**58 Eine Batterie hat eine
Leerlaufspannung von 6 V
und einen Innenwiderstand
von 1,2 Ω.**

a) $U_{KL} = 5{,}81$ V

(Lösungsweg Seite 499)

b) $U_L = 5{,}70$ V

(Lösungsweg Seite 499)

▷

▷ **Fortsetzung der Frage** ▷

Über eine 12 m lange Doppelleitung soll eine Signallampe mit den Angaben 6 V/1 W betrieben werden. Der Querschnitt der aus Kupfer bestehenden Leitung beträgt 0,6 mm².

Berechnen Sie
a) die Klemmenspannung U_{KL}
b) die Spannung U_L an der Signallampe.

59 Die folgende Abbildung zeigt die Abhängigkeit der Klemmenspannung eines Netzgerätes von der Belastungsstromstärke.

Berechnen Sie

a) den Innenwiderstand R_i,
b) die Leerlaufspannung U_0,
c) den Lastwiderstand R_L bei einer Klemmenspannung von $U_{KL} = 11,75$ V
d) den Kurzschlussstrom I_K.

a) $R_i = 0,\bar{3}\ \Omega$

   (Lösungsweg Seite 500)

b) $U_0 = 12$ V

   (Lösungsweg Seite 500)

c) $R_L = 15,\bar{6}\ \Omega$

   (Lösungsweg Seite 500)

d) $I_K = 36$ A

   (Lösungsweg Seite 500)

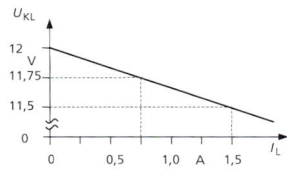

3.3.7 Reihenschaltung von Spannungsquellen

[60] **Bescreiben Sie für eine Reihenschaltung von Spannungsquellen den Zusammenhang zwischen der Gesamtspannung und den Einzelspannungen sowie dem Gesamtinnenwiderstand und den Einzelinnenwiderständen.**

Bei der Reihenschaltung von Spannungsquellen ergibt sich die Gesamtspannung aus der Summe der Einzelspannungen und der Gesamtinnenwiderstand aus der Summe der Einzelinnenwiderstände.

$$U_{0ges} = U_{01} + U_{02} + \ldots + U_{0n}$$

Für $U_{01} = U_{02} = \ldots = U_{0n} = U_0$

gilt: $U_{0ges} = n \cdot U_0$

$$R_{iges} = R_{i1} + R_{i2} + \ldots + R_{in}$$

Für $R_{i1} = R_{i2} = \ldots = R_{in} = R_i$

gilt: $R_{iges} = n \cdot R_i$

[61] **Eine Notstromanlage für Betrieb bei Netzausfall besteht aus einer Reihenschaltung von 115 Bleisammlern. Die Werte der verwendeten Sammler sind im zugehörigen Datenblatt mit U_0 = 2 V und R_i = 2,5 mΩ gegeben.**

a) Berechnen Sie die Leerlaufspannung und den Innenwiderstand der Notstromanlage.

b) Mit welchem kleinsten Widerstandswert darf die Notstromanlage maximal belastet werden, wenn der Wert der Klemmenspannung 90 % der Leerlaufspannung nicht unterschreiten darf?

a) U_{0ges} = 230 V

R_{iges} = 287,5 mΩ

(Lösungsweg Seite 500)

b) U_{KLmin} = 207 V

U_{imax} = 23 V

R_{Lmin} = 2,59 Ω

(Lösungsweg Seite 500)

3.3.8 Parallelschaltung von Spannungsquellen

62 Beschreiben Sie für eine Parallelschaltung von gleichen Spannungsquellen den Zusammenhang zwischen der Gesamtspannung und den Einzelspannungen sowie dem Gesamtinnenwiderstand und den Einzelinnenwiderständen.

Bei der Parallelschaltung von gleichen Spannungsquellen ist die Gesamtspannung so groß wie eine Einzelspannung. Der Gesamtinnenwiderstand ergibt sich aus der Parallelschaltung der Einzelinnenwiderstände.

$$U_{0ges} = U_{01} = U_{02} = \ldots = U_{0n}$$

$$R_{iges} = \cfrac{1}{\cfrac{1}{R_{i1}} + \cfrac{1}{R_{i2}} + \ldots + \cfrac{1}{R_{in}}}$$

Für $R_{i1} = R_{i2} = \ldots = R_{in} = R_i$

gilt: $R_{iges} = \dfrac{R_i}{n}$.

63 4 Spannungsquellen mit einer Leerlaufspannung von je 1,2 V werden parallel geschaltet. Die Innenwiderstände haben die Werte $R_{i1} = 0,8\ \Omega$, $R_{i2} = 0,6\ \Omega$, $R_{i3} = 1,2\ \Omega$ und $R_{i4} = 0,9\ \Omega$

Berechnen Sie den Gesamtinnenwiderstand und den Kurzschlussstrom der Schaltung.

$R_{iges} = 0,206\ \Omega$

$I_K = 5,83\ A$

(Lösungsweg Seite 500)

3.4 Elektrisches Feld und Kondensator

64 Wie können elektrische Felder dargestellt werden?

Durch die Darstellung von Feldlinien werden elektrische Felder veranschaulicht.

65 Was ist aus dem Verlauf der Feldlinien bei der Darstellung eines elektrischen Feldes zu erkennen?

Aus dem Verlauf der Feldlinien lässt sich erkennen:

– die Stärke des Feldes (je dichter die Feldlinien, desto größer die Feldstärke),
– die Polarität der Ladungen (die Feldlinien verlaufen vom Pluspol zum Minuspol, sie treten senkrecht zur Oberfläche aus und ein),
– die Art des elektrischen Feldes (verlaufen die Feldlinien parallel und haben alle den gleichen Abstand, dann nennt man das Feld homogen, sonst inhomogen).

66 Geben Sie ein Beispiel für ein homogenes und ein inhomogenes Feld an, und erklären Sie die Unterschiede.

Homogenes Feld:	Inhomogenes Feld:
Stärke und Richtung des Feldes sind überall gleich.	Verschiedene Stärke und/oder Richtung des Feldes

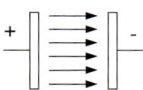 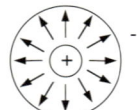

67 Erklären Sie den Begriff Influenz.

Elektrische Influenz ist die Ladungstrennung in einem Leiter unter dem Einfluss eines elektrischen Feldes.

68 Erklären Sie den Begriff Polarisation.

Als Polarisation wird die Ladungsverschiebung in einem Isolierstoff unter dem Einfluss eines elektrischen Feldes bezeichnet.

69 Nennen Sie Möglichkeiten zur Abschirmung elektrischer Felder.

Elektrische Felder können durch geerdete Drahtgeflechte, Drahtgitter oder Metallflächen abgeschirmt werden. Es entsteht ein Faradayscher Käfig, der im Inneren feldfrei ist.

70 **Zwischen den Belägen eines Wickelkondensators befindet sich als Dielektrikum der Kunststoff Polycarbonat (E_d = (30 ... 50) kV/mm). Der Kondensator ist für eine Spannung von 630 V – ausgelegt.**

Berechnen Sie die Mindestdicke des Dielektrikums.

Für die Berechnung der Dicke des Dielektrikums muss von der kleinsten Durchschlagfestigkeit ausgegangen werden.

Das Dielektrikum muss 21 μm dick sein.

(Lösungsweg Seite 501)

71 **Erklären Sie den prinzipiellen Aufbau eines Kondensators.**

Prinzipiell besteht ein Kondensator aus zwei Elektroden, zwischen denen sich ein isolierender Werkstoff, das Dielektrikum, befindet

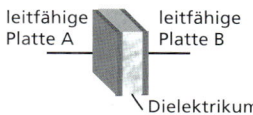

leitfähige Platte A   leitfähige Platte B

Dielektrikum

72 **Stellen Sie das Ersatzschaltbild eines Kondensators dar und begründen Sie dieses.**

Da das Dielektrikum kein idealer Isolator ist, wirkt es wie ein parallelgeschalteter Widerstand. Vom Hersteller wird oft die Zeitkonstante

$\tau = R_{is} \cdot C$

angegeben.

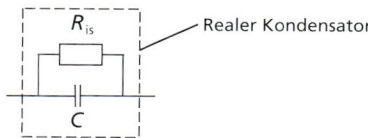

R_{is} Realer Kondensator

C

73 **In einem Datenblatt für Kondensatoren finden Sie folgende Angaben:**

```
┌─────────────────┐
│ 0,47            │
│ 350 V−      ⎫   │
│ 250 V~      ⎬ MKS│
│ 10 %        ⎭   │
└─────────────────┘
   │ RM   27,5 │
```

a) **Erklären Sie die einzelnen Angaben.**
b) **Wie groß sind minimale und maximale Kapazität des Kondensators?**
c) **Welche Ladung nimmt der Kondensator an 350 V auf?**

a) 0,47   Der Kondensator hat eine Nennkapazität von $C_N = 0,47\ \mu F$

     350 V−   Maximal zulässige Gleichspannung, mit der der Kondensator betrieben werden darf.

     250 V~   Maximal zulässige Wechselspannung, mit der der Kondensator betrieben werden darf.

     10 %   Toleranz der Kapazität

     MKS   M – metallisierte Beläge,
K – Kunststoff als Dielektrikum
S – Polystyrol (Art der Dielektrikums).

b) $C_{min} = 0,423\ \mu F$
$C_{max} = 0,517\ \mu F$

(Lösungsweg Seite 501)

c) $Q = 164,5\ \mu As$

(Lösungsweg Seite 501)

74 **Begründen Sie, warum ein gepolter Elektrolytkondensator nicht mit falscher Polung an Gleichspannung angeschlossen werden darf.**

Wird ein gepolter Elektrolytkondensator mit falscher Polung an Gleichspannung angeschlossen, so wird die Oxidschicht an der Anode, die das Dielektrikum bildet, abgebaut. Es entsteht damit ein Kurzschluss zwischen den Platten.

75 **Von welchen Größen ist die Kapazität eines Kondensators abhängig? Geben Sie die Abhängigkeit an.**

Die Kapazität C eines Kondensators ist abhängig von

– der Größe der Plattenfläche A;
   $C \sim A$;
– dem Abstand der Platten;
   $C \sim 1/d$;
– dem Material des Dielektrikums;
   $C \sim \varepsilon_r$;
– der elektrischen Feldkonstanten;
   $C \sim \varepsilon_0$.

76 Zur Messung des Füllstands befinden sich zwei parallele Platten senkrecht in einem Tank. Die Höhe und Breite der Platten ist mit $h = 800$ mm und $b = 120$ mm gegeben. Der Abstand der Platten beträgt 8 mm. Der Tank wird mit Pflanzenöl ($\varepsilon_r = 4{,}5$) befüllt. Befinden sich die Platten komplett im Öl, muss das Warnsignal „Tank voll" ertönen.

a) Bei welcher Kapazität wird das Signal eingeschaltet?
b) Welche Kapazität zeigt der Fühler bei leerem Tank?

a) Fühler in Öl: $C_{max} = 474$ pF
   (Lösungsweg Seite 501)

b) Fühler in Luft: $C_{min} = 106$ pF
   (Lösungsweg Seite 501)

77 Die Kondensatoren $C_1 = 4{,}7$ µF und $C_2 = 2{,}2$ µF liegen parallel und sind an 24 V Gleichspannung angeschlossen. Berechnen Sie die Gesamtkapazität der Parallelschaltung sowie die Ladung der Kondensatoren.

$C_{ges} = 6{,}9$ µF
$Q_1 = 113$ µAs
$Q_2 = 52{,}8$ µAs
(Lösungsweg Seite 501)

78 Zwei Kondensatoren mit den Kapazitäten $C_1 = 6{,}8$ µF und $C_2 = 4{,}7$ µF liegen in Reihe an $U = 60$ V.

Berechnen Sie

a) die Gesamtkapazität und
b) die Gesamtladung der Schaltung sowie
c) die Teilspannungen über den Kondensatoren.

a) $C = 2{,}78$ µF
   (Lösungsweg Seite 501)

b) $Q = 167$ µAs
   (Lösungsweg Seite 501)

c) $U_1 = 24{,}5$ V
   $U_2 = 35{,}5$ V
   (Lösungsweg Seite 502)

79 In einer Schaltung wird eine Kapazität von 12 μF benötigt. Zur Verfügung stehen die 3 Kondensatoren $C_1 = 3,3$ μF, $C_2 = 4,7$ μF und $C_3 = 10$ μF. Mit diesen soll möglichst genau der geforderte Wert realisiert werden.

Zeichnen und dimensionieren Sie die Schaltung. Berechnen Sie die Gesamtkapazität.

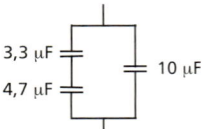

$C_{ges} = 11,9$ μF

(Lösungsweg Seite 502)

80 Ermitteln Sie die Gesamt-kapazität der folgenden Schaltung

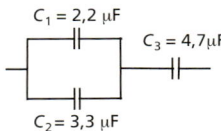

$C_{ges} = 2,5$ μF

(Lösungsweg Seite 502)

81 Zum Zeitpunkt $t = 0$ s wird der spannungslose Kondensator C über den Vorwiderstand R_V und den Schalter S1 an die Betriebsspannung angeschlossen. Nach 10 Sekunden wird der Schalter umgeschaltet. Stellen Sie den Verlauf der Spannung von $t = 0$ s bis $t = 20$ s grafisch dar.

$\tau = R_V \cdot C$; $\tau = 200$ kΩ $\cdot$ 10 μF ; $\tau = 2$ s

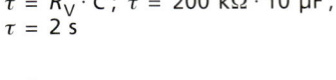

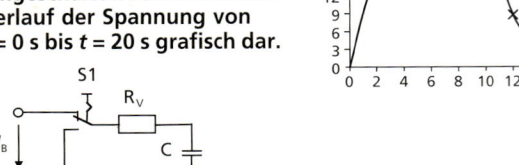

$U_B = 24$ V
$R_V = 200$ kΩ
$C = 10$ μF

82 **In einem Schaltplan finden Sie den folgenden Schaltungsauszug:**

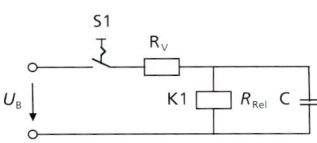

U_B = 24 V; R_V = 680 Ω; C = 47 µF.

In den Datenblättern für das Relais finden Sie:

Nennspannung:
U_N = 16 V;
Ansprechspannung:
U_{AN} = 11,2 V;
Abfallspannung:
U_{AB} = 2,4 V;
Spulenwiderstand:
R_{Rel} = 1130 Ω.

a) **Was bewirkt der Kondensator in der Schaltung?**
b) **Auf welchen Wert lädt sich der Kondensator auf?**
c) **Welche Ladung kann der Kondensator aufnehmen?**
d) **Nach welcher Zeit nach dem Einschalten zieht das Relais an?**
e) **Nach welcher Zeit nach dem Ausschalten fällt das Relais ab?**

a) Der Kondensator bewirkt eine Anzugs- und Abfallverzögerung des Relais.

b) u_{cmax} = 15,0 V

(Lösungsweg Seite 502)

c) Q = 0,705 mAs

(Lösungsweg Seite 502)

d) t = 27,4 ms

(Lösungsweg Seite 502)

e) t = 97,3 ms

(Lösungsweg Seite 503)

3.5 Magnetisches Feld und Spule

83 Stellen Sie den Verlauf der magnetischen Feldlinien für einen Stab- und einen Hufeisenmagneten dar.

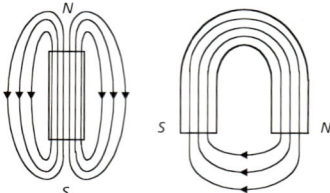

84 Nennen Sie 3 ferromagnetische Grundstoffe.

Ferromagnetische Grundstoffe sind Eisen, Kobalt und Nickel.

85 Erklären Sie den Begriff magnetisieren.

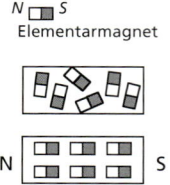

Elementarmagnet

Alle ferromagnetischen Werkstoffe sind aus Elementarmagneten aufgebaut. Sind diese Werkstoffe nicht magnetisiert, dann sind die Elementarmagnete ungeordnet. Durch Magnetisieren ordnen sich die Elementarmagnete so an, dass ein einziger Magnet entsteht.

Magnetisieren ist das Ausrichten der Elementarmagnete.

86 Erklären Sie den Unterschied zwischen hartmagnetischen und weichmagnetischen Werkstoffen.

Werkstoffe, die den Magnetismus leicht verlieren, d. h. die ausgerichteten Elementarmagnete leicht in den ungeordneten Zustand zurückgehen, werden weichmagnetisch genannt. Werkstoffe, die den Magnetismus beibehalten, d. h. bei denen die meisten Elementarmagnete ausgerichtet bleiben, heißen hartmagnetisch.

87 **Nennen Sie Möglichkeiten zur Entmagnetisierung von Werkstücken und Werkzeugen.**

Werkstücke und Werkzeuge können durch

– ein abnehmendes magnetisches Wechselfeld,
– Erwärmung auf die Curie-Temperatur und
– starke mechanische Erschütterungen

entmagnetisiert werden.

88 **Durch einen Leiter fließt ein Strom. Stellen Sie die Wirkung des Stromes in der Umgebung des Leiters dar.**

Um jeden stromdurchflossenen Leiter bildet sich ein magnetisches Feld.

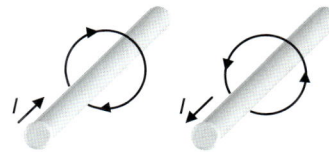

89 **Beschreiben Sie die Wirkung zwischen zwei parallel verlaufenden, stromdurchflossenen Leitern.**

Parallele, vom Strom durchflossene Leiter üben Kräfte aufeinander aus.

Verlaufen die Ströme in gleicher Richtung durch die Leiter, so wird das resultierende Magnetfeld zwischen den Leitern geschwächt, die Leiter ziehen sich an.

Verlaufen die Ströme in entgegengesetzter Richtung durch die Leiter, so wird das resultierende Magnetfeld zwischen den Leitern verstärkt, die Leiter stoßen sich ab.

90 **Die dargestellte Spule mit Eisenkern wird von einem Strom I = 1 A durchflossen.**

a) **Tragen Sie den Verlauf der magnetischen Feldlinien ein und kennzeichnen Sie Nordpol und Südpol.**

a)

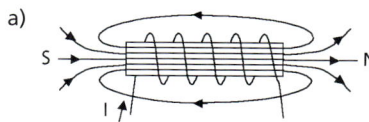

▷ **Fortsetzung der Frage** ▷

▷ **Fortsetzung der Antwort** ▷

b) Berechnen Sie die magnetische Durchflutung für die dargestellten Windungen.

b) $\Theta = I \cdot N$; $\Theta = 1\,A \cdot 5$; $\Theta = 5\,A$.

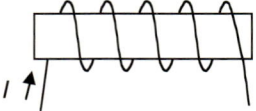

91 Beschreiben Sie die Funktionsweise des dargestellten Reedrelais.

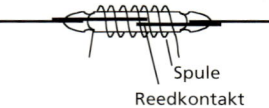

Spule

Reedkontakt

Der Reedkontakt besteht aus zwei elektrisch und magnetisch leitenden Kontaktzungen. Fließt durch die Spule ein Strom, so bilden die Kontaktzungen zwei Elektromagnete, deren Polarität von der Stromrichtung abhängt. Nord- und Südpol ziehen sich an und schließen damit den Kontakt.

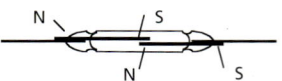

92 Geben Sie die Informationen an, die sich aus der dargestellte Hystereseschleife ableiten lassen.

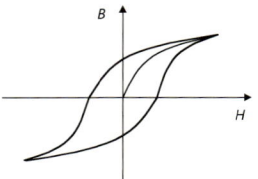

Remanenz (Remanenzflussdichte B_r) – Restmagnetismus; Flussdichte, die nach dem Abschalten des Erregerstromes im Kern zurückbleibt; Koerzitivfeldstärke H_c – Feldstärke, die notwendig ist, um den Restmagnetismus aufzuheben.

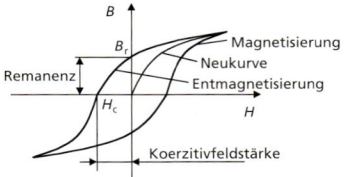

93 Eine Relaisspule mit N = 7 100 Windungen und einem Spulenwiderstand von R = 468 Ω liegt an einer Spannung von U = 24 V.

Berechnen Sie

a) die aufgenommene Leistung der Spule und

b) die Feldstärke der Spule bei einer mittleren Feldlinienlänge von 110 mm.

a) P = 1,23 W

(Lösungsweg Seite 503)

b) H = 3310 $\frac{A}{m}$

(Lösungsweg Seite 503)

94 Der Eisenkern einer Spule mit 1 500 Windungen besteht aus Elektroblech V 300-50 A und hat die untenstehenden Abmessungen. An einer Spannung von 12 V nimmt die Spule eine Leistung von 8 W auf.

Berechnen Sie
a) die Durchflutung,
b) die Feldstärke der Spule
c) die magnetische Flussdichte und
d) den magnetischen Fluss im Eisenkern.

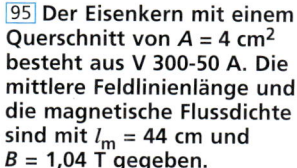

a) Θ = 1 000 A

(Lösungsweg Seite 503)

b) H = 2 500 $\frac{A}{m}$

(Lösungsweg Seite 503)

c) Aus der Magnetisierungskennline für Elektroblech V 300-50 A folgt für H = 2 500 A/m : B ≈ 1,5 T.

d) Φ = 0,6 · 10^{-3} Vs

(Lösungsweg Seite 503)

95 Der Eisenkern mit einem Querschnitt von A = 4 cm² besteht aus V 300-50 A. Die mittlere Feldlinienlänge und die magnetische Flussdichte sind mit l_m = 44 cm und B = 1,04 T gegeben.

Berechnen Sie den magnetischen Widerstand und den magnetischen Leitwert.

R_m = 212 · $10^3 \frac{A}{Vs}$

(Lösungsweg Seite 503/504)

Λ = 4,72 · $10^{-6} \frac{Vs}{A}$

96 In einem magnetischen Kreis soll im Luftspalt eine magnetisch Flussdichte von $B = 0{,}9$ T eingestellt werden. Der Eisenkern mit einheitlichem Querschnitt besteht aus Elektroblech V 300-50 A. Die Spule hat 1200 Windungen.

Berechnen Sie die für die Erzeugung der magnetischen Flussdichte erforderliche Stromstärke.

$I = 1{,}85$ A

(Lösungsweg Seite 504)

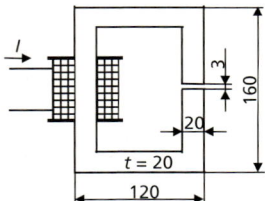

97 Zwischen den Polen eines Dauermagneten befindet sich ein stromdurchflossener Leiter.

Stellen Sie das resultierende Magnetfeld mit Hilfe von Feldlinien dar und beschreiben Sie die Wirkung des Magnetfeldes auf den Leiter.

Ein stromdurchflossener Leiter wird im Magnetfeld abgelenkt. Die Richtung der Ablenkkraft hängt von der Richtung des Magnetfeldes und von der Richtung des Stromes durch den Leiter ab.

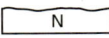

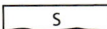

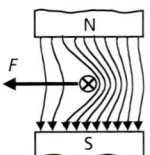

98 Geben Sie die Abhängigkeit der Kraft auf einen stromdurchflossenen Leiter im Magnetfeld an.

Die Kraft auf einen Leiter im Magnetfeld ist umso größer,

je größer die Stromstärke durch den Leiter ist ($F \sim I$),

je größer die wirksamen Länge des Leiters ist ($F \sim l$),

je größer die magnetische Induktion ist ($F \sim B$).

$\Rightarrow F = I \cdot l \cdot B$

**99 Eine stromdurchflossene Leiterschleife ist drehbar zwischen den Polen eines Dauermagneten gelagert.
Stellen Sie für die folgende Anordnung das resultierende Feld und die Richtung der Kraft dar. Durch welche Maßnahmen kann eine Drehrichtungsumkehr erfolgen?**

Auf eine stromdurchflossene Leiterschleife wirkt in einem Magnetfeld ein Drehmoment.

Eine Umkehr der Drehrichtung kann

- durch Umkehr der Stromrichtung in der Leiterschleife oder
- durch Umkehr der Richtung des Magnetfeldes

erfolgen.

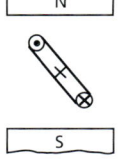

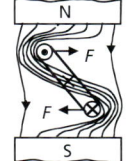

100 Erklären Sie die Spannungserzeugung durch Induktion der Bewegung (Generatorprinzip).

Wird eine Leiterschleife in einem Magnetfeld quer zu den magnetischen Feldlinien bewegt, so bewegen sich die freien Elektronen in dem Leiter ebenfalls in diese Richtung. Sich bewegende Elektronen erzeugen aber in Abhängigkeit von der Bewegungsrichtung ein Magnetfeld. Das resultierende Magnetfeld der beiden magnetischen Felder treibt die Elektronen dann in einer Richtung durch

$\triangleright$

▷ **Fortsetzung der Antwort** ▷

den Leiter, sodass an dem einen Ende des Leiters ein Elektronenüberschuss und an dem anderen Ende ein Elektronenmangel entsteht.

101 Eine Leiterschleife wird in einem Magnetfeld so bewegt, dass während der Bewegung in ihr eine Spannung induziert wird. Von welchen physikalischen Größen hängt die induzierte Spannung ab? Geben Sie die Abhängigkeiten an.

Der Betrag der induzierten Spannung ($|U_0|$) einer im Magnetfeld quer zu den magnetischen Feldlinien bewegten Leiterschleife ist um so größer,

- je größer die Bewegungsgeschwindigkeit ist ($|U_0| \sim v$)
- je größer die wirksame Länge des Leiters ist ($|U_0| \sim l$)
- je größer die magnetische Induktion ist ($|U_0| \sim B$).
  $$\Rightarrow |U_0| = B \cdot l \cdot v$$

Unter Berücksichtigung der lenzschen Regel ergibt sich die Richtung der induzierten Spannung.

$$\Rightarrow U_0 = -B \cdot l \cdot v$$

102 In einem Magnetfeld mit der Induktion $B = 1,4$ T wird eine Leiterschleife mit einer Geschwindigkeit von

$v = 4\,\dfrac{m}{s}$ bewegt.

Berechnen Sie den Betrag der Induktionsspannung für eine wirksame Leiterlänge von $l = 3,6$ cm.

$|U_0| = 201,6$ mV
(Lösungsweg Seite 504)

103 Erklären Sie die Spannungserzeugung durch Induktion der Ruhe (Transformatorprinzip).

Der durch die Primärwicklung fließende Wechselstrom I_1 erzeugt einen Wechselfluss Φ. Dieser Fluss induziert in der Sekundärspule eine elektrische Spannung U_2.

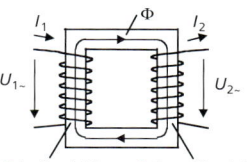

Primärwicklung Sekundärwicklung

104 Der Primärstrom eines Übertragers erzeugt den im folgenden Diagramm dargestellten Fluss Φ.

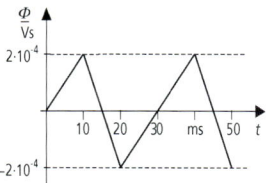

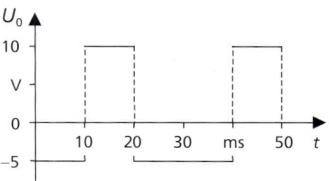

(rechnerische Herleitung Seite 504/505)

Die Sekundärwicklung besteht aus 250 Windungen.
Stellen Sie die Ausgangsspannung grafisch dar.

105 Auf einem Keramikring mit kreisförmigem Querschnitt und den Durchmessern

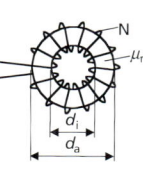

d_a = 8,2 cm sowie d_i = 6,4 cm befinden sich 240 Windungen.

Berechnen Sie die Induktivität der Ringspule.

L = 20 µH
(Lösungsweg Seite 505)

106 **3 Entstörspulen**
$L_1 = 680\ \mu H$, $L_2 = 3{,}3\ mH$ und
$L_3 = 15\ mH$ liegen in Reihe.

**Berechnen Sie die Gesamtin-
duktivität und vergleichen Sie
diese mit den Einzelinduktivi-
täten.**

$L_{ges} = 18{,}98\ mH$

(Lösungsweg Seite 505)

In der Reihenschaltung ist die
Gesamtinduktivität stets größer als
die größte Einzelinduktivität, sie
ergibt sich aus der Summe der Einzel-
induktivitäten.

107 **Zwei Spulen mit den
Induktivitäten $L_1 = 100\ mH$
und $L_2 = 220\ mH$ sind parallel
geschaltet.**

**Berechnen Sie die Gesamtin-
duktivität und vergleichen Sie
diese mit den Einzelinduktivi-
täten.**

$L_{ges} = 68{,}75\ mH$

(Lösungsweg Seite 505)

In der Parallelschaltung ist die
Gesamtinduktivität stets kleiner als
die kleinste Einzelinduktivität.

108 **Stellen Sie das Ersatzschaltbild einer realen, eisen-
losen Spule dar und begründen Sie dieses.**

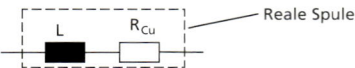

Reale Spule

Da der aufgewickelte Draht der Spule
einen Wirkwiderstand (Kupferwiderstand R_{Cu}) hat, kann die reale Spule
als Reihenschaltung aus einer idealen
Spule und einem Wirkwiderstand
angesehen werden.

109 **Eine Relaisspule mit
einer Anfangsinduktivität
von $L = 1{,}45\ H$ (Anker offen)
und einem Kupferwiderstand
von $R_{Cu} = 695\ \Omega$ liegt an einer
Spannung von $U_B = 24\ V$.**

a) **Berechnen Sie den
Betriebsstrom.**
b) **Nach welcher Zeit t_1 ist der
Strom i_1 auf den halben
Betriebsstrom angestie-
gen?**
c) **Wie ändert sich die Induktivität, wenn der Anker
geschlossen wird?**

a) $I_B = 34{,}5\ mA$

(Lösungsweg Seite 506)

b) $t_1 = 1{,}45\ ms$

(Lösungsweg Seite 506)

c) Die Induktivität der Relaisspule
wird größer, da der magnetische
Widerstand durch den geschlossenen Eisenkern kleiner wird:

$$L = \frac{N^2}{R_m}.$$

3.6 Grundlagen der Wechselstromtechnik

110 **Erklären Sie die Begriffe**

a) **Gleichspannung**
b) **Wechselspannung**
c) **Mischspannung**

a) **Gleichspannung:** Betrag und Richtung der Spannung ändern sich nicht.
b) **Wechselspannung:** Betrag und Richtung der Spannung ändern sich periodisch. Der arithmetische Mittelwert ist null.
c) **Mischspannung:** Überlagerung aus Gleich- und Wechselspannung.

111 **Bezeichnen Sie die Größen a) bis c) des folgenden Liniendiagramms.**

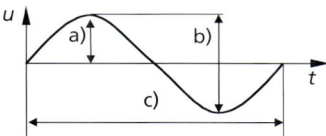

a) Amplitude, Scheitelwert $\hat{u}$ oder Spitzenwert u_s oder u_p (p – peak),
b) Spitze-Tal-Wert $\hat{\underline{u}}$ oder Spitze-Spitze-Wert u_{ss} oder u_{pp} (pp – peak-peak).
$$u_{ss} = 2 \cdot u_s$$
c) Periodendauer T

112 **Beschreiben Sie eine Möglichkeit zur Erzeugung einer sinusförmigen Spannung.**

Rotiert eine Leiterschleife in einem homogenen Magnetfeld mit konstanter Geschwindigkeit, so wird in ihr eine sinusförmige Spannung induziert.

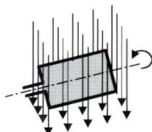

113 **Erklären Sie die Begriffe Frequenz, Kreisfrequenz und Augenblickswert.**

Die **Frequenz** f ist die Anzahl der Schwingungen in einer Sekunde.

$$f = \frac{1}{T}; \; [f] = \frac{1}{s} = 1 \text{ Hz}$$

Die **Kreisfrequenz** ω (Winkelgeschwindigkeit) gibt an, welchen Win-

▷

▷ **Fortsetzung der Antwort** ▷

kel (im Bogenmaß) ein Zeiger je Sekunde zurücklegt.

$$w = 2 \cdot \pi \cdot f$$

Der **Augenblickswert** u (Momentanwert) eines sich ändernden Signals ist der Wert, der zu einem bestimmten Zeitpunkt (im jeweiligen Betrachtungsaugenblick) vorhanden ist. Augenblickswert einer Spannung:

$$u(t) = \hat{u} \cdot \sin(w \cdot t)$$

114 **Die Netzspannung (230 V/50 Hz) hat einen Scheitelwert von $\hat{u} = 325$ V.**

Berechnen Sie die Augenblickswerte a) 2 ms, b) 5 ms, c) 10 ms, d) 15 ms und e) 25 ms.

a) $u(t) = 191$ V

   (Lösungsweg Seite 506)

b) $u(t) = 325$ V

   (Lösungsweg Seite 506)

c) $u(t) = 0$ V

   (Lösungsweg Seite 506)

d) $u(t) = -325$ V

   (Lösungsweg Seite 506)

e) $u(t) = 325$ V

   (Lösungsweg Seite 506)

115 **Geben Sie die folgenden Winkel im Bogenmaß an:**

a) $\alpha = 21°$ e) $\alpha = 90°$
b) $\alpha = 35°$ f) $\alpha = 120°$
c) $\alpha = 45°$ g) $\alpha = 210°$
d) $\alpha = 75°$ h) $\alpha = 300°$

$$\widehat{\alpha} = \frac{\pi}{180°} \cdot \alpha$$

a) $\widehat{\alpha} = 0{,}367$
b) $\widehat{\alpha} = 0{,}611$

c) $\widehat{\alpha} = 0{,}785 = \frac{\pi}{4}$

d) $\widehat{\alpha} = 1{,}308$

e) $\widehat{\alpha} = 1{,}570 = \frac{\pi}{2}$

f) $\widehat{\alpha} = 2{,}094 = \frac{2 \cdot \pi}{3}$

g) $\widehat{\alpha} = 3{,}665 = \frac{7}{6} \cdot \pi$

h) $\widehat{\alpha} = 5{,}236 = \frac{5}{3} \cdot \pi$

116 **Nennen Sie zwei Arten der grafischen Darstellungen sinusförmiger Wechselgrößen.**

Sinusförmige Wechselgrößen können grafisch dargestellt werden als Zeiger- oder Liniendiagramm.

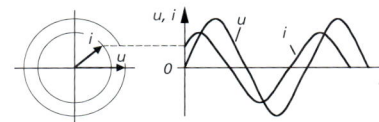

117 **Erklären Sie den Begriff Effektivwert am Beispiel eines Wechselstromes, und geben Sie den Zusammenhang zwischen Effektivwert und Scheitelwert eines sinusförmigen Wechselstromes an.**

Der Effektivwert eines Wechselstromes bewirkt an einem ohmschen Widerstand den gleichen Effekt (d. h. die gleiche Erwärmung) wie ein entsprechender Gleichstrom.

Effektivwerte werden wie Gleichwerte mit Großbuchstaben bezeichnet.

$$I = \frac{i_s}{\sqrt{2}} = \frac{\hat{\imath}}{\sqrt{2}}$$

118 **Eine sinusförmige Wechselspannung hat bei $\alpha = 60°$ einen Augenblickswert von $u = 52$ V.**

Berechnen Sie

a) den Scheitelwert und
b) den Effektivwert

der Wechselspannung.

$\hat{u} = 60$ V
(Lösungsweg Seite 506)

$U = 42,4$ V
(Lösungsweg Seite 506)

119 **Eine Gleichspannung $U_1 = 12$ V wird von einer sinusförmigen Wechselspannung mit $\hat{u}_2 = 6$ V überlagert.**

Berechnen Sie den Effektivwert der Mischspannung.

$U_{\text{Misch}} = 12,73$ V
(Lösungsweg Seite 507)

120 Stellen Sie 3 periodische, nicht sinusförmige Wechselspannungen dar.

Rechteck-spannung   **Dreieck-spannung**

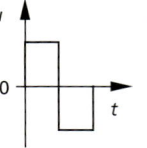 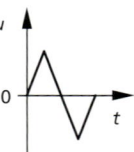

Sägezahnspannung

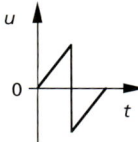

121 Erklären Sie den Begriff Phasenverschiebung, und stellen Sie 2 gegeneinander phasenverschobene Wechselspannungen

a) als Zeigerdiagramm und
b) als Liniendiagramm dar.

Tragen Sie den Phasenverschiebungswinkel an.

Zwischen zwei sinusförmigen Wechselspannungen besteht eine Phasenverschiebung, wenn die Spannungen zu verschiedenen Zeiten ihre Scheitelwerte erreichen.

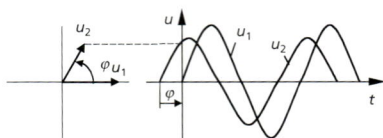

122 Ermitteln Sie für die Spannungen u_1 (Kanal I) und u_2 (Kanal II) mit Hilfe der folgenden Oszillogramme

a) die Scheitel- und Effektivwerte,
b) die Periodendauer und die Frequenz,
c) die Phasenverschiebung von u_2.

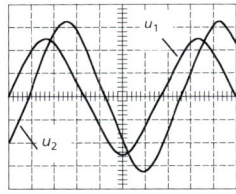

Y-Ablenkung:
K I: 5 V/DIV;
K II: 2 V/DIV;

Zeitablenkung:
2 ms/DIV

a) **K I:** $\hat{u}_1 \approx 12{,}5$ V
$\qquad U_1 = 8{,}84$ V
 K II: $\hat{u}_2 \approx 6{,}6$ V
$\qquad U_2 = 4{,}67$ V

(Lösungsweg Seite 507)

b) $T = 13{,}4$ ms
$\quad f = 74{,}6$ Hz

(Lösungsweg Seite 507)

c) $\varphi_2 = 48{,}4°$
$\quad \widehat{\varphi_2} = 0{,}845$

(Lösungsweg Seite 507)

---

123 Von welchen Größen hängt der induktive Widerstand einer Spule ab?

Geben Sie die Abhängigkeiten an.

Der induktive Widerstand einer Spule ist abhängig von

– der Induktivität der Spule ($X_L \sim L$) und
– der Frequenz der Spannung ($X_L \sim f$).

Je höher die Induktivität und die Frequenz, desto größer der induktive Widerstand der Spule.

$X_L = 2 \cdot \pi \cdot f \cdot L$; $X_L = \omega \cdot L$

---

124 Eine Relaisspule für 230 V/50 Hz hat einen induktiven Widerstand von $X_L = 251\ \Omega$. Berechnen Sie die Induktivität der Spule.

$L = 799$ mH
(Lösungsweg Seite 507)

125 Eine Spule mit einer Induktivität von 220 mH wird in einem Frequenzbereich von 0 Hz bis 500 Hz betrieben.

Stellen Sie die Abhängigkeit des induktiven Widerstandes von der Frequenz ($X_L = f(f)$) grafisch dar.

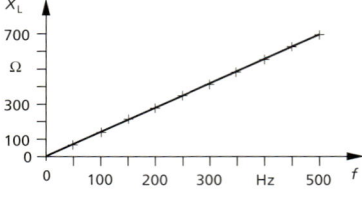

126 Von welchen Größen hängt der kapazitive Widerstand eines Kondensators ab?

Geben Sie die Abhängigkeiten an.

Der kapazitive Widerstand eines Kondensators ist abhängig von

– der Kapazität des Kondensators ($X_C \sim 1/C$) und
– der Frequenz der Spannung ($X_C \sim 1/f$),

Je höher die Kapazität und die Frequenz, desto größer der kapazitive Widerstand des Kondensators.

$$X_C = \frac{1}{2 \cdot \pi \cdot f \cdot C} \; ; \; X_C = \frac{1}{\omega \cdot C}$$

127 Ein Anlaufkondensator mit einer Kapazität von 5,1 µF wird an 230 V/50 Hz betrieben. Berechnen Sie den kapazitiven Widerstand und den Betriebsstrom.

$X_C = 624 \; \Omega$

$I = 0,369 \; A$

(Lösungsweg Seite 508)

128 Ein Kondensator mit einer Kapazität von 4,7 µF wird in einem Frequenzbereich von 50 Hz bis 500 Hz betrieben.

Stellen Sie die Abhängigkeit des kapazitiven Widerstandes von der Frequenz ($X_C = f(f)$) grafisch dar.

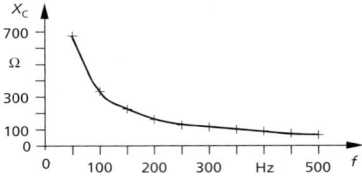

129 Stellen Sie die Liniendiagramme von Strom und Spannung für die 3 Schalterstellun-
gen der folgenden Schaltung
qualitativ dar (Bauteile ideal).

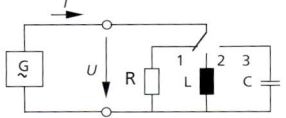

Vergleichen Sie die Liniendiagramme miteinander und
kommentieren Sie die Ergebnisse.

Schalterstellung 1:

An Wirkwiderständen verlaufen
Strom und Spannung phasengleich.

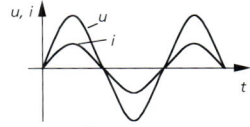

Schalterstellung 2:

An Induktivitäten eilt der Strom seiner zugehörigen Spannung um φ =
90° nach.

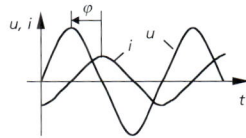

Schalterstellung 3:

An Kapazitäten eilt der Strom seiner
zugehörigen Spannung um φ = 90°
voraus.

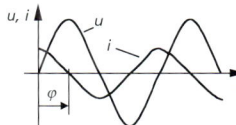

130 Erklären Sie den Unterschied zwischen Wirkleistung
und Blindleistung.

Die **Wirkleistung** eines Verbrauchers
wird in Wärme oder mechanische
Energie umgewandelt.

Die **Blindleistung** pendelt ständig
zwischen Erzeuger und Verbraucher
hin und her.

© Holland + Josenhans

131 **Ein Wirkwiderstand von 100 Ω liegt an einer sinusförmigen Wechselspannung von 24 V/50 Hz.**

Erklären Sie den Begriff Wirkleistung und zeichnen Sie das zugehörige Liniendiagramm.

Liegt an einem Wirkwiderstand eine Wechselspannung an, so ist der fließende Strom in Phase zur Spannung. Das Produkt der Effektivwerte von Strom und Spannung ergibt die Wirkleistung.

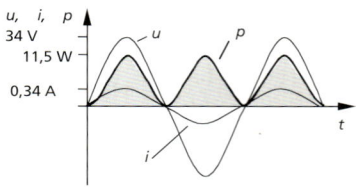

132 **Ein induktiver Blindwiderstand von 100 Ω liegt an einer sinusförmigen Wechselspannung von 24 V/50 Hz.**

Erklären Sie den Begriff induktive Blindleistung und zeichnen Sie das zugehörige Liniendiagramm.

Liegt an einem induktiven Blindwiderstand eine Wechselspannung an, so eilt der Strom der Spannung um 90° nach. Das Produkt ist eine induktive Blindleistung.

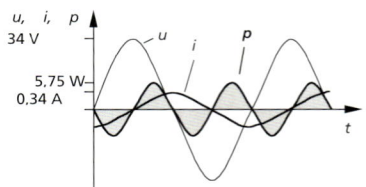

133 **Ein kapazitiver Blindwiderstand von 100 Ω liegt an einer sinusförmigen Wechselspannung von 24 V/50 Hz.**

Erklären Sie den Begriff kapazitive Blindleistung und zeichnen Sie das zugehörige Liniendiagramm.

Liegt an einem kapazitiven Blindwiderstand eine Wechselspannung an, so eilt der Strom der Spannung um 90° voraus. Das Produkt ist eine kapazitive Blindleistung

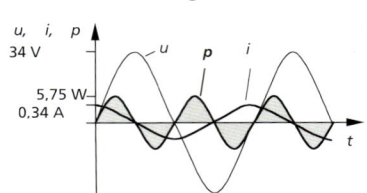

134 **Zwei phasenverscho-bene Wechselspannungen mit den dargestellten Linien-diagrammen liegen in Reihe an einem Wirkwiderstand.**

Ermitteln Sie mithilfe der Zeigerdarstellung die Phasen-verschiebung und die Amplitude.

Aus dem Liniendiagramm folgt für die Phasenverschiebung:

$$\varphi_{u2} = \frac{3,\overline{3}\ \text{ms}}{10\ \text{ms}} \cdot 180°\ ;$$

$$\varphi_{u2} = 60°$$

$$\varphi_{u} \approx 23°$$

$$\hat{u} \approx 17,4\ \text{V}$$

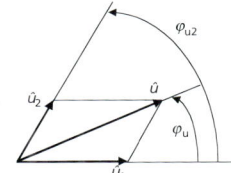

3.7 Schaltungen im Wechselstromkreis

135 **Eine Spule mit einer Induktivität von 220 mH und einem Kupferwiderstand von 60 Ω liegt an einer Wechsel-spannung von 24 V/50 Hz.**

Berechnen Sie

a) **den Scheinwiderstand Z,**

b) **den Strom I sowie die Spannungen U_R und U_L,**

c) **die Phasenverschiebung zwischen Strom und Span-nung.**

a) $Z = 91,5\ \Omega$

b) $I = 0,262\ \text{A}$

$U_R = 15,7\ \text{V}$

$U_L = 18,1\ \text{V}$

c) $\varphi = 49°$

(Lösungsweg Seite 508)

136 **Eine Spule (Kupferwider-stand vernachlässigbar klein) liegt in Reihe mit einem Wirk-widerstand an einer Wechsel-spannung von 48 V/50 Hz. Durch die Reihenschaltung fließt ein Strom von 60 mA. Der Strom eilt der Spannung um 20° nach.** ▷

a) $R = 752\ \Omega$

$X_L = 274\ \Omega$

$L = 871\ \text{mH}$

(Lösungsweg Seite 508)

b)

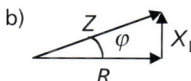

▷ **Fortsetzung der Frage** ▷

a) Berechnen Sie den Wirkwiderstand, den induktiven Blindwiderstand und die Induktivität der Spule.
b) Zeichnen Sie das Zeigerdiagramm der Widerstände.

137 Eine Reihenschaltung aus *R* und *L* liegt an einer Gesamtspannung von 60 V/50 Hz.

a) Berechnen Sie den Blindwiderstand X_L, für einen Scheinwiderstand $Z = 820\ \Omega$ und einen Wirkwiderstand $R = 560\ \Omega$.
b) Ermitteln Sie den Gesamtstrom *I* sowie die Teilspannungen U_R und U_L.
c) Geben Sie die Phasenverschiebung zwischen *U* und *I* an.
d) Stellen Sie das Zeigerdiagramm der Spannungen dar.

a) X_L = 599 Ω
b) *I* = 73,2 mA
U_R = 41 V
U_L = 43,8 V
c) φ = 46,9°

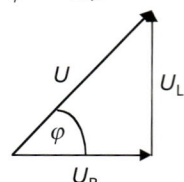

(Lösungsweg Seite 509)

138 Wie ändert sich der Phasenverschiebungswinkel einer Reihenschaltung aus *R* und X_L, wenn die angelegte Frequenz verdoppelt wird?

Wird die Frequenz verdoppelt, so verdoppelt sich auch der induktive Blindwiderstand (*R* konstant). Der Phasenverschiebungswinkel wird größer.

139 Mit einem Oszilloskop werden in einer Reihenschaltung aus Wirkwiderstand und realer Spule die nachfolgend dargestellten Liniendiagramme gemessen. Kanal I zeigt die Spannung u_1 am Widerstand $R = 390\ \Omega$. Die Spannung u_2 wird über der Spule gemessen.   ▷

a) $\hat{u}_1$ = 12 V
$\hat{u}_2$ = 6,8 V
T = 20 ms
f = 50 Hz

▷

▷ Fortsetzung der Frage ▷

Ihr Kupferwiderstand beträgt $R_{Cu} = 118,4\ \Omega$.

a) Ermitteln Sie aus den Linien-diagrammen die Amplituden $\hat{u}_1$, $\hat{u}_2$ und die Frequenz f.

b) Berechnen Sie $\hat{\imath}$ und die Effek-tivwerte U_1, U_2, I, den Pha-senverschiebungswinkel φ im Grad- und Bogenmaß sowie die Induktivität der Spule.

c) Zeichnen Sie zu den Linien-diagrammen das zugehö-rige Zeigerdiagramm und geben Sie den Wert der Gesamtspannung an.

Einstellungen am Oszilloskop:
Kanal I: 5 V/Div;
Kanal II: 2 V/Div;
Zeit-Ablenkung: 2 ms/Div.

▷ Fortsetzung der Antwort ▷

b) $\hat{\imath}$ = 30,8 mA
U_1 = 8,49 V
U_2 = 4,81 V
I = 21,8 mA
φ = 57,6°
$\hat{\jmath}$ = 1,005
L = 594 mH

c)

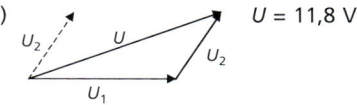

U = 11,8 V

oder

$$U = \sqrt{(U_1 \cdot I \cdot R_{Cu})^2 + (I \cdot X_L)^2};$$

$$U = \sqrt{(8,49\ V + 2,58\ V)^2 + (4,06\ V)^2};$$

$$U = 11,8\ V$$

(Lösungsweg Seite 509/510)

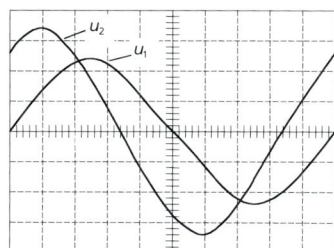

140 Ein induktiver Blind-widerstand $X_L = 700\ \Omega$ liegt parallel zu einem Wirkwider-stand mit $R = 820\ \Omega$.

Berechnen Sie
a) den Scheinwiderstand Z und
b) den Phasenverschie-bungswinkel φ.

a) Z = 532 Ω

b) φ = 49,5°

(Lösungsweg Seite 510)

141 Ein Widerstand $R = 330\ \Omega$ und eine Induktivität $L = 0,8\ H$ liegen in einer Schaltung parallel an einer Frequenz $f = 60\ Hz$.

a) Berechnen Sie den Wert des induktiven Blindwiderstandes X_L.

b) Ermitteln Sie den Wert des Scheinwiderstandes Z.

c) Zeichnen Sie das Zeigerdiagramm der Leitwerte.

a) $X_L = 302\ \Omega$
b) $Z = 223\ \Omega$
c)

(Lösungsweg Seite 510)

142 Zu einer Parallelschaltung aus R und L gehört das dargestellte Zeigerdiagramm der Ströme.

$U = 15\ V$
$I_R = 40\ mA$
$I_L = 60\ mA$

Berechnen Sie
a) die Gesamtstromstärke,
b) den Phasenverschiebungswinkel,
c) die Widerstandswerte von R und X_L und
d) die Frequenz für eine Induktivität von $L = 0,8\ H$.

a) $I_{ges} = 72,1\ mA$
b) $\varphi = 56,3°$
c) $R = 375\ \Omega$
   $X_L = 250\ \Omega$
d) $f = 49,7\ Hz$

(Lösungsweg Seite 511)

143 Von einer Parallelschaltung sind folgende Werte bekannt:
$R = 820\ \Omega$; $L = 1,2\ H$; $U = 24\ V$; $f = 60\ Hz$.

Berechnen Sie die Teilströme I_R und I_L sowie den Scheinwiderstand Z.

$I_R = 29,3\ mA$
$I_L = 53,1\ mA$
$Z = 396\ \Omega$

(Lösungsweg Seite 511)

144 Eine Reihenschaltung aus $R = 27\ \Omega$ und $L = 100$ mH liegt an einer Spannung $U = 230$ V/50 Hz.

Berechnen Sie die Werte der Wirk-, Blind- und Scheinleistung und zeichnen Sie das Zeigerdiagramm der Leistungen.

$P = 835$ W
$Q_L = 971$ var
$S = 1279$ VA

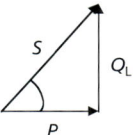

(Lösungsweg Seite 511/512)

145 Messungen an einer Leuchtstofflampe zeigen eine Phasenverschiebung zwischen Strom und Spannung von 60°. Die Lampe ist angegeben mit 230 V/65 W.

Berechnen Sie die Schein- und die Blindleistung.

$S = 130$ VA
$Q_L = 113$ var

(Lösungsweg Seite 512)

146 Für einen Einphasen-Wechselstrommotor sind auf dem Typenschild folgende Angaben gegeben: $U = 230$ V; $I = 7$ A; $P = 1{,}1$ kW; $\cos \varphi = 0{,}95$; $f = 50$ Hz.

Ermitteln Sie
a) die Scheinleistung S,
b) die Wirkleistung P,
c) die induktive Blindleistung Q_L und
d) den Wirkungsgrad η des Motors.

a) $S = 1610$ VA
b) $P_{zu} = 1530$ W
c) $Q_L = 503$ var
d) $\eta = 0{,}72$

(Lösungsweg Seite 512)

147 Ein Kondensator von 2,2 µF liegt in Reihe mit einem ohmschen Widerstand von 1,8 kΩ an einer Spannung von 230 V/50 Hz.

Berechnen Sie den Wert des Scheinwiderstandes Z und zeichnen Sie das Zeigerdiagramm der Widerstände.

$Z = 2309\ \Omega$

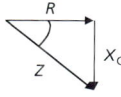

(Lösungsweg Seite 512)

148 Die Reihenschaltung aus $R = 390\,\Omega$ und $X_C = 560\,\Omega$ wird von einem Strom $I = 50\,mA$ durchflossen.

Bestimmen Sie
a) die Teilspannungen U_R und U_C,
b) die Gesamtspannung U,
c) die Frequenz f der angelegten Spannung, für einen Kondensator mit einem Wert von $C = 4{,}7\,\mu F$ und
d) die Phasenverschiebung zwischen U und I.

a) $U_R = 19{,}5\,V$
   $U_C = 28\,V$
b) $U = 34{,}1\,V$
c) $f = 60{,}5\,Hz$
d) $\varphi = 55{,}1°$

(Lösungsweg Seite 512/513)

149 Zu einer Reihenschaltung aus R und C gehört das dargestellte Zeigerbild.

$I = 160\,mA$
$U_R = 48\,V$
$U_C = 36\,V$

Berechnen Sie
a) die Gesamtspannung U,
b) den Phasenverschiebungswinkel φ,
c) den Widerstand R,
d) den kapazitiven Blindwiderstand X_C,
e) die Frequenz f für $C = 1{,}5\,\mu F$ und
f) die Phasenverschiebung, wenn die Frequenz um 50 % steigt.

a) $U = 60\,V$
b) $\varphi = 36{,}9°$
c) $R = 300\,\Omega$
d) $X_C = 225\,\Omega$
e) $f = 472\,Hz$
f) $\varphi = 26{,}5°$

(Lösungsweg Seite 513)

150 Ein Kondensator mit $C = 680\,nF$ liegt parallel zu einem Widerstand von $R = 3{,}3\,k\Omega$ an einer Spannung von $U = 12\,V / f = 50\,Hz$.

Berechnen Sie die Phasenverschiebung zwischen Spannung U und Gesamtstrom I.

$\varphi = 35{,}2°$

(Lösungsweg Seite 514)

151 Eine Parallelschaltung aus Kondensator und Widerstand mit den Werten:
X_C = 500 Ω und R = 680 Ω liegt an einer Spannung von U = 24 V.

Berechnen Sie
a) die Teilströme I_R und I_C sowie den Gesamtstrom I,
b) den Scheinwiderstand Z der Schaltung und
c) zeichnen Sie das Zeigerdiagramm der Ströme.

a) I_R = 35,3 mA
   I_C = 48 mA
   I_{ges} = 59,6 mA
b) Z = 403 Ω
(Lösungsweg Seite 514)
c)

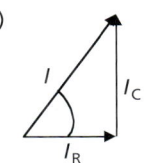

152 Ein Heizwiderstand von 680 Ω und ein Kondensator von 3,3 µF liegen in Reihe an 230 V/50 Hz.

Berechnen Sie die Leistungen S, P sowie Q_C und zeichnen Sie das zugehörige Zeigerdiagramm.

S = 44,9 VA
P = 25,9 W
Q_C = 36,7 var

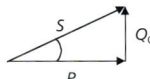

(Lösungsweg Seite 514)

153 Ein Kondensator mit einem kapazitiven Blindwiderstand von 250 Ω und ein Wirkwiderstand von 120 Ω liegen parallel.
Die Schaltung ist an eine Wechselspannung von 24 V angeschlossen.

Stellen Sie das Zeigerdiagramm der Leistungen dar.

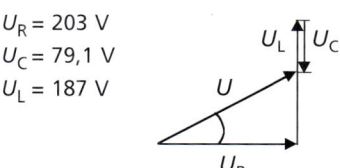

(Lösungsweg Seite 514/515)

154 Ein Widerstand von 680 Ω, ein Kondensator von 12 µF und eine Drossel von 2 H liegen in Reihe an einer Spannung von 230 V/50 Hz.

Berechnen Sie die Teilspannungen und zeichnen Sie das Zeigerdiagramm der Spannungen.

U_R = 203 V
U_C = 79,1 V
U_L = 187 V

(Lösungsweg Seite 515)

$\boxed{155}$ **Die nachfolgend dargestellte Schaltung mit R = 220 Ω, L = 5,3 H und C = 22 μF liegt an einer Wechselspannung von 200 V/16 ⅔ Hz.**

I_R = 0,909 A
I_L = 0,360 A
I_C = 0,461 A
I = 0,915 A

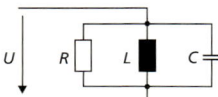

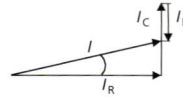

Berechnen Sie die Teilströme sowie den Gesamtstrom und zeichnen Sie das zugehörige Zeigerdiagramm.

(Lösungsweg Seite 515)

$\boxed{156}$ **Durch welche schaltungstechnische Maßnahme kann der Leistungsfaktor einer Anlage mit induktiver Last vergrößert werden?**

Der Leistungsfaktor einer elektrischen Anlage wird vergrößert, indem die induktive Blindleistung durch eine kapazitive Blindleistung kompensiert wird.

$\boxed{157}$ **Geben Sie zwei Kompensationsarten im Hinblick auf den Einbau des Kompensationskondensators an.**

Parallelkompensation:
Der Kompensationskondensator wird parallel zum induktiven Verbraucher geschaltet.

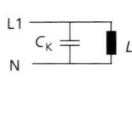

Reihenkompensation:
Der Kompensationskondensator wird in Reihe zum induktiven Verbraucher geschaltet.

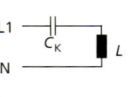

$\boxed{158}$ **Ein Wechselstrommotor nimmt an 230 V/50 Hz bei einer Stromstärke von 3,1 A eine Leistung von 420 W auf.**

Berechnen Sie
a) den Leistungsfaktor des Motors,
b) die Kapazität des Kondensators für eine Kompensation auf cos φ = 0,9.

a) cos φ = 0,59
b) C = 22 μF

(Lösungsweg Seite 516)

159 Eine Spule nimmt an 230 V/50 Hz bei einem Leistungsfaktor von 0,6 eine Leistung von 4,2 kW auf. Der Leistungsfaktor soll auf 0,92 verbessert werden.

Bestimmen Sie
a) die von dem Kompensationskondensator aufzunehmende Blindleistung,
b) die Kapazität des Kompensationskondensators,
c) den Strom I vor und nach der Kompensation.

a) Q_C = 3 811 var
b) C = 229 µF
c) I_1 = 30,4 A
   I_2 = 19,8 A

(Lösungsweg Seite 516)

160 Eine Leuchtstofflampe für 230 V/50 Hz hat mit Drossel bei einer Leistungsaufnahme von 71 W einen Betriebsstrom von 617 mA.

a) C = 6,1 µF
b) I_2 = 322 mA
(Lösungsweg Seite 516/517)

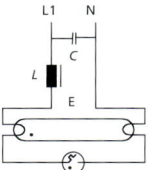

Berechnen Sie
a) die Kapazität des Kondensators für einen Leistungsfaktor von 0,96 und
b) den Wert des Stromes nach der Kompensation.

162 Zwei Leuchtstofflampen L 65 W/30 werden in Duoschaltung betrieben (cos φ_2 = 1). Je Lampe beträgt die Betriebsstromstärke 0,67 A und die Leistungsaufnahme jeder Drosselspule 13 W.

a)

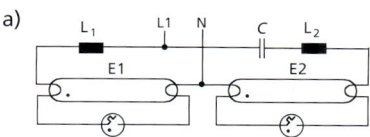

b) Q_C = 266 var
c) C = 5,4 µF

(Lösungsweg Seite 517)

▷

▷

▷ Fortsetzung der Frage ▷   ▷ Fortsetzung der Antwort ▷

a) **Zeichnen Sie die Schaltung.**
b) **Berechnen Sie die Blindleistung des induktiven und kapazitiven Zweiges.**
c) **Ermitteln Sie die Kapazität des Kompensationskondensators.**
d) **Stellen Sie das Zeigerdiagramm der Leistungen dar.**

d)
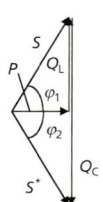

---

162 **Erklären Sie den Begriff Grenzfrequenz.**

Grenzfrequenz f_g ist die Frequenz, bei der die Ausgangsspannung das $\frac{1}{\sqrt{2}}$ fache ihres Maximalwertes beträgt.

---

163 **In der folgenden Schaltung kann die Frequenz der Spannung U_1 variiert werden. Stellen Sie das Verhältnis U_2/U_1 über der Frequenz qualitativ dar. Tragen Sie die Grenzfrequenz ein und bezeichnen Sie die Schaltung. Begründen Sie Ihre Antwort.**

Die Filterschaltung ist ein RC-Tiefpass. Für tiefe Frequenzen stellt der Kondensator einen hohen Widerstand dar. Für $f = 0$ Hz gilt $U_2 = U_1$. Je höher die Frequenz wird, desto niederohmiger wird der Widerstand des Kondensators. Für $f \to \infty$ gilt $U_2 = 0$ V.

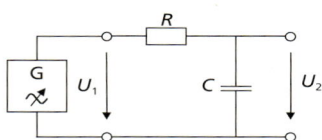

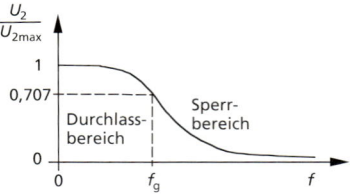

---

164 **Am Eingang eines RC-Tiefpasses mit $R = 120\ \Omega$ und $C = 22\ \mu F$ liegt eine Wechselspannung von 24 V.**

Berechnen Sie
a) **die Grenzfrequenz,**
b) **den Wert der Ausgangsspannung bei 100 Hz und**

▷

a) $f_g = 60{,}3$ Hz
b) $U_2 = 12{,}4$ V
c) $\varphi = 31{,}1°$

(Lösungsweg Seite 517/518)

▷ Fortsetzung der Frage ▷

c) die Phasenverschiebung zwischen Eingangs- und Ausgangsspannung.

165 **In der folgenden Schaltung kann die Frequenz der Spannung U_1 variiert werden. Stellen Sie das Verhältnis U_2/U_1 über der Frequenz qualitativ dar. Tragen Sie die Grenzfrequenz ein und bezeichnen Sie die Schaltung. Begründen Sie Ihre Antwort.**

Die Filterschaltung ist ein RL-Hochpass.

Für tiefe Frequenzen stellt die Spule einen niederohmigen Widerstand dar. Für $f = 0$ Hz gilt $U_2 = 0$ V. Je höher die Frequenz wird, desto hochohmiger wird der Widerstand der Spule. Für $f \to \infty$ gilt $U_2 = U_1$.

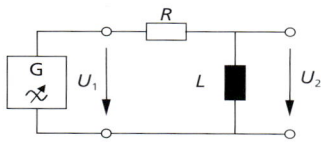

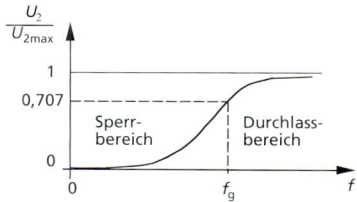

166 **Ein RL-Hochpass mit $R = 100\ \Omega$ soll eine Grenzfrequenz von 800 Hz aufweisen.**

Berechnen Sie

a) die Induktivität der Spule und

b) die Ausgangsspannung bei 500 Hz für eine Eingangsspannung von 12 V.

a) $L = 19{,}9$ mH

b) $U_2 = 6{,}36$ V

(Lösungsweg Seite 518)

167 **Stellen Sie einen RC-Hochpass und einen RL-Tiefpass dar.**

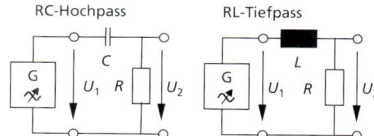

168 Ein RC-Hochpass mit
$R = 1\ k\Omega$ und $C = 3{,}3\ \mu F$ liegt
an einer Spannung von 60 V.

Berechnen Sie
a) die Grenzfrequenz,
b) die Ausgangsspannung
   für eine Frequenz von
   200 Hz und
c) die Phasenverschiebung
   zwischen Eingangs- und
   Ausgangsspannung.

a) $f_g = 48{,}2\ Hz$
b) $U_2 = 58{,}3\ V$
c) $\varphi = 13{,}5°$

(Lösungsweg Seite 518)

169 Am Eingang der nachfolgenden Filterschaltung liegt
eine sinusförmige Wechselspannung.

a) $f_g = 593\ Hz$
b) $f = 2\,298\ Hz$

(Lösungsweg Seite 518/519)

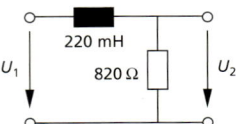

U_1 220 mH   820 Ω U_2

Berechnen Sie
a) die Grenzfrequenz und
b) die Frequenz, bei der die
   Ausgangsspannung auf
   25 % der Eingangsspan-
   nung gesunken ist.

170 Erklären Sie den grund-
sätzlichen Aufbau von Transformatoren.

Ein Transformator besteht aus zwei
getrennten Wicklungen, die über
einen gemeinsamen Eisenkern magnetisch miteinander gekoppelt sind.
Der Kern ist aus gegeneinander iso-
lierten Weicheisenblechen aufgebaut. Die Eingangswicklung wird als
Primärwicklung, die Ausgangswicklung als Sekundärwicklung bezeichnet.

▷ **Fortsetzung der Antwort** ▷

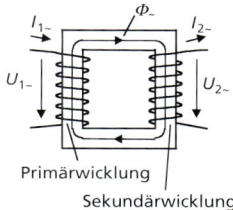

Primärwicklung

Sekundärwicklung

171 **Erklären Sie die grundsätzliche Wirkungsweise von Transformatoren.**

Die an die Eingangswicklung angelegte Wechselspannung erzeugt einen Wechselstrom. Dieser wiederum bewirkt im Eisenkern einen magnetischen Wechselfluss. Da der Wechselfluss auch die Ausgangswicklung durchsetzt, wird in ihr eine Induktionsspannung erzeugt.

172 **Nennen Sie zwei Aufgaben von Transformatoren.**

Transformatoren haben die Aufgabe

1. – Wechselspannungen (z. B. beim Klingeltransformator und Netzteil mit Schutzkleinspannung),
   – Wechselströme (z. B. beim Schweißtransformator und Stromwandler) und
   – Widerstände (z. B. beim Übertrager) auf größere oder kleinere Werte zu transformieren und
2. Stromkreise galvanisch zu trennen.

173 **Geben Sie die Gesetze zur Spannungs- und Stromtransformation für einen idealen Transformator an.**

Für einen idealen Transformator gilt:

Spannungsübersetzung:

$$\frac{U_1}{U_2} = \frac{N_1}{N_2} = ü$$

Stromübersetzung:

$$\frac{I_1}{I_2} = \frac{N_2}{N_1} = \frac{1}{ü}$$

174 **Von welchen Größen hängt die induzierte Spannung bei einem Transformator ab? Geben Sie die Abhängigkeiten an.**

Die induzierte Spannung U_0 ist umso größer,
– je größer die Windungszahl ist ($U_0 \sim N$),
– je größer die magnetische Flussdichte im Eisen ist ($U_0 \sim \hat{B}$),
– je größer der Eisenkernquerschnitt ist ($U_0 \sim A_{Fe}$),
– je größer die Frequenz ist ($U_0 \sim f$).
$U_0 = 4,44 \cdot N \cdot \hat{B} \cdot A \cdot f$

175 **Erklären Sie den Begriff Streufluss.**

Streufluss ist der Teil des magnetischen Flusses, der nur die Eingangsoder Ausgangswicklung durchsetzt.

176 **Stellen Sie die Abhängigkeit der Ausgangsspannung eines Transformators von der Stromstärke und der Belastungsart dar.**

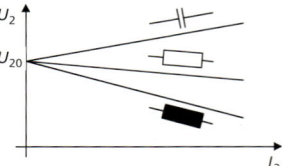

177 **Geben Sie zwei Vorteile von Transformatoren mit Schnittbandkern gegenüber Transformatoren mit Schichtkern an.**

Transformatoren mit Schnittbandkern haben eine kleinere Streuung und eine geringere Verlustleistung als Transformatoren mit Schichtkern. Bei gleicher Leistung der Transformatoren sind die Abmessungen und die Masse von Schnittbandkerntransformatoren geringer.

178 **Geben Sie die Daten an, die das Leistungsschild eines Kleintransformators enthält.**

Folgende Angaben sind auf dem Leistungsschild enthalten:
– Eingangsspannung,
– Ausgangsspannung bei Nennlast,
– Nennleistung S in VA (Abgabe),
– Nennfrequenz,
– Isolationsklasse,
– Schutzklasse.

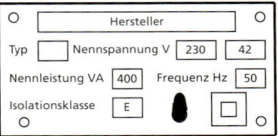

179 Welcher Unterschied besteht zwischen Kleintransformatoren und Großtransformatoren hinsichtlich der Angabe ihrer Nennspannung?

Bei Kleintransformatoren ist die Nennspannung U_{2N} gleich der Ausgangsspannung bei ohmscher Nennlast.
Bei Großtransformatoren mit einer Leistung S_N > 16 kVA sind die Nennspannungen U_{1N} und U_{2N} Leerlaufspannungen.

180 Was wird unter Nennkurzschlussspannung eines Transformators verstanden?

Die Nennkurzschlussspannung U_{kN} ist die Spannung, die bei Nennfrequenz und kurzgeschlossener Sekundärwicklung primärseitig den Nennstrom fließen lässt.
Bei Transformatoren mit einer Leistung S_N > 16 kVA wird die relative Nennkurzschlussspannung in % auf dem Leistungsschild angegeben. Sie errechnet sich aus dem Verhältnis von Nennkurzschlussspannung zu Nennspannung:

$$u_{kN} = \frac{U_{kN}}{U_N} \cdot 100\ \%$$

181 Welchen Einfluss hat die Kurzschlussspannung eines Transformators auf sein Betriebsverhalten?

Transformatoren mit hoher Kurzschlussspannung haben große Innenwiderstände, also große Spannungsänderungen bei Belastungsänderungen. Sie werden deshalb als spannungsweich bezeichnet.
Transformatoren mit niedriger Kurzschlussspannung werden als spannungssteif bezeichnet.
Kurzschlüsse sind bei Transformatoren mit niedriger Kurzschlussspannung gefährlich.

182 Geben Sie den Einfluss der Last auf den Wirkungsgrad eines Transformators an.

Der Wirkungsgrad eines Transformators ist im Leerlauf 0, steigt mit zunehmender Last bis auf ein Maximum an und fällt dann wieder.
Der Wirkungsgrad steigt mit zunehmendem Leistungsfaktor.

▷

▷ **Fortsetzung der Antwort** ▷

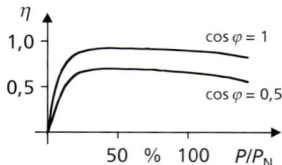

183 **Der Transformator mit dem folgenden Leistungsschild wird mit Nennlast belastet.**

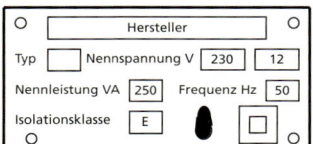

Berechnen Sie die Stromaufnahme der Sekundär- und Primärwicklung sowie den Primär- und Sekundärwiderstand (Transformator verlustfrei).

Für ohmsche Last gilt:
$\cos \varphi_2 = 1$ ($S_2 = P_{ab}$).
$I_2 = 20,8$ A
$I_1 = 1,09$ A
$R_2 = 576$ mΩ
$R_1 = 211,6$ Ω
(Lösungsweg Seite 519)

184 **Ein Transformator mit 1200 Windungen primärseitig liefert bei Anschluss an 230 V eine Ausgangsspannung von 42 V. In der Ausgangswicklung fließt ein Strom von 6 A.**

Berechnen Sie
a) das Übersetzungsverhältnis,
b) die Anzahl der Sekundärwindungen,
c) den Strom in der Primärwicklung und
d) die Eingangs- und Ausgangsimpedanz.

a) $ü = 5,48$
b) $N_2 = 219$
c) $I_1 = 1,10$ A
d) $Z_2 = 7$ Ω
   $Z_1 = 210$ Ω

(Lösungsweg Seite 519)

185 **Für einen Transformator mit Nennleistung von 250 VA betragen die Eisenverluste 10 W und die Kupferverluste 15 W.**

Ermitteln Sie die abgegebene und die aufgenommene Wirkleistung sowie den Wirkungsgrad
a) für Nennlast bei cos φ_2 = 0,88 und
b) für Nennlast bei cos φ_2 = 0,52.

a) P_{ab} = 220 W
   P_{zu} = 245 W
   η = 0,90
b) P_{ab} = 130 W
   P_{zu} = 155 W
   η = 0,84

(Lösungsweg Seite 520)

186 **Ein Klingeltransformator 230 V/8 V hat eine relative Kurzschlussspannung von 40 %.**

Berechnen Sie die primärseitige und sekundärseitige Kurzschlussspannung.

U_{k1N} = 92 V
U_{k2N} = 3,2 V

(Lösungsweg Seite 520)

3.8 Dreiphasen-Wechselstromtechnik

187 **Erklären Sie den Begriff Dreiphasen-Wechselspannung.**

Das Dreiphasen-Wechselspannungssystem ist ein Spannungssystem, das aus drei Wechselspannungen gleicher Frequenz und gleichen Scheitelwerten aufgebaut ist. Die drei Wechselspannungen sind um

$$\frac{2 \cdot \pi}{3} \triangleq 120°$$

zueinander verschoben. Das Dreiphasensystem wird auch als Drehstromsystem bezeichnet.

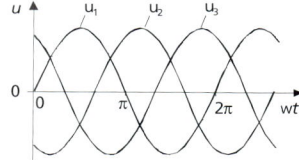

188 Beschreiben Sie, wie eine dreiphasige Wechselspannung entsteht.

Eine dreiphasige Wechselspannung wird in einem Generator mit drei um 120° versetzt angeordneten Spulen (Stränge) erzeugt, zwischen denen ein Dauer- oder Elektromagnet (Polrad) rotiert (Innenpol-Maschine). Die in den drei Spulen induzierten Wechselspannungen haben gleiche Frequenz und gleiche Amplitude (bei gleicher Windungszahl der Spulen), sind aber um 120° phasenverschoben.

189 Nennen Sie wesentliche Vorteile des dreiphasigen Wechselstromes (Drehstrom) gegenüber einphasigem Wechselstrom.

Vorteile des Drehstromsystems:

1. In der Sternschaltung mit Neutralleiter stehen zwei unterschiedliche Spannungswerte zur Verfügung: z. B. 230 V und 400 V.
2. Auf der Verbraucherseite kann mit drei räumlich um 120° versetzt angeordneten Magnetspulen ein magnetisches Drehfeld erzeugt werden.
3. Materialeinsparung bei der Energieübertragung.

190 Erklären Sie den Unterschied zwischen verketteten und unverketteten (offenen) Drehstromsystemen.

In einem **offenen System** werden für jede der drei Spulen zwei Leitungen, also insgesamt sechs Leitungen benötigt. Sind die drei Stränge miteinander verbunden, liegt ein **verkettetes Dreiphasensystem** vor. Dieses System benötigt bei Symmetrie nur drei Leitungen.

offenes System

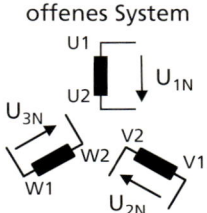

191 **Stellen Sie zwei Möglich-keiten der Zusammenschaltung (Verkettung) der Stränge eines Drehstromsystems dar und tragen Sie die Bezeichnungen an.**

Die Stränge können in Sternschaltung oder in Dreieckschaltung zusammengeschaltet werden.

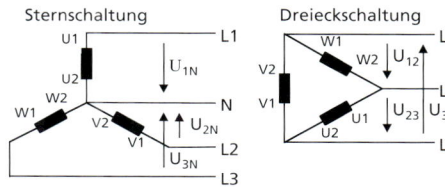

192 **Erklären Sie die Begriffe Außenleiterspannung und Strangspannung.**

In einem verketteten Drehstromsystem ist die **Außenleiterspannung** die Spannung zwischen zwei Außenleitern (L1-L2, L2-L3, L3-L1).
Als **Strangspannung** wird die Spannung über einem Strang (einer Spule) bezeichnet.

193 **Nennen Sie den Zusammenhang zwischen Außenleiterspannung und Strangspannung**

a) **bei der Sternschaltung und**
b) **bei der Dreieckschaltung.**

a) Bei der **Sternschaltung** ist die Außenleiterspannung U um den Verkettungsfaktor größer als die Strangspannung U_{Str}.
$$U = \sqrt{3} \cdot U_{Str}$$

b) Bei der **Dreieckschaltung** ist die Außenleiterspannung U gleich der Strangspannung U_{Str}.
$$U = U_{Str}$$

194 **Nennen Sie für ein symmetrisch belastetes System den Zusammenhang zwischen Außenleiterstrom und Strangstrom**

a) **bei der Sternschaltung und**
b) **bei der Dreieckschaltung.**

a) Bei der **Sternschaltung** ist der Außenleiterstrom I so groß wie der Strangstrom I_{Str}.
$$I = I_{Str}$$

b) Bei der **Dreieckschaltung** ist der Außenleiterstrom I um den Verkettungsfaktor größer als der Strangstrom I_{Str}.
$$I = \sqrt{3} \cdot I_{Str}$$

195 **Ermitteln Sie den Verkettungsfaktor mit Hilfe des Zeigerbildes der Spannungen für die Sternschaltung.**

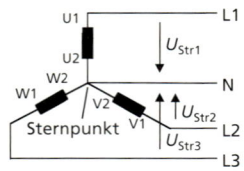

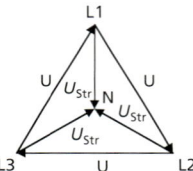

Herleitung am Beispiel des gleichschenkligen Dreiecks L3, N, L2:

$$\frac{U}{2} = U_{Str} \cdot \cos 30°;$$

$$\cos 30° = \frac{\sqrt{3}}{2}; \quad \frac{U}{2} = U_{Str} \cdot \frac{\sqrt{3}}{2}$$

$$\Rightarrow U = \sqrt{3} \cdot U_{Str}.$$

Der Faktor $\sqrt{3}$ wird als Verkettungsfaktor bezeichnet.

196 **Drei Heizwiderstände mit $R_1 = R_2 = R_3 = 33\ \Omega$ sind in folgender Schaltung an ein 400-V-Drehstromnetz angeschlossen.**

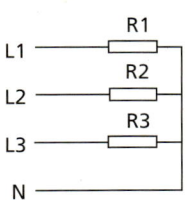

Ermitteln Sie
a) **die Strangspannung,**
b) **den Strangstrom,**
c) **den Leiterstrom und**
d) **den Strom im Neutralleiter.**

a) $U_{Str} = 231\ V$

b) $I_{Str} = 7\ A$

(Lösungsweg Seite 520)

c) Für eine Sternschaltung gilt:
$I = I_{Str}$

d) Bei symmetrischer Belastung einer Sternschaltung gilt:
$I_N = 0$

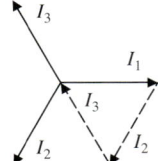

197 **Ein Vierleitersystem 400 V/230 V wird mit der dargestellten Schaltung belastet.**

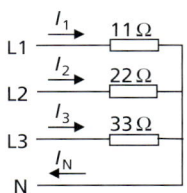

Ermitteln Sie den Strom im Neutralleiter
a) rechnerisch und
b) zeichnerisch.

a) $I_N = 12{,}5$ A

(Lösungsweg Seite 520/521)

b)

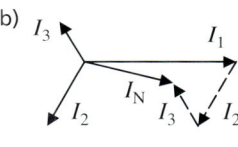

198 **Nennen Sie die Auswirkung auf einen Verbraucher in einem Vierleitersystem mit unsymmetrischer Belastung in Sternschaltung, wenn der Neutralleiter unterbrochen wird.**

Wird eine unsymmetrische Sternschaltung ohne Neutralleiter am Drehstromnetz betrieben, so kann der Ausgleichsstrom nicht fließen. Da die Summe alle Ströme im Verbrauchersternpunkt gleich 0 sein muss, verschieben sich die Strangspannungen an den Verbrauchern so weit, bis die Bedingung erfüllt ist. Durch die Veränderung der Strangspannungen findet eine Verschiebung des Sternpunktes statt.

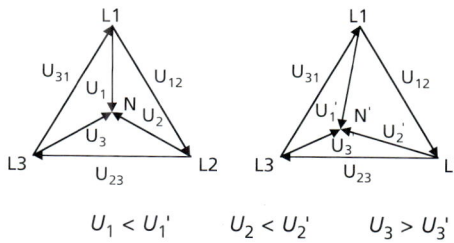

$$U_1 < U_1' \qquad U_2 < U_2' \qquad U_3 > U_3'$$

199 Ein Heizofen mit den drei Widerständen $R_1 = R_2 = R_3 = 33\ \Omega$ wird in folgender Schaltung an ein 400-V-Drehstromnetz angeschlossen.

a) $U_{12} = U_{23} = U_{31} = U_{Str} = 400$ V
b) $I_{Str} = 12{,}1$ A
c) $I = 21$ A

(Lösungsweg Seite 521)

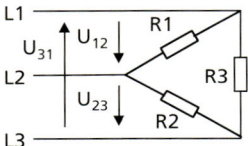

Ermitteln Sie
a) die Strangspannungen,
b) die Strangströme,
c) die Leiterströme.

200 Ein 480-V-Drehstromnetz ist mit der folgenden Schaltung belastet. Die Lastwiderstände betragen: $R_1 = 110\ \Omega$; $R_2 = 220\ \Omega$; $R_3 = 330\ \Omega$.

a) $I_{12} = 4{,}36$ A
  $I_{23} = 2{,}18$ A
  $I_{31} = 1{,}45$ A
b) $I_1 = 5{,}24$ A
  $I_2 = 5{,}77$ A
  $I_3 = 3{,}16$ A

(Lösungsweg Seite 521)

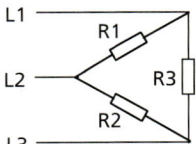

Berechnen Sie
a) die Strangströme,
b) die Leiterströme.

201 Ein älterer Durchlauferhitzer mit den Anschlusswerten 21 kW; 3/PE~380 V/ 50 Hz und 32 A wird an das 400-V-Drehstromnetz angeschlossen.

a) $P_{Str}* = 7\,756$ W
b) $P* = 23{,}3$ kW

(Lösungsweg Seite 522)

Berechnen Sie
a) die Strangleistung und
b) die Gesamtleistung.

202 **Der Drehstrommotor hat das dargestellte Leistungsschild.**

a) **Zeichnen Sie die Klemmbretter für ein 400-V- und ein 690-V-Drehstromnetz.**

b) **In welchem Drehstromnetz ist ein Y/△-Anlauf erlaubt?**

c) **Berechnen Sie die aufgenommene Wirkleistung, die Blindleistung und den Wirkungsgrad für beide Drehstromnetze.**

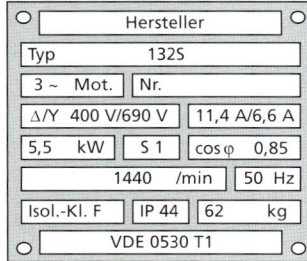

	Hersteller	
Typ	132S	
3 ~ Mot.	Nr.	
△/Y 400 V/690 V	11,4 A/6,6 A	
5,5 kW	S 1	cos φ 0,85
	1440 /min	50 Hz
Isol.-Kl. F	IP 44	62 kg
	VDE 0530 T1	

a) 400-V-Drehstromnetz

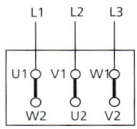

Dreieckschaltung

600-V-Drehstromnetz

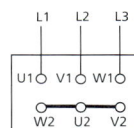

Sternschaltung

b) Der Y/△-Anlauf ist nur im 400-V-Drehstromnetz erlaubt.

c) $P_{\triangle zu}$ = 6,7 kW

$Q_{\triangle}$ = 4,2 kW

P_{Yzu} = 6,7 kW

Q_Y = 4,2 kW

η = 0,82

(Lösungsweg Seite 522)

203 **Ein Vierleiter-Drehstromnetz wird mit den dargestellten Verbrauchern belastet.**

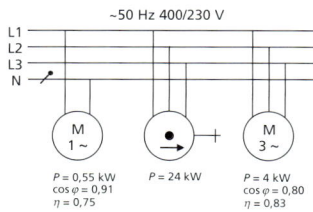

~50 Hz 400/230 V

L1
L2
L3
N

P = 0,55 kW
cos φ = 0,91
η = 0,75

P = 24 kW

P = 4 kW
cos φ = 0,80
η = 0,83

Berechnen Sie

a) **die Wirk-, Blind- und Scheinleistung der Verbraucher,**　▷

a) **Wechselstrommotor (Index 1):**

P_{1zu} = 733 W

Q_1 = 334 var

S_1 = 806 VA

Durchlauferhitzer (Index 2):

P_{2zu} = 24 kW

Q_2 = 0 var

S_2 = 24 kVA

Drehstrommotor (Index 3):

P_{3zu} = 4819 W

Q_3 = 3614 var

S_3 = 6024 VA　▷

▷ **Fortsetzung der Frage** ▷

b) die Außenleiterströme und

c) die Wirk-, Blind- und Scheinleistung des Netzes.

▷ **Fortsetzung der Antwort** ▷

b) I_{L1} = 45,3 A

I_{L2} = 42,0 A

I_{L3} = 42,0 A

c) P_{ges} = 29,6 kW

Q_{ges} = 3,95 k var

S_{ges} = 29,9 kVA

(Lösungsweg Seite 523/524)

3.9 Schutzmaßnahmen und Unfallverhütung

204 Nennen Sie Normen und Bestimmungen, die für eine elektrotechnische Fachkraft von Bedeutung sind.

– DIN-Normen:
Deutsches Institut für Normung e. V. Herausgabe Deutscher Normen für fast alle technischen und naturwissenschaftlichen Bereiche
– VDE-Bestimmungen:
Verband der Elektrotechnik Elektronik Informationstechnik e. V. Die VDE-Bestimmungen und -Leitlinien sind Bestandteil der DIN-Normen
– TAB: Technische Anschlussbedingungen der Elektrizitätswerke
– Gerätesicherheitsgesetz GSG
– Europäische Normen EN
– Internationale Normen IEC (IEC-Internationale Elektrotechnische Kommission)

205 Erläutern Sie die Aufgaben der VDE-Bestimmungen.

Die VDE-Bestimmungen enthalten sicherheitstechnische Festlegungen für

– das Errichten und Betreiben elektrischer Anlagen
– das Herstellen und Betreiben elektrischer Betriebsmittel und über
– Eigenschaften, Bemessung, Prüfung, Schutz und Instandhaltung der Betriebsmittel und Anlagen.

206 **Skizzieren Sie das Prüfzeichen CE und erklären Sie dessen Bedeutung.**

 Kennzeichnung für Industrieerzeugnisse, die den einschlägigen Gemeinschaftsvorschriften in Europa entsprechen.

207 **Stellen Sie die wichtigsten VDE-Prüfzeichen dar und erklären Sie deren Bedeutung.**

 VDE-Prüfzeichen für elektrotechnische Erzeugnisse, z. B. Installationsschalter und Elektrogeräte

 VDE-Elektronik-Prüfzeichen für Bauelemente und Baugruppen der Elektronik z. B. Netzteile und Stromrichter.

 VDE-Kabelzeichen für Aderleitungen, isolierte Leitungen, Kabel und Installationsrohre

 VDE-Kennzeichnung für isolierte Leitungen und Kabel als Aufdruck, Prägung oder als Kennfaden

 VDE-GS-Zeichen nach dem Gerätesicherheitsgesetz für geprüfte Elektrogeräte, z. B. elektrische Werkzeuge

VDE-Funkschutzzeichen
Der freie Ausschnitt enthält den Funkschutzgrad:
G – Grobstörgrad
K – Kleinstörgrad
N – Normalstörgrad
O – funkstörfrei

208 **Zum Schutz gegen elektrischen Schlag werden die Betriebsmittel nach ihrer Konstruktion gegen direktes und indirektes Berühren in die Schutzklassen I, II und III eingeteilt.**

Stellen Sie die Kennzeichen der Schutzklassen dar und beschreiben Sie deren Aussage.

Schutz-klasse	Kenn-zeichen	Art und Verwendung
I		Anschlussstelle für Schutzleiter (Betriebsmittel mit Metallgehäuse z. B. Elektromotor)
II		Schutzisolierung (Betriebsmittel mit Basisisolierung und zusätzlicher, verstärkter Isolierung (z. B. Leuchten, FS-Geräte)
III		Versorgung mit Schutzkleinspannung (Betriebsmittel mit Nennspannungen $U_\sim \leq 50$ V und $U_= \leq 120$ V)

209 **Erklären Sie die Kennzeichnung der Schutzarten elektrischer Betriebsmittel nach dem IP-Code.**

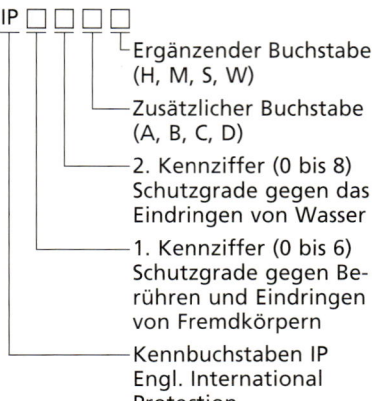

IP ☐ ☐ ☐ ☐

Ergänzender Buchstabe (H, M, S, W)

Zusätzlicher Buchstabe (A, B, C, D)

2. Kennziffer (0 bis 8) Schutzgrade gegen das Eindringen von Wasser

1. Kennziffer (0 bis 6) Schutzgrade gegen Berühren und Eindringen von Fremdkörpern

Kennbuchstaben IP Engl. International Protection

210 Erklären Sie die Bedeutung der Angabe IP56 auf dem Leistungsschild eines Transformators.

IP International Protection (internationaler Schutz),

5 Schutz gegen schädliche Staubablagerungen (staubgeschützt), vollständiger Berührungsschutz,

6 Schutz gegen starkes Strahlwasser oder schwere See.

211 Geben Sie die Bedeutung der Symbolkennzeichen und den Schutzgrad nach dem IP-Code an.

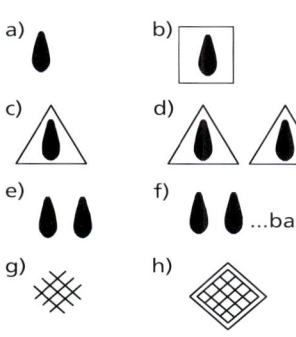

a) Tropfwassergeschützt IPX1, IPX2

b) Sprühwasser- und regengeschützt   IPX3

c) Spritzwassergeschützt   IPX4

d) Strahlwassergeschützt   IPX5

e) Eintauch- und flutungsgeschützt, wasserdicht   IPX6, IPX7

f) Druckwasserdicht mit Angabe des Drucks   IPX8

g) Staubgeschützt IP5X

h) Staubdicht IP6X

212 Nennen Sie die wichtigsten Faktoren, die Einfluss auf die Wirkung des elektrischen Stromes auf den menschlichen Körper haben.

Die Wirkung des elektrischen Stromes hängt ab von
– der Einwirkzeit,
– der Stromstärke,
– der Stromart (Gleich- oder Wechselstrom),
– dem Stromweg durch den menschlichen Körper,
– der körperlichen Verfassung des Verunglückten.

213 Nennen Sie Maßnahmen zum Schutz gegen elektrischen Schlag unter normalen Bedingungen.

Vollständiger Schutz
– durch Isolierung aktiver Teile,
– durch Umhüllungen und Abdeckungen,

▷

▷ **Fortsetzung der Antwort** ▷

Unvollständiger Schutz
– durch Hindernisse,
– durch Abstand.

Zusätzlicher Schutz
– durch Fehlerstrom-Schutzeinrichtungen ($I_{\Delta N} \le 30$ mA).

214 **Erklären Sie die Begriffe SELV, PELV und FELV.**

SELV   **S**afety **E**xtra **L**ow **V**oltage (Schutzkleinspannung),

PELF   **P**rotective **E**xtra **L**ow **V**oltage (Funktionskleinspannung mit sicherer Trennung),

FELF   **F**unctional **E**xtra **L**ow **V**oltage (Funktionskleinspannung ohne sichere Trennung).

215 **Nennen Sie Maßnahmen zum Schutz gegen elektrischen Schlag unter Fehlerbedingungen.**

– Schutz durch automatische Abschaltung der Stromversorgung,
– Schutz durch Verwendung von Betriebsmittel der Schutzklasse II oder durch gleichwertige Isolierung,
– Schutz durch nicht leitende Räume,
– Schutz durch erdfreien örtlichen Potenzialausgleich
– Schutz durch Schutztrennung,
– Schutzkleinspannung.

216 **Geben Sie die höchstzulässige Nennspannung U für Menschen und Nutztiere nach VDE an.**

Höchstzulässige Nennspannung U im Normalfall für

Menschen:	Nutztiere:
$U = 50$ V AC,	$U = 25$ V AC,
$U = 120$ V DC.	$U = 60$ V DC.

217 **Um die Risiken und Gefahren eines Stromunfalles gering zu halten, sind bei Arbeiten an elektrischen Anlagen die fünf Sicherheitsregeln zu beachten. Nennen Sie diese und geben Sie je ein Beispiel an.**

1. Freischalten:
   LS-Schalter abschalten, Schmelzsicherungen entfernen.
2. Gegen Wiedereinschalten sichern:
   Klebestreifen an LS-Schalter anbringen, Schmelzsicherungen mitnehmen.
3. Spannungsfreiheit feststellen:
   Prüfung mit zweipoligem Spannungsprüfer oder geeignetem Messgerät.
4. Erden und kurzschließen:
   (In Anlagen mit Nennspannungen bis 1 000 V ohne Freileitungen nicht erforderlich)
   Erdungs- und Kurzschlussvorrichtungen müssen zuerst mit dem Erder und dann mit dem kurzzuschließenden Anlagenteil verbunden werden.
5. Benachbarte, unter Spannung stehende Teile abdecken oder abschranken:
   Abdecken mit isolierenden Tüchern, Schläuchen, Formstücken (bei Anlagen unter 1 000 V).

218 **Geben Sie die vier Spannungsebenen der Energieversorgungsunternehmen an.**

Um die erforderlichen Energiemengen wirtschaftlich übertragen und verteilen zu können, gibt es vier Spannungsebenen.

– Höchstspannung, Spannungen von 400 kV bzw. 230 kV,
– Hochspannung, Spannungen von 115 kV,
– Mittelspannung, Spannungen von 11 kV bis 35 kV,
– Niederspannung, Spannungen von 0,4 kV.

219 **Nennen Sie die nach DIN VDE 0100 genormten Systeme, die nach Art der Erdverbindung das Versorgungsnetz und die Verbraucheranlage durch Buchstaben kennzeichnen, und erklären Sie diese Abkürzungen.**

Die DIN VDE 0100-300 unterscheidet folgende Netzsysteme:
- TN-Systeme   – TN-S-System
                 – TN-C-System
                 – TN-C-S-System
- TT-System
- IT-System

Die Bezeichnung der international genormten Netzsysteme legt die Art der Erdverbindungen fest.

Erster Buchstabe: Erdungsverhältnisse des Versorgungssystems:
- T- franz. Terre, direkte Erdung von Sternpunkt- oder Außenleiter,
- I- engl. Isolation, Isolierung aller aktiven Leiter von Erde oder Erdung über einen hochohmigen Widerstand.

Zweiter Buchstabe: Erdungsverhältnisse der Körper der elektrischen Anlage (Verbraucher):
- T- Körper direkt geerdet, unabhängig von einer möglichen Erdung eines Netzpunktes,
- N- Körper direkt über einen Netzleiter mit dem Betriebserder verbunden.

Zusätzliche Buchstaben des TN-Netzes: Anordnung des Neutralleiters und des Schutzleiters:
- S- engl. separated, Schutzleiter und Neutralleiter sind getrennte Leiter,
- C- engl. combinated, Schutzleiter und Neutralleiter sind in einem Leiter kombiniert.

220 **Welche Eigenschaft haben alle TN-Systeme gemeinsam?**

In TN-Systemen ist ein Punkt der Spannungsquelle direkt geerdet; die Körper der elektrischen Anlage sind über Schutzleiter mit diesem Punkt verbunden.

221 **Zeichnen Sie die in den Netzsystemen verwendeten Leiter nach DIN VDE 0100-300 und beschreiben Sie diese nach der Art der Verwendung.**

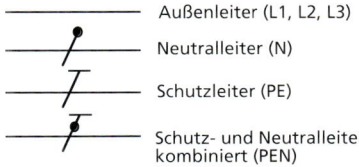

Außenleiter (L1, L2, L3)

Neutralleiter (N)

Schutzleiter (PE)

Schutz- und Neutralleiter kombiniert (PEN)

222 **Stellen Sie das TN-S-System dar und beschreiben Sie seinen Aufbau.**

TN-S-System

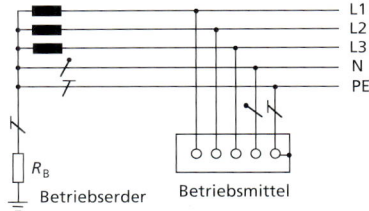

R_B Betriebserder   Betriebsmittel

Im TN-S-System sind Neutralleiter und Schutzleiter im gesamten System getrennt.

223 **Stellen Sie das TN-C-System dar und beschreiben Sie seinen Aufbau.**

TN-C-System

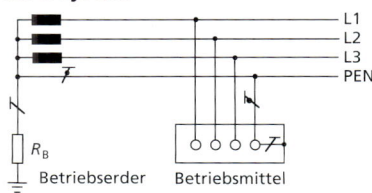

R_B Betriebserder   Betriebsmittel

Im TN-C-System sind Neutralleiter- und Schutzleiterfunktion im gesamten System in einem einzigen Leiter kombiniert.

224 Stellen Sie das TN-C-S-System dar und beschreiben Sie seinen Aufbau.

TN-C-S-System

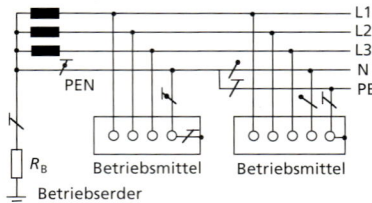

Im TN-C-S-System sind Neutralleiter- und Schutzleiterfunktion in einem Teil des Systems in einem einzigen Leiter kombiniert.

225 Stellen Sie ein TT-System dar und beschreiben Sie seinen Aufbau.

TT-System

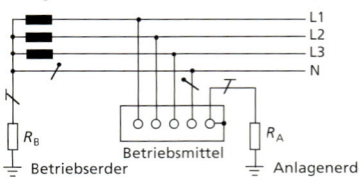

Im TT-System ist ein Punkt der Spannungsquelle direkt geerdet; die Körper der elektrischen Anlage sind mit Erdern verbunden, die elektrisch vom Erder des Versorgungsnetzes unabhängig sind.

226 Stellen Sie ein IT-System dar und beschreiben Sie seinen Aufbau.

IT-System

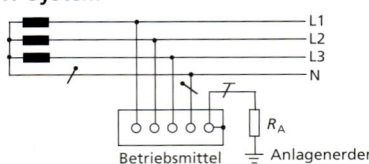

Im IT-System sind alle aktiven Teile von Erde getrennt. Die Körper der Anlage sind entweder einzeln, gruppenweise oder insgesamt über Schutzleiter und Potenzialausgleich mit dem Erder verbunden.

227 **Erklären Sie die Bezeichnung RCD und geben Sie die Aufgabe eines RCD an.**

RCD **R**esidual **C**urrent Protectiv **D**evice
(RCD ohne Hilfsspannung: Fehlerstrom-Schutzeinrichtung
(RCD mit Hilfsspannung: Differenzstrom-Schutzeinrichtung),

RCDs haben die Aufgabe bei einer durch einen Isolationsfehler bedingten gefährlichen Berührungsspannung Betriebsmittel innerhalb von 0,2 s allpolig abzuschalten.

228 **Geben Sie die Nennfehlerstromstärken der RCDs an, die einen zusätzlichen Personenschutz gewährleisten.**

RCDs mit den Nennfehlerstromstärken $I_{\Delta N}$ = 10 mA und $I_{\Delta N}$ = 30 mA bieten den Vorteil, dass bei direkter Berührung ein zusätzlicher Personenschutz gewährleistet ist.

229 **Geben Sie die in dem folgenden Netzsystem dargestellten Arten von Fehlern an und beschreiben Sie diese.**

Fehler ①, ② und ③ sind **Kurzschlüsse**.
Ein Kurzschluss ist eine leitende Verbindung (ohne Nutzwiderstand) zwischen betriebsmäßig gegeneinander unter Spannung stehenden Leitern infolge eines Isolationsfehlers.

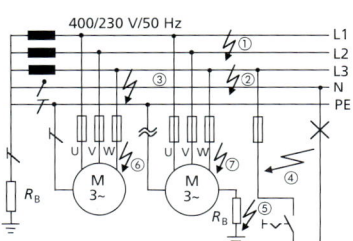

400/230 V/50 Hz

Fehler ④ ist ein **Leiterschluss**.
Ein Leiterschluss ist eine leitende Verbindung zwischen Spannung führenden Teilen, wenn im Fehlerstromkreis ein Nutzwiderstand liegt.

Fehler ⑤ ist ein **Erdschluss**.
Ein Erdschluss ist die Verbindung eines aktiven Teils, meist eines Außenleiters, mit Erde oder geerdeten Teilen. Der Erdschluss kann auch über einen Lichtbogen erfolgen.

▷

▷ **Fortsetzung der Antwort** ▷

Fehler ⑥ ist ein **Körperschluss**, der über den Schutzleiter PE zum Kurzschluss wird.

Fehler ⑦ ist ein **Körperschluss**, der wie ein Erdschluss wirkt.
Ein Körperschluss ist eine durch einen Isolationsfehler entstandene leitende Verbindung zwischen nicht zum Betriebsstromkreis gehörenden leitfähigen Teilen und betriebsmäßig unter Spannung stehenden Teilen elektrischer Betriebsmittel.

230 **Der an das Drehstromnetz angeschlossene Motor hat im Schutzleiter einen Leiterbruch. Gleichzeitig besteht zwischen der Phase L3 und dem Gehäuse des Motors aufgrund eines Isolationsfehlers eine direkte Verbindung.**

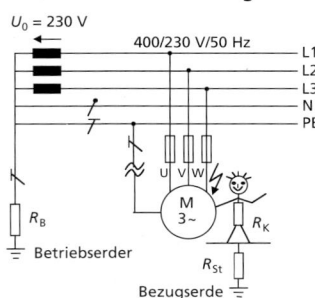

a) **An welches Netzsystem ist der Motor angeschlossen?**
b) **Welche Fehlerart ist aufgetreten?**

a) Das dargestellte Netzsystem ist ein TN-S-System.

b) Bei dem aufgetretenen Fehler handelt es sich um einen „satten" Körperschluss, der aufgrund der Schutzleiterunterbrechung wie ein Erdschluss wirkt.

c) Die Berührungsspannung ist die Spannung, die im Fehlerfall vom Menschen überbrückt werden kann.
Sie ist ein Teil einer Fehlerspannung.
Eine Fehlerspannung entsteht bei einem Isolationsfehler zwischen dem Körper und der Bezugserde.

d) I_F = 0,1 A
U_B = 130 V
U_F = 230 V

(Lösungsweg Seite 525)

e) t_1 = 0,1 s: Gefährdungsbereich 2: keine physiologisch gefährliche Wirkung;
t_2 = 0,5 s: Gefährdungsbereich 3: Muskelverkrampfung, Gefahr des Herzkammerflimmerns;

▷

▷ Fortsetzung der Frage ▷

c) Erklären Sie die Begriffe Berührungsspannung und Fehlerspannung.

d) Berechnen Sie für einen Körperwiderstand R_K = 1,3 kΩ, einen Standortwiderstand R_{St} = 1 kΩ und einen Betriebserderwiderstand R_B = 2 Ω den Fehlerstrom I_F, die Berührungsspannung U_B und die Fehlerspannung U_F.

e) Welche Gefährdungsbereiche liegen vor bei einer Einwirkdauer von t_1 = 0,1 s, t_2 = 0,5 s und t_3 = 5 s?

f) Berechnen Sie den Fehlerstrom I_F für einen Standortwiderstand von 50 Ω (Nassbereich) und geben Sie die Gefährdung für eine Einwirkdauer von t_1 = 0,1 s, t_2 = 0,5 s und t_3 = 5 s.

▷ Fortsetzung der Antwort ▷

t_3 = 5 s: Gefährdungsbereich 4: Herzkammerflimmern, Herzstillstand.

f) I_F = 0,17 A

(Lösungsweg Seite 525)

t_1 = 0,1 s: Gefährdungsbereich 3: Muskelverkrampfung, Gefahr des Herzkammerflimmerns;
t_2 = 0,5 s: Gefährdungsbereich 4: Herzkammerflimmern, Herzstillstand;
t_3 = 5 s: Gefährdungsbereich 5: Herzkammerflimmern, Herzstillstand.

`231` **Geben Sie die maximalen Abschaltzeiten im TN-System an.**

Für die maximalen Abschaltzeiten t_a im TN-System gilt
(U_0 – Nennspannung gegen Erde):

t_a = 0,4 s, U_0 = 230 V, (Drehstromnetz 400/230 V)

t_a = 0,2 s, U_0 = 400 V, (Drehstromnetz 690/400 V)

t_a = 0,1 s, U_0 > 400 V;

In Endstromkreisen, die über Steckdosen oder Festanschluss Handgeräte oder ortsveränderliche Betriebsmittel versorgen.

t_a = 5 s in Verteilstromkreisen in Gebäuden und in Endstromkreisen derselben Verteilungen, die nur ortsfeste Betriebsmittel versorgen.

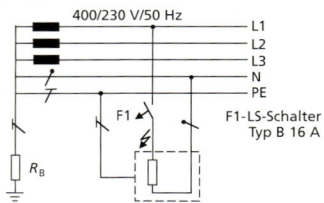

a) Erklären Sie den Begriff Schleifenimpedanz.

b) Bei der Schleifenimpedanzmessung zeigt das Messgerät bei einem Prüfstrom von 10 A eine Spannung von $U_P = 217$ V. Die Leerlaufspannung beträgt 228 V. Ermitteln Sie den Fehlerstrom I_F und prüfen Sie, ob die eingesetzte Sicherung sicher auslöst.

c) Ermitteln Sie die Fehlerspannung U_F.

a) Die Schleifenimpedanz Z_S ist die Summe aller Scheinwiderstände einer Stromschleife. Sie umfasst die Impedanzen von Erzeuger, Außenleiter, Neutralleiter bzw. Schutzleiter und Überstromschutzeinrichtung.

b) $I_F = 207{,}3$ A;
Sicherung F1 löst aus.

c) $U_F = 114$ V.

(Lösungsweg Seite 525)

---

233 In einem TN-C-System mit 400/230 V/50 Hz und einer Absicherung der Betriebsmittel mit 3 × 63 A NH-Sicherungen fließt bei Körperschluss ein Fehlerstrom von $I_F = 200$ A.

a) Stellen Sie die Anlage nach obigen Vorgaben dar und zeichnen Sie den Körperschluss und den Fehlerstrom I_F ein.

b) Berechnen Sie die Schleifenimpedanz Z_S für den Fehlerstrom.

a) 400/230 V/50 H

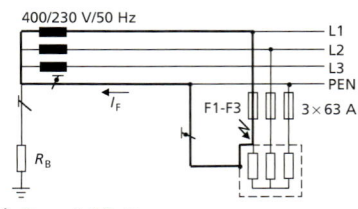

b) $Z_S = 1{,}15$ Ω

(Lösungsweg Seite 525)

c) $t_a = 60$ s für $I_a = 200$ A (Tabellenbuch)
Die zulässige Abschaltzeit wird nicht eingehalten, da $t_a \leq 5$ s erfüllt sein muss.

▷ Fortsetzung der Frage ▷

c) Ermitteln Sie die erreichbare Abschaltzeit t_a und prüfen Sie, ob die zulässige Abschaltzeit eingehalten wird.

d) Bestimmen Sie den Abschaltstrom I_a für eine Abschaltzeit von $t_a = 4$ s und berechnen Sie die zulässige Schleifenimpedanz.

▷ Fortsetzung der Antwort ▷

d) Für $t_a = 4$ s folgt $I_a = 360$ A

$Z_S = 0,639\ \Omega$

(Lösungsweg Seite 526)

234 Warum muss beim Einsatz einer RCD das TN-C-System zum TN-S-System aufgetrennt werden?

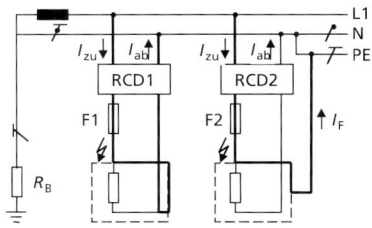

RCD1: RCD löst nicht aus, da $I_{zu} = I_{ab} \Rightarrow \Sigma I = 0$;

RCD2: RDC löst aus, wenn $I_{zu} - I_{ab} = I_F \geq I_{\Delta N}$ wird.

235 Berechnen Sie den Mindestschleifenwiderstand Z_S für die nachfolgend aufgeführte Installation in einem TN-S-System mit 400/230 V/ 50 Hz:

a) Absicherung mit Schmelzsicherungen Typ gl 16 A, ohne RCD.

b) Absicherung mit LS-Schaltern Typ B 16 A, ohne RCD.

c) Absicherung mit LS-Schaltern Typ B 16 A und mit RCD, $I_{\Delta N} = 300$ mA.

a) $Z_S \leq 1,917\ \Omega$

b) $Z_S \leq 2,875\ \Omega$

c) $Z_S \leq 766,7\ \Omega$

(Lösungsweg Seite 526)

236 In einem Labor wurden LS-Schalter B 16 A gegen LS-Schalter C 16 A ausgetauscht, um zu verhindern, dass die empfindlichen LS-Schalter Typ B beim Einschalten der Labornetzteile auslösen. Zusätzlich erfolgte die Installation einer RCD mit $I_{\Delta N}$ = 30 mA.

a) War die Durchführung der Änderung zulässig? Begründen Sie die Antwort.

b) Welche Voraussetzungen müssen grundsätzlich vorhanden sein, um solche Änderungen unter Einhaltung der Forderung „Abschalten im TN-S-System" zu erfüllen?

a) Die Änderung war zulässig, da
– der Überlastungsschutz für die Leitungen von beiden LS-Schaltertypen gleich erfüllt wird (k-Faktor = 1,45) und
– zusätzlich die Installation einer RCD mit $I_{\Delta N}$ = 30 mA erfolgte.

b) Grundsätzlich muss $Z_S \leq \dfrac{U_0}{I_a}$ erfüllt werden.

Da für Typ C $I_a = 10 \cdot I_n$ und für Typ B $I_a = 5 \cdot I_n$ gilt, muss der Schleifenwiderstand überprüft werden, wenn keine RCD vorhanden ist.

Kann $Z_S \leq \dfrac{U_0}{I_a}$ mit $I_a = 10 \cdot I_n$ nicht erfüllt werden, ist eine RCD zu installieren.

237 Stellen Sie den Einsatz einer RCD im TT-System dar und zeichnen Sie einen Fehlerstromkreis ein.

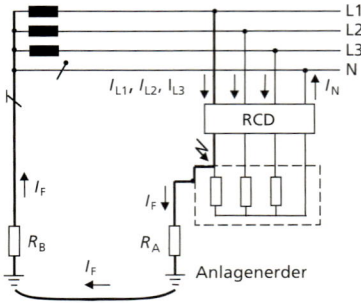

3.10 Leitungen und Kabel

238 **Für den Anschluss einer Kochmulde in einer Großküche (P_Δ = 16,5 kW) stehen die folgenden Leitungen zur Verfügung:**
a) **H05RR-F3G6**
b) **H07RN-F5G4**
c) **A03VV-F4X0,75**

Erläutern Sie die Leitungsbezeichnungen und geben Sie die für die Kochmulde verwendbare Leitung an.

a) H05RR-F3G6
   - Leiterquerschnitt 6 mm^2
   - mit Schutzleiter
   - Anzahl der Adern 3
   - feindrähtig, flexible Leitungen
   - Mantel aus Natur- oder Synthetikkautschuk
   - Aderisolierung aus Natur- oder Synthetikkautschuk
   - Nennspannung U_0/U: 300 V zwischen Außenleiter und Erde, 500 V zwischen Außenleitern
   - harmonisierte Bestimmung

b) H07RN-F5G4
   - Leiterquerschnitt 4 mm^2
   - mit Schutzleiter
   - Anzahl der Adern 5
   - feindrähtig, flexible Leitungen
   - Mantel aus Chloroprenkautschuk
   - Aderisolierung aus Natur- oder Synthetikkautschuk
   - Nennspannung U_0/U: 450 V zwischen Außenleiter und Erde, 750 V zwischen Außenleitern
   - harmonisierte Bestimmung

c) A03VV-F4X0,75
   - Leiterquerschnitt 0,75 mm^2
   - ohne Schutzleiter
   - Anzahl der Adern 4
   - feindrähtig, flexible Leitungen
   - Mantel aus PVC
   - Aderisolierung aus PVC
   - Nennspannung U_0/U: 300 V zwischen Außenleiter und Erde, 300 V zwischen Außenleitern
   - anerkannter nationaler Typ

H07RN-F5G4 erfüllt die Anforderungen hinsichtlich Anzahl der Adern, Belastung und Verwendung der Leitung.

239 **Nennen Sie drei Kriterien für die Auswahl elektrischer Leitungen.**

Bei der Auswahl elektrischer Leitungen sind folgende Kriterien zu berücksichtigen:
– mechanische Beanspruchung,
– Einwirkungen von Lösungsmittel und Chemikalien,
– Temperaturbeständigkeit,
– zulässige Strombelastbarkeit in Abhängigkeit von der Verlegeart und Häufung,
– zulässiger maximaler Spannungsfall (3 % zwischen Zähler und Verbrauchsmitteln).

240 **Nennen Sie den Unterschied zwischen den Leitungen mit der Bezeichnung NYM und NYMZ hinsichtlich ihrer Verwendung.**

NYM: PVC-Mantelleitung z. B. für Industrie- und Hausinstallationen im Innen- und Außenbereich;
NYMZ: PVC-Mantelleitung mit selbsttragender Aufhängung z. B. für Straßenbeleuchtung, Hausanschluss über Dachständer.

241 **Nennen Sie zwei Arten von Überstromschutzorganen.**

Als Überstromschutzorgane werden Schmelzsicherungen oder Leitungsschutzschalter eingesetzt.

242 **Was gibt die Nennstromstärke einer Sicherung aus dem D- und D0-Sicherungssystem an? Geben Sie drei Beispiele an.**

Die Farbe des Kennmelders der Sicherung gibt die Nennstromstärke an.

	Nennstromstärke I_n/A	Farbe des Kennmelders
z. B.	6	grün
	10	rot
	16	grau
	20	blau
	25	gelb

243 **Nennen Sie drei Bauarten von Niederspannungssicherungen und geben Sie den Verwendungsbereich an.**

Bauarten von Niederspannungssicherungen sind:

D-Sicherungssystem, Diazed-Sicherungssystem (Schraubsicherung): 500 V AC bis 100 A, 660 V AC bis 63 A, 600 V DC bis 63 A;

D0- Sicherungssystem, Neozed-Sicherungssystem (Schraubsicherung), kleinere Bauart als D: 400 V AC bis 100 A, 250 V DC bis 100 A;

NH-Sicherungssystem, Niederspannungs-Hochleistungs-Sicherungssystem (Sicherung mit Messerkontakten): 500 V AC von 6 A bis 1250 A, 440 V DC von 6 A bis 1250 A.

244 **Ein Motor ist über einen Leitungsschutzschalter mit K-Charakteristik mit dem Netz verbunden.**

a) **Erläutern Sie die Aufgaben von Leitungsschutzschaltern.**

b) **Welchen Vorteil hat der Leitungsschutzschalter mit K-Charakteristik gegenüber anderen Leitungsschutzschaltern?**

c) **Nach welcher Zeit schaltet der Leitungsschutzschalter sicher ab, wenn der Motor den dreifachen Nennstrom aufnimmt?**

a) Leitungsschutzschalter haben die Aufgabe, einen Stromkreis bei Überlastung und Kurzschluss zum Schutz von Leitungen und Kabeln selbsttätig vom Netz zu trennen.

b) Der Leitungsschutzschalter mit K-Charakteristik ist für Stromkreise mit hohen Stromspitzen, verursacht durch Motoren, Transformatoren und Kondensatoren, ausgelegt. Sein elektromagnetischer Auslöser hält hohe Einschaltstromspitzen aus.

c) Aus der Tabelle mit den Auslösekennlinien folgt für $3 \times I_n$: Auslösezeit t: $t = 25$ s ... 30 s.

245 **Ein Durchlauferhitzer mit einer Leistung von $P_\triangle$ = 24 kW wird über eine unter Putz verlegte Leitung NYM-J4×4 an das 400-V-Drehstromnetz angeschlossen (Umgebungstemperatur 25 °C).**

a) **Erläutern Sie die Bezeichnung NYM-J4×4.**
b) **Überprüfen Sie, ob der gewählte Leiterquerschnitt die Anforderung erfüllt, und bestimmen Sie den Nennstrom der Schutzeinrichtung.**
c) **Ermitteln Sie die Stromstärke, bei der der Leitungsschutzschalter spätestens nach einer Stunde auslösen muss.**

a) NYM-J4×4

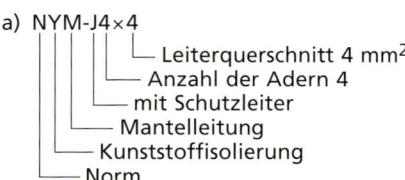

- Leiterquerschnitt 4 mm^2
- Anzahl der Adern 4
- mit Schutzleiter
- Mantelleitung
- Kunststoffisolierung
- Norm

b) Leiterquerschnitt A = 4 mm^2 mit I_z = 35 A;

Nennstrom des Schutzorgans: I_n = 35 A

Bedingung $I_b \leq I_n \leq I_z$ ist erfüllt.

c) Leitungsschutzschalter mit Auslösecharakteristik C für Verwendung u. a. bei Hausinstallationen: $I_2 \leq$ 50,75 A

(Lösungsweg Seite 526)

246 **In einer Halle soll eine neue Presse eingerichtet werden. Die Länge der Anschlussleitung vom Schaltschrank zur Presse beträgt 16 m. Die Leitung wird unter der Hallendecke im Kabelkanal verlegt. Auf dem Motor der Presse befindet sich das dargestellte Leistungsschild:**

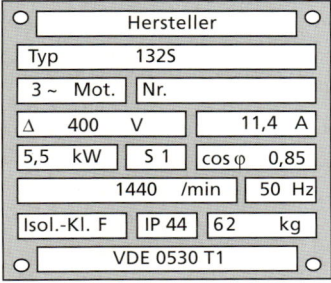

Hersteller	
Typ	132S
3 ~ Mot.	Nr.
△ 400 V	11,4 A
5,5 kW	S 1	cos φ 0,85
1440 /min	50 Hz
Isol.-Kl. F	IP 44	62 kg
VDE 0530 T1	

▷

▷ Fortsetzung ▷

a) Berechnen Sie den Wirkungsgrad des Motors.
b) Prüfen Sie, ob der Spannungsfall auf der Leitung (NYM-J5×2,5) nach TAB DIN 18 015-1 zulässig ist.
c) Kann ein NYM-J5×2,5 mm^2 als Zuleitung verwendet werden? Die Temperatur im Deckenbereich beträgt 25 °C. Begründen Sie Ihre Entscheidung.
d) Durch Erweiterung des Maschinenparks werden zusätzlich vier Pressen gleichen Typs in der Halle aufgebaut. Die Anschlussleitungen (NYM-J5×2,5) sollen in dem vorhandenen Kabelkanal verlegt werden. Aufgrund der größeren installierten Leistung ist mit einer Temperatur von 35 °C an der Hallendecke zu rechnen. Wie hoch ist die Strombelastbarkeit unter den angegebenen Bedingungen? Können die vorgesehenen Leitungen verwendet werden? Welche Maßnahmen sind erforderlich und wie hoch sind dann die stromführenden Adern mit einem Leitungsschutzschalter abzusichern?

a) $\eta = 0{,}82$

b) $u_\mathrm{v}\% = 0{,}48\,\%$
Da der erlaubte prozentuale Spannungsfall $u_\mathrm{v} = 3\,\%$ beträgt, sind die TAB DIN 18 015-1 erfüllt.

(Lösungsweg Seite 527)

c) Verlegeart B2, Anzahl der belasteten Adern 3:
max. zulässige Strombelastbarkeit $I_\mathrm{z} = 21$ A,
Nennstrom der Schutzeinrichtung $I_\mathrm{n} = 20$ A.
Ein NYM-J5×2,5 kann verwendet werden, da eine Belastung bis zu 21 A zulässig ist.

d) Anzahl der verwendeten mehradrigen Leitungen mit drei belasteten Adern: 5

Umrechnungsfaktor: $f_2 = 0{,}6$

Umrechnungsfaktor für die Umgebungstemperatur: $f_3 = 0{,}89$.

Strombelastbarkeit unter den angegebenen Bedingungen:
$I_\mathrm{z}' = I_\mathrm{z} \cdot f_2 \cdot f_3$
$I_\mathrm{z}' = 29\ \mathrm{A} \cdot 0{,}6 \cdot 0{,}89$
$I_\mathrm{z}' = 11{,}2\ \mathrm{A}$

Die Leitungen NYM-J5×2,5 werden überlastet.

Maßnahme: Verlegung von fünf Leitungen NYM-J5×4:
zulässiger Belastungsstrom $I_\mathrm{z}' = 29\ \mathrm{A} \cdot 0{,}6 \cdot 0{,}89$; $I_\mathrm{z}' = 15{,}5\ \mathrm{A}$;
die Leitungen sind abzusichern mit einem Leitungsschutzschalter mit $I_\mathrm{n} = 13$ A.

4 Energie- und Informationsflüsse in elektrischen, pneumatischen und hydraulischen Baugruppen

4.1 Grundlagen der Steuerungstechnik

1 Erklären Sie den Begriff Steuern.

Nach DIN 19226 ist Steuern ein Vorgang in einem abgegrenzten System, bei dem die Eingangsgrößen nach festgelegten Gesetzmäßigkeiten die Ausgangsgrößen beeinflussen. Typisch für eine Steuerung ist der offene Wirkungsablauf, d. h. die Ausgangsgröße wirkt nicht auf die Eingangsgröße zurück.

2 Nach welchem Prinzip arbeiten Steuerungen?

Steuerungen arbeiten nach dem EVA-Prinzip.

3 Stellen Sie eine offene Steuerkette mit Steuereinrichtung, Stellglied und Steuerstrecke dar.

Steuerkette:

4 Erklären Sie den Unterschied zwischen

a) analogen,
b) digitalen und
c) binären Signalen.

Stellen Sie je ein Beispiel dar.

Analoge Signale können in einem vorgegebenen Wertebereich jeden beliebigen Zwischenwert annehmen. Sie sind stetig veränderbar.

Digitale Signale haben immer nur endlich viele Zwischenwerte.

Binäre Signale können nur zwei Zustände erreichen.

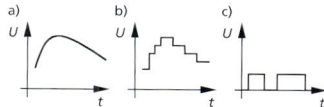

5 **Erklären Sie den Unterschied zwischen einem Schütz und einem Relais.**

Schütze können höhere Lastströme schalten als Relais. Schützkontakte sind zweifachunterbrechend, Relaiskontakte sind einfachunterbrechend.

Relaiskontakt   Schützkontakt

6 **In einem Stromlaufplan in zusammenhängender Darstellung wird das nachstehende Schütz mit Hauptschaltgliedern und Hilfsschaltgliedern dargestellt.**

Ergänzen Sie die Anschlussbezeichnung.

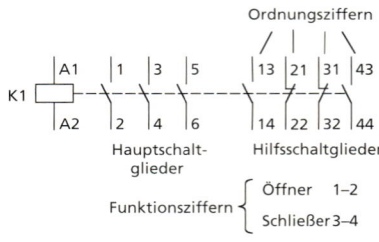

7 **Erklären Sie die Bedeutung der dargestellten Schaltzeichen.**

a)

b)

a) **Zeitrelais, ansprech- bzw. anzugsverzögert**

b) **Zeitrelais, rückfall- bzw. abfallverzögert**

8 **Unter einem Schütz befindet sich die folgende Tabelle:**

H	S	Ö
31	2	3
31	4	
31		

Beschreiben Sie die Bedeutung der Buchstaben und Ziffern.

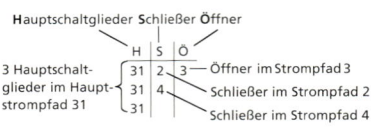

9 **Beim Ausschalten von Induktivitäten (Schütz-, Relaisspulen) entstehen hohe Induktionsspannungen, die benachbarte Bauteile zerstören können.**

Stellen Sie zwei Möglichkeiten dar, mit denen eine zu hohe Induktionsspannung vermieden werden kann.

Schütz mit VDR-Widerstand

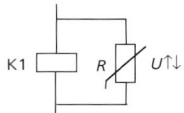

Schütz mit RC-Glied

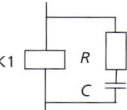

10 **Schütze werden nach ihrer Belastbarkeit in verschiedene Gebrauchskategorien eingeordnet.**

Erklären Sie die Bedeutung der Kategorien AC-1, AC-2, AC-3 und AC-4 sowie DC-1, DC-3, DC-5 und DC-6.

Kategorie	Anwendung
AC-1	Wirklast und schwach induktive Last
AC-2	Schleifringläufermotoren, Anlassen, Ausschalten
AC-3	Käfigläufermotoren, Anlassen, Ausschalten, gelegentliches Tippen oder Gegenstrombremsen
AC-4	Käfigläufermotoren, Anlassen, Ausschalten, Gegenstrombremsen, Reversieren, Tippen
DC-1	Wirklast und schwach induktive Last
DC-3	Nebenschlussmotoren, alle Betriebsarten
DC-5	Reihenschlussmotoren, alle Betriebsarten
DC-6	Schalten von Glühlampen

11 **Nennen Sie drei Motorschutzeinrichtungen.**

1) Motorschutzschalter z. B. mit Unterspannungsauslöser, magnetischer Auslöser, Bimetallauslöser.
2) Motorschutzrelais mit Bimetallrelais.
3) Motorvollschutz mit Kaltleiter-Temperaturfühler.

12 **Verdeutlichen Sie den Unterschied zwischen einem Motorschutzschalter und einem Motorschutzrelais.**

Motorschutzschalter   Motorschutzrelais

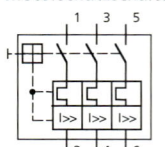   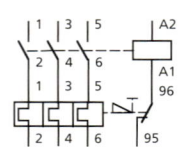

Bei dem **Motorschutzschalter** unterbricht der Bimetallauslöser auf mechanischem Weg den Hauptstromkreis.

Bei dem **Motorschutzrelais** wirkt das Bimetall im Steuerstromkreis auf einen Öffnerkontakt im Haltestromkreis eines Schützes.

13 **Erklären Sie die Wirkungsweise eines Motorvollschutzes.**

In jedem Strang befindet sich in der Motorwicklung ein temperaturabhängiger Widerstand. Mit zunehmender Erwärmung werden die Widerstände hochohmiger. Bei Erreichen einer unzulässig hohen Temperatur fällt ein Relais aufgrund der hochohmigen Widerstände ab. Dieses wiederum schaltet den Motor über einen Schütz allpolig ab.

14 **Geben Sie für die dargestellten Kontaktsteuerungen die Wahrheitstabelle und das Symbol der logischen Verknüpfung an.**

a)

E1	E2	A1
0	0	0
0	1	0
1	0	0
1	1	1

b)

E1	E2	A1
0	0	0
0	1	1
1	0	1
1	1	1

c)

E1	A1
0	1
1	0

a)   b)   c)

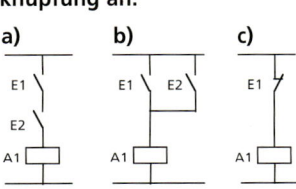

▷ **Fortsetzung der Antwort** ▷

E1 ┐ & ├ A1	E1 ┐ ≥1 ├ A1	E1 ─○ 1 ├ A1
E2 ┘	E2 ┘	
UND- Verknüpfung	ODER- Verknüpfung	NICHT- Verknüpfung

15 **Ermitteln Sie die Kontakt-steuerung für die folgenden Funktionspläne und geben Sie die Funktionsgleichungen an.**

a)
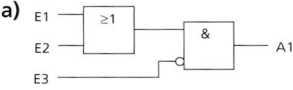

b)
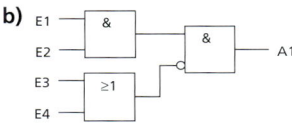

a)
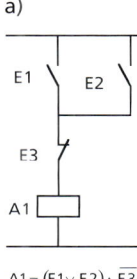

$A1 = (E1 \lor E2) \land \overline{E3}$

b)
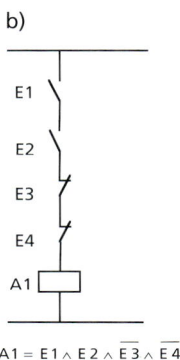

$A1 = E1 \land E2 \land \overline{E3} \land \overline{E4}$

16 **Geben Sie für die nachfol-gende Schaltung**

a) die Funktionstabelle,
b) den Funktionsplan und
c) die zugehörige Funktions-gleichung an.

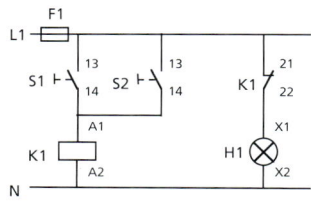

a)

S1	S2	H1
L	L	H
L	H	L
H	L	L
H	H	L

b)
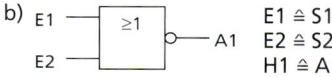

$E1 \cong S1$
$E2 \cong S2$
$H1 \cong A1$

c) $A1 = \overline{E1} \lor \overline{E2}$ NOR-Verknüpfung.

17 Ermitteln Sie aus der fol-
genden Wahrheitstabelle
die Funktionsgleichung in
Oder-Normalform und die
Schaltung des zugehörigen
Schaltnetzes.

Wie heißt die Schaltung?

A	B	x
0	0	0
0	1	1
1	0	1
1	1	0

$$x = \overline{A} \wedge B \vee A \wedge \overline{B}$$

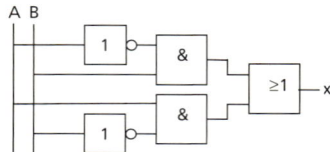

Die Schaltung heißt Antivalenz-
oder Exklusiv-ODER-Schaltung.

18 Ermitteln Sie von dem logischen Schaltnetz

a) die Funktionsgleichung und
b) die Wahrheitstabelle.

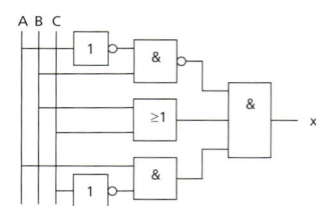

a) $x = (\overline{\overline{A} \wedge B}) \wedge (B \vee C) \wedge (A \wedge \overline{C})$

b)

A	B	C	$\overline{\overline{A} \wedge B}$	$B \vee C$	$A \wedge \overline{C}$	x
0	0	0	1	0	0	0
0	0	1	1	1	0	0
0	1	0	0	1	0	0
0	1	1	0	1	0	0
1	0	0	1	0	1	0
1	0	1	1	1	0	0
1	1	0	1	1	1	1
1	1	1	1	1	0	0

19 Von einem logischen Schaltnetz ist die folgende Wahrheitstabelle bekannt:

A	B	C	x
0	0	0	0
0	0	1	0
0	1	0	1
0	1	1	1
1	0	0	0
1	0	1	0
1	1	0	1
1	1	1	0

Ermitteln Sie

a) die Funktionsgleichung in ODER-Normalform,
b) die Schaltung der ODER-Normalform und
c) die Schaltung in ODER-Normalform mit NAND-Bausteinen.

a) $x = (\overline{A} \wedge B \wedge \overline{C}) \vee (\overline{A} \wedge B \wedge C)$
$\vee (A \wedge B \wedge \overline{C})$

b)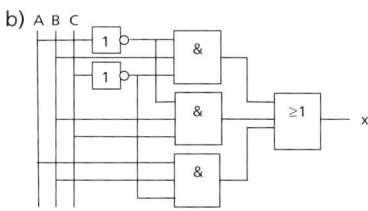

c) $x = \overline{(\overline{\overline{A} \wedge B \wedge \overline{C}})} \wedge (\overline{\overline{A} \wedge B \wedge C})$
$\wedge (\overline{\overline{A} \wedge B \wedge \overline{C}})$

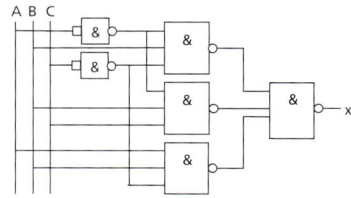

20 Um eine Spannungsversorgung nicht dauerhaft zu überlasten, soll eine optische Warnung bei mehr als 400 W und eine akustische Warnung bei mehr als 500 W abgegebener Leistung erfolgen. Die drei angeschlossenen Verbraucher nehmen 160 W, 190 W und 250 W auf. Entwickeln Sie eine Schaltung, die eine Überlastung optisch und akustisch anzeigt.

Gesucht werden:

a) die Wahrheitstabelle,
b) die Funktionsgleichungen in ODER-Normalform,
c) die Schaltung in ODER-Normalform.

▷

▷ **Antwort** ▷

a)

A	B	C	x	y
0	0	0	0	0
0	0	1	0	0
0	1	0	0	0
0	1	1	0	0
1	0	0	0	0
1	0	1	1	0
1	1	0	1	0
1	1	1	1	1

b) $x = (A \wedge \bar{B} \wedge C) \vee (A \wedge B \wedge \bar{C}) \vee (A \wedge B \wedge C)$

$y = (A \wedge B \wedge C)$

c)

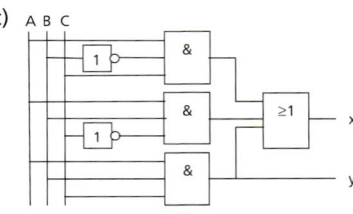

Festlegung:

A = 250 W
B = 190 W
C = 160 W

x-Lampe
y-Hupe

21 **Gegeben ist die folgende Wahrheitstabelle:**

A	B	C	x
0	0	0	0
0	0	1	0
0	1	0	0
0	1	1	0
1	0	0	0
1	0	1	1
1	1	0	1
1	1	1	1

a)

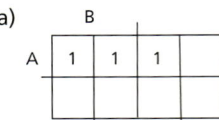

b) $x = A \wedge B \vee A \wedge C$

c) $x = \overline{\overline{A \wedge B} \wedge \overline{A \wedge C}}$

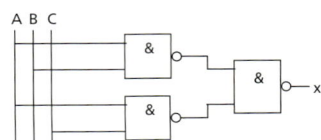

▷

▷ Fortsetzung der Frage ▷

a) **Zeichnen Sie die dazugehörige KV-Tafel,**
b) **geben Sie die vereinfachte Funktionsgleichung an und**
c) **zeichnen Sie das vereinfachte Schaltnetz in NAND-Technik.**

22 **Der nachfolgende Funktionsplan stellt einen Ausschnitt aus dem Stromlaufplan einer Steuerung dar.**

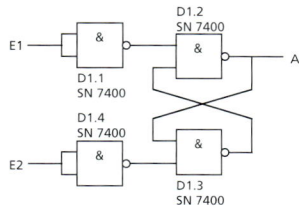

a) **Erstellen Sie die Funktionstabelle und beschreiben Sie den Zustand von A.**
b) **Welche logische Verknüpfung wird dargestellt?**
c) **In welcher Technik ist der Baustein D1 aufgebaut?**

a)

E1	E2	A	Funktion
1	0	1	Setzen des Speichers
0	1	0	Rücksetzen des Speichers
0	0	X	Letzter Zustand bleibt erhalten
1	1	–	unbestimmt, Zustand verboten

b) Kippglied in NAND-Technik
c) TTL-Technik

4.2 Elektrische Steuerungen

23 Auf dem Schaltplan einer Steuerung ist nur noch die Funktionstabelle zu erkennen.

Stellen Sie die Steuerung mit zwei Schützen dar und geben Sie die logische Verknüpfung an.

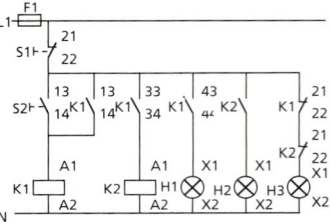

NAND-Verknüpfung

S1	S2	H1
L	L	H
L	H	H
H	L	H
H	H	L

24 Durch Betätigen eines Ein-tasters S2 schaltet das Schütz K1 einen Motor M1 und das Schütz K2 einen Motor M2 ein. Wird der Taster S2 losgelassen, bleiben beide Motoren eingeschaltet. Die Motoren lassen sich wieder ausschalten durch Betätigen des Austasters S1.

Signalisierung:

H1 für Motor M1 EIN,
H2 für Motor M2 EIN,
H3 für Anlagen einschaltbe-reit.

Zeichnen Sie den Stromlauf-plan der Steuerung in aufge-löster Darstellung.

25 Der Antriebsmotor eines Förderbandes soll von zwei Schaltstellen aus über einen Schütz geschaltet werden.

Geräteliste:

S1, S2 Taster Motor AUS
S3, S4 Taster Motor EIN
K1 Schütz Motor EIN
H1 Leuchtmelder Motor EIN
H2 Leuchtmelder Motor AUS
F1 Steuersicherung

Zeichnen Sie den Stromlaufplan der Steuerung in aufgelöster Darstellung

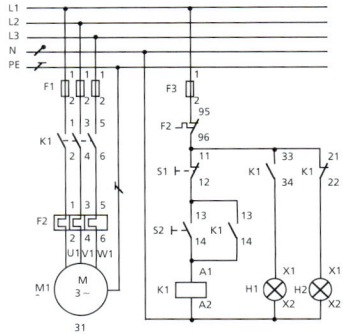

26 Stellen Sie die Schaltung als Stromlaufplan in aufgelöster Darstellung mit Anschlusskennzeichnung dar und geben Sie die HSÖ-Tabelle an.

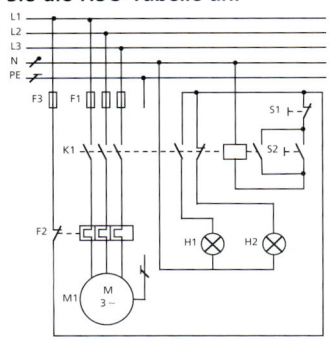

H	S	Ö
31	2	4
31	3	
31		

27 Im Schaltplan einer elektrischen Maschine ist der nachfolgende Auszug einer Steuerung dargestellt.

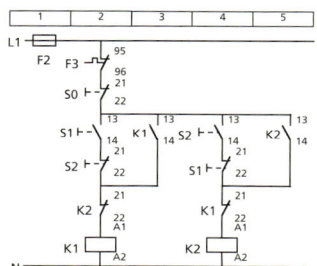

a) Welche Schaltung ist dargestellt?
b) Beschreiben Sie die Funktion der Schaltung.
c) Stellen Sie die Kontaktschaltbilder dar.

a) Wendeschützschaltung

b) Wird der Taster S1 betätigt, zieht das Schütz K1 an und hält sich über den Schließer von K1 selbst (Planabschnitt 3). Der Motor M1 läuft im Rechtslauf. Der Öffner von K1 (Planabschnitt 4) öffnet und verhindert das Schließen des Stromkreises von K2 (Schützverriegelung). Ein Umschalten in den Linkslauf mit S2 ist erst nach dem Ausschalten mit S0 möglich.
Die Öffner der Taster S1 und S2 verhindern, dass bei gleichzeitiger Betätigung der Taster ein Schütz anzieht (Tasterverriegelung).
Das Motorschutzrelais schaltet bei Überlast Hauptstromkreis und Steuerstromkreis ab.

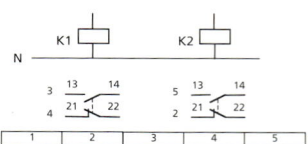

28 Zum Erwärmen eines Werkstattraumes wird ein Warmluftgebläse mit zwei Leistungsstufen eingesetzt:
Leistungsstufe 1 zum schnellen Aufheizen: 4 kW + 12 kW
Leistungsstufe 2 zum Nachheizen: 4 kW
Die Ein- und Ausschaltung des gesamten Gerätes erfolgt durch Taster. Ein Thermostat steuert die Ein- und Ausschaltung des Lüftermotors. Nur wenn der Lüfter an ist, dürfen die Heizungen eingeschaltet sein. Beim erstmaligen Aufheizen sind der Lüfter und ▷

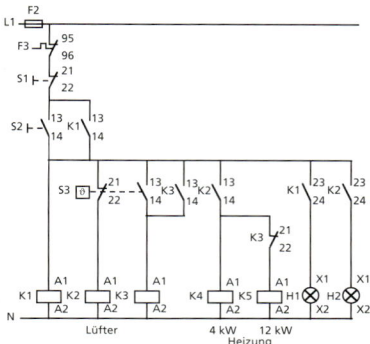

▷ **Fortsetzung der Frage** ▷

beide Heizungen eingeschaltet. Ist die eingestellte Temperatur erreicht, schaltet der Lüfter mit beiden Heizungen ab. Sinkt die Temperatur, erfolgt die Wiedereinschaltung des Lüfters und der 4-kW Heizung, die 12 kW Heizung bleibt jetzt abgeschaltet.

Signalisierung:
H1 – Gerät eingeschaltet,
H2 – Lüfter in Betrieb.

Zeichnen Sie den Stromlaufplan der Steuerung in aufgelöster Darstellung.

29 **An einer Maschine werden Motor M1 im Rechts- und Linkslauf, Motor M2 im Rechtslauf betrieben. M2 lässt sich nur einschalten, wenn M1 eingeschaltet ist. Für die Ausschaltung beider Motoren ist ein Gesamtaustaster S1 vorzusehen. Die Umschaltung der Drehrichtung darf nur über diesen Austaster erfolgen: keine Direktumschaltung! Der Wendebetrieb muss verriegelt sein.**

a) **Zeichnen Sie in aufgelöster Darstellung den Steuer- und den Hauptstromkreis.**
b) **Welche Änderung wäre erforderlich, wenn die Wendesteuerung mit Direktumschaltung ausgeführt werden soll?**

a) Steuerstromkreis   Laststromkreis

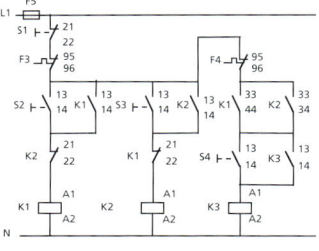
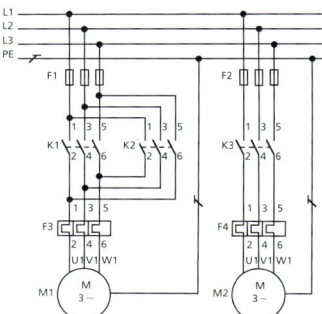

b) Öffnerkontakt von S3 vor den Verriegelungskontakt K2/21-22
   Öffnerkontakt von S2 vor den Verriegelungskontakt K1/21-22

30 In einem Schaltplan finden Sie den nachfolgend dargestellten Laststromkreis. Der Schaltplan des Steuerstromkreises ist nicht mehr vorhanden.

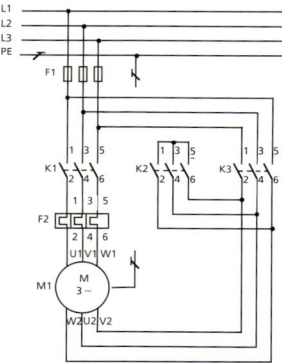

a) Welche Aufgabe erfüllt die Schaltung?
b) Welche Aufgabe haben die Schütze K1, K2 und K3?
c) Auf welche Stromstärke muss die Motorschutzeinrichtung eingestellt werden?
d) Zeichnen Sie den Steuerstromkreis. Verwenden Sie in der Steuerung ein Zeitrelais.
e) Stellen Sie die Kontaktschaltbilder dar.

a) Die Schaltung dient zur Stern-Dreieck-Schaltung von Motoren.
b) K1: Netzschütz,
   K2: Sternschütz,
   K3: Dreieckschütz.
c) Die Motorschutzeinrichtung muss auf das 0,58fache des Motornennstromes eingestellt werden.

d)

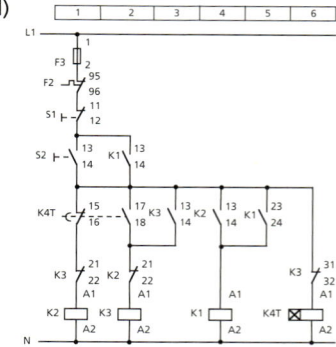

e)

4.3 Pneumatische Steuerungen

**31 Wozu dienen Funktions-
pläne?**

Mit Funktionsplänen können prozess-
orientierte Steuerungsabläufe übersichtlich dargestellt werden.

**32 Was ist in einem
Funktionsplan enthalten?**

Funktionspläne enthalten

– einzelne Schritte
– logische Verknüpfungen der Eingangssignale
– Bedingungen zum Weiterschalten
  zum nächsten Schritt

**33 Wozu treffen Funktions-
pläne keine Aussage?**

Funktionspläne treffen keine
Aussage

– zur Ausführung der Geräte
– zum Einbauort der Geräte
– zur Leitungsführung

**34 Was sind grafische Sinn-
bilder?**

Grafische Sinnbilder sind Funktionspläne; sie werden aus wenigen
genormten Symbolen aufgebaut.

**35 Welche Symbole werden
in Funktionsplänen verwendet?**

In Funktionsplänen verwendete
Symbole sind

– Schritte
– Übergänge
– Wirkungsrichtungen
– Befehle

**36 Erläutern Sie folgenden
Ausschnitt eines Funktions-
planes.**

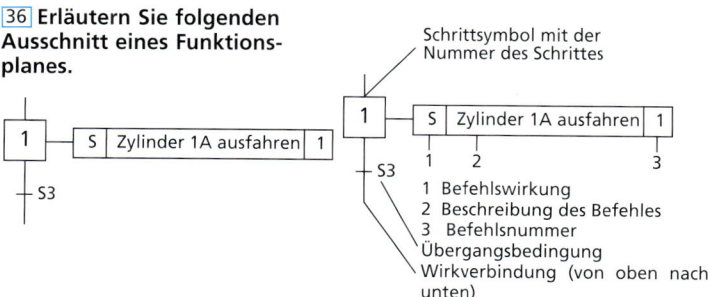

Schrittsymbol mit der
Nummer des Schrittes

1 Befehlswirkung
2 Beschreibung des Befehles
3 Befehlsnummer
Übergangsbedingung
Wirkverbindung (von oben nach
unten)

37 **Was sind Schrittsymbole und wie werden sie dargestellt?**

Schrittsymbole geben an, bei welchem Schritt im Steuerungsablauf man sich befindet. Sie werden durch ein Quadrat mit der Nummer des jeweiligen Schrittes dargestellt.

38 **Was ist eine Übergangsbedingung?**

Die Übergangsbedingung gibt an, welche Bedingungen erfüllt sein müssen, um zum nächsten Schritt zu gelangen.

39 **Was ist eine Wirkverbindung und wie wird sie dargestellt?**

Wirkverbindungen sind Verbindungen zwischen den einzelnen Schritten. Sie werden durch senkrechte Linien dargestellt. Verlaufen die einzelnen Schritte nicht von oben nach unten ab, so wird mit einem Pfeil die Richtung angegeben.

40 **Was wird in den Befehlssymbolen angegeben?**

In den Befehlssymbolen werden

– die Befehlswirkung
– die Beschreibung des Befehles
– die Befehlsnummer

angegeben.

41 **Was wird in einem Zustandsdiagramm dargestellt?**

Mit Zustandsdiagrammen können das Zusammenwirken der Bauglieder einer Steuerung und der Steuerungsablauf übersichtlich dargestellt werden.

42 **Was wird auf den senkrechten und waagerechten Achsen eines Zustandsdiagramms dargestellt?**

Auf den **senkrechten Achsen** eines Zustandsdiagramms wird der Zustand der Arbeitsglieder („eingefahren", „ausgefahren") und die Schaltstellungen der Stellglieder dargestellt.

Auf den **waagerechten Achsen** werden die Arbeitsschritte im zeitlichen Ablauf hintereinander gereiht.

43 **Was sind Funktionslinien?**

Funktionslinien beschreiben die Arbeitswege, z. B. den Hub eines Zylinders und die Schaltstellungen von Ventilen und Schaltern.

44 **Wie verlaufen Signalli-nien?**

Signallinien beginnen an dem Bau-element, das ein Signal abgibt, und enden an dem Bauelement, bei dem dadurch ein weiterer Schritt ausge-löst wird.

45 **Stellen Sie in einem Zustandsdiagramm die Schaltstellungen eines 2- und eines 3-Wegeventils dar.**

Bauglieder			Schritte			
Benenng.	Nr.	Lage	1	2		5
2-Wege-ventil	v2	a				
		b				
3-Wege-ventil	v3	a				
		O				
		b				

46 **Stellen Sie in einem Zustandsdiagramm einen Arbeitszylinder dar, dessen Ausgangszustand ausgefah-ren ist und einen Spannzylin-der, der über einen Eilvor- und Eilrücklauf verfügt.**

Bauglieder			Schritte			
Benenng.	Nr.	Lage	1	2		5
Arbeits-zylinder	1A	aus 2				
		ein 1				
Spann-zylinder	2A	aus 2				
		aus 1				

1 Eilvorlauf
2 Spannen
3 Eilrücklauf

47 **Nennen Sie Vorteile der Pneumatik.**

Die Vorteile der Pneumatik sind:

– Kräfte und Geschwindigkeiten der Zylinder sind stufenlos einstellbar.
– Zylinder und Druckluftmotoren erreichen hohe Geschwindigkei-ten und Drehzahlen.
– Druckluftgeräte können ohne Schaden bis zum Stillstand überlas-tet werden.
– Druckluft ist in Behältern speicher-bar.

48 **Nennen Sie Nachteile der Pneumatik.**

Die Nachteile der Pneumatik sind:

– Große Kolbenkräfte sind nicht erreichbar, da der Betriebsdruck meist weniger als 10 bar beträgt.
– Gleichförmige Kolbengeschwindigkeiten sind nicht möglich.
– Ohne Festanschläge können mit Zylindern keine genauen Stellungen angefahren werden.
– Ausströmende Druckluft verursacht Lärm.

49 **Erklären Sie die folgenden Schaltzeichen.**

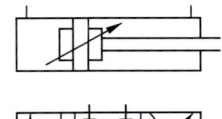

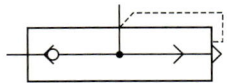

– Zylinder mit beidseitiger, einstellbarer Dämpfung
– 4/3 Wegeventil mit Umlauf-Nullstellung und 2 Durchflussstellungen
– Drossel-Rückschlagventil; Drosselventil mit Durchfluss in einer Richtung und verstellbarer Drosselung in der anderen Richtung
– Schnellentlüftungsventil; wenn die Entlüftung unbeaufschlagt ist, dann ist die Auslassöffnung frei.

50 **Zeichnen Sie folgende Schaltzeichen:**

– einfach wirkender Zylinder mit Rückhub durch eine Feder
– pneumatischer Motor mit veränderbarem Verdrängungsvolumen und einer Stromrichtung
– 5/3 Wegeventil mit Sperr-Null-Stellung und 2 Durchflussstellungen
– Rückschlagventil, unbelastet öffnend
– Druckregelventil ohne Abflussöffnung

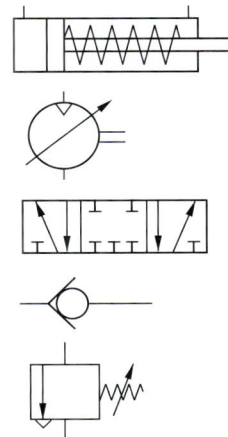

51 **Aus welchen Teilsystemen besteht eine pneumatische Anlage und welche Einheiten sind den Teilsystemen untergeordnet?**

Pneumatische Anlagen bestehen aus den Teilsystemen:

– **Druckluftbereitstellung**, mit den Einheiten zur Energieversorgung, der Druckerzeugungsanlage und der Aufbereitungseinheit
– **Steuerteil**, mit den Einheiten zur Signaleingabe, Signalverarbeitung und der Signalausgabe (Signalglieder = Wegeventile und Steuerglieder = Wechsel-, Zweidruck- und Wegeventile)
– **Arbeitsteil**, mit den Einheiten zum Stellen des Energie- und Stoffflusses (Stellglieder = Wegeventile) und den Einheiten zur Energieumwandlung (Antriebsglieder = Zylinder)

52 **Welche Aufgaben haben die Teilsysteme einer pneumatischen Steuerung?**

– Die **Druckluftbereitstellung** hat die Aufgabe das Steuerteil und das Arbeitsteil mit aufbereiteter Druckluft zu versorgen.
– Das **Steuerteil** hat die Aufgabe, den Arbeitsvorgang zu steuern.
– Das **Arbeitsteil** führt den Arbeitsvorgang aus.

53 **Welche Anlagenteile werden zur Druckluftbereitstellung benötigt?**

Zur Druckluftbereitstellung werden die Druckerzeugungsanlage, die Verdichter und die Aufbereitungseinheit benötigt.

54 **Mit welchen Verdichterarten kann Druckluft erzeugt werden?**

Druckluft wird mit Kolben-, Membran- oder Schraubenverdichtern erzeugt.

55 **Aus welchen Baugliedern besteht eine Aufbereitungseinheit?**

Eine Aufbereitungseinheit besteht aus einem Druckfilter, einem Druckregelventil und einem Druckluftöler.

56 **Erläutern Sie die Arbeitsweise eines Kolbenverdichters.**

Bei einem Kolbenverdichter wird die Luft über ein Saugventil durch die Abwärtsbewegung des Kolbens, der durch einen Elektromotor angetrieben wird, angesaugt. Durch die Aufwärtsbewegung des Kolbens wird die Luft verpresst und durch das Druckventil über den Kühler in den Druckluftbehälter gedrückt.

57 **Wie wird die Druckerzeugung gesteuert?**

Ist der maximale Druck im Druckluftbehälter erreicht, kann die Drucklufterzeugung durch das Ausschalten des Antriebsmotors bei kleineren Verdichtern ausgesetzt werden oder durch das Offenhalten des Ansaugventils bei größeren Ventilen.

58 **Mit welchem Bauelement wird der erreichte Druck in der Anlage gemessen?**

Der erreichte Druck in einer pneumatischen Anlage wird mit dem Manometer gemessen.

59 **Wozu wird ein Kühler zwischen Verdichter und Druckluftbehälter geschaltet?**

Beim Verdichten erwärmt sich die Luft. Das beim Abkühlen entstehende Kondenswasser muss abgeschieden werden, um die Anlage vor Korrosion zu schützen.

60 **Auf wie viel Grad müsste die Druckluft abgekühlt werden, um die geringste Feuchtigkeit zu haben?**

Die geringste Feuchtigkeit besitzt Druckluft bei 4 °C (Kältetrocknung).

61 **Welche Aufgaben haben Druckluftbehälter?**

Druckluftbehälter haben die Aufgaben:
- Speichern und Kühlen der Druckluft
- Abscheiden restlicher Luftfeuchtigkeit
- Ausgleich von Druckluftschwankungen

62 **Welche Anforderungen werden an ein Druckluftnetz gestellt?**

Ein Druckluftnetz muss folgende Anforderungen erfüllen:
- Es muss als Ringleitung aufgebaut sein, um die Versorgung auch bei Reparaturen zu gewährleisten.
- Leitungsquerschnitte müssen so groß gewählt sein, dass nicht mehr als 0,2 bar Druckverlust entsteht.
- Leitungen müssen so verlegt sein, dass Kondenswasser sich sammeln kann und nicht zum Verbraucher gelangt.

63 **Aus welchen Teilen ist eine Aufbereitungseinheit aufgebaut?**

Eine Aufbereitungseinheit besteht aus einem Druckluftfilter, einem Druckregelventil und dem Druckluftöler.

64 **Welche Aufgaben haben die Teile der Aufbereitungseinheit?**

Die Bauteile einer Aufbereitungseinheit haben folgende Aufgaben:
- Der Filter reinigt die Druckluft von Kondenswasser, Staub- und Schmutzteilchen.
- Das Druckregelventil hält die Druckluft in der nachfolgenden Steuerung konstant.
- Der Öler mischt der Druckluft feinzerstäubtes Öl bei, um Korrosion und Abrieb in den Pneumatikelementen zu verhindern.

65 In welche Industriezweigen wird der Öler in der Aufbereitungseinheit weggelassen und warum?

Der Öler wird in der Computerindustrie und der Nahrungsmittelindustrie weggelassen, da diese Industriezweige reine Druckluft benötigen (Hygiene, Bioöle verharzen). Aus Gründen des Umweltschutzes und des Arbeitsschutzes (Arbeiter atmen die ölhaltige Luft mit ein) werden Aufbereitungseinheiten immer öfter ohne Öler eingesetzt.

66 Wozu dienen Antriebseinheiten?

Antriebseinheiten bewegen Vorrichtungen und verrichten dabei Arbeit. Sie wandeln die Energie der Druckluft in mechanische Energie um.

67 Welche Arbeitselemente gibt es in pneumatischen Anlagen?

Arbeitselemente in pneumatischen Anlagen sind:
- Druckluftzylinder, einfachwirkende und doppeltwirkende Zylinder und kolbenstangenlose Zylinder
- Druckluftmotoren, als Konstantmotor und Verstellmotor.

68 Beschreiben Sie die Arbeitsweise eines einfachwirkenden Zylinders.

Beim einfachwirkenden Zylinder wird der Kolben durch die Druckluft ausgefahren, dabei wird eine eingebaute Feder zusammengedrückt. Sobald die Druckluft aus dem Zylinder entweicht, wird der Kolben durch die Feder zurückgeschoben.

69 Wie arbeitet ein doppeltwirkender Zylinder?

Beim doppeltwirkenden Zylinder bewegt die Druckluft den Kolben beim Ein- und Ausfahren; er hat zwei Druckluftanschlüsse.

70 Durch welche Elemente lässt sich die Kolbengeschwindigkeit steuern?

Die Kolbengeschwindigkeit lässt sich durch Drosselrückschlag- oder Schnellentlüftungsventile einstellen.

71 **Beschreiben Sie die Arbeitsweise eines Drosselrückschlagventils und zeichnen Sie dessen Symbol.**

Drosselrückschlagventile werden in einer Richtung frei durchströmt. Der Durchfluss in der anderen Richtung wird durch einen Drosselspalt mit einer einstellbaren Stellschraube gedrosselt. Strömt die Druckluft in der gedrosselten Richtung durch das Ventil, wird eine Kugel durch die Feder gegen ihren Sitz gedrückt, der Luftweg wird geschlossen und die Luft muss den verengten Drosselspalt durchströmen. Strömt die Luft in der anderen Richtung durch das Ventil, wird die Kugel durch die Druckluft gegen die Feder gedrückt und öffnet somit den Luftweg.

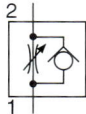

72 **Zeichnen Sie das Symbol eines Schnellentlüftungsventils und beschreiben Sie dessen Arbeitsweise.**

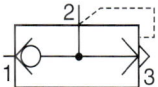

Beim Rückhub wird die Abluft des Kolbens direkt ins Freie geleitet. Da die Abluft nicht über Leitungen abgeführt wird, kann sie schneller entweichen und der Kolben bewegt sich schneller zurück.

73 **Beschreiben Sie die Arbeitsweise eines kolbenstangenlosen Zylinders.**

– Beim kolbenstangenlosen Zylinder mit direktem Antrieb wird der Kolben über eine Kraftbrücke durch das geschlitzte Zylinderrohr mit dem Mitnehmer verbunden. Der Schlitz wird von innen durch ein Stahlband abgedichtet und von außen durch ein zweites Band vor Verschmutzungen geschützt. ▷

▷ **Fortsetzung der Antwort** ▷
– Beim kolbenstangenlosen Zylinder wird ein Seil oder Band am Kolben befestigt, dieses wird durch den Zylinderdeckel geführt und umgelenkt.
– Der Mitnehmer kann bei allen Bauarten als Laufschlitten, der auf dem Zylinder läuft, ausgeführt und somit durch Kräfte belastet werden.

74 **Nennen Sie den entscheidenden Vorteil des kolbenstangenlosen Zylinders.**

Der entscheidende Vorteil des kolbenstangenlosen Zylinders ist der geringere Platzbedarf.

75 **Wo werden Druckluftmotoren benötigt?**

Druckluftmotoren treiben Schrauber, Handschleifgeräte, Hebezeuge und andere Maschinen mit drehender Arbeitsbewegung an.

76 **Welche Bauarten von Druckluftmotoren gibt es?**

Druckluftmotoren werden als Lamellen-, Kolben- und Zahnradmotoren gebaut.

77 **Beschreiben Sie die Arbeitsweise eines Druckluftlamellenmotors.**

Der Druckluftlamellenmotor besteht aus dem Gehäuse mit zylindrischer Bohrung und dem Rotor mit den Lamellen, die den sichelförmigen Arbeitsraum in mehrere Druckkammern unterteilt.
Die durch die Druckluftzuführung strömende Luft dreht den exzentrisch gelagerten Rotor über die in Schlitzen radial gelagerten verschiebbaren Lamellen.
Da sich die Druckkammern bei der Drehung vergrößern, entspannt sich die Luft und strömt durch den Auslass ins Freie.
Das abgebende Drehmoment des Motors hängt von der Druckluft und der beaufschlagten Fläche der Lamellen ab.

78 **Welche Ventilarten unterscheidet man in der Pneumatik?**

Man unterscheidet Wegeventile, Sperrventile, Stromventile und Druckventile.

79 **Wozu dienen Wegeventile?**

Wegeventile bestimmen den Start, Stopp und die Durchflussrichtung der Druckluft.
Mit ihnen werden Zylinder, Druckluftmotoren und die Schaltstellung anderer Wegeventile gesteuert.

80 **Beschreiben Sie die Wirkungsweise des abgebildeten Wegeventils.**

In der Schaltstellung a des Ventils strömt Druckluft vom Druckanschluss 1 zum Anschluss 4, dadurch fährt der Zylinderkolben aus.
Die von ihm im rechten Zylinderraum verdrängte Luft entweicht über den Anschluss 2 zur Entlüftung 5.

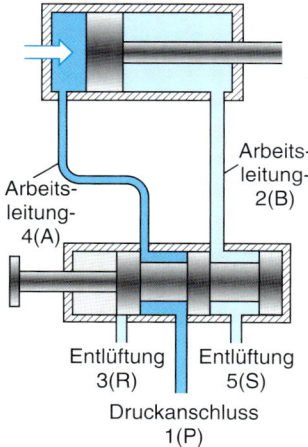

Arbeitsleitung-
2(B)

Arbeitsleitung-
4(A)

Entlüftung
3(R)

Entlüftung
5(S)

Druckanschluss
1(P)

81 **Wie werden Wegeventile in Schaltplänen dargestellt?**

In Schaltplänen wird jede Schaltstellung eines Wegeventils durch ein Rechteck dargestellt.
Pfeile bezeichnen den Weg der Luft zwischen den Anschlüssen.
Die Anschlussleitungen werden nur an die Ausgangsstellung des Ventils herangezogen.

82 **Erläutern Sie die Bezeichnung 5/3 Wegeventil.**

Die erste Ziffer (5) gibt die Anzahl der Anschlüsse und die zweite Ziffer (3) die Zahl der Schaltstellungen eines Wegeventils an.
Im Beispiel hat das Wegeventil also 5 Anschlüsse und 3 Schaltstellungen.

83 **Wann werden indirekte Steuerungen mit Wegeventilen eingesetzt und wie werden sie ausgeführt?**

Müssen die Bewegungen von Zylindern selbsttätig erfolgen, werden Wegeventile zur Steuerung der Zylinder nicht mehr von Hand betätigt.

Die Umsteuerung erfolgt durch Signale weiterer Wegeventile oder Sensoren.

84 **Wie arbeitet ein Sperrventil?**

Beim Sperrventil wird das Sperrelement von der Druckluft so verschoben, dass immer ein Anschluss nach außen gesperrt ist.

85 **Welche Sperrventile gibt es?**

Sperrventile sind Rückschlagventile, Wechselventile, Schnellentlüftungsventile und Zweidruckventile.

86 **Erläutern Sie die Wirkungsweise von Rückschlagventilen.**

Rückschlagventile lassen die Luft von A nach B durchströmen, sperren aber den Durchfluss in der Sperrrichtung von B nach A.

87 **Beschreiben Sie die Arbeitsweise von Wechselventilen.**

Wechselventile besitzen zwei wechselseitig sperrbare Anschlüsse P_1 und P_2 sowie einen Ausgang A. Wird entweder der Eingang P_1 oder der Eingang P_2 mit Druckluft beaufschlagt, sperrt das Sperrelement den nicht beaufschlagten Eingang ab und die Druckluft gelangt zum Ausgang A = ODER-Verknüpfung.

88 **Wie werden Zweidruck-ventile auch genannt und warum haben sie diesen Namen?**

Zweidruckventile werden auch UND-Verknüpfung genannt.

Sie besitzen die Eingänge P_1 und P_2 und einen Ausgang A. Wird nur ein Eingang mit Druck beaufschlagt, sperrt das Sperrelement die Verbindung zum Ausgang A. Erst wenn beide Eingänge (P_1 und P_2) mit Druckluft beaufschlagt sind, ist der Durchfluss zum Ausgang möglich.

89 **Welche Aufgabe haben Stromventile und wo können sie eingesetzt werden?**

Mit Stromventilen wird die Größe des durch eine Leitung fließenden Druckluftstromes eingestellt.

Sie können in die zum Zylinder führende Leitung (= Zuluftdrosselung) oder in die vom Zylinder kommende Leitung (= Abluftdrosselung) eingebaut werden.

90 **Worin unterscheidet sich die Arbeitsweise von Drossel-ventil und Drosselrückschlag-ventil?**

Drosselventile haben eine konstante oder einstellbare Engstelle (Drossel), die den Durchfluss der Druckluft beeinflusst.

Drosselrückschlagventile werden von der Druckluft in einer Richtung frei durchströmt, während der Durchfluss in der Gegenrichtung gedrosselt ist.

91 **Wozu dienen Druckbe-grenzungsventile und wie arbeiten sie?**

Druckbegrenzungsventile sichern Druckbehälter, Leitungen und Bauelemente gegen unzulässig hohen Druck ab.

Sie sind in Ruhestellung geschlossen. Das Sperrelement öffnet die Entlüftung ins Freie, wenn die von der Druckluft auf das Sperrelement ausgeübte Kraft größer wird als die eingestellte Federkraft.

92 **Was ist die Aufgabe von Druckregelventilen und wie arbeiten sie?**

Druckregelventile halten den Druck in der Pneumatikanlage konstant.

Sie sind in der Ruhestellung offen. Die Regelung des Drucks erfolgt über eine Membran, auf die von oben der Arbeitsdruck und von unten die Kraft der Einstellfeder wirken.

4.4 Hydraulische Steuerungen

93 **Nennen Sie Vorteile der Hydraulik.**

Vorteile der Hydraulik:

– Übertragung von großen Kräften auf kleinem Raum durch hohe Drücke
– stufenlos einstellbare Geschwindigkeiten
– problemlose Geschwindigkeitsregelung unter Last innerhalb eines großen Verstellbereiches
– große Übersetzungsspanne bei Antrieben
– ruhiger Lauf, rasche und weiche Bewegungsumkehr
– gleichförmige Bewegungen wegen der geringen Kompressibilität des Öls
– sicherer Überlastungsschutz durch Druckbegrenzungsventile
– hohe Abschaltgenauigkeit beim Stoppen des Arbeitsgliedes
– hohe Lebensdauer und geringe Wartung der Anlagen dank Selbstschmierung der gleitenden Teile durch die Hydraulikflüssigkeit

94 **Nennen Sie Nachteile der Hydraulik.**

Nachteile der Hydraulik:

– Entwicklung von Wärme und Änderung der Viskosität des Öls bei steigender Temperatur
– Lärm durch Pumpen, Hydromotoren und durch Schaltgeräusche der Ventile
– austretendes Lecköl
– Löslichkeit von Luft in Hydraulikflüssigkeiten, Entstehung von Luftblasen bei Druckabfall, dadurch Beeinträchtigung der Steuerungsgenauigkeit

95 **Erläutern Sie die Begriffe Viskosität, Kompressibilität und warum spielen sie in der Hydraulik eine wichtige Rolle?**

Viskosität ist die Zähigkeit (Breiigkeit) eines Stoffes. Gemeint ist hier das Hydrauliköl.

Die **Kompressibilität** eines Stoffes ist die Zusammendrückbarkeit des Stoffes.

In der Hydraulik werden Flüssigkeiten zusammengedrückt; je zäher die Hydraulikflüssigkeit ist, desto geringer ist seine Kompressibilität, also die Zusammendrückbarkeit.

96 **Welche Anforderungen werden an Hydraulikflüssigkeiten gestellt?**

Hydraulikflüssigkeiten sind Mineralöle, die:

– schwer entflammbar sind
– schmierfähig sind
– alterungsbeständig sind
– von der Temperatur weitgehend unabhängige Viskosität aufweisen
– nicht schäumen
– Dichtungen und Gerätewerkstoffe nicht angreifen

97 **Warum wird Wasser nur mit Zusätzen und sehr selten als Druckflüssigkeit eingesetzt?**

Wasser ist durch seine geringe Schmierfähigkeit und niedrige Viskosität nur begrenzt einsetzbar.

98 **Warum werden keine biologischen Öle als Druckflüssigkeiten verwendet?**

Tierische oder pflanzliche Öle sind ungeeignet, da sie verharzen.

99 **Beschreiben Sie einen einfachen Hydraulikkreislauf.**

Pumpen saugen die Hydraulikflüssigkeit an und drücken sie über ein Wege- und Stromventil in den Zylinder oder Hydromotor.
Die von Zylinderkolben verdrängte Flüssigkeit fließt durch ein Wege- und Sperrventil in den Behälter zurück. Wird der eingestellte Druck überschritten, öffnet sich das Druckbegrenzungsventil und die Druckflüssigkeit fließt direkt in den Behälter zurück.

100 **Skizzieren Sie einen Lageplan eines einfachen Hydraulikkreislaufs.**

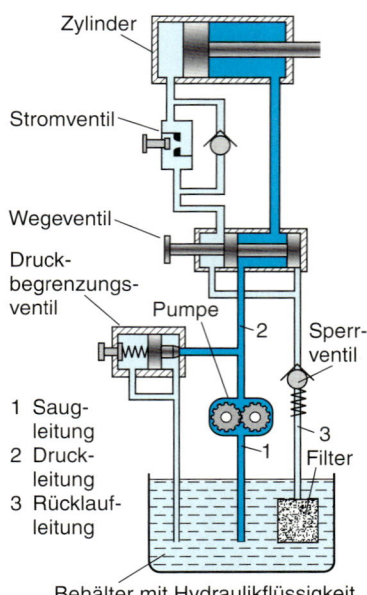

Zylinder

Stromventil

Wegeventil

Druck-
begrenzungs-
ventil

Pumpe

2

Sperr-
ventil

1 Saug-
leitung
2 Druck-
leitung
3 Rücklauf-
leitung

3
Filter

1

Behälter mit Hydraulikflüssigkeit

101 Zeichnen Sie den Schaltplan eines einfachen Hydraulikkreislaufs.

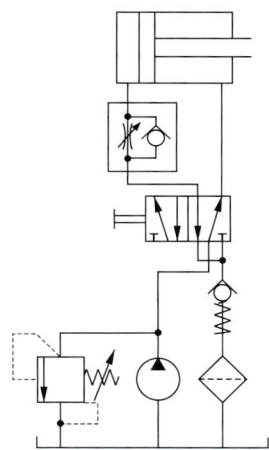

102 Was bestimmt die Größe und Bauart von Pumpen?

Die Größe und Bauart der Pumpen werden durch den Volumenstrom, den Druck und durch die zulässigen Drehzahlen bestimmt.

103 Definieren Sie Volumenstrom.

Als Volumenstrom bezeichnet man das je Zeiteinheit geförderte Flüssigkeitsvolumen der Pumpe

104 Worin unterscheiden sich Konstant- und Verstellpumpen?

Konstantpumpen sind Pumpen mit gleichbleibenden Verdrängungsvolumen je Umdrehung der Pumpenwelle. Ist das Verdrängungsvolumen einstellbar, spricht man von Verstellpumpen.

105 Nennen Sie Arten von Hydraulikpumpen.

Hydraulikpumpen werden als Innen- und Außenzahnradpumpen, Flügelzellenpumpen und als Axial- und Radialkolbenpumpen gebaut.

106 Wie arbeiten Zahnradpumpen?

Zahnradpumpen fördern die Flüssigkeit in den Zahnlücken beider Zahnräder vom Saug- in den Druckraum.

107 **Beschreiben Sie die Arbeitsweise einer Flügelzellenpumpe.**

Die Pumpenwelle mit den Flügeln läuft in einem Gehäuse, das 2 meist sichelförmige Ausfräsungen besitzt. Hydraulikflüssigkeit wird in den von je 2 Flügeln und der Gehäusewand gebildeten Zellen von der Saug- auf die Druckseite verdrängt. Flügelzellen-Verstellpumpen haben nur einen Saug- und einen Druckraum.

108 **Erläutern Sie die Arbeitsweise einer Axialkolbenpumpe.**

Bei Axialkolbenpumpen wird der Kolben während einer halben Umdrehung der Trommel von der fest stehenden Steuerscheibe weggezogen, dabei wird die Flüssigkeit abgesaugt. In der zweiten Hälfte der Umdrehung drückt der Kolben die Flüssigkeit in die Druckleitung.
Durch Schwenken der Trommel wird der Hub des Kolbens und somit der Volumenstrom verändert.

109 **Welche Arten von Hydrospeichern unterscheidet man?**

Bei Hydrospeichern unterscheidet man Blasen-, Membran- und Kolbenspeicher.

110 **Welche Aufgaben haben Hydrospeicher?**

Hydrospeicher haben folgende Aufgaben:

– Speichern von Druckflüssigkeit, solange die Zylinder und Hydromotoren nicht arbeiten
– Abgabe zusätzlicher Druckflüssigkeit bei Eilgangbewegungen
– Dämpfung von Schwingungen und Druckstößen
– Ausgleich von Leckverlusten
– kurzzeitiger Ersatz einer ausgefallenen Pumpe für Notbetätigungen

111 **Welche Sicherheitseinrichtungen müssen Speicher mit einem Nennvolumen größer als 200 l besitzen?**

Hydrospeicher mit einem Nennvolumen größer 200 l besitzen als Sicherheitseinrichtungen

- ein nicht abschaltbares Manometer
- ein eigenes Druckbegrenzungsventil
- ein Sperrventil zur übrigen Anlage hin
- ein Ablassventil zum Entleeren des Speichers.

112 **Welche Besonderheit gibt es bei der Bauweise der Hydraulikventile?**

Hydraulikventile haben weitgehend die gleichen Schaltzeichen, Benennungen und Betätigungen wie pneumatische Wegeventile.

Sie werden meist als Längsschieberventile gebaut, bei denen der Steuerkolben durch Betätigung axial verschoben wird.

Bei großen Wegeventilen würde bei direkter elektrischer Betätigung des Ventils die zum Schalten notwendige elektrische Leistung verhältnismäßig groß werden.

Deshalb werden zusätzlich kleine Vorsteuerventile, die elektromagnetisch betätigt werden, eingebaut. Diese geben dann die Druckflüssigkeit frei, die das Hauptventil schaltet.

113 **Wozu dienen Sperrventile?**

Das Sperrventil dient zur Blockierung unerwünschter Strömungsrichtungen und dient der Umgehung von Druck- und Stromventilen.

114 **Welche 2 Arten von Druckventilen werden unterschieden?**

Bei den Druckventilen werden regelnde und schaltende Druckventile unterschieden.

115 **Unterscheiden Sie die Arbeitsweise von Druckregel- und Druckschaltventilen.**

Druckregelventile halten den eingestellten Druck unabhängig von der Belastung konstant.
Druckschaltventile schalten bei dem eingestellten Druck weitere Zylinder zu oder schalten Pumpen ab.

116 **Wie arbeiten vorgesteuerte Druckventile?**

Bei vorgesteuerten Druckventilen wird das Steuerelement nicht durch eine Feder, sondern durch die Druckflüssigkeit selbst geschlossen.
Erreicht der Druck den mit der Vorsteuerfeder eingestellten Wert, öffnet das Vorsteuerventil.
Durch das Abfließen der Druckflüssigkeit und durch die Drossel im Sperrelement nimmt die Schließkraft ab, dadurch öffnet das Ventil den Durchgang.

117 **Wovon hängt der Volumenstrom bei einem einstellbaren Drosselventil ab?**

Beim einstellbaren Drosselventil hängt der Volumenstrom vom eingestellten Durchflussquerschnitt und vom Druckunterschied p_1–p_2 zwischen den beiden Anschlüssen ab.

118 **Unterscheiden Sie die Aufgabe von Stromregel- und Drosselventilen.**

Stromregelventile halten im Gegensatz zu den Drosselventilen den Volumenstrom auch bei wechselnder Last konstant.

119 **Beschreiben Sie die Arbeitsweise eines Stromregelventils.**

Das Stromregelventil besitzt eine einstellbare Blende und einen Regelkolben.
Sinkt der Druck am Arbeitsanschluss, fließt bei gleichbleibendem Druck mehr Öl als vorher.
Der sinkende Druck entlastet jedoch die linke Seite des Regelkolbens. Dieser bewegt sich nach links und der Druck rechts sinkt, bis an der Blende wieder derselbe Druckunterschied herrscht.

120 Was sind Proportional-ventile?

Als Proportionalventile bezeichnet man die Wege-, Strom- und Druck-ventile, bei denen ein stufenloses elektrisches Eingangssignal in ein stufenloses hydraulisches Ausgangssignal umgesetzt wird.

121 Wozu werden Proportio-nalventile eingesetzt?

Warum werden sie in Schaltungen eingebaut?

Proportionalventile werden zum weichen Beschleunigen und Verzögern von Zylindern und Hydromotoren und zur stufenlosen Einstellung von Drücken und Volumenströmen eingesetzt.

Mit Proportionalventilen kann die Anzahl der notwendigen hydraulischen Bauelemente verkleinert werden. Dafür benötigt man eine elektrische Steuerung für die Proportionalventile.

4.5 Berechnungen von pneumatischen und hydraulischen Steuerungen

122 Definieren Sie den Begriff Druck.

Geben Sie die Formel dazu an.

Drückt ein Kolben mit der Fläche A und der Kraft F auf eine eingeschlossene Luft- oder Flüssigkeitsmenge, entsteht dort der Überdruck p_e

$$p_e = \frac{F}{A}$$

123 Berechnen Sie die wirksame Kolbenkraft F eines Zylinders mit einseitiger Kolbenstange beim Ausfahren. Der Zylinderdurchmesser beträgt 80 mm, der anliegende Druck p beträgt 6 bar und der Wirkungsgrad 90 %.

$F = 2\,714,33$ N

(Lösungsweg Seite 527)

124 Entwickeln Sie mithilfe der Skizze die Formel der wirksamen Kolbenkraft.

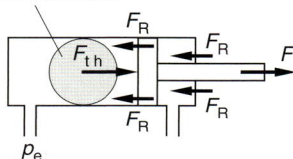

wirksame Kolbenfläche

p_e

F wirksame Kolbenkraft
F_R Reibungskräfte
F_{tn} theoretische Kolbenkraft

Die Reibungskräfte werden durch den Wirkungsgrad η des Zylinders berücksichtigt.

Wirksame Kolbenkraft:

$F = F_{tn} \cdot \eta$

$F = p_e \cdot A \cdot \eta$

125 Berechnen Sie die wirksamen Kolbenkräfte eines Zylinders mit einseitiger Kolbenstange beim Aus- und Einfahren. Der Zylinderdurchmesser beträgt 90 mm, der Kolbenstangendurchmesser 25 mm. Der anliegende Druck beträgt 8 bar und der Wirkungsgrad soll beim Ausfahren mit 90 % und beim Einfahren mit 80 % angenommen werden.

$F_A = 4\,580{,}44$ N

$F_E = 3\,757{,}34$ N

(Lösungsweg Seite 528)

126 Ein Hydrozylinder wird über eine Leitung ($d_i = 16$ mm) mit $Q = 12$ l/min beaufschlagt. Wie groß sind Ausfuhr und Rückfahrgeschwindigkeit und die Durchflussgeschwindigkeit in der Zuleitung? Der Zylinderdurchmesser beträgt 90 mm und der Kolbendurchmesser 40 mm.

$V_A = 188{,}62\ \dfrac{cm}{min}$

$V_E = 235{,}05\ \dfrac{cm}{min}$

$V_i = 59{,}68\ \dfrac{m}{min} \approx 1\dfrac{m}{s}$

(Lösungsweg Seite 528/529)

5 Kommunizieren mit Hilfe von Daten-verarbeitungssystemen

5.1 Computersysteme

5.1.1 Funktionsweise einer Datenverarbeitungsanlage

1	Nach welchem Grundprinzip arbeiten Computersysteme?

Computersysteme arbeiten nach dem EVA-Prinzip.

2	Was bedeutet die Abkürzung EVA?

EVA bedeutet **E**ingabe, **V**erarbeitung, **A**usgabe.

3	Was bedeutet IT im Begriff IT-System?

IT bedeutet **I**nformations**t**echnologie.

4	Erklären Sie grob den Verlauf der Informationsverarbeitung in einem PC.

Nach dem EVA-Prinzip werden die zu verarbeitenden Daten dem PC über die Eingabegeräte zugeführt, in der zentralen Verarbeitungseinheit (CPU = **C**entral **P**rocessing **U**nit) verarbeitet und über die Ausgabegeräte ausgegeben.

5	Was gehört zur Hardware? Nennen Sie Beispiele für PC-Hardware.

Zur Hardware zählen alle technischen Elemente des PC.

Zur PC-Hardware zählen z. B.:
– Festplatte	– Monitor
– Diskette	– Maus
– Grafikkarte	– Tastatur

6	Was ist Software?

Software sind alle digital speicherbaren Informationen z. B. Daten oder Programme.

7 Nennen Sie Beispiele für Software.

Zur Software gehören z. B.:
- Textverarbeitungsprogramme
- Bildbearbeitungsprogramme
- Tabellenkalkulationsprogramme
- CAD-Programme
- Zeichenprogramme
- Betriebssysteme
- Maschinensteuerungsprogramme

8 Wie lässt sich Software einteilen?

Individualsoftware. Sie umfasst alle Software, die für eine ganz spezielle Anwendung entwickelt wurde. Der Vorteil ist die spezielle Berücksichtigung der Bedürfnisse des Anwenders. Nachteilig sind die hohen Kosten für die Einzelentwicklung.

Branchenspezifische Software. Programme, die in verschiedenen Branchen ohne Änderung eingesetzt werden können; z. B. Buchhaltungsprogramme, Programme für den Vertrieb, Patientendateien und Abrechnungsprogramme in Arztpraxen; auch CIM-Anwendungen und SPS-Steuerungen können dazu gehören.

Standardsoftware. Für den PC gibt es Standardprogramme in großer Zahl, z. B. Textverarbeitungsprogramme, Bildbearbeitungsprogramme, Grafik- und Zeichenprogramme, Datenbankprogramme, Tabellenkalkulationssoftware.

9 Was gehört zur Systemsoftware eines PC?

Zur Systemsoftware eines PC gehören z. B. das Betriebssystem und das BIOS.

10 Für welche Aufgaben ist das Betriebssystem grundsätzlich zuständig?

Das Betriebssystem sorgt für das grundsätzliche „Verstehen" zwischen den Komponenten des PC. Es bildet die Grundlage für Programme, mit denen sich spezifische Aufgaben erledigen lassen.

11 Nennen Sie die drei wichtigsten Komponenten des Betriebssystems.

Die drei wichtigsten Komponenten sind:
– die Steuerungsprogramme
– die Dienstprogramme
– die Übersetzungsprogramme

12 Wie kann man Betriebssysteme einteilen?

Man kann sie nach der Anzahl der Benutzer in Single-User und Multi-User und nach der Aufgabenanzahl in Single-Task- und Multi-Task-Systeme einteilen.

13 Was ist eine Benutzeroberfläche?

Unter Benutzeroberfläche versteht man alle Eigenschaften und Möglichkeiten des Systems, die dem Benutzer zur Bedienung zur Verfügung stehen.

14 Was sind Eingabegeräte?

Eingabegeräte dienen zur Eingabe von Daten in den PC.

15 Nennen Sie Eingabegeräte.

Eingabegeräte sind:
– Tastatur
– Maus
– Scanner
– Grafiktablett

16 Nennen Sie Ausgabegeräte.

Ausgabegeräte sind:
– Monitor
– Drucker
– Soundkarte

17 **Was ist die Zentraleinheit eines PC?**

Die Zentraleinheit ist der Kern des PC. Sie verarbeitet die eingegebenen Daten. Zur Zentraleinheit gehören:
- der Prozessor und
- der Arbeitsspeicher

18 **Nennen Sie die wichtigsten Hardware-Komponenten des PC.**

Die wichtigsten Hardware-Komponenten sind:
- die Hauptplatine mit Prozessor und Speicher
- die Festplatte
- die Grafikkarte

19 **Erklären Sie den Begriff Cache.**

Der Cache ist ein schneller, statischer RAM für die Zwischenspeicherung von Daten.

20 **Wo befindet sich der Cache im PC?**

Er befindet sich in der CPU bzw. auf dem Board.

21 **Welche Aufgabe hat der RAM im PC?**

Im RAM werden Daten gespeichert, die schnell wieder benötigt werden.

22 **Was müssen Sie beim Aufrüsten des PC-Arbeitsspeichers beachten?**

Die Module müssen für das jeweilige Motherboard (Geschwindigkeit und Größe) ausgelegt sein. Es sollten beim Einbau mehrerer Module möglichst gleiche Typen verwendet werden.

23 **Was bedeutet der Begriff ROM bei PC-Arbeitsspeicher?**

ROM (Read Only Memory) behält im Gegensatz zum flüchtigen RAM die gespeicherten Informationen auch ohne angelegte Spannung. Er wird auch als Festspeicher bezeichnet. Er lässt sich in der Regel nicht löschen.

24 Was bedeutet der Begriff Slot 1?

Er bezeichnet eine Aufnahmevorrichtung für die CPU. Verwendet wurde sie bei Pentium-II-Prozessoren.

25 Wozu dienen die verschiedenen Anschlüsse an der Rückseite des PC?

Die Anschlüsse dienen zur Verbindung mit verschiedenen Ein- oder Ausgabemedien.

26 Welche Bussysteme kann man in einem PC finden?

Man findet die Bussysteme:

– ISA
– PCI
– USB

27 Was sind Peripheriegeräte?

Peripheriegeräte sind alle Geräte, die sich über die Schnittstellen am PC anschließen lassen.

28 Nennen Sie Beispiele für Peripheriegeräte.

Peripheriegeräte sind:

– externe Laufwerke
– Drucker
– Scanner
– CNC-Maschinen

29 Was sind Schnittstellen?

Schnittstellen sind die Anschlüsse, über die sich die verschiedensten Geräte mit dem PC verbinden lassen.

30 Nennen Sie Beispiele für PC-Schnittstellen.

PC-Schnittstellen sind:

– parallele Schnittstelle
– serielle Schnittstelle
– SCSI-Schnittstelle.

31 Welche Geräte können an eine parallele Schnittstelle angeschlossen werden?

Es können z. B. Drucker und Scanner angeschlossen werden.

32 Erklären Sie den Begriff Interrupt (IRQ).

Der Interrupt ist eine Unterbrechungsaufforderung an den Prozessor, seine Zyklusabarbeitung zu unterbrechen, um einer weiteren Anwendung Rechenzeit zuzuweisen. Der Interrupt kann durch Hardware oder Software ausgelöst werden.

33 Was muss bei der Hardwarekonfiguration und IRQ-Vergabe beachtet werden?

Es muss darauf geachtet werden, dass eine IRQ-Leitung nur von einem Gerät benutzt wird.

34 Welche Geräte können an die serielle Schnittstelle angeschlossen werden?

An die serielle Schnittstelle können Maus und Modem angeschlossen werden.

35 Wie kann man PC-Datenträger einteilen?

Man kann sie in zwei Hauptgruppen einteilen:
– magnetische und
– optische Datenträger

36 Nennen Sie je zwei Beispiele für magnetische und optische Datenträger.

Magnetische Datenträger sind z. B.:
– Diskette
– Festplatte

Optische Datenträger sind z. B.:
– CD-ROM
– DVD

37 Wie werden aktuelle Festplattenschnittstellen bezeichnet?

Es gibt ATA-EIDE- und SCSI-Systeme.

38 Was ist eine Partition?

Die Festplatte kann in einzelne Bereiche aufgeteilt werden. Diese erscheinen dann wie einzelne Laufwerke und werden als Partition bezeichnet.

39 Was ist FAT32?

FAT32 ist ein Dateisystem. FAT (**F**ile **A**llocation **T**able) bedeutet Dateizuordnungstabelle.
Sie wird z. B. bei den Betriebssystemen Windows 98 und Windows NT verwendet.

40 Welche Aufgaben hat ein Dateisystem?

Das Dateisystem verwaltet z. B.

– den belegten und freien Speicher und
– die Verzeichnisse und Dateinamen

41 Welche Ziele werden durch Partitionieren erreicht?

Durch Partitionen kann die Festplatte effektiver genutzt und Daten besser organisiert werden.

42 Welche Organisationsstrukturen werden beim Formatieren der Festplatte angelegt?

Es werden Spuren, Zylinder und Sektoren angelegt.

43 Wie viele Partitionen können auf einer Festplatte maximal eingerichtet werden?

Es können maximal vier Partitionen eingerichtet werden. Dabei können mehrere aktive Partitionen vorhanden sein, die ein Booten mehrerer Betriebssysteme ermöglichen.

44 Wie werden ATAPI-CD-ROM Laufwerke an einem PC angeschlossen?

Sie werden über den EIDE-Festplattencontroller mit dem Board verbunden. Dabei muss das Laufwerk als Master oder Slave eingestellt werden. Am primären IDE-Anschluss wird Slave und am sekundären Master oder Slave eingestellt.

45 Welche Datenmenge kann auf einer CD gespeichert werden?

Es können ca. 700 MB gespeichert werden.

46 Über welche maximale Datenübertragungsrate verfügt ein 40fach CD-ROM-Laufwerk?

Die Datenübertragungsrate beträgt 6 Mbyte pro Sekunde. Diese Geschwindigkeit errechnet sich aus dem einfachen CD-Wert von 150 kByte pro Sekunde.

47 Was bedeutet DVD und welche Vorteile bietet sie?

DVD bedeutet Digital Versatile Disc. Die DVD hat im Vergleich zur CD eine wesentlich höhere Speicherkapazität von derzeit ca. 17 GB.

48 Was versteht man unter Auflösung einer Grafikkarte?

Unter Auflösung versteht man die Anzahl der in waagerechter und senkrechter Richtung darstellbaren Bildpunkte bei einem Bildseitenverhältnis von 4:3. Es werden z. B. 1 024 × 768 Bildpunkte dargestellt.

49 Aus welchen Grundfarben baut ein Monitor die Bildfarben auf?

Aus den Grundfarben **R**ot, **G**rün und **B**lau (RGB).

50 Wie viele Farben kann ein Monitor darstellen?

Die darstellbare Farbtiefe ist durch die Grafikkarte beschränkt. Der Monitor kann beliebig viele Farben darstellen.

51 **Was bedeutet mono-chrome Darstellung und wo wird sie eingesetzt?**

Monochrome Darstellung bedeutet, dass das Bild in einer Farbe auf einem andersfarbigen Hintergrund abgebildet wird. Diese wird bei Textdarstellungen, z. B. von Programmen oder an Maschinen eingesetzt.

52 **Nennen Sie verschiedene Druckertypen.**

Es gibt z. B. Tintenstrahldrucker, Laserdrucker und Nadeldrucker.

53 **Welche Vorteile haben Nadeldrucker, die ihre Verwendung auch heute sinnvoll machen?**

Nadeldrucker sind kostengünstig und als einzige Drucker in der Lage, Durchschläge zu fertigen.

54 **Was ist bei der Druckerauswahl zu beachten?**

Für die Druckerauswahl wichtige Kriterien sind:
– Druckmenge
– Druckqualität
– Anschlussmöglichkeit
– Betriebskosten

55 **Welche Anschlussmöglichkeiten sind für Drucker üblich?**

Es gibt Drucker für den Anschluss an parallele und USB-Schnittstellen sowie Netzwerkdrucker.

56 **Nennen Sie drei gängige Bildschirmauflösungen.**

Gängige Bildschirmauflösungen sind: 800×600, 1024×768, 640×480, 1280×1024, 1600×1200 Pixel (Bildpunkte)

57 **Wie viele Farben lassen sich bei 8 Bit Farbtiefe in einer Computergrafik realisieren?**

Bei 8 Bit Farbtiefe lassen sich $2^8 = 256$ Farben realisieren.

58 **Wie viele Bit Farbtiefe sind für die Darstellung von 16,77 Mio. Farben auf einem PC-Monitor notwendig?**

$2^x = 16{,}77$ Mio.
$\log (2^x) = \log (16{,}77 \text{ Mio.})$
$x \cdot (\log 2) = \log (16{,}77 \cdot 10^6)$
$\qquad x = \log (16{,}77 \cdot 10^6) / \log 2$
$\qquad x = 24$

Es sind 24 Bit Farbtiefe erforderlich.

59 **Was ist die Aufgabe des BIOS eines PC?**

Das BIOS stellt nacht dem Einschalten die Grundfunktionen, wie Bildschirmansteuerung, Tastaturansteuerung sowie die Kontrolle und den Check aller Komponenten des Rechners her. Es ist das Grundsystem für alle Ein- und Ausgabeeinheiten.

60 **In welchem computergestützten Teilbereich eines Unternehmens erfolgt die Konstruktion und Projektierung?**

CAD (**C**omputer **A**ided **D**esign) ist für Konstruktion und Projektierung zuständig.

61 **Bei der Übertragung von Daten über die RS232-Schnittstelle eines PC-Systems wird ein erster, elementarer Test bzgl. der Datensicherheit vorgenommen. Wie heißt dieser Test?**

Der erste elementare Test, den das System vornimmt, ist der Parity-Check.

62 **Daten auf einem PC-System unterliegen Fehlereinflüssen. Man kontrolliert sie deshalb auf Plausibilität. Welches Verfahren kommt am häufigsten zum Einsatz?**

Am häufigsten kommt die CRC-(**C**ross **R**eference **C**heck) Prüfung zum Einsatz.

63 **In welchem computergestützten Teilbereich eines Unternehmens erfolgt die Erfassung der Betriebsdaten?**

Die Erfassung der Betriebsdaten erfolgt im BDE-(**B**etriebs**d**aten**e**rfassung) Bereich.

64 **Was sind die wichtigsten Aufgaben des Betriebssystems eines Computers?**

Die wichtigsten Aufgaben des Betriebssystems sind:

– Verwaltung der Daten
– Schnittstelle für die Anwenderprogramme
– Ein- und Ausgabefunktion
– Organisation der Datenträger

65 Nennen Sie mindestens drei Betriebssysteme.

Betriebssysteme sind:
– Windows (98, 2000, CE, XP)
– Linux
– OS2
– Unix

66 Was verbirgt sich hinter der Abkürzung S-ATA?

Serial ATA (S-ATA) ist ein hauptsächlich für den Datenaustausch zwischen Prozessor und Festplatte entwickelter Datenbus.

67 Woraus ist Serial ATA entstanden?

Serial ATA hat sich aus dem älteren ATA- (auch IDE genannten) Standard entwickelt.

68 Wie werden bei S-ATA die Daten übertragen?

Aus Performancegründen entschied man sich, von einem parallelen Busdesign zu einem bit-seriellen Bus überzugehen, d. h. dass die Daten seriell übertragen werden (Bit für Bit) und nicht, wie bei alten ATA-Standards, in 16-Bit-Worten.

69 Mit welcher Geschwindigkeit können bei S-ATA Daten übertragen werden?

Zuerst wurde Serial ATA bei einer Datenrate von 150 Megabytes pro Sekunde herausgebracht. Die aktuelle Version Serial ATA II verdoppelte den Durchsatz auf 300 MB/s. In nächster Zeit sind Datenraten bis zu 600 MB/s zu erwarten.

70 Was ist NTFS?

NTFS steht für *New Technology File System* und ist das Dateisystem von Windows NT, einschließlich seiner Nachfolger Windows 2000 und Windows XP.

71 Welche Vorteil bietet NTFS gegenüber FAT32?

Im Vergleich zu FAT bietet NTFS u. a. einen gezielten Zugriffsschutz auf Dateiebene durch vollständige Unterstützung von Access Control Lists und dadurch hohe Datensicherheit.

Weitere Vorteile sind:

- effiziente Speichernutzung bei Partitionen über 200 MB
- Datenwiederherstellung nach Abstürzen, sehr fehlertolerantes Design
- lange Dateinamen: Dateinamen können im Gegensatz zu FAT mehr als 12 Zeichen lang sein und aus fast beliebigen Unicode-Zeichen bestehen.

72 Was bedeutet die Prozessorbezeichnung „Centrino"?

Centrino® (oder Centrino Mobile Technology) ist eine Marketing-Initiative von Intel^{TM}, welche CPU, Mainboard-Chipsatz und WLAN für Laptops-PCs kombiniert. Die Kombination basiert auf einem Pentium M Prozessor, dem Intel 855 Chipsatz und der Intel PRO/Wireless 2100 (IEEE 802.11b) Funknetzwerkunterstützung.

73 Welche Aufgabe hat die Northbridge auf dem Mainboard?

Der Chip der Northbridge synchronisiert den Datentransfer und die Datensteuerung zwischen CPU (Prozessor), Arbeitsspeicher, Cache und AGP-Grafikkarte.

Die direkte Verbindung zwischen Northbridge und CPU wird als Front-Side-Bus (FSB) bezeichnet und ist ein Bestandteil des Systembusses.

5.1.2 Netzwerke

**74 Wie heißt das auf Compu-
ternetzwerken am meisten
verbreitete Netzwerkprotokoll? Erklären Sie die Abkürzung.**

Das Netzwerkprotokoll heißt **TCP/IP** =
Transmission Control Protocol/Inter-
net Protocol und bedeutet Internet-
protokoll zur Datenübertragung.

**75 Was ist ein PTP-Netzwerk?
Erklären Sie den Begriff.**

Ein PTP-Netzwerk ist eine Verbindung
zwischen zwei Geräten. PTP = Peer to
Peer, und das heißt Punkt-zu-Punkt-
Verbindung.

**76 Wie kann ein PC in ein
Netzwerk eingebunden wer-
den?**

Der PC muss netzwerkfähige Hardware und ein netzwerkfähiges
Betriebssystem besitzen. Die Einbin-
dung kann unter Windows 98 mit
einer Netzwerkkarte erfolgen. Dabei
muss die Netzwerkkarte mit dem
Netzwerk über ein Kabel oder Funk
verbunden werden.

**77 Wie können in einem
Betrieb Maschinen über einen
externen PC gesteuert oder
programmiert werden?**

Die Maschinen müssen über ein Netzwerk oder ein serielles Kabel bzw.
eine Funkstrecke mit dem PC verbunden werden. Entsprechende Steue-
rungssoftware muss auf der Maschine
und auf dem PC installiert sein.

**78 Warum sind Netzwerke in
Betrieben sinnvoll?**

– Durch Netzwerke können z. B.
  mehrere Maschinen mit einem PC
  verbunden und Daten zentral verwaltet und gesichert werden.
– Empfindliche Rechensysteme können aus der Fertigungsumgebung
  entfernt werden.
– Programmierungen können im
  Büro erfolgen und schnell an die
  Maschine übertragen werden.
– Hard- und Softwarekosten können
  reduziert werden.

79 Nennen Sie Betriebssysteme, die netzwerkfähig sind.

Netzwerkfähige Betriebssysteme sind z. B.:
- Windows XP
- Windows 98
- Windows NT
- Linux

80 Was ist ein Modem?

Ein Modem ist ein Gerät, das bei der Datenübertragung die Daten an das Übertragungsmedium anpasst. Es wandelt z. B. bei einer Telefonleitungsübertragung am Sende- und Empfangs-PC die elektrischen Signale in Tonfrequenzen um.

81 Was bedeutet DSL?

DSL steht für Digital Subscriber Line (eng. für *Digitale Teilnehmeranschlussleitung*) und ist eine breitbandige digitale Verbindung über Telefonnetze.

82 Welche Übertragungsgeschwindigkeit sind bei DSL möglich?

Es sind mit DSL derzeit Geschwindigkeiten von 384 kbit/s bis 6.016 kbit/s möglich.

83 Was steht hinter der Abkürzung WLAN?

Wireless Local Area Network, WLAN, bezeichnet ein „drahtloses" lokales Funknetz, wobei meistens ein Standard der IEEE 802.11-Familie gemeint ist.

84 Was ist WEP-Verschlüsselung und wo kommt sie zum Einsatz?

Wired Equivalent Privacy (WEP) ist der Standard-Verschlüsselungsalgorithmus für WLAN. Er soll sowohl den Zugang zum Netz regeln als auch die Integrität der Daten sicherstellen.

85 Was beinhaltet der Standard IEEE 802.11?

Der Standard IEEE 802.11 bezeichnet einen Industriestandard für drahtlose Netzwerkkommunikation. Herausgeber ist das Institute of Electrical and Electronics Engineers (IEEE).

86 **Welche Datenrate ist mit einem 802.11g-WLAN möglich?**

Der Datentransfer nach Standard 802.11g beträgt brutto 54 MBit/s (netto ca. 50 %).

5.1.3 Schutz und Sicherheit von Daten

87 **Definieren Sie den Begriff Datenschutz.**

Der Datenschutz umfasst alle Maßnahmen zur Sicherung gespeicherter, personenbezogener Daten vor Missbrauch bei der Erfassung und Verarbeitung.

88 **Erklären Sie den Begriff Urheberrecht.**

Das Urheberrecht ist ein eigentumsähnliches Recht, das dem Schöpfer eines individuellen, geistigen Werkes zusteht. Nutzerrechte sind erforderlich.

89 **Wer ist für den Datenschutz verantwortlich?**

Verantwortlich ist:
– jeder selbst
– der Datenbeauftragte (eines Betriebes oder einer Dienststelle)
– der Geschäftsführer (einer Firma)

90 **In welchem Gesetz ist der Datenschutz geregelt?**

Das Bundesdatenschutzgesetz regelt den Datenschutz.

91 **Was bedeutet Datensicherheit?**

Datensicherheit bedeutet, dass eine missbräuchliche Verwendung von Daten ausgeschlossen werden kann. Die Daten sind vor Verlust geschützt und können nicht durch Dritte eingesehen werden.

92 **Was ist ein Computervirus und wie kann es die Datensicherheit beeinflussen?**

Ein Computervirus ist ein kleines Programm, das sich selbstständig durch Infektion anderer Programme vermehren kann und damit Daten beschädigt oder sogar Zugriff durch Dritte zulässt.

93 **Wie erfolgt eine Viren-infektion?**

Eine Vireninfektion kann z. B. durch den Bootsektor einer Diskette erfolgen oder durch Laden und Aktivierung von fremden Dateien z. B. aus dem Internet.

94 **Wie kann man den PC vor Virenbefall schützen?**

Absoluten Schutz gibt es nicht, aber man kann den Befall einschränken, indem man

– keine fremden Dateien auf den PC lädt,
– aktuelle Virensoftware zur Überprüfung der Datenbestände einsetzt,
– regelmäßig Daten sichert.

95 **Wie kann man Viren entfernen?**

Man kann die infizierten Daten löschen oder mit Antivirenprogrammen die Daten reparieren.

96 **Was ist eine USV?**

USV ist eine **u**nterbrechungsfreie **S**trom**v**ersorgungsanlage für IT-Systeme.

97 **Welche Aufgaben hat die USV?**

Die USV gewährleistet z. B., dass

– bei Stromausfall die Geräte mit Energie weiterversorgt werden,
– sie bei einem längeren Ausfall kontrolliert heruntergefahren werden,
– Netzlücken überbrückt werden und
– Überspannungen gefiltert werden.

5.2 Anwendungssoftware und Branchensoftware

| 98 **Womit beschäftigt sich die Informatik?** | Die Informatik beschäftigt sich mit dem Aufbau, der Arbeitsweise und der Anwendung von IT-Systemen sowie der Entwicklung und Erforschung ihrer theoretischen und technologischen Grundlagen. |

| 99 **Warum ist die Entwicklung von IT-Systemen sinnvoll?** | Die IT-Systeme sind in Teilbereichen schneller und leistungsfähiger als der Mensch. Sie können bestimmte Aufgaben präziser und kontinuierlicher erfüllen. |

100 **Was ist Anwendungssoftware?**

Als Anwendungssoftware bezeichnet man Programme zur Bewältigung bestimmter Aufgaben wie z. B.

– Textverarbeitungssoftware,
– CAD-Zeichenprogramme,
– Tabellenkalkulationsprogramme,
– Datenbankprogramme.

101 **Was versteht man unter Branchensoftware?**

Darunter versteht man Programme für bestimmte Branchen, z. B. Programme für Kfz-Betriebe.

102 **Was bedeutet die Abkürzung CIM?**

CIM ist die Abkürzung von **C**omputer **I**ntegrated **M**anufacturing.

103 **Welche Technik wird allgemein mit der Abkürzung CIM bezeichnet?**

Mit CIM sind flexible Fertigungssysteme gemeint, die in der computergestützten Fertigung zum Einsatz kommen. Alle Ebenen eines Unternehmens oder einer Fertigung sind über Steuerungssysteme verbunden.

104 **Welches Ziel hat CIM?**

CIM hat das Ziel:

– rationell zu fertigen,
– eine hohe gleichbleibende Qualität zu erzeugen,
– kurze Durchlaufzeiten zu erreichen.

105 **Erklären Sie die Abkürzung CNC.**

CNC heißt **C**omputerized **N**umerical **C**ontrol und bezeichnet eine Maschinensteuerung durch Computersysteme (Hard- und Software).

106 **Nennen Sie typische CNC-Maschinen.**

Typische Maschinen sind:
– CNC-Drehmaschine,
– CNC-Fräsmaschine und
– CNC-Bohrmaschine.

107 **Welche Vorteile bietet eine CNC-Maschine gegenüber einer herkömmlichen Werkzeugmaschine?**

Durch den Einsatz von Computern lassen sich Programme und automatisierte Abläufe schnell ändern oder auch vor dem Einsatz ohne Gefährdung testen. Einmal programmierte Abläufe lassen sich beliebig oft wiederholen. Sie können mit einer gleich bleibenden Genauigkeit ausgeführt werden.

108 **Was heißt SPS?**

SPS heißt **S**peicher**p**rogrammierbare **S**teuerung.

109 **Welche Aufgaben kann eine SPS übernehmen?**

Eine SPS kann frei programmiert werden und damit komplexe Aufgaben, z. B. Regeln, übernehmen.

110 **Nennen Sie eine Möglichkeit zur Steuerung betrieblicher Prozesse.**

Betriebliche Prozesse können über PPS (**P**roduktplanungs- und **P**roduktsteuerungssysteme) gesteuert werden.

111 **Welche Aufgaben kann ein PPS übernehmen?**

Ein PPS kann z. B. die
– Materialbedarfsplanung,
– Lagerhaltung oder
– Fertigungsplanung übernehmen.

112 **Woraus bestehen digitale Signale?**

Digitale Signale bestehen aus binären Codes wie z. B. dem ASCII-Code oder dem dualen Zahlensystem.

113 Was bedeutet der Begriff Bit?	Bit bedeutet Binary Digit, also zweiwertige Ziffer, mit den zwei möglichen Zuständen 1 und 0. Technisch bedeutet dies z. B. Strom fließt oder fließt nicht.
114 Was sind Programmiersprachen?	Programmiersprachen sind künstliche Sprachen, die zur Verständigung mit dem PC oder der Maschine dienen.
115 Wie kann man Programmiersprachen einteilen?	Man kann sie in maschinenorientierte und problemorientierte Programmiersprachen einteilen.
116 Was ist eine Assemblersprache und welche Vorteile hat sie?	Assembler ist eine maschinenorientierte Programmiersprache. Sie ermöglicht eine optimale Speicherausnutzung.

6 Planen und Organisieren von Arbeitsabläufen

1 Nennen Sie betriebliche Aufgabenbereiche.

Betriebliche Aufgabenbereiche sind
– Beschaffen,
– Lagern,
– Fertigen,
– Verkaufen,
– Verwalten,
– Leiten.

2 Nennen Sie betriebliche Grundströme.

Grundströme sind Leistungsstrom und Finanzstrom.

3 Wie lassen sich die Bereiche der Personalwirtschaft gliedern?

Die Bereiche der Personalwirtschaft lassen sich gliedern in
– Personalbeschaffung,
– Personaleinsatz,
– Personalausbildung,
– Personalmotivation.

4 Was ist der Beschaffungsmarkt?

Auf dem Beschaffungsmarkt werden die Betriebsmittel, Werkstoffe und Handelswaren, die für die Produktion benötigt werden, eingekauft.

5 Nennen Sie Hauptbestandteile des zu beschaffenden Materials.

Hauptbestandteile des zu beschaffenden Materials sind
– Rohstoffe,
– Hilfsstoffe,
– Betriebsstoffe.

6 Welche Aufgaben hat der Einkauf?

Der Einkauf hat die für die Produktion bzw. für den Verkauf notwendigen Materialien und Güter zur Verfügung zu stellen.

7 Worauf ist beim Einkauf zu achten?

Beim Einkauf ist darauf zu achten, dass die Waren und Güter zu günstigen Preisen beste Eignung aufweisen und termingerecht sowie in der benötigten Menge zur Verfügung stehen.

8 Was muss vor dem Einkauf geprüft werden?

Vor dem Einkauf muss der Bedarf an Roh-, Hilfs- und Betriebsstoffen geprüft werden.

9 Was enthält ein Bedarfs-plan?

Der Bedarfsplan enthält die benötig-ten Roh-, Hilfs- und Betriebsstoffe.

10 Wie ist der Bedarfsplan gegliedert?

Der Bedarfsplan ist gegliedert nach Art, Menge, Qualität der benötigten Roh-, Hilfs- und Betriebsstoffe und gibt den Einsatzzeitraum an.

11 Welche Aufgaben hat die Lagerhaltung?

Die Lagerhaltung soll Vorräte halten, mit denen Produktionsbereitschaft und Lieferbereitschaft auch bei Stö-rungen gewährleistet werden.

12 Welche Lagerarten ken-nen Sie?

Es gibt manuelle, mechanische und automatische Lager.
Man kann sie auch in Eingangs-, Zwi-schen-, und Versandlager unterteilen.

13 Wovon ist der Raumbe-darf eines Lagers abhängig?

Der Raumbedarf ist abhängig von der Art, der Größe und der Durchlaufzeit der Lagergüter.

14 Nennen Sie Lagereinrich-tungen.

Lagereinrichtungen sind
– Einrichtungsgegenstände
– Transportmittel
– Vorrichtungen

15 Wie kann man die Lager-kosten aufgliedern?

Man kann die Lagerkosten gliedern in
– Personalkosten
– Sachkosten und
– Kapitalbindungskosten

16 Wozu dienen Lagerkenn-zahlen?

Lagerkennzahlen dienen dazu, den Lagerbestand auf einem optimalen Niveau zu halten. Es wird nur soviel gelagert, wie nötig ist.

17 Was ist das Ziel der Arbeitsvorbereitung?

Das Ziel der Arbeitsvorbereitung ist es, einen wirtschaftlichen und termin-gerechten Arbeitsablauf zu errei-chen.

18 Nennen Sie Bestandteile der Fertigungsablaufplanung.

Bestandteile der Fertigungsablaufplanung sind z. B.
– Fertigungsauftrag
– Auftragskarte
– Lagerkarte
– Leistungsschein
– Auftragszeit

19 Welche grafischen Darstellungsformen der Arbeitsvorgänge kennen Sie?

Grafische Darstellungsformen der Arbeitsvorgänge sind
– Ablaufdiagramme
– Balkendiagramme
– Netzplantechnik

20 Was versteht man unter Aufbauorganisation?

Unter Aufbauorganisation versteht man die betriebliche Organisation, die die einzelnen Zuständigkeiten der verschiedenen Stellen und deren Rangordnung regelt.

21 In welche Systeme kann man die Aufbauorganisation unterteilen?

Es gibt das Liniensystem, die Spartenorganisation und die Matrixorganisation.

22 Wie werden Liniensysteme unterteilt?

Liniensysteme können nach
– Einliniensystem
– Mehrliniensystem und
– Stabliniensystem
unterteilt werden

23 Was ist das Stabliniensystem und welche Vorteile hat es?

Das Stabliniensystem entsteht durch Zuordnung von Stabsabteilungen an einzelne Linienorganisationseinheiten. Eine Stabsabteilung kann unterstützende Aufgaben für die Linienorganisationseinheit übernehmen. Da eine Stabsabteilung vor allem der Entscheidungsvorbereitung und -unterstützung dient, besitzt sie keine Weisungsbefugnis.
Es hat den Vorteil einheitlicher Willensbildung und der Heranbildung fachkundiger Spezialisten.

24 **Welche Fertigungstypen kennen Sie?**

Fertigungstypen sind:
- Einzelfertigung
- Serienfertigung (Groß- und Kleinserien) und
- Massenfertigung

25 **Welche Organisationstypen der Fertigung kennen Sie?**

Organisationstypen der Fertigung sind:
- Werkstattfertigung
- Gruppenfertigung
- Fließfertigung
- vollautomatische Fertigung

26 **Welche Fertigungstypen sind bei einer Werkstattfertigung denkbar?**

Bei Werkstattfertigung sind Einzel- und Serienfertigung denkbar.

27 **Welche Fertigungstypen sind bei einer vollautomatischen Fertigung denkbar?**

Bei einer vollautomatischen Fertigung sind Großserien und Massenfertigung denkbar.

28 **Wie kann man Fertigungskosten nach der Art ihrer Entstehung gliedern?**

Man kann Fertigungskosten gliedern nach
- Personalkosten
- Materialkosten
- Kapitalkosten
- Gemeinkosten und
- Fremdleistungskosten

29 **Nennen Sie Marketing-Ziele.**

Marketing-Ziele sind
- Auffinden von neuen Märkten
- Ausweitung des vorhandenen Marktes
- Vergrößerung des Marktanteils
- Ersatz umweltschädlicher Produkte durch umweltfreundliche

30 **Nennen Sie Marketing-Instrumente.**

Marketing-Instrumente sind
- Produktpolitik
- Kommunikationspolitik
- Preispolitik
- Distributionspolitik und
- Marketingmix-Politik

|31| **Was verstehen Sie unter Absatzmarktforschung?**

Absatzmarktforschung ist die systematische Untersuchung des Absatzmarktes.

|32| **Nennen Sie Verfahren der Absatzmarktforschung.**

Verfahren der Absatzmarktforschung sind:
– Primärforschung und
– Sekundärforschung

|33| **Was verstehen Sie unter Primärforschung?**

Primärforschung ist die Ermittlung bisher nicht bekannter Marktdaten.

|34| **Was verstehen Sie unter Sekundärforschung?**

Sekundärforschung ist die Auswertung vorhandener Daten.

|35| **Was bedeutet Marktuntersuchung?**

Bei der Marktuntersuchung werden Daten für die Beurteilung des Marktes beschafft.

|36| **Wie entsteht der Verkaufspreis?**

Der Unternehmer muss zunächst alle entstandenen Kosten berücksichtigen und dann einen angemessenen Gewinn auf diese Preisuntergrenze aufschlagen und erhält dann den Marktpreis oder Verkaufspreis.

|37| **Wodurch wird der Marktpreis beeinflusst?**

Der Marktpreis wird von der Nachfrage und vom Angebot der Konkurrenz beeinflusst.

|38| **Welche Aufgabe hat die Werbung?**

Die Hauptaufgabe der Werbung ist die Umsatzsteigerung.
Neue Bedürfnisse sollen geweckt und neue Kunden gewonnen werden.

|39| **Welche Arten der Werbung kennen Sie?**

Arten der Werbung sind Einzelwerbung und Gemeinschaftswerbung.

|40| **Nennen Sie Formen der Werbung.**

Es gibt direkte und indirekte Werbung.

|41| **Nennen Sie Werbemittel.**

Es gibt sehr viele verschiedenartige Werbemittel, z. B. Schaufenster, Kataloge, Werbebriefe, Anzeigen, Plakate, Rundfunk- und Fernsehspots.

42 **Was sind die Aufgaben der Produktionsorganisation eines Betriebes?**

Die Produktionsorganisation umfasst Entwicklung, Beschaffung, Fertigung und Qualitätsprüfung.

43 **In welche drei Organisationsstufen lässt sich die betriebliche Ablauforganisation gliedern?**

Die betriebliche Ablauforganisation ist gegliedert in die Betriebs-, Produktions- und Fertigungsorganisation.

44 **Welcher Verein befasst sich in Deutschland mit Arbeitsstudien und Arbeitsorganisation?**

Mit Arbeitstudien und Arbeitsorganisation befasst sich der REFA-Verein (Verband für Arbeitsstudien und Betriebsorganisation e. V. in Darmstadt).

45 **Welche Aufgaben umfasst die Betriebsorganisation?**

Die Aufgaben der Betriebsorganisation sind:
– die Entwicklung, Beschaffung, Fertigung und Qualitätsprüfung
– das Betriebsrecht und die Durchsetzung des Betriebsverfassungsgesetzes
– die Kooperation mit anderen Betrieben, d. h. die Organisation aller betrieblichen Bereiche.

46 **Welche Darstellungsart zur Visualisierung von Arbeitsabläufen zeigt diese Grafik?**

In der Grafik ist die Zeitbanddarstellung gezeigt.

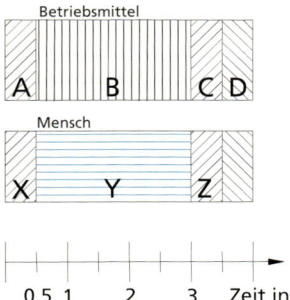

47 Welcher Buchstabe in der Zeitbanddarstellung kennzeichnet eine ablaufbedingte Unterbrechung der Tätigkeit des Menschen?

Die Unterbrechung ist mit „Y" bezeichnet.

48 Welcher Buchstabe in der Zeitbanddarstellung kennzeichnet eine Hauptnutzungsphase des Betriebsmittels?

Eine Hauptnutzungsphase ist „B".

49 Wie wird die Zeit genannt, die in einer Arbeitsablaufplanung für den Gebrauch einer Maschine vorgesehen ist?

Die Zeit, die für den Gebrauch einer Maschine vorgesehen ist, wird Belegungszeit genannt.

50 In welcher Darstellung eines Arbeitsablaufes schreibt der Fertigungsplaner der Fertigung die Details der Erstellung eines Werkstückes vor?

Die Details der Fertigung werden im Arbeitsablaufplan beschrieben.

51 Wie wird die Darstellung eines Arbeitsablaufes genannt, die vorwiegend für die Darstellung komplexer Vorhaben, wie Neuentwicklungen usw., eingesetzt wird?

Diese Darstellung wird Netzplan genannt.

52 Welche drei grundlegenden Aufgaben hat die betriebliche Ablauforganisation?

Die drei grundlegenden Aufgaben der betriebliche Ablauforganisation sind Arbeitsabläufe
– planen
– gestalten und
– steuern

53 In einem Arbeitsgang zur Nachbearbeitung einer Werkstückoberfläche mittels automatischem Stirnplanfräsen sind folgende Ablaufabschnitte notwendig:
- **Werkstück einspannen**
- **Fläche fräsen**
- **Werkstück ausspannen**
- **Oberfläche prüfen**

Welche Nutzungsart, bezogen auf das Betriebsmittel, liegt bei Abschnitt Fläche fräsen vor?

Beim Abschnitt Fläche fräsen liegt eine Hauptnutzung vor.

54 Welche Aufgaben umfasst die Fertigungsorganisation eines Betriebes?

Die Fertigungsorganisation umfasst die Teilefertigung, die Montage, die Instandhaltung und den innerbetrieblichen Transport

55 Welche Darstellungsarten sind zur Visualisierung von betrieblichen Arbeitsabläufen nicht geeignet?

Zur Visualisierung von betrieblichen Arbeitsabläufen **nicht** geeignet sind der Schrittplan und der Weg-Zeit-Plan.

56 Wird der Arbeitsablauf auf einen Arbeitsgegenstand bezogen, so lassen sich verschiedene Bearbeitungsarten unterscheiden. Zählen Sie vier Bearbeitungsarten eines Arbeitsgegenstandes auf.

Bearbeitungsarten eines Arbeitsgegenstandes sind:
- prüfen
- fördern
- einwirken
- liegen

57 Welche Kenntnisse gehören direkt zum Tätigkeitsfeld eines Mechatronikers?

Der Mechatroniker benötigt Kenntnisse
- der Mechanik
- der Elektrotechnik
- der Informationstechnik
- der englischen Sprache

58 Wie nennt man die Gesamtzeit, die in einer Arbeitsablaufplanung für die Erledigung des Auftrages vorgesehen ist?

Diese Zeit, die für die Erledigung des Auftrags insgesamt vorgesehen ist, wird Auftragszeit genannt.

59 Ist die Ausfallnutzung eine Nutzungsart eines Betriebsmittels?

Nein, die Ausfallnutzung ist keine Nutzung eines Betriebsmittels.

60 Welche Belange fallen in die Materialbeschaffung der Materialwirtschaft?

Materialbeschaffung beinhaltet Bestellung und Bereitstellung des Materials, Preisprüfung und Terminüberwachung.

61 Welche Kostenarten treten in der Materialwirtschaft auf?

Materialeinzelkosten und Materialgemeinkosten sind Kostenarten der Materialwirtschaft.

62 Ist das Recycling eine Aufgabe für die Materialwirtschaft?

Nein, Recycling ist keine Aufgabe der Materialwirtschaft.

63 Welche Aufgaben fallen in die Materiallagerung der Materialwirtschaft?

Zur Materiallagerung in der Materialwirtschaft gehören:
– Annahme
– Kontrolle
– Einlagerung
– Abfälle

64 Welche Aufgaben fallen in die Materialplanung der Materialwirtschaft?

Zur Materialplanung in der Materialwirtschaft gehören:
– Abmessung des Materials
– Menge des Materials
– Lieferfristen
– Qualität des Materials

65 Welche Kostenfaktoren sind in den Materialgemeinkosten enthalten?

Kosten des Einkaufs, Transportkosten, Lagerkosten und Lagerverwaltungskosten

66 Welche Aufgaben fallen in die Materialsteuerung der Materialwirtschaft?

Zur Materialsteuerung in der Materialwirtschaft gehören:
– Bestand
– Bedarf
– Bestellung
– Reklamation

67 Welche Kostenarten werden zur Berechnung des Maschinenstundensatzes herangezogen?

Zur Berechnung des Maschinenstundensatzes werden
– Raumkosten,
– Energiekosten,
– kalkulatorische Abschreibung und
– kalkulatorische Zinsen
herangezogen.

68 Wie hoch ist der gesamte Nettogewinn in Euro bei einem Gewinn- und Wagniszuschlag von 15 %, wenn in einer Kleinfertigung 20 Spezialbolzen gefertigt und oberflächenbeschichtet werden sollen?

Der Materialeinsatz beträgt je Bolzen 2,50 Euro, für die Gesamtfertigung sind 10 Stunden mit einem Verrechnungssatz von 58,– Euro notwendig.

Nettogewinn

= (Materialkosten + Fertigungskosten) × Gewinn- und Wagniszuschlag

= (20 × 2,50 € + 10 × 58,00 €) × 15 % = 94,50 €

69 Wie hoch ist bei o. a. Aufgabe der Einzelnettopreis eines Bolzens?

Nettoeinzelpreis

= (Materialkosten + Fertigungskosten) + Gewinn- und Wagniszuschlag/Stückzahl

$$= \frac{(20 \times 2{,}50\ € + 10 \times 58{,}00\ €) + 15\ \%}{20} = 36{,}225\ €$$

70 Bei welchem betrieblichen Kalkulationsverfahren wird die Summe aller Kosten durch die Stückzahl geteilt?

Bei der Divisionskalkulation wird die Summe aller Kosten durch die Stückzahl geteilt.

71 Welche zwei Kalkulationsverfahren sind in der betrieblichen Praxis gebräuchlich?

Die Divisionskalkulation und die Zuschlagskalkulation sind gebräuchliche Kalkulationsverfahren.

72 Welche Kalkulationsart ist die Basis für die Preisbildung eines Produktes?

Die Basis für die Preisbildung ist die Vorrechnung.

73 **Welcher Betrieb berechnet eine Kalkulation nach der Divisionsmethode?**

Eine Baufirma kalkuliert nach der Divisionsmethode.

74 **Für einen Copyshop wird ein Farblaserscanner/drucker für 4 500,– Euro angeschafft. Er soll eine Nutzungsdauer von 4 Jahren haben und monatlich mit 80 Stunden ausgelastet sein. Wie hoch ist die Abschreibung je Nutzungsstunde in Euro?**

Abschreibung = Kaufpreis/Laufzeit

$= A = K/n$

$$A = \frac{4\,500,-\ €}{80\ \text{Std.} \times 12\ \text{Monate} \times 4\ \text{Jahre}}$$

$A = 1{,}172\ €$

75 **Für o. a. Aufgabe fallen folgende weitere Kosten an: Raumkosten: 200,– Euro/ Monat kalkulatorische Zinsen: 25 % Energiekosten: 0,25 Euro/ Stunde Instandhaltung und Wartung: 450,– Euro/Jahr.**

Wie hoch ist der Maschinenstundensatz in Euro/Stunde?

$A = K/n$

$Z = K \times 0{,}25$ pro Jahr

$M_{\text{Std}} = A + K_{\text{Raum}} + K_{\text{Zinsen}} + K_{\text{Energie}} + K_{\text{Wartung}}$

$M_{\text{Std}} = 5{,}55\ €$

76 **Welche Kosten sind für die Berechnung des Maschinenstundensatzes zu berücksichtigen?**

Zu berücksichtigen sind Kosten, die ohne Schwierigkeiten je Maschine ermittelt werden können:

– Kalkulatorische Abschreibung
– Kalkulatorische Zinsen
– Raumkosten
– Energiekosten
– Instandhaltungskosten

77 **Was ist Qualität?**

Qualität ist die Gesamtheit von Merkmalen einer Einheit bezüglich ihrer Eignung, festgelegte und vorausgesetzte Erfordernisse zu erfüllen.

78 **Welche Methoden der Qualitätsprüfung werden hauptsächlich in der Produktion angewendet?**

Die Stichprobenprüfung und die 100-%-Prüfung werden als Qualitätsprüfung hauptsächlich in der Produktion angewendet.

79 **Welches sind die 5M-Größen, die jedes Ergebnis eines Unternehmens prägen? Erläutern Sie kurz Ihre Angaben.**

Die 5M-Größen sind:
– Menschen (Qualifikation, Motivation)
– Maschinen (Einrichtungen und Anlagen)
– Material (Werkstoffeigenschaften, Abmaße)
– Methoden (Arbeitsfolge, Prüfbedingungen)
– Mitwelt (Umwelt mit Licht, Staub, Lärm, Temperatur)

80 **Bei welchem Produkt wird in der Produktion eine 100%-Prüfung vorgenommen?**

Bei Computerchips wird eine 100%ige Prüfung vorgenommen.

81 **In einem Prüflabor werden Materialproben einer Emulsion untersucht. Qualitätsparameter ist die kinematische Zähigkeit (Viskosität) in mm²/s. Es ergeben sich folgende Messwerte:**

Spannweite $= X_{max} - X_{min}$
Spannweite $= 12$ mm²/s $- 9{,}5$ mm²/s
$ = 2{,}5$ mm²/s

Messwert	Viskosität
1	10,5
2	12
3	9,5
4	11
5	9,5
6	10,3

Wie groß ist die Spannweite der Werte in mm²/s?

82 **Was besagt die Zehnerregel der Fehlerkosten bei der Qualitätsplanung?**

Die Beseitigung eines unerkannten Fehlers ist in der Produktion 10-mal teurer und in der Kundennutzung 100-mal teurer, als wenn dieser Fehler bereits während der Entwicklung ausgemerzt wird.

83 **Wie nennt man die Gesamtheit von Merkmalen einer Einheit bezüglich ihrer Eignung, bestimmte Erfordernisse zu erfüllen?**

Qualität ist die Gesamtheit von Merkmalen einer Einheit bezüglich ihrer Eignung, bestimmte Erfordernisse zu erfüllen.

84 **Welche Größen sind bei der Ausprägung der Qualität in einem Unternehmen von Bedeutung?**

Bei der Ausprägung der Qualität in einem Unternehmen von Bedeutung sind
– der Mensch
– das Material
– die Methode
– die Maschinen

85 **In welcher DIN EN ISO sind die Elemente beschrieben, die das Qualitätssicherungsmanagementsystem beinhalten muss, um ein Zertifikat von einer staatlich geprüften Stelle zu erhalten?**

DIN EN ISO 9000

86 **Bei welchem der genannten Produkte wird in der Produktion eine Stichprobenprüfung vorgenommen?**

a) Computerchip
b) Seilbahnhalteseil
c) Kondensator
d) Anstreichfarbe
e) Bremszylinder

d) Anstreichfarbe

87 **Welches Hilfsmittel ist zur Beurteilung der Qualitätsentwicklung und Stabilität einer Produktion sehr wichtig?**

Die Qualitätsregelkarte ist ein wichtiges Hilfsmittel zur Beurteilung der Qualität.

88 **Welche wichtige Methode hilft bei der Früherkennung und Risikominderung von Fehlern an Produkten?**

Die Fehler-Möglichkeits- und Einfluss-Analyse hilft bei der Früherkennung und Risikominderung von Produktfehlern.

89 **In einer Produktionsstätte wird die Länge von Achsen kontrolliert. Es ergeben sich folgende Messwerte:**

Messwert	Länge in mm
1	52,7
2	53
3	52,1
4	52,3
5	52,5

Wie groß ist die mittlere Länge?

$$X_m = \frac{X_1 + X_2 + X_3 + X_4 + X_5}{n}$$

$$X_m = \frac{52,7\ mm + 53\ mm + 52,1\ mm + 52,3\ mm + 52,5\ mm}{5}$$

$$X_m = 52,52\ mm$$

90 **Was gibt der Mittelwert einer Messprobe an?**

Der Mittelwert gibt den Durchschnitt der Messwerte einer Stichprobe an.

91 **Was versteht man unter dem Begriff Prozess?**

Unter dem Begriff Prozess versteht man die Gesamtheit der an der Herstellung eines Produktes beteiligten Elemente, wie z. B. Maschinen, Einrichtungen, Rohmaterial, Personal und Arbeitsmethoden.

92 **Was bedeutet der englische Begriff SPC (Statistical Process Control)?**

SPC bedeutet Feststellung der Fähigkeiten eines Prozesses vor Serienbeginn und die serienbegleitende Prozessüberwachung und Prozesslenkung.

93 **Was ist eine Prozess- oder Qualitäts-Regelkarte?**

Die Qualitätsregelkarte ist ein Formblatt zur grafischen Darstellung von Messwerten, die bei der Prüfung einer fortlaufenden Reihe von Stichproben anfallen.

7 Realisieren mechatronischer Teilsysteme

7.1 Speicherprogrammierbare Steuerung

1 Was wird unter verbindungsprogrammierten Steuerungen verstanden?

Verdrahtete Steuerungen und Digitalsteuerungen mit Logik-ICs werden als verbindungsprogrammierte Steuerungen bezeichnet.

2 Wann werden NOT-AUS-Einrichtungen für elektrische Anlagen verlangt und welche Anforderungen müssen diese erfüllen?

Die DIN VDE 0113 fordert NOT-AUS-Einrichtungen, falls Gefahren für Personen oder Schäden an Maschinen entstehen können.
Folgende Anforderungen muss eine NOT-AUS-Einrichtung erfüllen:
- Bei Betätigung muss ein für Personen und Anlage ungefährlicher Zustand erreicht werden.
- Nach dem Entriegeln dürfen Maschinen nicht selbstständig anlaufen.
- Das Betätigen muss vom Automatisierungsgerät erfasst und vom Anwenderprogramm ausgewertet werden können.
- Die Betätigungsorgane müssen leicht, schnell und gefahrlos zu erreichen sein.
- Die NOT-AUS-Einrichtung schaltet direkt alle Antriebe und Stellglieder aus, unabhängig von der SPS.

3 Geben Sie wesentliche Vorteile einer speicherprogrammierbaren Steuerung (SPS) gegenüber einer verbindungsprogrammierbaren Steuerung (VPS) an.

Vorteile von speicherprogrammierbaren Steuerungen sind:
- größere Flexibilität (Änderungen der Steuerungsaufgabe können per Softwareprogrammierung durchgeführt werden),
- größere Zuverlässigkeit (SPS arbeiten verschleißfreier),
- geringer Platzbedarf,
- größere Wirtschaftlichkeit (zeitsparende Steuerungsentwicklung, servicefreundlich).

4 **In welchen Programmier-sprachen können Programme für speicherprogrammierte Steuerungen dargestellt werden?**

Programmiersprachen für speicher-programmierte Steuerungen sind nach IEC 1131 (DIN EN 61 131):

Textsprachen
– Anweisungsliste (AWL)
– Strukturierter Text (ST)
– Ablaufsprache textuelle Variante (AS)

grafische Sprachen
– Funktionsplan (FUP) bzw. Funktionsbausteinplan (FBS)
– Kontaktplan (KOP)
– Ablaufsprache grafische Variante (AS)

5 **In welche Teile wird eine Steueranweisung nach DIN 19 239 gegliedert?**

Eine Steueranweisung unterteilt sich in den Operationsteil (was ist zu tun) und den Operandenteil (womit ist es zu tun).

6 **Nennen Sie wichtige Operationen zur Signalverarbeitung.**

Wichtige Operationen zur Signalver-arbeitung sind:

Benennung	AWL
UND	U
ODER	O
NICHT	N
Zuweisung	=
Setzen	S
Rücksetzen	R
Zählen vorwärts	ZV
Zählen rückwärts	ZR

7 **Nennen Sie Operationen zur Programmorganisation.**

Operationen zur Programmorganisa-tion sind:

Benennung	AWL
Nulloperation	NOP
Laden	L
Sprung unbedingt	SP
Sprung bedingt	SPB
Bausteinende	BE

8 **Welche Informationen beinhalten Operanden?**

Operanden bestehen aus Kennzeichen, Ergänzungen und Parameter.

9 **Geben Sie Möglichkeiten zur Adressierung von Eingängen, Ausgängen und Merkern an.**

Die Adressierung von Eingängen, Ausgängen und Merkern kann erfolgen:
- bitweise (Einzeleingänge z. B. E0.0)
- byteweise (Eingangsbyte z. B. EB0 umfasst die Eingänge E0.0 ... E0.7)
- wortweise (Eingangswort z. B. EW0 umfasst die Eingänge E0.0 ... E0.7 und E1.0 ... E1.7)
- doppelwortweise (vier Bytes oder zwei Worte können zusammengefasst werden)

10 **Geben Sie zur dargestellten Anweisungsliste den Funktionsplan an.**

U	E0.0
UN	E0.1
U	E0.2
O	E0.3
=	A4.0

Funktionsplan (FUP):

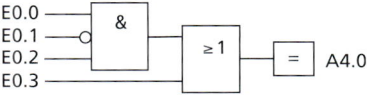

11 **Geben Sie die Bedeutung der folgenden Symbole an.**

Schließer, ein „1"-Signal wird als „1"-Signal verknüpft, ein „0"-Signal als „0"-Signal

Öffner, ein „1"-Signal wird als „0"-Signal verknüpft, ein „0"-Signal als „1"-Signal

Zuweisung eines Ergebnisses

12 **Stellen Sie für den gegebenen Funktionsplan den Kontaktplan auf.**

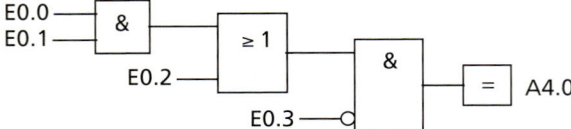

Kontaktplan (KOP):

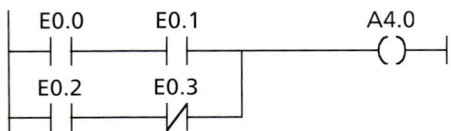

13 **Geben Sie für den folgenden Kontaktplan den Funktionsplan und die Anweisungsliste an.**

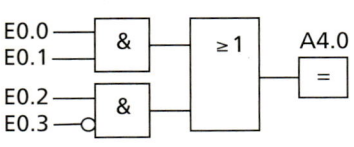

Funktionsplan

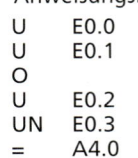

Anweisungsliste:

U	E0.0
U	E0.1
O	
U	E0.2
UN	E0.3
=	A4.0

14 **Geben Sie das Symbol für eine Anzugsverzögerung und eine Abfallverzögerung an.**

Anzugsverzögerung:

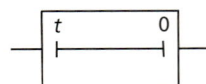

Abfallverzögerung:

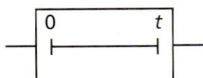

15 **Vervollständigen Sie den gegebenen Stromlaufplan zu folgender Funktionsbeschreibung:**
Wird S2 betätigt, zieht K1 an und hält sich selbst. Bei Betätigen von S1 fällt K1 ab. Durch Betätigen von S3 und vorherigem Einschalten von K1 zieht K2 an und hält sich selbst. Wird S1 betätigt, fallen beide Schütze ab. Die Meldeleuchte H1 signalisiert den Schaltzustand beide Schütze ein.

Erstellen Sie
a) die Zuordnungsliste,
b) die Anweisungsliste und
c) den Funktionsplan/Funktionsbausteinplan

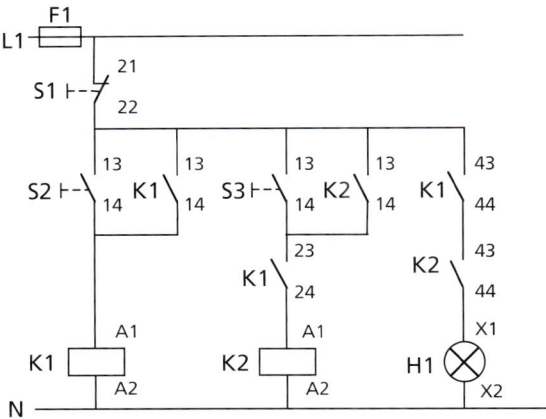

a) Zuordnungsliste/Symboltabelle:

E0.0 = S1	A4.0 = K1
E0.1 = S2	A4.1 = K2
E0.2 = S3	A4.2 = H1

b) Anweisungsliste:

NW1		NW2		NW3	
U	E0.0	U	E0.0	U	A4.0
U(		U(		U	A4.1
O	E0.1	O	E0.2	=	A4.2
O	A4.0	O	A4.1		
)		)			
=	A4.0	U	A4.0		
		=	A4.1		

▷ **Fortsetzung der Antwort** ▷

c) Funktionsplan/Funktionsbausteinplan

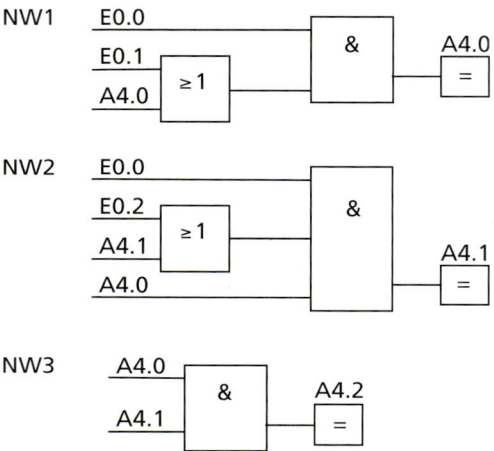

16 **Der dargestellte Auszug einer SPS soll so geändert werden, dass die Schütze K1 und K2 aus sicherheitstechnischen Gründen gegeneinander verriegelt sind. Stellen Sie den geänderten Schaltungsauszug dar.**

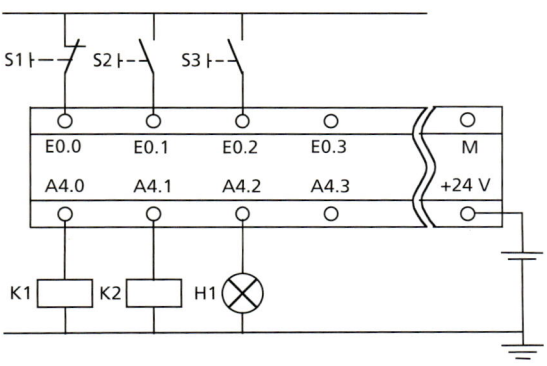

▷ **Fortsetzung der Antwort** ▷

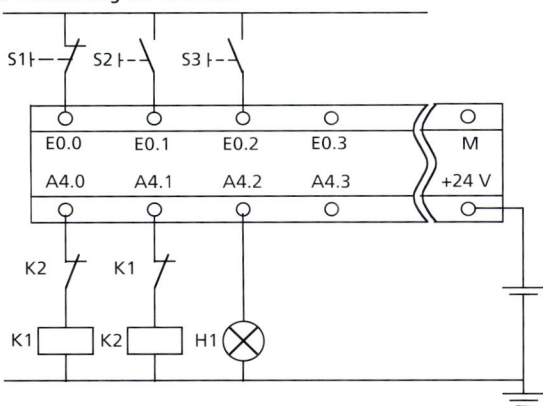

Da ein Klebenbleiben von Schützen und Programmierfehler nicht ausgeschlossen werden können, ist diese Art der Verriegelung bei einer SPS zwingend vorgeschrieben.

[17] **Der nachfolgende Steuerstromkreis wird ungeerdet betrieben.**

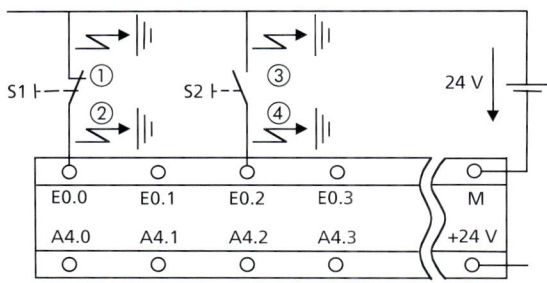

**Beschreiben Sie die Auswirkungen, die ein Erdschluss an den Punkten
a) ① oder ②,   b) ① und ②,   c) ③ oder ④,   d) ③ und ④
hervorruft.**

Ein Erdschluss an
a) ① oder ② bleibt ohne Auswirkung.
b) ① und ② verhindert ein beabsichtigtes Ausschalten.
c) ③ oder ④ bleibt ohne Auswirkung.
d) ③ und ④ bewirkt ein ungewolltes Einschalten.

18 **Beschreiben Sie das Verhalten der Steuerung bei geerdetem Betrieb, wenn an**

a) ① oder ②,   **b)** ③ oder ④

ein Erdschluss auftritt.

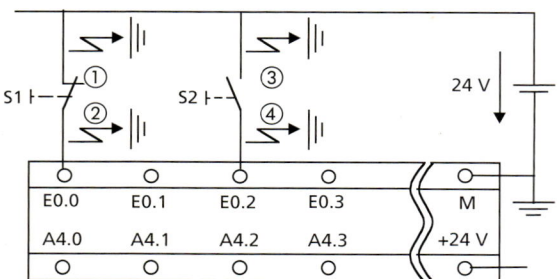

a) Ein Erdschluss an ① oder ② entspricht einem Kurzschluss, der Kurzschlussschutz löst aus und schaltet die Anlage ab.
b) Ein Erdschluss an ③ oder ④ entspricht einem Kurzschluss, der Kurzschlussschutz löst aus und schaltet die Anlage ab.

19 **Was wird in der Steuerungstechnik unter einem Programmablaufplan verstanden?**

Ein Programmablaufplan ist eine symbolische Darstellung des logischen Ablaufs eines Programms.

20 **Stellen Sie das Funktionsprinzip einer SPS dar.**

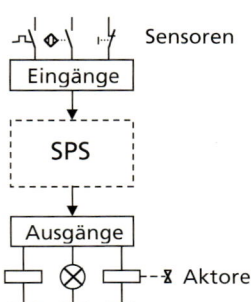

▷

▷ **Fortsetzung der Antwort** ▷

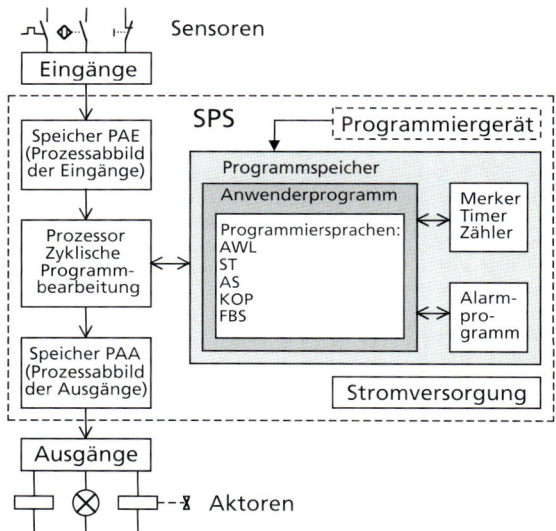

| 21 | **Hinsichtlich des Aufbaus von Anwenderprogrammen aus Codebausteinen können verschiedene Programmstrukturen unterschieden werden. Nennen Sie 3 Strukturen.** | 1. Lineares Programm,
2. gegliedertes Programm,
3. strukturiertes Programm. |

22 Beschreiben Sie den Aufbau von linearen Programmen.

Bei linearen Programmen befindet sich das gesamte Programm im zyklisch bearbeiteten Organisationsbaustein. Die CPU arbeitet alle Anweisungen nacheinander ab und beginnt dann wieder von vorne. Umfangreiche Programme werden unübersichtlich und bei Inbetriebnahme und Wartung schwer durchschaubar.

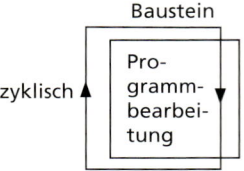

23 Beschreiben Sie den Aufbau von gegliederten Programmen.

Ein gegliedertes Programm ist in mehrere Bausteine aufgeteilt, jeder Baustein enthält nur das Programm einer Teilaufgabe. Der Hauptbaustein enthält die Aufrufanweisung, nach deren Reihenfolge die verschiedenen Bausteine bearbeitet werden.

24 Beschreiben Sie den Aufbau von strukturierten Programmen.

Ein strukturiertes Programm besteht im Prinzip aus einem Hauptprogramm und Unterprogrammen, die aus dem Hauptprogramm aufgerufen werden.

25 Stellen Sie den prinzipiellen Aufbau einer Eingabebaugruppe einer SPS dar und beschreiben Sie deren Aufgabe.

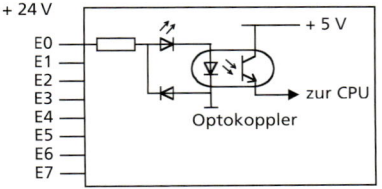

▷

▷ **Fortsetzung der Antwort** ▷

Aufgaben der Eingabebaugruppe
sind:

- galvanische Trennung zwischen
  Eingang und CPU,
- Signalanpassung an die CPU,
- Unterdrückung von Störspannungs-
  spitzen.

26 **Stellen Sie den prinzipiellen Aufbau einer Ausgabe-
baugruppe einer SPS dar und
beschreiben Sie deren Aufgabe.**

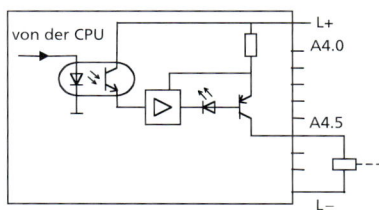

Aufgaben der Ausgabebaugruppe
sind:

- Signalverstärkung,
- galvanische Trennung.

27 **Geben Sie 3 Technologien
von Ausgängen einer SPS an
und nennen Sie Vor- und
Nachteile der Ausgänge.**

1. Ausgänge mit internen Hilfsrelais
   V: Vollständige Trennung zwi-
   schen Außen- und Innenschal-
   tung
   N: begrenzte Lebensdauer (Schalt-
   spiele)
2. Ausgänge mit internem Triac
   V: annähernd verschleißfrei
   N: Betrieb mit Wechselspannung,
   Wärmeentwicklung
3. Ausgänge mit internem Transistor
   V: annähernd verschleißfrei
   N: Betrieb mit Gleichspannung,
   Wärmeentwicklung

28 **Geben Sie für die folgende Programmanweisung die zugehörigen Begriffe der Buchstaben- und Ziffernkombinationen an.**

OR I   B   0.0.0.1

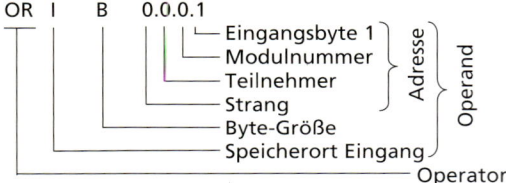

29 **Wodurch wird bei einer SPS Drahtbruchsicherheit erreicht?**

Bei einer SPS wird die Drahtbruchsicherheit durch einen Öffner als Ausschalter erreicht. Eine Anlage muss bei Drahtbruch in den sicheren Schaltzustand geschaltet werden. Ein Einschalten ist bei Drahtbruch nicht möglich.

30 **Erstellen Sie für den folgenden Kontaktplan den Funktionsbausteinplan und die Anweisungsliste.**

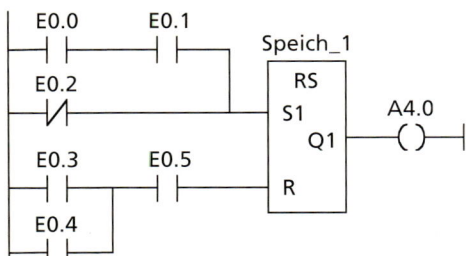

Funktionsbausteinplan: Anweisungsliste:

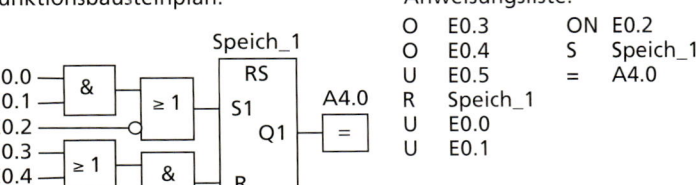

O	E0.3	ON	E0.2
O	E0.4	S	Speich_1
U	E0.5	=	A4.0
R	Speich_1		
U	E0.0		
U	E0.1		

31 Ein Parkplatz mit insgesamt 128 Stellplätzen hat eine Ein- und eine Ausfahrt, die jeweils mit einer Schranke verschlossen werden. Vor den Schranken befinden sich Induktionsschleifen, die die Ein- und Ausfahrt überwachen.

Die Impulse der Induktionsschleife steuern über einen Vorwärts-Rückwärts-Zähler die Schranken.

Die Schranke an der Einfahrt bleibt verschlossen, wenn der Parkplatz mit 128 Autos ausgelastet ist.

Die Schranke an der Ausfahrt öffnet bei jeder Erregung der Induktionsschleife.

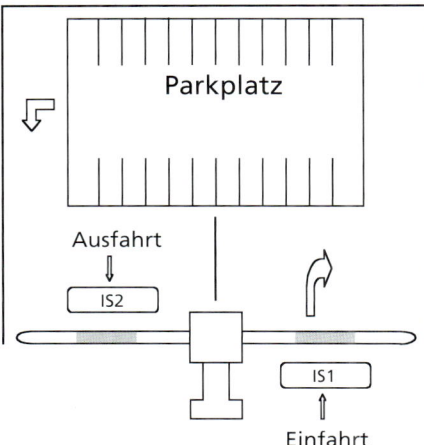

Erstellen Sie

a) die Zuordnungsliste
b) die Beschaltung der SPS
c) die Anweisungsliste
d) den Funktionsplan/Funktionsbausteinplan

a) Zuordnungsliste:
   E0.0 S0   Schalter Schrankenanlage EIN
   E0.1 S1   Taster Löschen
   E0.2 IS1 Induktionsschleife Einfahrt IS1
   E0.3 IS2 Induktionsschleife Ausfahrt IS2
   A4.0 K1   Schütz für Schranke Einfahrt
   A4.1 K2   Schütz für Schranke Ausfahrt

© Holland + Josenhans

▷

▷ **Fortsetzung der Antwort** ▷

b) Beschaltung der SPS:

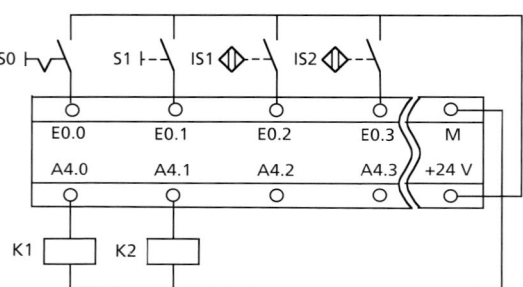

c) Anweisungsliste:

Netzwerk 1		Netzwerk 2		Netzwerk 3		Netzwerk 4	
U	E0.2	L	128	U	E0.0	U	E0.0
ZV	Z1	L	MW0	U	M2.0	U	M2.0
U	E0.3	> = I		U	E0.2	U	E0.3
ZR	Z1	=	M2.0	=	A4.0	=	A4.1
NOP	0						
NOP	0						
U	E0.1						
R	Z1						
L	Z1						
T	MW0						
NOP	0						
NOP	0						

d) Funktionsplan/Funktionsbausteinplan:

Netzwerk 1

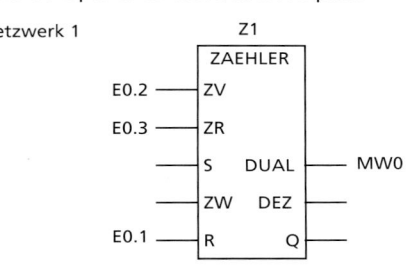

▷

▷ **Fortsetzung der Antwort** ▷

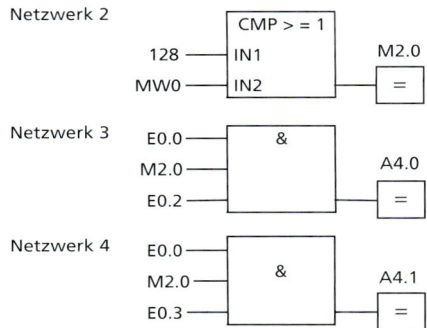

Netzwerk 2

Netzwerk 3

Netzwerk 4

| 32 | **Erklären Sie den Unterschied zwischen einer seriellen und einer zyklischen Arbeitsweise einer SPS.** | Eine SPS arbeitet grundsätzlich seriell, d. h. das im Arbeitsspeicher vorhandene Steuerprogramm wird Schritt für Schritt bearbeitet. Bei zyklischer Arbeitsweise wird das Steuerprogramm fortwährend wiederholt durchlaufen. Die für einen Programmdurchlauf benötigte Zeit heißt Zykluszeit. |

| 33 | **Stellen Sie die Befehlsarten für Schrittketten nach IEC 1131-3 dar.** | **N** nicht gespeichert (**N**ot stored),
S Setzen, gespeichert (**S**et),
R Rücksetzen, vorrangig (**R**eset),
D zeitlich verzögert (**D**elayed),
L zeitlich begrenzt (**L**imited),
P pulsförmiger Befehl (Flanke) (**P**ulse),
C bedingter Befehl (**C**onditional). |

34 **Erstellen Sie den folgenden Funktionsplan in der Programmiersprache Ablaufsteuerung.**

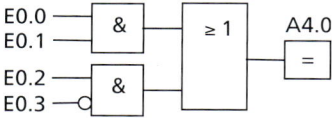

▷

▷ **Fortsetzung der Antwort** ▷

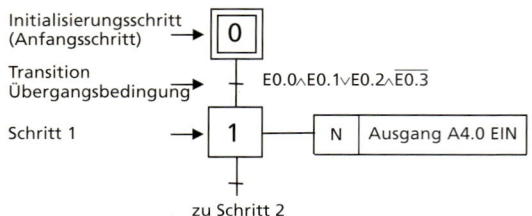

Initialisierungsschritt (Anfangsschritt) → 0

Transition Übergangsbedingung → E0.0∧E0.1∨E0.2∧$\overline{E0.3}$

Schritt 1 → 1 — | N | Ausgang A4.0 EIN |

zu Schritt 2

---

35 **Erstellen Sie für die in Ablaufsprache angegebenen Schritte die Programmierung in AWL.**

a)

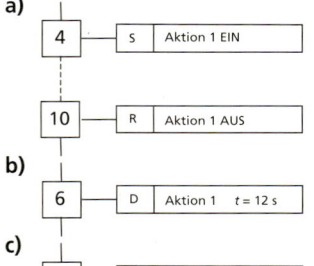

| 4 | — | S | Aktion 1 EIN |
| 10 | — | R | Aktion 1 AUS |

b)

| 6 | — | D | Aktion 1 $t = 12$ s |

c)

| 8 | — | L | Aktion 1 $t = 4$ s |

a) U M 16.4
    S A 4.1
    U M 17.1
    R A 4.1

b) U M 16.6
    L S5T#12 s
    SE T1
    U T1
    = A 4.2

c) U M 16.8
    L S5T#4 s
    SI T2
    U T2
    = A 4.3

---

36 **Geben Sie für den dargestellten Schritt in Ablaufsteuerung das Programm als Funktionsplan/Funktionsbausteinplan an.**

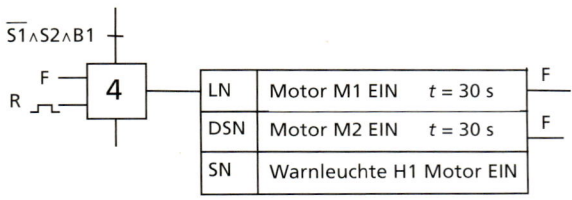

$\overline{S1}$∧S2∧B1 — |

F — 4 | LN | Motor M1 EIN $t = 30$ s | — F

R — ⎍ | DSN | Motor M2 EIN $t = 30$ s | — F

| SN | Warnleuchte H1 Motor EIN |

▷

▷ **Antwort** ▷

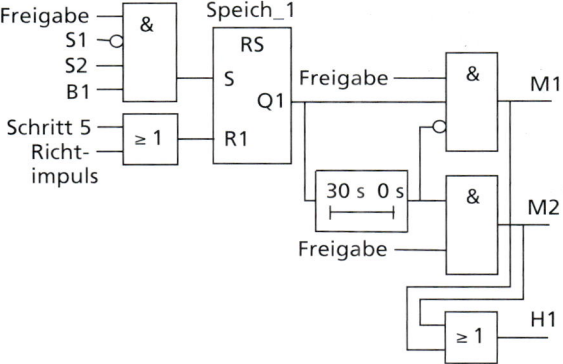

37 **Die Flüssigkeiten 1 und 2 werden nacheinander in einen Mischbehälter gefüllt, umgerührt und über ein Ventil abgelassen.**

Technologieschema:

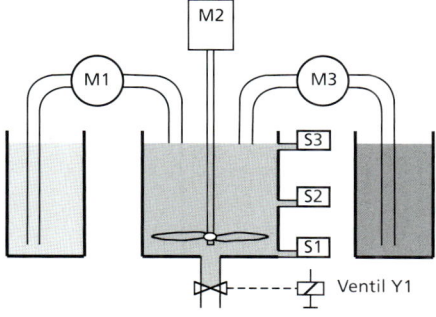

Mischprozess:

1. Die Anlage kann nur eingeschaltet werden, wenn der Behälter leer ist.
2. Nach dem Einschalten läuft der Motor M1 (Pumpe) an und pumpt die Flüssigkeit 1 in den Mischbehälter bis S2 schaltet.
3. Wird S2 betätigt, so laufen das Rührwerk (Motor M2) und der Pumpenmotor M3 an.

▷

▷ **Fortsetzung der Frage** ▷

4. **Beim Erreichen des Fühlers S3 wird der Pumpenmotor M3 abgeschaltet, das Rührwerk läuft noch für eine bestimmte Zeit weiter.**
5. **Nach Ablauf der Zeit benötigt das Gemisch noch eine Minute, bis es abgelassen werden kann.**
6. **Nach Ablauf der Ruhezeit öffnet das Ventil Y1.**
7. **Ist die Flüssigkeit abgeflossen, spicht der Fühler S1 an und das Ventil Y1 schließt.**

Erstellen Sie das Programm in Ablaufsprache.

Ablaufkette:

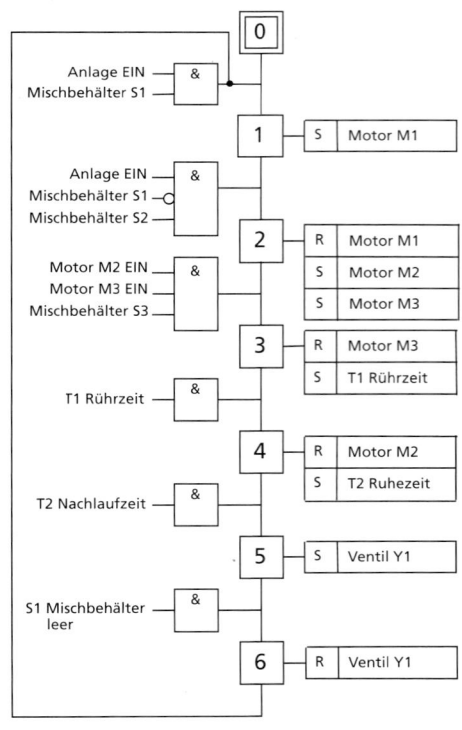

7.2 Regelungstechnik

38 **Erklären Sie den Unterschied zwischen Steuern und Regeln.**

Steuern erfolgt stets in einem offenen Wirkungsablauf, in einer so genannten Steuerkette.

Regeln vollzieht sich in einem geschlossenen System mit einem geschlossenen Wirkungsablauf.

39 **Erklären Sie den Begriff Regelung.**

Regelung ist ein Vorgang, bei dem eine Größe, die zu regelnde Größe (Regelgröße)

- fortlaufend erfasst (gemessen),
- mit einer anderen Größe (Führungsgröße) verglichen und
- durch Eingriffe in das System an die Führungsgröße angeglichen wird.

40 **Stellen Sie einen Regelkreis dar und kennzeichnen Sie die wichtigsten Regelgrößen.**

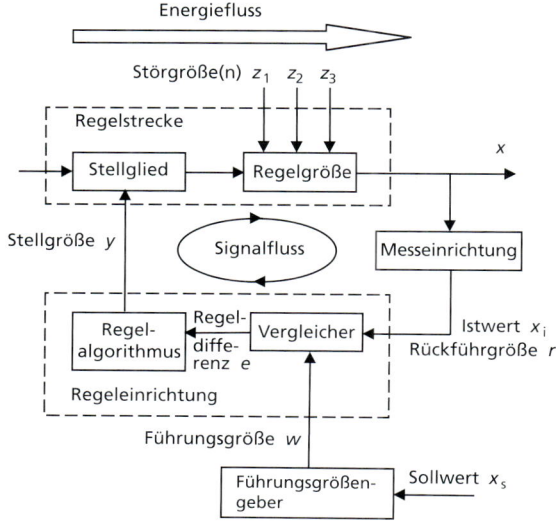

41 Erklären Sie den Unterschied zwischen Regelstrecke und Regeleinrichtung.

Die Regelstrecke ist der vorgegebene Teil einer Regelungsanlage, deren Ausgangsgröße geregelt werden soll, bzw. in dem die Regelgröße konstant zu halten ist und an dem die Stell- und Störgrößen angreifen.

Die Regeleinrichtung muss darum in ihrem Verhalten an die Regelstrecke angepasst werden.

42 Erklären Sie den Begriff Übertragungsverhalten.

Das Übertragungsverhalten beschreibt den zeitlichen Verlauf des Ausgangssignals bei Aufschaltung charakteristischer zeitlicher Verläufe des Eingangssignals.

43 Wie wird die Ausgangsgröße bezeichnet, wenn sich die Eingangsgröße eines Regelkreisgliedes

a) sprunghaft,
b) linear ansteigend oder
c) impulsförmig

ändert?

a) Sprungantwort
b) Anstiegsantwort
c) Impulsantwort

44 Beschreiben Sie, wie die Eigenschaft einer Regelstrecke bestimmt werden kann.

Die Eigenschaft einer Regelstrecke wird durch ihr Übertragungsverhalten beschrieben. An den Eingang der Regelstrecke wird ein charakteristisches Signal gelegt (z. B. Eingangssprung) und das zugehörige Ausgangssignal (Sprungantwort) aufgezeichnet und ausgewertet. Das Verhalten der Regelstrecke bestimmt die Art der Regeleinrichtung.

45 **Erklären Sie den Unterschied zwischen einer PT_0-Regelstrecke und einer PT_1-Regelstrecke. Geben Sie je 3 Beispiele zu den Strecken an und stellen Sie für beide Strecken die Sprungantwort dar.**

PT_0-Regelstrecken sind verzögerungsarme Regelstrecken. Hierbei folgt die Regelgröße der Stellgröße praktisch unverzögert.

PT_1-Regelstrecken sind Regelstrecken mit einer (zeitlichen) Verzögerung. Sie werden auch als Regelstrecken 1. Ordnung bezeichnet.

PT_0-Strecken: Dimmer, Förderband, Verstärker

PT_1-Strecken: Aufheizung eines Warmwasserbehälters, Ladung eines Kondensators, Hochlaufen einer Wasserturbine

Sprungantwort PT_0

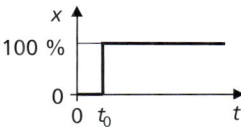

Sprungantwort PT_1

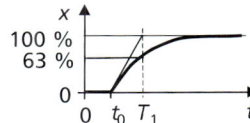

46 **Von einer Regelstrecke mit PT_n-Verhalten sind die Größen T_u und T_g bekannt.**
a) **Was sagen die Werte über die Regelstrecke aus?**
b) **Geben Sie Erfahrungswerte an.**

a) Eine Regelstrecke mit vielen Verzugszeiten ist umso schwieriger zu regeln, je größer die Verzugszeit T_u im Verhältnis zur Ausgleichszeit T_g wird. Das Verhältnis T_u/T_g ist ein Maß für die Regelbarkeit der Strecke.

▷

▷ **Fortsetzung der Antwort** ▷

b) $\dfrac{T_u}{T_g} < \dfrac{1}{10}$ Strecke gut regelbar

$\dfrac{1}{10} \le \dfrac{T_u}{T_g} \le \dfrac{1}{3}$ Strecke noch regelbar

$\dfrac{T_u}{T_g} > \dfrac{1}{3}$ Strecke schwer regelbar

47 **Nachfolgend ist die Sprungantwort einer PT_n-Regelstrecke dargestellt. Erläutern Sie die Eigenschaften von PT_n-Strecken. Tragen Sie die charakteristischen Werte ein und ermitteln Sie das Maß für die Regelbarkeit.**

PT_n-Regelstrecken sind Regelstrecken mit vielen Verzögerungen, d. h. mit vielen Energiespeichern. Je mehr Energiespeicher eine Regelstrecke enthält, desto höher ist ihre Ordnung.

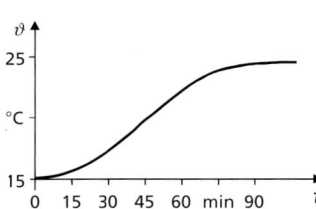

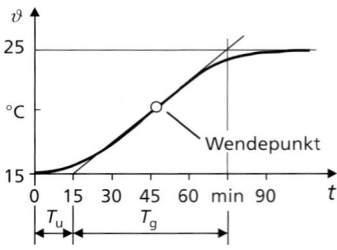

Verzugszeit:
$T_u = 15$ min

Ausgleichszeit:
$T_g = 60$ min

$\dfrac{T_u}{T_g} = \dfrac{15 \text{ min}}{60 \text{ min}}$

$\dfrac{T_u}{T_g} = \dfrac{1}{4} < \dfrac{1}{3}$ ⇒Die Strecke ist noch regelbar.

48 In einem Blockschaltbild finden Sie nebenstehendes Blocksymbol.

Erklären Sie die Bedeutung des Symbols und geben Sie Beispiele für Anwendungen an.

Das Blocksymbol stellt eine Regelstrecke mit Totzeitverhalten (Totzeitglied) dar. Strecken, bei denen sich

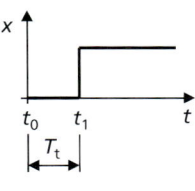

nach einem Eingangssprung zunächst keine Änderung am Ausgang zeigt, werden als Regelstrecken mit Totzeitverhalten bezeichnet.

Beispiele:

– Veränderung der Schütthöhe auf einem Förderband,
– Mischbehälter mit langer Rohrleitung.

49 Beschreiben Sie das Verhalten einer I-Regelstrecke bei einem Eingangssprung und stellen Sie das Blocksymbol dar.

I-Regelstrecken (Strecken mit integralem Verhalten) reagieren auf einen Ein-

Blocksymbol

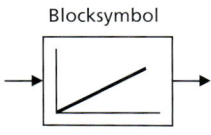

gangssprung mit einem fortwährend ansteigenden Signal, das nur durch die Systemgrenze begrenzt wird.

50 Ein Behälter wird mit Flüssigkeit gefüllt. Von oben fließt der Flüssigkeitsstrom $Q_{zu} = 3$ l/s in den Behälter, unten fließt der Flüssigkeitsstrom $Q_{ab} = 2$ l/s heraus.

a) Welche Regelstrecke wird mit der Befüllung des Wasserbehälters dargestellt?
b) Berechnen Sie den zugehörigen Beiwert.

a) Die Befüllung des Wasserbehälters stellt eine Regelstrecke ohne Ausgleich (I-Strecke) dar.
b) Integrierbeiwert K_{IS}:

$$K_{IS} = 5{,}09 \frac{1}{m^2}$$

$$h(t) = 5{,}09 \frac{mm}{s} \cdot t$$

(Lösungsweg S. 529)

▷ Fortsetzung der Frage ▷　　　　▷ Fortsetzung der Antwort ▷

c) Stellen Sie den Eingangs-sprung und die Sprungant-wort dar.

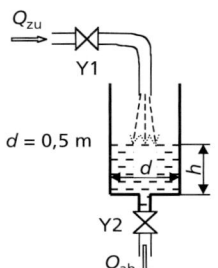

$d = 0{,}5$ m

c)

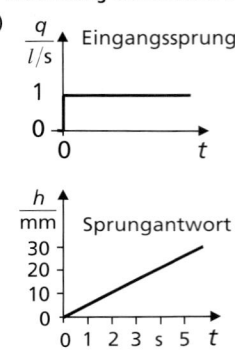

51 **Geben Sie eine Übersicht der wichtigsten Regler an.**

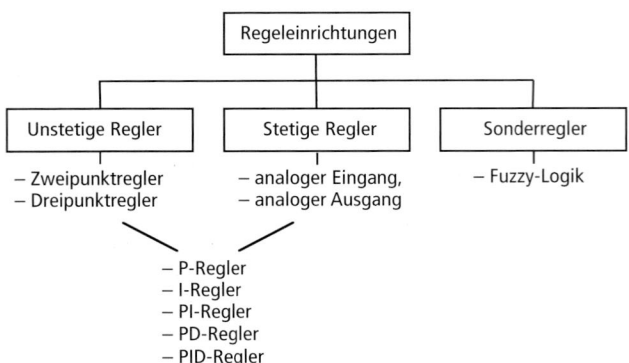

52 Stellen Sie das Blockschaltbild eines

a) **P-Reglers,** b) **I-Reglers,**
c) **D-Reglers,** d) **PI-Reglers,**
e) **PD-Reglers und** f) **PID-Reglers**

dar.

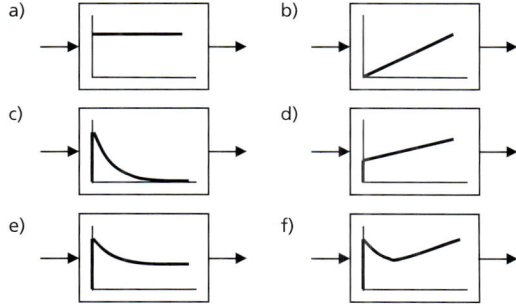

53 **Beschreiben Sie die Eigenschaften eines P-Reglers.**

Ein P-Regler (proportional wirkender Regler) verändert die Stellgröße y am Ausgang proportional zur Regeldifferenz e am Eingang. Er reagiert unverzögert, bewirkt aber bei Störeinfluss eine bleibende Regeldifferenz.

54 **Stellen Sie einen P-Regler mit Operationsverstärker dar und geben Sie den Proportionalbeiwert K_{PR} sowie die Sprungantwort an.**

z. B.

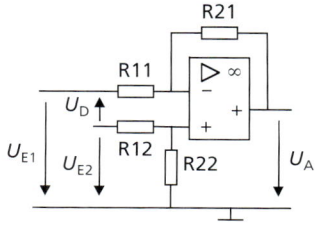

$R_{11} = R_{12} = R_1$
$R_{21} = R_{22} = R_2$
$U_{E1} \cong r$
$U_{E2} \cong w$
$U_D \cong e$
$U_A \cong y$

▷

▷ **Fortsetzung der Antwort** ▷

$$K_{PR} = \frac{R_2}{R_1}$$

$$U_A = \frac{R_2}{R_1} \cdot (U_{E2} - U_{E1})$$

$$y = K_{PR} \cdot e$$

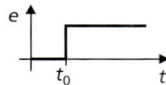

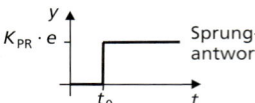

55 **Beschreiben Sie die Eigenschaften eines I-Reglers.**

Ein I-Regler (integral wirkender Regler) verändert nicht die Stellgröße selbst, sondern die Geschwindigkeit ihrer Änderung, die Stellgeschwindigkeit, proportional zur Regeldifferenz e am Eingang. I-Regler sind langsame Regler, die aber so lange nachregeln, bis die Regeldifferenz zu null geworden ist.

56 **Stellen Sie einen I-Regler mit Operationsverstärker dar und geben Sie den Integrierbeiwert K_{IR} sowie die Sprungantwort an.**

Zum Beispiel:

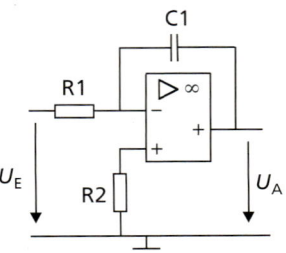

▷

▷ **Fortsetzung der Antwort** ▷

$U_E \triangleq e;$

$U_A \triangleq y$

$K_{IR} = \dfrac{1}{R_1 \cdot C_1}$

$U_A = -\dfrac{1}{R_1 \cdot C_1} \cdot U_E \cdot t$

$y = -K_{IR} \cdot e \cdot t$

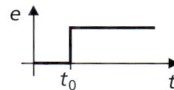

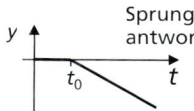

Sprung-
antwort

57 Das nachfolgende Eingangssignal (Regeldifferenz e) liegt am Eingang eines I-Reglers mit einem Integrierbeiwert

von $K_{IR} = 1{,}5\ \dfrac{1}{s}$.

Stellen Sie das zugehörige Ausgangssignal (Stellgröße y) dar.

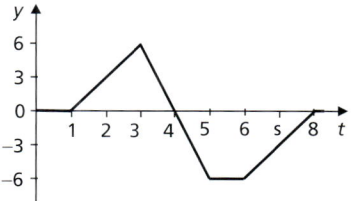

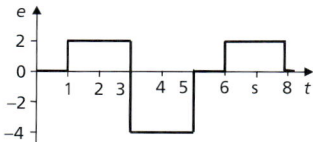

58 **Beschreiben Sie die Eigenschaften eines D-Reglers.**

Bei einem D-Regler (differenzierend wirkender Regler) ist das Ausgangssignal proportional zur Änderungsgeschwindigkeit des Eingangssignals. Bei einem Eingangssprung ist Änderungsgeschwindigkeit nur zum Zeitpunkt $t = 0$ von null verschieden. Ein D-Regler als alleiniger Regler ist für eine Regelung ungeeignet.

59 **Stellen Sie einen D-Regler mit Operationsverstärker dar und geben Sie den Differenzierbeiwert K_{DR} sowie die Sprungantwort an.**

Zum Beispiel:

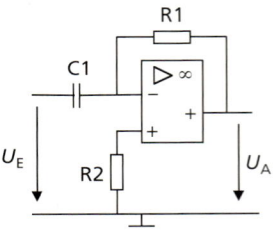

$U_E \triangleq e$

$U_A \triangleq y$

$K_{DR} = R_1 \cdot C_1$

$U_A = -R_1 \cdot C_1 \cdot \dfrac{\Delta U_E}{\Delta t}$

$y = -K_{DR} \cdot \dfrac{\Delta e}{\Delta t}$

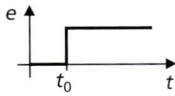

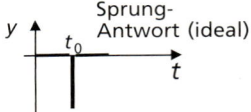

Sprung-Antwort (ideal)

60 **Stellen Sie einen PID-Regler als Kombination aus P-, I- und D-Regler dar und beschreiben Sie seine Eigenschaften.**

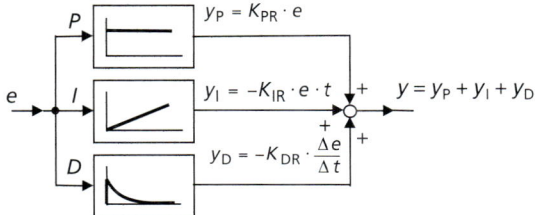

Die Sprungantwort eines PID-Reglers ergibt sich aus der Addition von P-, I- und D-Anteil. PID-Regler sind zwar relativ aufwändig, bieten dafür aber wesentliche vorteilhafte Eigenschaften:

- Der P-Anteil sorgt für eine schnelle Reaktion.
- Der I-Anteil regelt die Regeldifferenz vollständig aus.
- Der D-Anteil ermöglicht eine schnelle Nachregelung bei plötzlichen Störgrößeneinflüssen auf die Regelstrecke.

61 **Beschreiben Sie die Eigenschaften von Zweipunktreglern.**

Zweipunktregler sind unstetige Regler, deren Stellgröße nur zwei voneinander verschiedene Werte annehmen kann. Bei Erreichen der Obergrenze des Sollwertes schaltet der Reglerausgang ab und bei Erreichen der Untergrenze des Sollwertes schaltet der Reglerausgang ein.

62 **Ein Zweipunktregler zur Temperaturregelung liefert folgenden Verlauf der Regelgröße:**

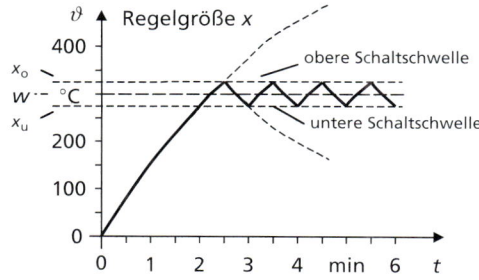

▷ **Fortsetzung der Frage** ▷

Stellen Sie die Hysteresekurve und die Stellgröße dar.

Hysterese

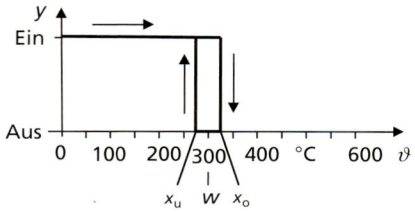

$x_o = 325\ °C$
$w = 300\ °C$
$x_u = 275\ °C$

Stellgröße

---

63 **Stellen Sie für die dargestellte Gleichspannungs-Stabilisierungs-schaltung den Istwertgeber, den Sollwertgeber, den Regelverstärker und das Stellglied dar.**

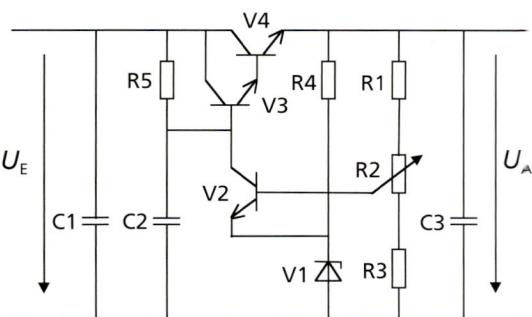

▷

▷ **Fortsetzung der Antwort** ▷

Istwertgeber   Sollwertgeber   Regelverstärker

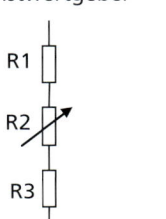

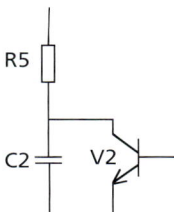

Stellglied

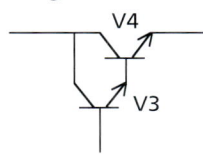

64 **In einem Gewächshaus erfolgt die Regelung der Temperatur über den nachfolgend dargestellten Regler. Unterschreitet die Temperatur im Gewächshaus 25 °C, so heizt ein Heißluftgebläse nach.**

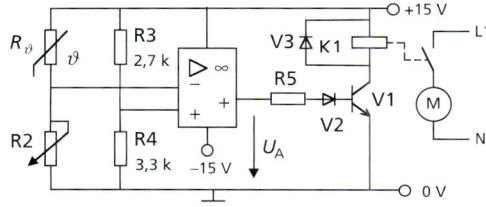

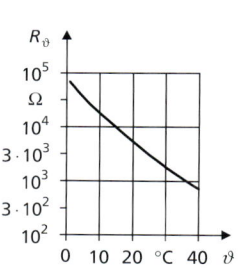

a) Erklären Sie die Temperaturregelung mit den entsprechenden Fachbegriffen.

b) Berechnen Sie den Widerstandswert von R_2, sodass bei 25 °C die Brücke abgeglichen ist.

▷ **Antwort** ▷

a) Die Temperatur (Regelgröße) im Gewächshaus (Regelstrecke) wird fortwährend mit einem NTC-Widerstand in Brückenschaltung (Messeinrichtung) erfasst. Die Einstellung der Solltemperatur (Führungsgröße) erfolgt mit dem Potenziometer R_2. Unterschreitet die gemessene Temperatur den Sollwert, tritt eine entsprechende Spannungsdifferenz (Regeldifferenz) zwischen den Eingängen des Operationsverstärkers auf. Die Spannungsdifferenz wird mit dem Operationsverstärker verstärkt, sodass die nachfolgende Transistorstufe (Stelleinrichtung) das Heißluftgebläse (Stellglied) einschaltet und so lange in Betrieb bleibt, bis der Sollwert erreicht ist.

b) $\dfrac{R_\vartheta}{R_2} = \dfrac{R_3}{R_4} \Rightarrow R_2 = R_\vartheta \cdot \dfrac{R_4}{R_3}$

Aus der Kennlinie folgt für $\vartheta = 25\ °C$: $R_\vartheta = 3\ k\Omega$.

$R_2 = 3\ k\Omega \cdot \dfrac{3{,}3\ k\Omega}{2{,}7\ k\Omega}$

$R_2 = 3{,}67\ k\Omega$

---

65 **Nennen Sie Vorteile einer digitalen gegenüber einer analogen Regelung.**

Vorteile einer digitalen gegenüber einer analogen Regelung sind:

– höhere Genauigkeit
– Übertragungsfehler sind seltener
– problemlose Speicherung digitaler Signale
– wirtschaftlicher

---

66 **Nennen Sie 3 Eigenschaften für eine optimal eingestellte Regeleinrichtung.**

Eine optimal eingestellte Regeleinrichtung zeichnet sich aus durch

1) eine möglichst geringe bleibende Regeldifferenz,
2) eine möglichst geringe Einschwingzeit,
3) eine möglichst geringe Überschwingweite.

7.3 Leistungselektronik

67 **Nennen Sie die wichtigste Eigenschaft von Dioden.**

Dioden wirken wie ein Ventil. Ab einer bestimmten Spannung (Schleusenspannung) lassen sie einen Strom in Durchlassrichtung passieren.

68 **Nennen Sie 3 Unterschiede zwischen Siliziumdioden und Germaniumdioden gleicher Leistung.**

Siliziumdioden haben gegenüber Germaniumdioden
– einen schärferen Knick im Durchlassbereich,
– eine steilere Kennlinie im Durchlassbereich,
– eine höhere Schleusenspannung (Si-Dioden: $U_{TO} \approx 0{,}7$ V; Ge-Dioden: $U_{TO} \approx 0{,}3$ V),
– eine höhere Spitzensperrspannung (Si-Dioden: U_R bis ca. 2 000 V; Ge-Dioden: U_R bis ca. 100 V),
– eine höhere Sperrschichttemperatur (Si-Dioden: T ≈ 180 °C; Ge-Dioden: T ≈ 80 °C),
– einen niedrigeren Sperrstrom.

69 **Stellen Sie 3 Anwendungsbeispiele für den Einsatz von Dioden dar und beschreiben Sie die Wirkungsweise.**

1) Dioden als Messgeräteschutz: Die Spannung am Messwerk wird auf die Durchlassspannung der Dioden begrenzt.

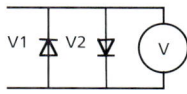

2) Dioden zur Entkopplung von Steuerbefehlen: Bei Betätigung von S1 zieht das Schütz K1 an (Diode V1 sperrt). Wird S2 betätigt, ziehen beide Schütze K1 und K2 an (Diode V1 leitend).

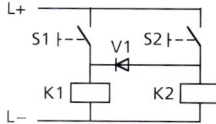

▷

▷ **Fortsetzung der Antwort** ▷

3) Dioden zur Höchstwertbegrenzung: Werden positive Spannungen an E1 und E2 gelegt, so liegt am Ausgang A stets der höhere Wert der beiden Spannungen.

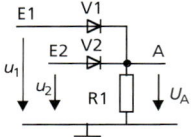

70 Stellen Sie eine M1U-Gleichrichterschaltung mit Glättungskondensator und Lastwiderstand dar und tragen Sie die Polarität der Ausgangsspannung ein.

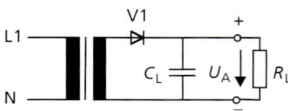

71 Wie hoch muss die Sperrspannung einer Diode in M1U-Gleichrichterschaltung mit Glättungskondensator sein, wenn die Sekundärspannung des Transformators U_{Tr} = 24 V beträgt?

Bei der negativen Halbwelle der Sekundärspannung sperrt die Diode. Von der Diode aus gesehen liegen Sekundärspannung und Kondensatorspannung in Reihe.

$$U_R = \sqrt{2} \cdot U_{Tr} + U_{CL} \quad \text{mit}$$

$$U_{CL} \approx \sqrt{2} \cdot U_{Tr} \quad \text{folgt}$$

$$U_R \approx 2 \cdot \sqrt{2} \cdot U_{Tr} ; \quad U_R \approx 67{,}9 \text{ V}$$

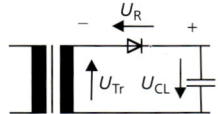

72 Stellen Sie eine B2U-Gleichrichterschaltung mit Glättungskondensator und Lastwiderstand dar und zeichnen Sie den Verlauf der Ausgangsspannung U_A für eine Schaltung

a) mit R_L und ohne C_L,
b) mit R_L (kleiner Wert) und mit C_L sowie
c) ohne R_L und mit C_L.

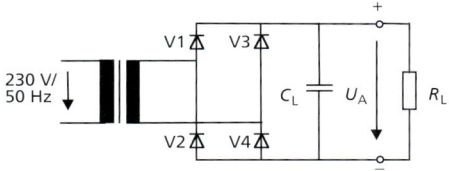

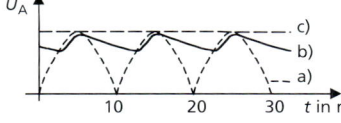

73 Auf einer Platine befindet sich das dargestellte Bauteil. Geben Sie
die Aufgabe des Bauteils und die Bedeutung der Beschriftung an.

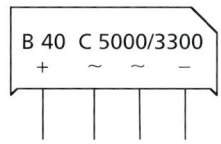

Das dargestellte Bauteil ist ein Gleichrichtersatz.

B 40 C 5000/3300
                └─ Nennstrom im mA ohne Kühlkörper
          └─ Nennstrom im mA mit Kühlkörper
        └─ Kapazitive Last (Glättung) zulässig
     └─ maximale Eingangsspannung in V (Effektivwert)
  └─ Schaltungsart: B Brückenschaltung,
                 M Mittelpunktschaltung (auch E)

74 **Stellen Sie den Kennlinienverlauf $I = f(U)$ einer Z-Diode dar und tragen Sie die verschiedenen Bereiche ein.**

Kennlinie am Beispiel einer Z-Diode mit $U_Z = 7{,}5$ V

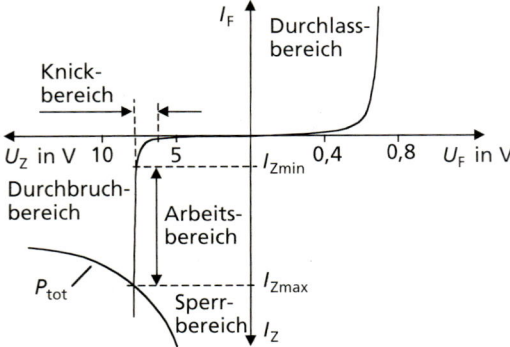

75 **Geben Sie 2 Anwendungsbeispiele von Z-Dioden an und beschreiben Sie die Wirkungsweise.**

1) Z-Dioden zur Spannungsbegrenzung bei Wechselspannung:
Die Ausgangswechselspannung U_A wird auf den Wert $U_F + U_Z$ begrenzt, da immer eine der Z-Dioden in Durchlassrichtung und eine in Sperrrichtung geschaltet ist.

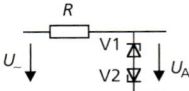

2) Z-Dioden zur Spannungsstabilisierung: Wird die Z-Diode in ihrem Arbeitsbereich (I_{Zmin}, I_{Zmax}) betrieben, so stabilisiert sie die Ausgangsspannung auf den Wert von U_Z.

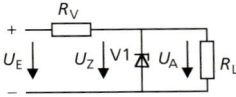

76 Was bedeutet die Abkürzung LED?

Eine LED (**l**ight **e**mitting **d**iode) ist eine Leuchtdiode, die auch als Lumineszenzdiode bezeichnet wird. Bei Betrieb in Durchlassrichtung geben Leuchtdioden Licht in den Farben infrarot, rot, orange, gelb, grün und blau ab.

77 Geben Sie 2 Arten der Ansteuerung von Leuchtdioden an.

Dioden werden grundsätzlich über einen Vorwiderstand betrieben.

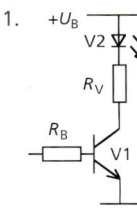 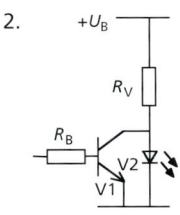

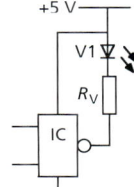 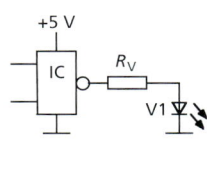

78 Eine Leuchtdiode wird über einen Vorwiderstand an eine Spannung von 6 V angeschlossen. Der Strom durch die Leuchtdiode beträgt 20 mA.

a) Berechnen Sie den erforderlichen Widerstandswert und die Leistung des Vorwiderstandes.

b) Ermitteln Sie aus der Diodenkennlinie den statischen und den dynamischen Widerstand im Arbeitspunkt. ▷

Aus der Kennlinie der Leuchtdiode kann für den Strom $I_F = 20$ mA die Spannung $U_F = 1{,}6$ V ermittelt werden.

a) Widerstandswert des Vorwiderstandes:
$R_V = 220\ \Omega$

Leistung des Vorwiderstandes:
$P_{RV} = 88$ mW

(Lösungsweg S. 530)

▷

▷ **Fortsetzung der Frage** ▷

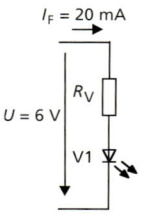

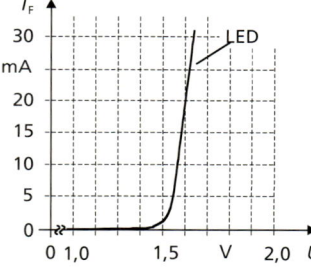

▷ **Fortsetzung der Antwort** ▷

b) Statischer Widerstand im Arbeitspunkt:
   $R_F = 80 \ \Omega$

   Dynamischer Widerstand im
   Arbeitspunkt:
   $r_F = 3{,}3 \ \Omega$

   (Lösungsweg S. 530)

---

79 **Stellen Sie 2 Möglichkeiten dar, eine Leuchtdiode
an Wechselspannung zu
betreiben. Nennen Sie Vor-
und Nachteile der Schaltungen.**

Sperrspannung der Schutzdiode V1 in
Schaltung 1:

$$U_{RV1} = \sqrt{2} \cdot U_{\sim}$$

1.

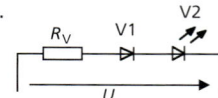

2.

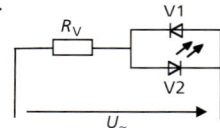

Die Sperrspannung der Diode V1 in
Schaltung 1 muss größer sein als die
Sperrspannung der Diode V1 in
Schaltung 2. Die Leistung des
Widerstandes R_V in Schaltung 2
muss größer sein als in Schaltung 1.

80 Stellen Sie die Zonenfolge, das Diodenersatzschaltbild und das Schaltzeichen eines PNP-Transistors dar.

Zonenfolge   Diodenersatzschaltbild   Schalteichen

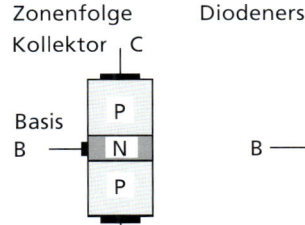 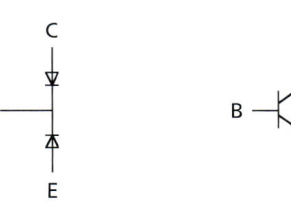

81 Wie muss ein NPN-Transistor mit Spannung versorgt werden, damit ein Kollektorstrom fließt?

Bei bipolaren Transistoren werden die Basis-Emitter-Strecke in Durchlassrichtung und die Kollektor-Basis-Strecke in Sperrrichtung betrieben.

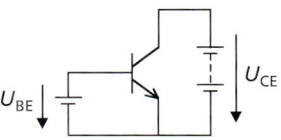

82 In der dargestellten Schaltung wird der Transistor als Schalter betrieben. Zu dem Transistor V1 (BC140) gehört das unten stehende Ausgangskennlinienfeld.

Gegeben sind die Werte U_B = 24 V, U_{BE} = 0,7 V, P_{tot} = 3,7 W, R_1 = 910 Ω und R_L = 24 Ω. Beschreiben Sie, wie die beiden Arbeitspunkte EIN und AUS ermittelt werden können und prüfen Sie, ob der Transistor in diesen Arbeitspunkten betrieben werden darf.

Ermitteln der Arbeitsgeraden:
1. Leerlauffall (Transistor herausgenommen):
   $\Rightarrow I_C$ = 0 mA und U_{CE} = 24 V.
2. Kurzschlussfall (Transistor kurzgeschlossen):

$$\Rightarrow I_C = \frac{U_B}{R_C}; \; I_C = \frac{24 \text{ V}}{24 \text{ Ω}};$$
$$I_C = 1 \text{ A} \quad \text{und} \quad U_{CE} = 0 \text{ V}.$$

Ermitteln der Arbeitspunkte AUS und EIN:
Die Arbeitspunkte liegen auf der Arbeitsgeraden in Abhängigkeit von dem Basisstrom I_B.
– Der Arbeitspunkt AUS ist der Schnittpunkt der Arbeitsgeraden mit der Kennlinie für I_B = 0 mA.

▷

▷

▷ **Fortsetzung der Frage** ▷

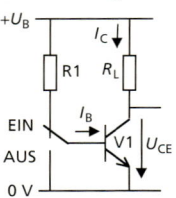

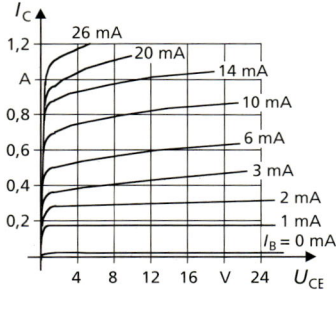

▷ **Fortsetzung der Antwort** ▷

– Der Arbeitspunkt EIN ist der Schnittpunkt der Arbeitsgeraden mit der Kennlinie für

$$I_B = \frac{U_B - U_{BE}}{R_1};$$

$$I_B = \frac{24\ \text{V} - 0{,}7\ \text{V}}{910\ \Omega};$$

$$I_B = 25{,}6\ \text{mA} \approx 26\ \text{mA}.$$

Da das Produkt $I_C \cdot U_{CE} < P_{tot}$ für beide Arbeitspunkte zutrifft, darf der Transistor in diesen Arbeitspunkten betrieben werden. Beide Arbeitspunkte liegen unterhalb der Verlustleistungshyperbel.

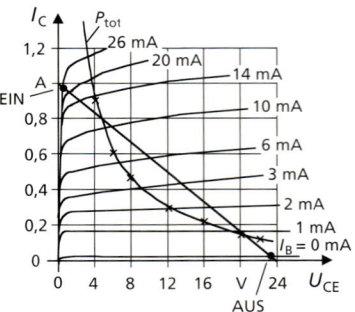

---

83 **Welche Gefahr besteht für einen Transistor beim Schalten von kapazitiven Lasten?**

Im Einschaltmoment wirkt eine kapazitive Last wie ein Kurzschluss, sodass für diesen Zeitpunkt der Wert des Laststromes (Kollektorstrom) größer werden kann als der zulässige Kollektorstrom des Transistors.

▷

▷ Fortsetzung der Antwort ▷

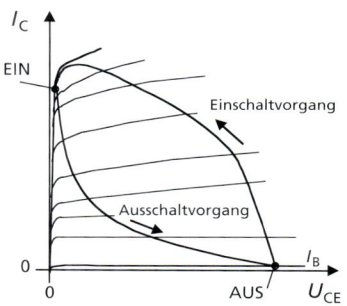

84 Zur Ansteuerung eines Magnetventils wird der Leistungstransistor V1 verwendet.

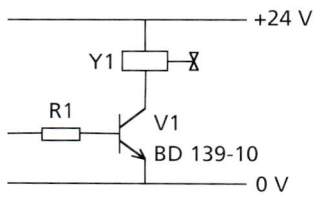

1. **Aus welchem Halbleitermaterial und mit welcher Zonenfolge ist der Transistor hergestellt?**
2. **Bezeichnen Sie die Anschlüsse des Transistors.**
3. **Beim Schalten kommt es zu einer unzulässig hohen Spannung am Transistor V1. Beschreiben Sie die Entstehung der Spannung.**
4. **Stellen Sie eine Maßnahme dar, die eine Zerstörung des Transistors durch zu hohe Spannung verhindert.**

1. Der Transistor ist aus Halbleitermaterial Silizium mit der Zonenfolge NPN hergestellt.
   (1. Buchstabe: A-Germanium, B-Silizium)
2. Anschlüsse des Transistors

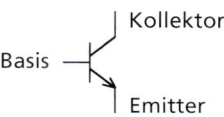

3. Beim Ausschalten der Magnetventilspule entsteht an der Spule eine hohe Induktionsspannung, die der anliegenden Spannung entgegen gerichtet ist. Die Änderung des Spulenstromes $\Delta i/\Delta t$ ruft eine

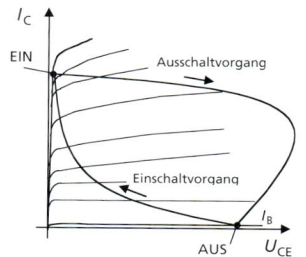

▷

▷ **Fortsetzung der Antwort** ▷

Änderung des magnetischen Flusses $\Delta\Phi/\Delta t$ hervor. Durch die Flussänderung wird eine Spannung induziert.

Diese Spannung kann um ein Vielfaches höher sein als die anliegende Betriebsspannung.

Ist die Induktionsspannung höher als die zulässige Sperrspannung des Transistors, so wird der Transistor zerstört.

4. Die Diode V2 wird in Sperrrichtung parallel zur Spule des Magnetventils geschaltet (Freilaufdiode).

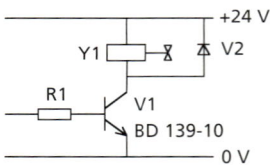

85 Nennen Sie zwei Arten der Arbeitspunkteinstellung eines Transistors im Verstärkerbetrieb.

1. Arbeitspunkteinstellung mit Basisvorwiderstand
2. Arbeitspunkteinstellung mit Basisspannungsteiler

86 Die folgende Transistorschaltung ist mit einem BC 546 B aufgebaut. Die für den Betrieb der Transistorschaltung benötigte Gleichspannung wird mithilfe der Z-Diode ZY 16 stabilisiert. Als Betriebsspannungsanzeige dient die Leuchtdiode TLHR 5205.

a) $R_{V2} = 700\ \Omega$

(*Lösungsweg Seite 530*)

b) Der Transistor arbeitet in Emitterschaltung mit Basisspannungsteiler und Gleichstromgegenkopplung.

$R_C = 156\ \Omega$; gewählt: $R_C = 160\ \Omega$

$R_E = 22\ \Omega$; gewählt: $R_E = 22\ \Omega$

$R_2 = 933\ \Omega$; gewählt: $R_2 = 910\ \Omega$

$R_1 = 7{,}23\ k\Omega$;

gewählt: $R_1 = 7{,}5\ k\Omega$

(*Lösungsweg Seite 531*)

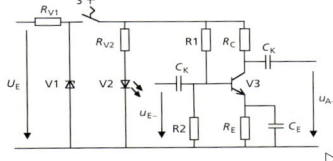

▷

▷ Fortsetzung der Frage ▷

Kenndaten:

V1: Z-Diode ZY 16:
$U_Z = 16$ V, $P_{tot} = 2$ W;

V2: LED TLHR 5205:
$U_F = 2$ V bei $I_F = 20$ mA;

V3: Transistor BC 546 B:
$U_{BE} = 0,68$ V, $B = 250$,
$P_{tot} = 500$ mW;

a) Berechnen Sie den für die Leuchtdiode V2 erforderlichen Vorwiderstand R_{V2} und dessen Leistung.

b) Der Transistor arbeitet im Arbeitspunkt $U_{CE} = 8$ V, $I_C = 45$ mA. Die Spannung über dem Emitterwiderstand beträgt $U_{RE} = 1$ V. Geben Sie die Transistorgrundschaltung an und dimensionieren Sie die Widerstände R_C, R_E, R_1 und R_2 der Schaltung für $I_{R2} = 10 \cdot I_B$. Wählen Sie die nächstliegenden Widerstandswerte aus der E-24-Reihe.

c) Beschreiben Sie die Aufgabe von R_E sowie C_E, und geben Sie die Wirkungsweise von R_E auf eine mögliche Temperaturerhöhung an.

d) Skizzieren Sie alternativ zur dargestellten Transistorschaltung eine Emitterschaltung mit Basisvorwiderstand und Spannungsgegenkopplung. Beschreiben Sie die Arbeitspunktstabilisierung der Schaltung.

▷ Fortsetzung der Antwort ▷

c) Der Emitterwiderstand R_E dient zur Arbeitspunktstabilisierung. Der Emitterkondensator C_E hebt die verstärkungsmindernde Wirkung von R_E auf.

$U_{R2} \approx$ konstant

$$\vartheta\uparrow \Rightarrow I_C\uparrow \Rightarrow \underbrace{U_{RE}\uparrow \Rightarrow U_{BE}\downarrow \Rightarrow I_B\downarrow \Rightarrow I_C\downarrow}_{I_C \approx \text{konstant}}$$

d)

$U_{R2} \approx$ konstant

$$\vartheta\uparrow \Rightarrow I_C\uparrow \Rightarrow \underbrace{U_{RC}\uparrow \Rightarrow U_{CE}\downarrow \Rightarrow U_{BE}\downarrow \Rightarrow I_B\downarrow \Rightarrow I_C\downarrow}_{I_C \approx \text{konstant}}$$

87 Stellen Sie die verschiedenen Schaltzeichen der Feldeffekt-Transistoren dar und bezeichnen Sie diese.

PN-FET (Sperrschicht-Feldeffekt-Transistor, JFET):

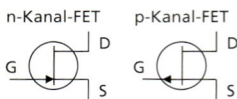

n-Kanal-FET   p-Kanal-FET

D: Drain (Senke, Abfluss)
G: Gate (Tor, Steuerelektrode)
S: Source (Quelle, Zufluss)

IG-FET (Isolierschicht-Feldeffekt-Transistor, JGFET):
selbstleitend (Verarmungstyp)

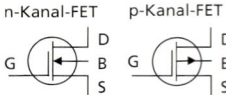

n-Kanal-FET   p-Kanal-FET

B: Substrat (bulk, body)
Anschluss B üblicherweise mit
S Source verbunden.

selbstsperrend (Anreicherungstyp)

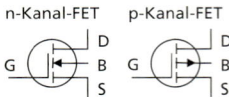

n-Kanal-FET   p-Kanal-FET

88 Erläutern Sie grundsätzliche Unterschiede zwischen bipolaren und unipolaren (Feldeffekt-) Transistoren.

Bipolare Transistoren:
– Elektronen und Löcher sind gemeinsam am Ladungsträgertransport beteiligt.
– Der Basisstrom steuert den Kollektorstrom, für die Steuerung ist eine Steuerleistung notwendig.

Unipolare Transistoren:
– Der Ladungsträgertransport erfolgt entweder nur durch Elektronen oder nur durch Löcher.
– Ein elektrisches Feld quer zum Kanal steuert den Widerstand der Source-Drain-Strecke, die Steuerung erfolgt nahezu leistungslos.

89 **Erklären Sie den Unterschied zwischen einem selbstleitenden und einem selbstsperrenden IG-FET.**

Bei einer Gate-Source-Spannung $U_{GS} = 0$ V fließt in einem selbstleitenden Feldeffekt-Transistor schon ein Drain-Strom, während bei einem selbst sperrenden Feldeffekt-Transistor bei $U_{GS} = 0$ V kein Drain-Strom fließt.

90 **Geben Sie die Bezeichnung der Anschlüsse für den dargestellten Operationsverstärker an.**

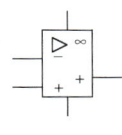

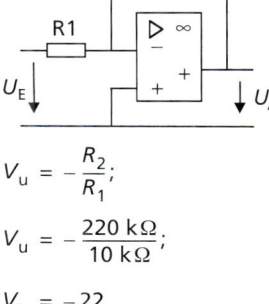

positive Betriebsspannung

invertierender Eingang

nicht invertierender Eingang

Ausgang

negative Betriebsspannung

91 **Geben Sie die Eigenschaften für einen idealen Operationsverstärker an.**

Ein idealer Operationsverstärker ist gekennzeichnet durch folgende Größen:
Leerlaufspannungsverstärkung
$V_u \rightarrow \infty$
Eingangsströme $I_N = I_P = 0$
Eingangsspannungsdifferenz $U_D = 0$
Eingangswiderstand $r_E \rightarrow \infty$
Ausgangswiderstand $r_A = 0$.

92 **Stellen Sie eine invertierende Operationsverstärkerschaltung dar und berechnen Sie für einen idealen Operationsverstärker die Spannungsverstärkung für die Widerstände $R_1 = 10$ kΩ und $R_2 = 220$ kΩ. Interpretieren Sie das Ergebnis.**

$$V_u = -\frac{R_2}{R_1};$$

$$V_u = -\frac{220 \text{ k}\Omega}{10 \text{ k}\Omega};$$

$$V_u = -22$$

▷ **Fortsetzung der Antwort** ▷

Der Zahlenwert gibt an, um wieviel-mal die Ausgangsspannung größer als die Eingangsspannung ist.
Das Minuszeichen besagt, dass das Ausgangssignal gegenüber dem Ein-gangssignal um 180° phasenverscho-ben ist.

93 **Berechnen Sie für die dar-gestellte Operationsverstär-kerschaltung die Spannungs-verstärkung und die Aus-gangsspannung für die Werte $U_E = 50$ mV, $R_1 = 2{,}2$ kΩ und $R_2 = 470$ kΩ (OP ideal).**

$V_u = 215$
$U_A = 10{,}7$ V

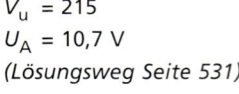

(Lösungsweg Seite 531)

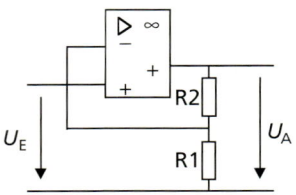

94 **Zeichnen und dimensio-nieren Sie eine Verstärker-schaltung mit Operationsver-stärker (siehe unten), die eine Verstärkung von $V_u = -22$ sowie eine Offsetspannungs- und Offsetstromkompensa-tion aufweist. Geben Sie die Pinbelegung in der Schaltung an.**

Gewählt: $R_1 = 10$ kΩ

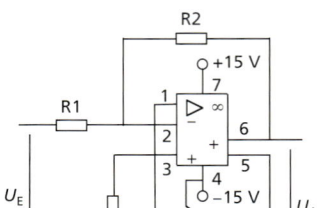

$R_P = 9{,}6$ kΩ

(Lösungsweg Seite 532)

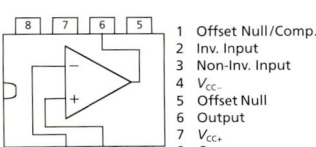

1 Offset Null/Comp.
2 Inv. Input
3 Non-Inv. Input
4 V_{CC-}
5 Offset Null
6 Output
7 V_{CC+}
8 Comp.

95 **Berechnen Sie den Eingangswiderstand der invertierenden Operationsverstärkerschaltung für $R_1 = 10\ k\Omega$, $R_2 = 470\ k\Omega$ und $V_{u0} = 10^5$.**

Eingangswiderstand r_e:

$$r_e = R_1 + \frac{R_2}{V_0 + 1}$$

$$r_e = 10\ k\Omega + \frac{470\ k\Omega}{10^5 + 1}$$

$$r_e \approx 10\ k\Omega$$

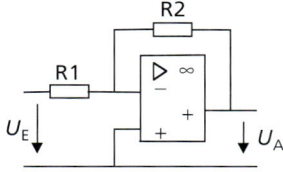

96 **Geben Sie die Funktion der folgenden Schaltung an und nennen Sie Anwendungsbereiche.**

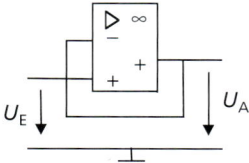

Die Schaltung stellt einen Sonderfall einer nicht invertierenden Operationsverstärkerschaltung dar mit $R_2 = 0\ \Omega$ und $R_1 \to \infty$.

$$V_u = 1 + \frac{R_2}{R_1}\ ;\ V_u = 1.$$

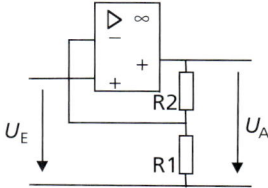

Die Schaltung wird als Impedanzwandler bezeichnet, sie besitzt einen sehr hohen Eingangswiderstand. Impedanzwandler werden dort eingesetzt, wo Signalquellen mit hohem Innenwiderstand nicht belastet werden dürfen.

97 **Ein Operationsverstärker ist mit den Widerständen $R_{11} = 10\ k\Omega$, $R_{12} = 6,8\ k\Omega$ und $R_2 = 100\ k\Omega$ beschaltet (Bild unten). Die Eingangsspannungen betragen $U_{E1} = 280\ mV$ und $U_{E2} = 150\ mV$. Bestimmen Sie**

a) **die Aufgabe der Verstärkerschaltung,**
b) **die Verstärkungsfaktoren V_1 und V_2 sowie**
c) **die Ausgangsspannung U_A.**

a) Die Schaltung stellt einen Summierverstärker (Addierer) dar. Sie hat die Aufgabe, die beiden Eingangsspannungen mit dem zugehörigen Verstärkungsfaktor zu verstärken und anschließend zu addieren.

b) $V_1 = -10$
   $V_2 = -14,7$

c) $U_A = -5,01\ V$

   (Lösungsweg Seite 532)

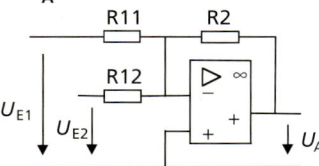

98 **An den Eingängen eines Differenzverstärkers mit den Widerständen $R_{11} = 56\ k\Omega$, $R_{12} = 39\ k\Omega$, $R_{21} = 270\ k\Omega$ und $R_{22} = 100\ k\Omega$ liegen zwei Messaufnehmer. Messaufnehmer 1 liefert eine Ausgangsspannung im Bereich von 0,2 V bis 1,6 V und Messaufnehmer 2 eine Ausgangsspannung von 0,7 V bis 1,9 V. Ermitteln Sie den Aussteuerbereich der Ausgangsspannung.**

$U_{A\ min} = -4,78\ V$
$U_{A\ max} = 6,99\ V$
(Lösungsweg Seite 532/533)

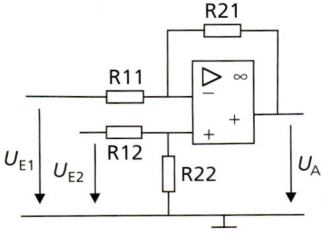

99 In der unten stehenden Schaltung ändert sich der temperaturabhängige Widerstand R_ϑ zwischen 0,5 kΩ bei 0 °C und 2 kΩ bei 60 °C.

Berechnen Sie die Ausgangsspannung für 0 °C und 60 °C für die Widerstandswerte $R_{11} = R_{12} = 10$ kΩ, $R_{21} = R_{22} = 33$ kΩ.
Geben Sie die LED an, die bei 0 °C bzw. bei 60 °C leuchtet.

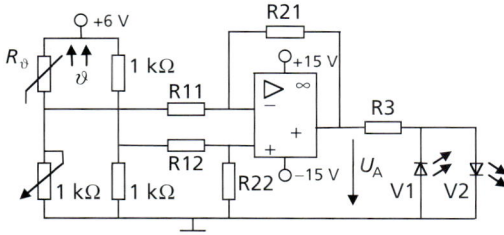

$\vartheta = 0$ °C: $U_A = -3,3$ V; $\Rightarrow$ V1 leuchtet
$\vartheta = 60$ °C: $U_A = 3,3$ V; $\Rightarrow$ V2 leuchtet

(Lösungsweg Seite 533)

100 Geben Sie die Funktion der Schaltung an und ermitteln Sie den Betrag der Spannungsverstärkung $|V_u| = f(f, R, C)$.

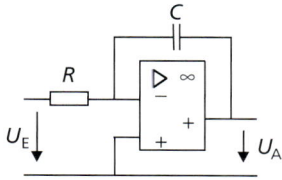

Die Schaltung stellt einen integrierenden Verstärker dar. Wird an den Eingang des Integrierers eine positive Gleichspannung gelegt, fließt ein konstanter Strom über R und lädt den Kondensator auf. Da auf die Kondensatorbeläge je Zeitintervall die gleiche Ladungsmenge $\Delta Q = I \cdot \Delta t$ fließt, steigt seine Spannung u_C linear an und die Ausgangsspannung U_A fällt linear ab.

$$|V_u| = \frac{1}{2 \cdot \pi \cdot f \cdot R \cdot C}$$

(Lösungsweg Seite 533)

101 Geben Sie die Funktion der Schaltung an und ermitteln Sie den Betrag der Spannungsverstärkung $|V_u| = f(f, R, C)$.

Die Schaltung stellt einen differenzierenden Verstärker dar. Wird an den Eingang des Differenzierers eine positive Gleichspannung gelegt, springt die Ausgangsspannung auf den negativen Sättigungswert, da der Konden-

$\triangleright$

$\triangleright$

▷ Fortsetzung der Frage ▷

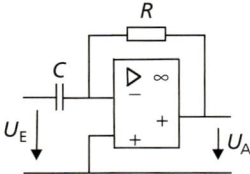

▷ Fortsetzung der Antwort ▷

sator im Einschaltmoment einen Kurzschluss darstellt und der OP dadurch völlig übersteuert ist. Mit zunehmender Kondensatorladung fällt die Ausgangsspannung U_A nicht linear ab.

$$|V_u| = 2 \cdot \pi \cdot f \cdot R \cdot C$$

(Lösungsweg Seite 534)

---

102 **In einem Schaltplan sind zwei Operations-verstärkerschaltungen als Blockschaltbilder dargestellt.**

An den Blockschaltbildern sind folgende Liniendiagramme angetragen:

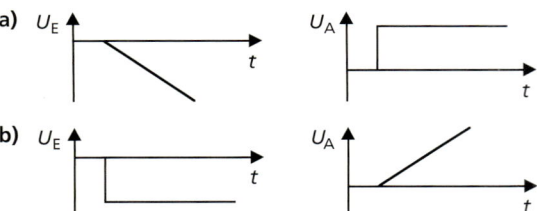

Stellen Sie je eine Schaltung dar, mit der sich das Übertragungsverhalten realisieren lässt.

Das Übertragungsverhalten lässt sich realisieren mit

a) einem differenzierenden Verstärker,

b) einem integrierten Verstärker.

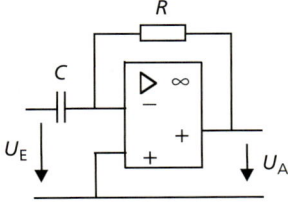 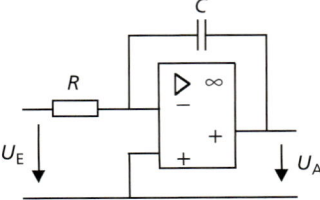

103 In dem dargestellten Schaltungsauszug befinden sich die Bauteile
V1 bis V5. Benennen und charakterisieren Sie die Bauteile.

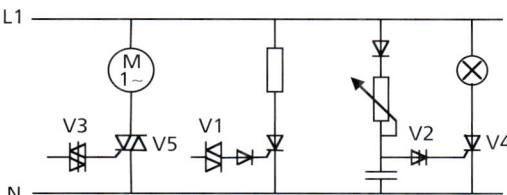

V1   Dreischichtdiode (PNP), Dreischicht-DIAC
(Zweirichtungsdiode, kein Thyristor),

V2   Vierschichtdiode (PNPN)
(Einrichtungsthyristordiode),

V3   Fünfschichtdiode (PNPNP), Fünfschicht-DIAC
(Zweirichtungsthyristordiode),

V4   Vierschichttriode (PNPN), Thyristor mit P-Gate-Anschluss
(Einrichtungsthyristortriode),

V5   Fünfschichttriode (PNPNP), TRIAC
(Zweirichtungsthyristortriode).

104 Geben Sie ein Anwen-
dungsbeispiel für Thyristordioden an.

Thyristordioden werden überwie-
gend zur Erzeugung von Spannungs-
impulsen zum Zünden von Thyristoren und Triacs eingesetzt.

105 Geben Sie ein Anwen-
dungsbeispiel für Thyristortrioden an.

Thyristortrioden sind verschleißfrei
arbeitende, steuerbare elektronische
Schalter für Gleichspannungen
(Thyristor) und Wechselspannungen
(Thyristor, TRIAC).

106 Stellen Sie den Aufbau,
das Diodenersatzschaltbild
sowie das Schaltzeichen eines
Thyristors dar und bezeichnen Sie die Anschlüsse.

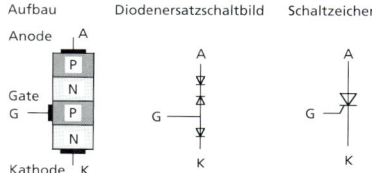

107 Erklären Sie die Begriffe Zündstrom und Haltestrom.

Zündstrom:
Gatestrom, der bei einer bestimmten Spannung U_T erforderlich ist, um den Thyristor in den niederohmigen Zustand zu kippen.

Haltestrom:
Kleinster Wert des Durchlassstromes, bei dem der Thyristor noch durchgeschaltet bleibt.

108 Wie kann ein Thyristor gezündet werden?

– Erhöhen der Spannung U_T ($U_G = 0$) über dem Thyristor bis zum Spannungsdurchbruch; man spricht von Überkopfzünden des Thyristors. Die Spannung, bei der der Thyristor in den leitenden Zustand kippt, wird als Nullkippspannung $U_{(BO)0}$ bezeichnet
– Anlegen einer Spannung mit großer Spannungssteilheit
– Zuführen von Wärme- oder Lichtenergie
– Ansteuern des Thyristors über den Gate-Anschluss (allgemein angewandte Zündmethode)

109 Stellen Sie den Aufbau und das Schaltzeichen einer Thyristortetrode dar und beschreiben Sie die Eigenschaften.

Aufbau   Schaltzeichen

Eigenschaften:
Die Thyristortetrode hat zwei Streueranschlüsse (G1 und G2) und kann wahlweise über einen der beiden gezündet werden.   ▷

▷ **Fortsetzung der Antwort** ▷

Zünden:
Positiver Puls an Steueranschluss G1
oder negativer Puls an Steueranschluss G2.

Löschen:
Negativer Puls an Steueranschluss G1
oder positiver Puls an Steueranschluss
G2.

110 **In einer Schaltung ermitteln Sie folgendes Liniendiagramm für den thyristorge-
steuerten Laststrom.**

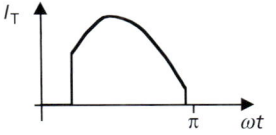

**Tragen Sie die Größen Halte-
strom, Zündwinkel und
Stromflusswinkel in das
Diagramm ein.**

Haltestrom I_H,
Zündwinkel α,
Stromflusswinkel Θ.

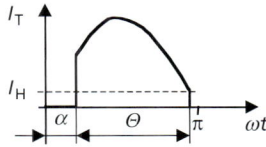

111 **Warum wird ein Thyristor im Wechselstromkreis am
Ende jeder positiven Halbwelle gelöscht?**

Der Thyristor wird gelöscht, weil der
notwendige Haltestrom unterschritten wird.

112 **Welcher Zusammenhang
besteht zwischen dem Zündwinkel und der vom Verbraucher aufgenommenen Leis-
tung?**

Je größer der Zündwinkel, desto kleiner die aufgenommene Leistung des
Verbrauchers.

113 **Der Steuerstrom I_G wird
durch den Widerstand R so
begrenzt, dass sein Maximum
($\hat{\imath}_g$) gerade dem erforderlichen Zündstrom I_Z entspricht.
Geben Sie den Wert des Zünd-
winkels α an.**

Der Thyris-
tor zündet
bei einem
Zündwin-
kel von
$\alpha = 90°$

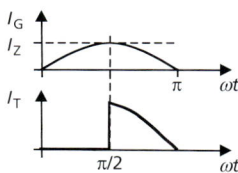

114 **Ein Heizgerät mit den Angaben 230 V/2 kW wird über einen Thyristor an das 230-V-Wechselspannungsnetz angeschlossen.**
Der Steuerstrom kann mit einem veränderbaren Vorwiderstand zwischen $I_G = 0$ mA und I_{Gmax} eingestellt werden.

Berechnen Sie für den Betrieb des Heizgerätes

a) die maximale Leistungsaufnahme sowie
b) die minimale Leistungsaufnahme.

a) Da der Thyristor nur eine halbe Periode in Durchlassrichtung geschaltet ist, nimmt das Heizgerät nur die halbe Leistung auf.

$$P_{H\,max} = \frac{P_N}{2};\ P_{H\,max} = \frac{2\ kW}{2};$$
$$P_{H\,max} = 1\ kW$$

b) Mit dem veränderbaren Vorwiderstand kann ein maximaler Zündwinkel von 90° eingestellt werden. Bei diesem Zündwinkel ist der Thyristor nur eine Viertelperiode gezündet. Das Heizgerät nimmt nur ein Viertel seiner Nennleistung auf.

$$P_{H\,min} = \frac{P_N}{4};\ P_{H\,min} = \frac{2\ kW}{4};$$
$$P_{H\,min} = 500\ W$$

115 **Was wird unter dem Träger-Speicher-Effekt oder Träger-Stau-Effekt (TSE) verstanden?**

Unter Träger-Speicher- oder Träger-Stau-Effekt wird das verzögerte Löschen eines Thyristors verstanden. Ursache dafür sind die Ladungsträger in der mittleren Sperrschicht. Durch eine RC-Beschaltung parallel zum Thyristor wird eine Verringerung des TSE erreicht.

116 **Die dargestellte Phasenanschnittsteuerung findet als Drehzahlsteller für einen Wechselstrommotor Verwendung.**

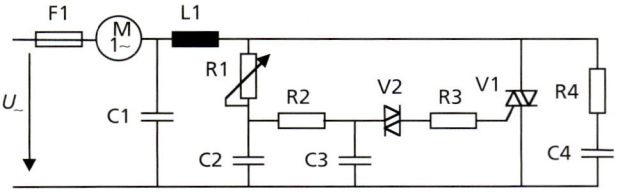

Geben Sie die Aufgabe der Bauteile und Baugruppen sowie das Auslöseverhalten der Sicherung an.   ▷

© Holland + Josenhans

C1, L1:	Vermeidung hochfrequenter Oberwellen im Netz.
R1:	Einstellung des Zündwinkels.
C2:	Ermöglicht eine Verschiebung des Zündwinkels auf über 90°.
R1, C2:	Erzeugung einer gegenüber der Netzspannung phasenverschobenen Wechselspannung.
R2, C3:	Verringerung der Hysterese und der Anfangsleistung.
V2:	Erzeugung von Zündimpulsen, die in der positiven und der negativen Halbwelle den gleichen Zündwinkel haben.
R3:	Verlängerung des Zündimpulses, um ein sicheres Durchschalten des Triac zu gewährleisten.
V1:	Kontaktloser elektronischer Wechselstrom-Leistungsschalter.
R4, C4:	Unterdrückt Spannungsspitzen, die durch Abschalten induktiver Lasten entstehen.
F1:	Superflinke Sicherung (Kennbuchstaben FF).

117 **Am Eingang der gesteuerten Einpuls-Mittelpunktschaltung (M1C) liegt eine sinusförmige Wechselspannung.**

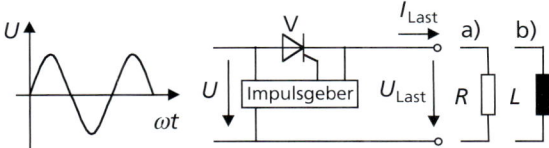

Stellen Sie die Liniendiagramme von I_{Last} und U_{Last} für einen Zündwinkel von 90° dar,

a) für eine Wirklast und
b) für eine induktive Last.

a)
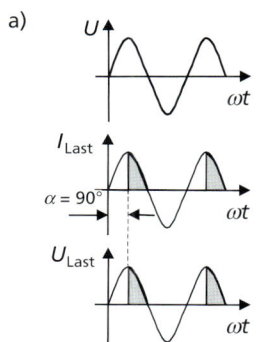

b)
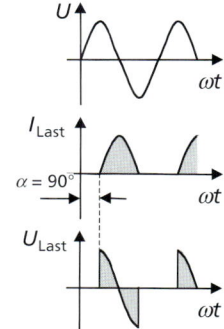

118 **In einem Schaltplan stehen folgende Schaltzeichen: Welche Schaltungen werden durch die einzelnen Darstellungen symbolisiert?**

Beschreiben Sie die Eigenschaften der Schaltungen.

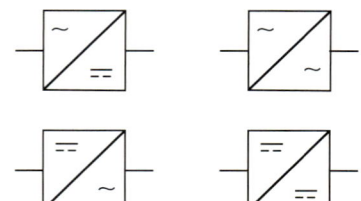

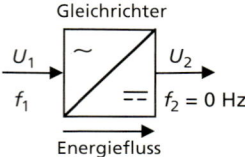

Gleichrichter formen Wechselstromgrößen in Gleichstromgrößen um.

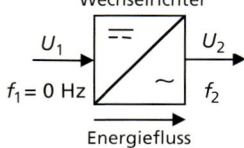

Wechselstromumrichter können Wechselstromsysteme mit vorgegebener Spannung, Frequenz und Phasenzahl in Wechselstromsysteme mit abweichender Spannung, Frequenz und Phasenzahl umwandeln.

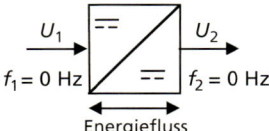

Wechselrichter formen Gleichstromgrößen in Wechselstromgrößen um.

Gleichstromumrichter wandeln vorgegebene Spannungen eines Gleichstromsystems in ein Gleichstromsystem mit anderen Spannungen um.

119 **Hinsichtlich ihres Aufbaus können prinzipiell zwei Arten von Gleichstromumrichtern unterschieden werden. Stellen Sie beide Arten mit Hilfe eines Blockschaltbildes dar und geben Sie die Unterschiede an.**

Gleichstromumrichter werden eingeteilt in Umrichter mit und ohne Zwischenkreis.

Gleichstromumrichter mit Zwischenkreis

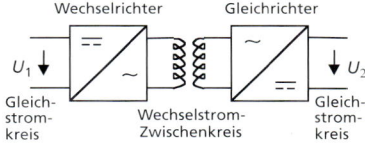

Die Gleichspannung wird zuerst in eine Wechselspannung zerhackt und dann mit einem gesteuerten Gleichrichter gleichgerichtet.

Gleichstromumrichter ohne Zwischenkreis

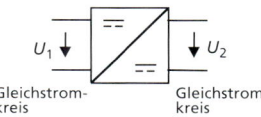

Diese Umrichter sind kostengünstiger als die mit Zwischenkreis. Sie werden auch als Gleichstromsteller oder Direktumrichter bezeichnet.

120 **Hinsichtlich ihres Aufbaus können prinzipiell zwei Arten von Wechselstromumrichtern unterschieden werden. Stellen Sie beide Arten mit Hilfe eines Blockschaltbildes dar und geben Sie die Unterschiede an.**

Wechselstromumrichter werden eingeteilt in Umrichter mit und ohne Zwischenkreis.

Wechselstromumrichter mit Zwischenkreis

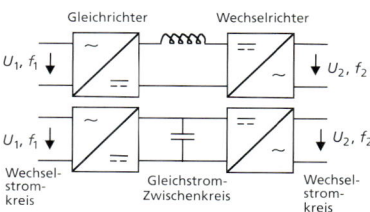

▷ **Fortsetzung der Antwort** ▷

Die Wechselspannung wird zuerst gleichgerichtet und dann in eine Wechselspannung mit beliebiger Frequenz zerhackt.

Wechselstromumrichter ohne Zwischenkreis

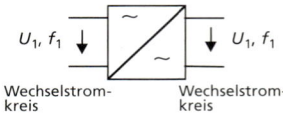

Diese Umrichter werden auch als Direktumrichter bezeichnet.

121 **Stellen Sie eine B2C-Gleichrichterschaltung sowie das Liniendiagramm der Spannung am Lastwiderstand für einen Zündwinkel von 60° dar und beschreiben Sie die Funktionsweise der Schaltung.**

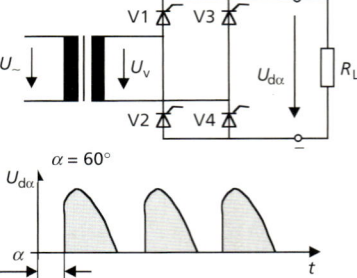

Die B2C-Gleichrichterschaltung ist eine mit vier Thyristoren (vollgesteuerte) Gleichrichter-Brückenschaltung. Die Thyristoren werden paarweise angesteuert. Bei der positiven Halbwelle sind die Thyristoren V1 sowie V4 und bei der negativen Halbwelle die Thyristoren V2 sowie V3 leitend.

122 **Stellen Sie eine M3C- und eine B6C-Gleichrichterschaltung dar und vergleichen Sie die beiden Schaltungen miteinander.**

M3C-Schaltung   B6C-Schaltung

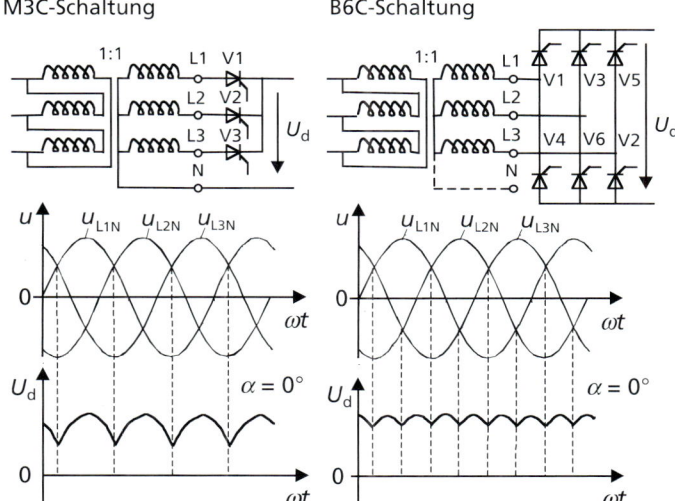

Die B6C-Schaltung hat gegenüber der M3C-Schaltung
– eine geringere Restwelligkeit der Gleichspannung und
– eine bessere Transformatorausnutzung (beide Transformator-
  seiten werden von Wechselströmen durchflossen).

7.4 Messtechnik

123 **Aus welchen Angaben setzt sich eine Messgröße zusammen?**

Eine Messgröße besteht aus dem Produkt von Zahlenwert und Einheit.

124 **Erklären Sie den Unterschied zwischen Eichen und Kalibrieren im Hinblick auf die Durchführung der Tätigkeit.**

Eichen darf nur vom Eichamt durchgeführt werden, kalibrieren dürfen Hersteller und Anwender.

125 Unabhängig von den unterschiedlichen Messaufgaben besteht die Tätigkeit des Messens aus logisch aufeinander folgenden Schritten.

Geben Sie die Schritte in logischer Reihenfolge an.

Die Tätigkeit des Messens besteht aus folgenden Schritten:

1. Vorbereiten der Messung (Festlegen der Messgrößen und Messverfahren, Bestimmen von Ort und Zeit der Messung, Aufbau der Messschaltung, Vorbereitung des Messwertspeichers),
2. Durchführen der Messung (Zuschalten des Messobjektes, Beobachten aller Messgeräte, ggf. Ändern des Messbereichs, Ablesen und Speichern der Messwerte),
3. Auswerten der Messung (Anfertigen eines Messprotokolls, auswertende Berechnungen und Einschätzung der Messgenauigkeit).

126 Was wird unter subjektiven Messfehlern verstanden und wie lassen sich diese vermindern?

Subjektive Messfehler entstehen durch falsche Bedienung des Messgerätes und durch falsches Ablesen sowie falsches Auswerten von Messergebnissen.
Eine Verringerung der subjektiven Messfehler kann erreicht werden durch
– Wiederholen der Messung,
– Ablesen der Messergebnisse von mehreren Personen,
– Verwenden von Messgeräten mit Spiegelskala.

127 Nennen Sie Eigenschaften von Drehspulmesswerken.

Für Drehspulmesswerke gilt:
– große Empfindlichkeit
– linearer Skalenverlauf
– große Genauigkeit
– geringer Eigenverbrauch
– polaritätsabhängig
– Anzeige des arithmetischen Mittelwertes

128 **Nennen Sie Eigenschaften von Dreheisenmesswerken.**

Für Dreheisenmesswerke gilt:
- Effektivwertmesser unabhängig von der Kurvenform
- einfacher und betriebssicherer Aufbau
- weitgehend unempfindlich gegen Überlastung
- eingeschränkter Frequenzbereich
- für Gleich- und Wechselgrößen geeignet
- hoher Eigenverbrauch

129 **Auf der Skala eines Messgerätes befinden sich folgende Symbole.**

 −1,5
~2,5

Geben Sie die Bedeutung der Symbole an.

 Drehspulmesswerk mit Gleichrichter

−1,5
~2,5   Klassenzahl gibt den höchstzulässigen Fehler in Prozent des Messbereichsendwerts an, maximaler Messfehler ±1,5 % vom Messbereichsendwert bei DC-Größen bzw. ±2,5 % vom Messbereichsendwert bei AC-Größen.

⌐ Waagerechte Nennlage

 Prüfspannung 2 kV

130 **Geben Sie die Definition für absolute und relative Fehler an.**

Der **absolute Fehler** ist die Differrenz zwischen dem angezeigten Wert x_A (Istanzeige) und dem wahren Wert x_W (Sollanzeige): $\Delta x = x_A - x_W$.
Der **relative Fehler** ist das Verhältnis des absoluten Fehlers zum wahren Wert.

$$F_{rel} = \frac{\Delta x}{x_W} \cdot 100\ \% \Rightarrow$$

$$F_{rel} = \frac{x_A - x_W}{x_W} \cdot 100\ \%$$

---

131 Ein Strommesser zeigt einen Wert von 8,2 A an. Der wahre Wert beträgt 8,32 A.

Berechnen Sie den absoluten und relativen Messfehler.

Absoluter Messfehler:
$\Delta x = -0,12$ A

Relativer Messfehler:
$F_{rel} = -1,4\,\%$

(Lösungsweg Seite 534)

---

132 Geben Sie die Genauigkeitsklassen von elektrischen Messgeräten an.

Feinmessgeräte: 0,1   0,2   0,5
Betriebsmessgeräte: 1   1,5   2,5   5

---

133 Was gibt die Angabe der Genauigkeitsklasse an?

Die Genauigkeitsklasse eines Messgerätes gibt den absoluten Messfehler in Prozent vom Skalenendwert an.

---

134 Ein Feinmessgerät der Genauigkeitsklasse 0,5 zeigt einen Messwert von 130 V. Der Messbereichsendwert beträgt 300 V.

Berechnen Sie den absoluten und relativen Messfehler.

Absoluter Messfehler:
$\Delta x = \pm 1,5$ V

Relativer Messfehler:
$F_{rel} = \pm 1,2\,\%$

(Lösungsweg Seite 534)

---

135 Skizzieren Sie eine Stromfehlerschaltung und eine Spannungsfehlerschaltung.

Tragen Sie die Ströme und Spannungen ein.

Stromfehlerschaltung

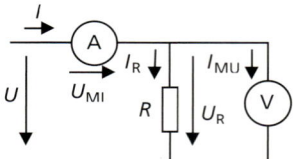

Spannungsfehlerschaltung

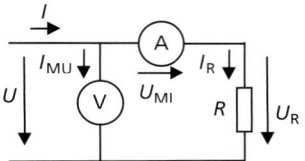

136 In der Stromfehlerschaltung zeigen die eingesetzten Messgeräte U_R = 24 V und I = 46 mA an. Die Innenwiderstände betragen R_{MI} = 50 Ω und R_{MU} = 15 kΩ.

R = 540 Ω

(Lösungsweg Seite 534)

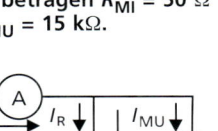

Ermitteln Sie den Wert des Widerstandes R.

137 Ein hochohmiger Widerstand wird in der Spannungsfehlerschaltung indirekt gemessen.

a) R = 4,95 kΩ

b) F_{rel} = 1,0 %

   (Lösungsweg Seite 535)

Messdaten:
U = 230 V; I_R = 46 mA;

Messgerätedaten:
R_{MU} = 30 kΩ; R_{MI} = 50 Ω.

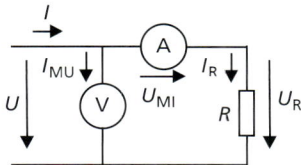

Ermitteln Sie

a) den Wert des Widerstandes R und

b) den relativen Fehler F_{rel}, wenn man bei der Widerstandsbestimmung den Spannungsfall am Strommesser vernachlässigt.

138 **Der Widerstandswert eines hochohmigen und eines niederohmigen Widerstandes soll durch Strom- und Spannungsmessung (indirekt) ermittelt werden. Geben Sie die Messschaltung an, mit der Sie den hochohmigen bzw. niederohmigen Widerstand ermitteln. Begründen Sie Ihre Antwort.**

Zur Messung des **hochohmigen Widerstandes** wird die Spannungsfehlerschaltung eingesetzt, da der Innenwiderstand des Strommessers vernachlässigbar klein zum Messwiderstand ist.
Zur Messung des **niederohmigen Widerstandes** wird die Stromfehlerschaltung eingesetzt, da der Innenwiderstand des Spannungsmessers sehr viel größer als der Messwiderstand ist.

139 **Welchen größten Wert kann ein Digital-Multimeter mit einer 3½-stelligen Anzeige darstellen?**

Stelle   4 3 2 1
größte Anzeige   1 9 9 9
Die vierte Stelle kann nur die Ziffern 0 oder 1 anzeigen, darum wird sie als halbe Stelle bezeichnet.

140 **Auf einem Digital-Multimeter befindet sich der Aufdruck TRMS. Erklären Sie die Bedeutung der Abkürzung.**

TRMS (**T**rue **R**oot **M**ean **S**quare) ist die englische Bezeichnung für ein Echt-Effektivwert-Messgerät (Effektivwertmesser unabhängig von der Kurvenform).

141 **Ein Digital-Multimeter mit 3½-stelliger Anzeige zeigt im 200-V-Messbereich einen Messwert von 150 V an. Von dem Messgerät sind folgende Daten bekannt: Messgerätefehler: ±0,8 % v. MW ± 5 digits.**

Ermitteln Sie den absoluten und relativen Fehler.

Eine 3½-stellige Anzeige (von 0000 bis 1999) ergibt im 200-V-Messbereich eine Auflösung von 0,1 V.

Absoluter Messfehler:
$\Delta x = \pm 1,7$ V

Relativer Messfehler:
$F_{rel} = \pm 1,1$ %

(Lösungsweg Seite 535)

142 In einem Gleichstromkreis soll die Leistung eines Verbrauchers mit einem Leistungsmesser gemessen werden.

Stellen Sie den Messaufbau dar und geben Sie die Pfade an.

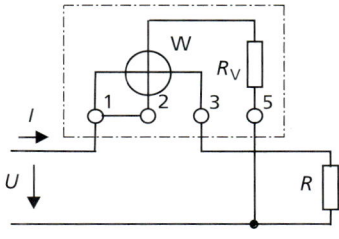

1 – 3   Strompfad
2 – 5   Spannungspfad

143 Entwickeln Sie einen Messaufbau zur Messung der Gesamtwirkleistung in einem unsymmetrisch belasteten Dreileiternetz. Zur Verfügung stehen zwei Leistungsmesser.

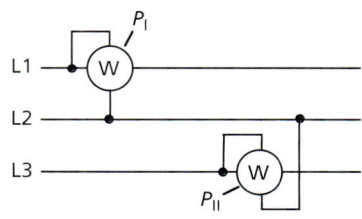

$P_{3\sim} = P_{\mathrm{I}} + P_{\mathrm{II}}$

144 Mit einem Strommesser, einer Spannungsquelle und einem Widerstand R_{N} mit bekanntem Widerstandswert ist der Widerstandswert eines unbekannten Widerstandes R_{x} zu ermitteln. Entwickeln Sie eine Messschaltung und geben Sie die Formel zur Berechnung des Widerstandswerts an.

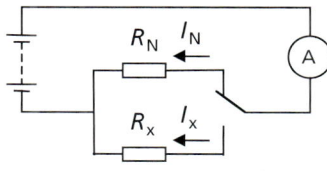

$R_{\mathrm{x}} = \dfrac{I_{\mathrm{N}}}{I_{\mathrm{x}}} \cdot R_{\mathrm{N}}$

145 **Für die Messung einer Spannung bis 600 V steht ein Messwerk mit einem Messbereich von 60 V und einem Messwerkwiderstand von 60 kΩ zur Verfügung.**

Stellen Sie die Messschaltung dar und berechnen Sie den erforderlichen Widerstand.

Messschaltung:

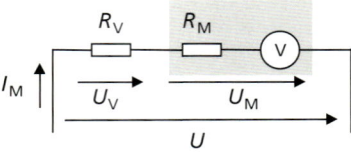

$R_V = 540\ \text{k}\Omega$

(Lösungsweg Seite 535)

146 **Ein Strommesser hat bei einem Messbereich von 1,5 mA einen Messwerkwiderstand von 300 Ω. Mit dem Messwerk soll ein Strom bis 600 mA gemessen werden.**

Stellen Sie die Messschaltung dar und berechnen Sie den erforderlichen Widerstand.

Messschaltung:

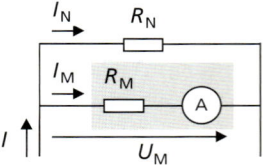

$R_N = 0{,}752\ \Omega$

(Lösungsweg Seite 536)

147 **Ermitteln Sie die Brückenspannung in Abhängigkeit von R_1, R_2, R_3, R_4 und U ($U_{AB} = f(R_1, R_2, R_3, R_4, U)$).**

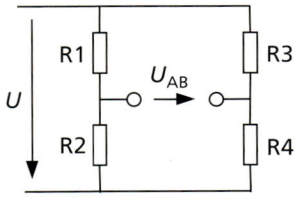

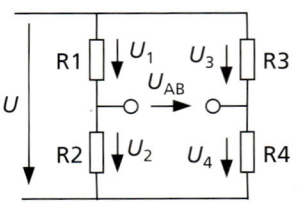

$$U_{AB} = \left(\frac{R_2}{R_1 + R_2} - \frac{R_4}{R_3 + R_4} \right) \cdot U \ \text{oder}$$

$$U_{AB} = \left(\frac{R_3}{R_3 + R_4} - \frac{R_1}{R_1 + R_2} \right) \cdot U$$

(Lösungsweg Seite 536)

148 **Geben Sie die Aufgabe von Messwandlern an.**

Messwandler transformieren hohe Spannungen und Ströme auf messtechnisch einfach zu erfassende Größen.

149 **Warum müssen Messwandler sekundärseitig geerdet werden?**

Messwandler werden sekundärseitig geerdet, damit bei Spannungsdurchschlag sekundärseitig keine Gefährdung entsteht.

150 **Worauf ist beim Ausbau des Messgerätes bei einem Stromwandler zu achten?**

Vor dem Ausbau des Messgerätes müssen die Ausgangsklemmen des Wandlers kurzgeschlossen werden.

151 **Warum darf der Sekundärkreis eines Stromwandlers nicht abgesichert werden?**

Da eine unbelastete Ausgangswicklung eine gefährliche Ausgangsspannung erzeugen kann, dürfen Stromwandler nicht im Leerlauf betrieben werden. Das Auslösen einer Sicherung im Sekundärkreis stellt aber einen Leerlaufbetrieb dar und ist deshalb nicht zulässig.

152 **Das an einen Spannungswandler mit den Daten 5 000 V/100 V angeschlossene Messgerät zeigt eine Spannung von 76 V.**

Stellen Sie die Messschaltung dar und berechnen Sie die Spannung auf der Eingangsseite.

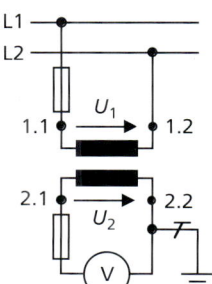

$U_1 = 3\,800$ V

(Lösungsweg Seite 536)

© Holland + Josenhans

153 Das Übersetzungsverhältnis eines Stromwandlers ist $ü_A$ = 300 A/5 A. Der Strommesser zeigt einen Wert von 3,8 A.

Stellen Sie die Messschaltung dar und berechnen Sie den Strom auf der Primärseite.

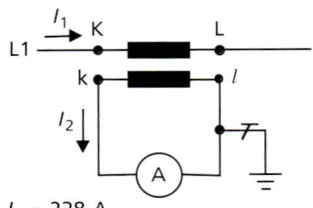

I_1 = 228 A

(Lösungsweg Seite 536)

154 Mit der dargestellten Reihenschaltung soll das Verhalten eines Kondensators im Wechselstromkreis mit einem Oszilloskop untersucht werden.

Stellen Sie eine Messschaltung dar und ermitteln Sie X_C aus den Messwerten (allgemein).

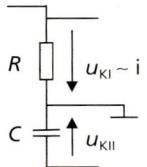

Mit dem Kanal I wird die Spannung u_{KI}, die sich proportional zum Strom i verhält, gemessen

$$\left(i = \frac{u_{KI}}{R}\right).$$

Kanal II (invertiert) zeigt die Spannung u_{KII} über dem Kondensator. Aus den unterschiedlichen Scheitelwerten lässt sich der Phasenverschiebungswinkel und mit

$$X_C = \frac{\hat{u}_{KII}}{\hat{i}}$$ der kapazitive Blindwiderstand berechnen.

155 Am Ausgang einer Gleichrichterschaltung messen Sie folgendes Liniendiagramm:

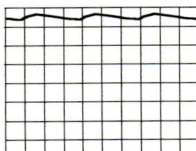

Beschreiben Sie die Vorgehensweise zur vergrößerten Darstellung der Brummspannung.

1) Wahlschalter des verwendeten Kanals von DC auf AC umschalten. Die Brummspannung verläuft jetzt oberhalb und unterhalb der Nulllinie. Bei sehr kleiner Amplitude läuft das Bild durch (wenn auf die Brummspannung getriggert wird).
2) Y-Verstärkung des Kanals soweit erhöhen, dass die größtmögliche Darstellung der Brummspannung auf dem Oszilloskopschirm erzielt wird.

156 Zur Bestimmung der Kapazität C_X sowie des Verlustwiderstandes R_X eines verlustbehafteten Kondensators soll die nachfolgende Schaltung verwendet werden:

Zum Abgleich der Brücke dienen die Widerstandsdekaden R_3 und R_4.

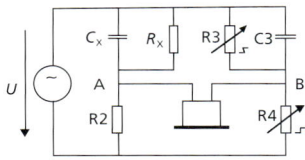

a) Wie heißt die Brückenschaltung?

b) Beschreiben Sie den Abgleich der Messbrücke.

c) Geben Sie C_x und R_x für eine abgeglichene Brücke an.

d) Ist die Brücke frequenzabhängig? Begründen Sie Ihre Antwort.

e) Berechnen Sie den Verlustwiderstand R_x sowie die Kapazität C_x, wenn für $R_2 = 10$ kΩ, $C_3 = 2,2$ µF, $R_3 = 653$ kΩ und $R_4 = 6\,892$ Ω die Brücke abgeglichen ist. Geben Sie die Güte des Kondensators bei Netzfrequenz an.

a) Die Schaltung heißt Wien-Messbrücke.

b) Die beiden Potenziometer R_3 und R_4 werden so lange verändert, bis der Hörer tonlos ist.

c) $C_X = \dfrac{R_4}{R_2} \cdot C_3 \, ; \qquad R_X = \dfrac{R_2}{R_4} \cdot R_3$

d) Die Brücke ist nicht frequenzabhängig, da in den Gleichungen zur Berechnung von C_X und R_X die Frequenz nicht vorkommt.

e) $R_X = 947$ kΩ
$C_X = 15,2$ µF
$Q_C = 4\,522$

(Lösungsweg Seite 536/537)

157 Für die Kraftmessung an einem Zugstab und einem Biegebalken stehen Ihnen je zwei DMS und zwei Widerstände mit dem Wert $R = 600$ Ω zur Verfügung. Bei Maximalkraft beträgt die Widerstandsänderung der DMS 2‰ des Grundwertes R.

▷

▷ Antwort ▷

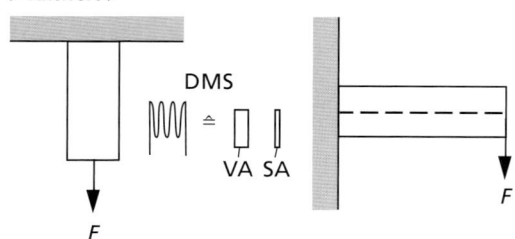

a) Zeichnen Sie die beiden DMS für maximale Empfindlichkeit lagerichtig ein (VA – Vorderansicht, SA – Seitenansicht).

b) Die beiden DMS sollen in einer Brückenschaltung angeordnet werden. Zeichnen Sie die zu den Figuren zugehörigen Brückenschaltungen.

c) Berechnen Sie die Brückenspannung U_{AB} für die beiden Schaltungen für eine Brückenspeisespannung von $U = 5$ V bei maximaler Kraft.

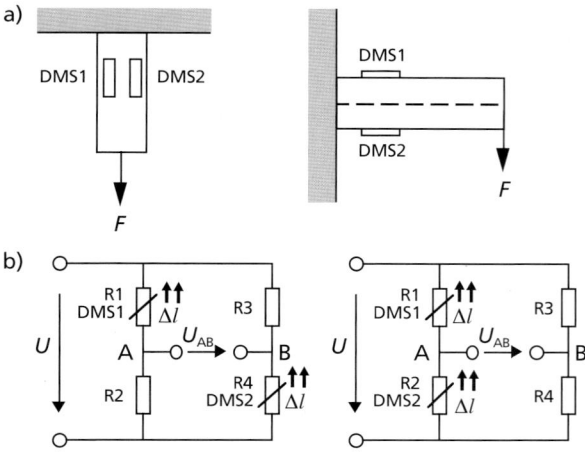

c) Zugstab: $U_{AB} = -5$ mV
Biegebalken: $U_{AB} = -5$ mV

(Lösungsweg Seite 537)

158 Für die Drehmomentmessung an einer Welle stehen Ihnen vier DMS mit dem Widerstandswert R zur Verfügung. Bei maximaler Torsion beträgt die Widerstandsänderung der DMS 1‰ des Grundwertes R.

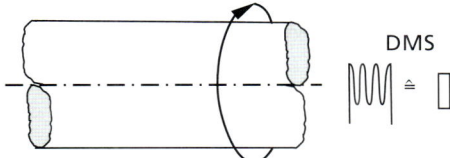

a) Zeichnen Sie die 4 DMS lagerichtig ein.
b) Ordnen Sie die DMS in einer Brückenschaltung an.
c) Berechnen Sie Brückenspannung U_{AB} für eine Brückenspeisespannung von $U = 6$ V bei maximalem Drehmoment.

a)

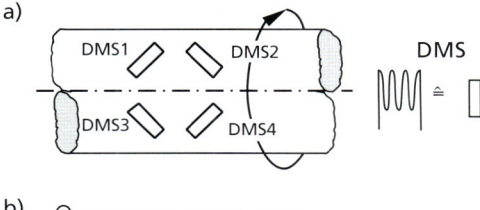

b)

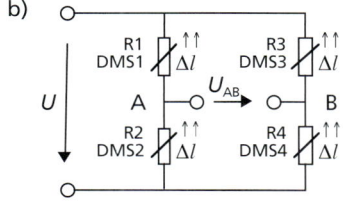

c) $U_{AB} = -6$ mV

(Lösungsweg Seite 537)

8 Design und Erstellen mechatronischer Systeme

8.1 Kupplungen

1 Welche Aufgaben erfüllen Kupplungen?

Kupplungen können verschiedene Aufgaben erfüllen.

Kupplungen

- bilden form- oder kraftschlüssige Verbindungen zwischen Wellen
- unterbrechen oder übertragen Drehmomente,
- bieten Schutz vor Überlastung,
- dämpfen Stöße oder
- gleichen Wellenversatz aus.

2 Wie kann man Kupplungen nach Art und Funktion einteilen?

Kupplungen kann man nach Art und Funktion in 3 Hauptgruppen einteilen:

1) nicht schaltbare Kupplungen,
2) schaltbare Kupplungen und
3) Kupplungen für Sonderzwecke.

3 Welchen Nachteil haben nicht schaltbare Kupplungen?

Nicht schaltbare Kupplungen können während des Betriebes nicht getrennt werden.

4 Wie werden starre Kupplungen eingesetzt?

Starre Kupplungen werden zur Kraftübertragung zwischen zwei fluchtenden Wellen eingesetzt.

Diese werden dann auch axial verbunden.

5 Welchen Nachteil haben starre Kupplungen?

Starre Kupplungen können keinen Wellenversatz ausgleichen.

6 Nennen Sie Beispiele für starre Kupplungen.

Starre Kupplungen sind die Scheibenkupplung und Wellenkupplung mit Kegelhülse.

7 **Welche besondere Eigenschaft haben drehstarre Kupplungen?**

Drehstarre Kupplungen können Momente drehstarr übertragen und dabei Wellenversatz ausgleichen.

8 **Nennen Sie ein Beispiel für eine drehstarre Kupplung.**

Die Bogenzahnkupplung ist eine drehstarre Kupplung.

9 **Beschreiben Sie den Aufbau einer Bogenzahnkupplung.**

Eine Bogenzahnkupplung besteht aus zwei Kupplungsnaben, die auf den Wellenenden befestigt sind. Die eine Hälfte hat eine ballige Außenverzahnung, die in die gerade Innenverzahnung des Gegenstückes eingreift.

Die Kraft wird dabei formschlüssig übertragen. Winkel- und Längsversatz sind zulässig.

10 **Welchen Vorteil haben Gelenkkupplungen?**

Gelenkkupplungen können größeren Wellenversatz ausgleichen.

11 **Wie wird bei Gleichlaufgelenken die Kraft übertragen?**

Bei Gleichlaufgelenken wird die Kraft durch eingelegte Kugeln übertragen.

12 **Welchen Vorteil haben Topfgelenke?**

Topfgelenke sind Gleichlaufgelenke, die axiale Wellenverschiebungen ausgleichen können.

13 **Was sind Kardanwellen?**

Kardanwellen sind Gelenkwellen, die im Fahrzeugbau als Antriebswellen eingesetzt werden. Sie bestehen aus zwei Kreuzgelenkkupplungen und einem Schiebestück für den Längenausgleich.

14 **Welchen Vorteil haben elastische Kupplungen?**

Elastische Kupplungen können – wie die drehstarren Kupplungen – Momente übertragen, aber bedingt durch ihre Konstruktion zusätzlich Stöße oder Schwingungen ausgleichen oder ein weiches Anfahren ermöglichen.

15 **Nennen Sie Einsatzbereiche von elastischen Kupplungen.**

Elastische Kupplungen werden häufig im Antrieb von Maschinen mit stark schwankenden Drehmomenten eingesetzt, z. B. zum Antrieb von Kolbenverdichtern.

16 **Woraus bestehen die elastischen Elemente?**

Die elastischen Elemente bestehen aus Gummi- oder Federelementen.

17 **Welchen Nachteil haben die elastischen Kupplungen mit Gummielementen?**

Die elastischen Kupplungen mit Gummielementen können nur in niedrigen Temperaturbereichen eingesetzt werden, da sich sonst der Gummi zersetzt.

18 **Wann werden schaltbare Kupplungen verwendet?**

Schaltbare Kupplungen werden verwendet, wenn die Verbindung der Wellen zeitweise unterbrochen werden soll.

19 **Wie werden die schaltbaren Kupplungen eingeteilt?**

Die schaltbaren Kupplungen werden nach Art der Kraftübertragung in

– formschlüssige und
– kraftschlüssige Kupplungen

eingeteilt.

20 **Wie können schaltbare Kupplungen betätigt werden?**

Schaltbare Kupplungen können

– mechanisch,
– elektromagnetisch
– pneumatisch oder
– hydraulisch

betätigt werden.

21 **Beschreiben Sie die Funktion von formschlüssigen Schaltkupplungen.**

Formschlüssigen Schaltkupplungen übertragen das Drehmoment durch ineinandergreifende Kupplungselemente.

Eine Schließkraft ist im Betrieb nicht nötig.

22 **Nennen Sie Beispiele für formschlüssige Kupplungen.**

Beispiele für formschlüssige Kupplungen sind:
- Klauenkupplung
- Zahnkupplung.

23 **Wann dürfen Klauenkupplungen oder Zahnkupplungen geschaltet werden?**

Klauenkupplungen oder Zahnkupplungen dürfen nur bei geringer Drehzahl bzw. geringem Drehzahlunterschied geschaltet werden.

24 **Wie werden Zahnkupplungen geschmiert?**

Zahnkupplungen laufen meist in einem Ölbad.

25 **Wie erfolgt die Drehmomentübertragung bei kraftschlüssigen Kupplungen?**

Die Drehmomentübertragung bei kraftschlüssigen Kupplungen erfolgt durch Reibung. Auch im geschalteten Zustand muss die Reibung erzeugende Kraft erhalten bleiben.

26 **Wann können kraftschlüssige Kupplungen geschaltet werden?**

Kraftschlüssige Kupplungen können auch unter Last geschaltet werden, da die angetriebene Welle allmählich mitgenommen wird.

27 **Nennen Sie 4 Arten kraftschlüssiger Kupplungen.**

Nach Anzahl und Form der Reibflächen unterscheidet man:

1) Einscheibenkupplung
2) Mehrscheibenkupplung
3) Lamellenkupplung
4) Kegelkupplung

28 **Erklären Sie die Funktionsweise der Einscheibenkupplung.**

Bei der Einscheibenkupplung wird die Kupplungsscheibe durch Federn auf das auf der anderen Welle befestigte Gehäuse gedrückt. Zwischen beiden Scheiben ist ein Reibbelag eingelegt, der das Drehmoment überträgt.

Das Auskuppeln erfolgt gegen die Federkraft.

29 **Wo werden Einscheiben-kupplungen häufig eingesetzt?**

Einscheibenkupplungen werden häufig in Kraftfahrzeugen eingesetzt.

30 **Beschreiben Sie die Lamellenkupplung.**

In der Lamellenkupplung ist ein Lamellenpaket, das abwechselnd mit dem äußeren und inneren Gehäuse verbunden ist. Dabei ist der innere und äußere Teil des Gehäuses jeweils mit einer Welle verbunden. Zum Schalten werden die Lamellen aneinander gepresst und damit das Moment übertragen.

31 **Wie können Lamellenkupplungen betätigt werden?**

Lamellenkupplungen können mechanisch oder elektromagnetisch betätigt werden.

32 **Beschreiben Sie den Aufbau einer Kegelkupplung.**

Eine Kegelkupplung besteht aus zwei kegelförmigen Reibflächen, die zur Drehmomentübertragung aufeinandergepresst werden.

33 **Welche Vorteile haben Kegelkupplungen?**

Kegelkupplungen können bei kleiner Bauweise hohe Drehmomente übertragen.

34 **Welchen Nachteil haben Kegelkupplungen?**

Kegelkupplungen können nicht so weich wie Scheibenkupplungen schalten.

35 **Welche Sonderkupplungen kennen Sie?**

Sonderkupplungen sind:
– Sicherheitskupplungen
– Anlaufkupplungen
– Freilaufkupplungen

36 **Wann kommen Anlaufkupplungen zum Einsatz?**

Anlaufkupplungen kommen zum Einsatz, wenn eine Kraftmaschine unbelastet hochlaufen soll. Beim Erreichen einer bestimmten Drehzahl wird eingekuppelt.

37 Erklären Sie die Funktion einer Freilaufkupplung.

Bei einer Freilaufkupplung erfolgt die Kraftübertragung durch Sperrklinken oder Klemmstücke, die nur in einer Drehrichtung zwischen angetriebener Welle und Abtriebswelle eingeklemmt werden und dadurch die Kraft übertragen.

8.2 Getriebe

38 Welche Aufgabe haben Getriebe?

Getriebe haben die Aufgabe, Drehzahlen, Drehmomente und Drehrichtungen zu ändern.

39 Welche Getriebebauarten kennen Sie?

Es gibt Getriebe mit gestufter und mit stufenloser Übersetzung.

40 Wie werden gestufte Getriebe eingeteilt?

Man teilt gestufte Getriebe in schaltbare und nicht schaltbare Getriebe ein. Die schaltbaren Getriebe beinhalten die Schieberädergetriebe und die Kupplungsgetriebe.

41 Wie werden stufenlose Getriebe eingeteilt?

Stufenlose Getriebe werden in kraftschlüssige und formschlüssige Getriebe gegliedert.

42 Beschreiben sie ein nicht schaltbares Getriebe.

Nicht schaltbare Getriebe enthalten eine oder mehrere Übersetzungen zwischen Antrieb und Abtrieb, die fest eingebaut sind. Diese verändern die Drehzahl und das Drehmoment in einer festen Größe.

43 Beschreiben Sie ein schaltbares Getriebe.

Ein schaltbares Getriebe enthält mehrere Übersetzungen, zwischen denen im Betrieb oder Stillstand gewechselt werden kann. Dadurch können mehrere Drehzahlen und Drehmomente eingestellt werden.

44 Was ist die Besonderheit bei Schieberädergetrieben?

Bei Schieberädergetrieben können die Zahnräder axial verschoben werden. Dadurch sind verschiedene Zahnradpaare im Eingriff, die dann die Übersetzungen erzeugen.

45 Wie können die Schieberäder in Schieberädergetrieben betätigt werden?

Die Schieberäder in Schieberädergetrieben können von Hand, pneumatisch, hydraulisch oder elektromagnetisch betätigt werden.

46 Wie schaltet ein Kupplungsgetriebe die Übersetzungen?

Ein Kupplungsgetriebe schaltet die Übersetzungen durch Kupplungen zu oder ab. Die Zahnräder bleiben dauernd im Eingriff.

47 Können Kupplungsgetriebe unter Last geschaltet werden?

Kupplungsgetriebe können unter Last geschaltet werden, wenn Reibkupplungen im Einsatz sind.

48 Können Getriebe mit beliebig vielen Zahnradpaaren gebaut werden?

Nein, beliebig viele Zahnradpaare sind nicht möglich, da sich die Wellen bei zu großen Längen durchbiegen würden.

Zwischen zwei Wellen werden in der Regel bis zu drei Zahnradpaare eingesetzt.

49 Wie kann man mehr als 3 Ausgangsdrehzahlen bei einer Eingangsdrehzahl erreichen?

Man kann mehr als 3 Ausgangsdrehzahlen bei einer Eingangsdrehzahl erreichen, wenn eine weitere Welle zum Einsatz kommt, die dann diese 3 Drehzahlen weiter übersetzen kann. Bei 2 weiteren Zahnrädern auf dieser Welle erhält man dann sechs Drehzahlen.

50 Beschreiben Sie ein Reibradgetriebe.

Ein Reibradgetriebe besteht aus zwei Reibscheiben. Eine hat eine kegelige Form und kann radial gegenüber der Abtriebsscheibe bewegt werden. Dadurch verändert sich der Weg und damit auch die Übersetzung.

51 Was ist ein Zugmittelgetriebe?

Ein Zugmittelgetriebe überträgt die Kraft durch Riemen oder Ketten, die auf Scheiben laufen. Die Übersetzung wird durch die Scheibengröße geregelt.

52 Was sind kombinierte Getriebe?

Kombinierte Getriebe enthalten verschiedene Getriebebauarten, um allen Anforderungen gerecht zu werden.

53 Welchen Vorteil haben Zugmittelgetriebe gegenüber Zahnradgetrieben?

Zugmittelgetriebe können große Achsabstände überbrücken.

54 Welchen Nachteil haben Zugmittelgetriebe gegenüber Zahnradgetrieben?

Zugmittelgetriebe können keine großen Drehmomente übertragen.

55 Was sind Sicherheitskupplungen?

Sicherheitskupplungen schalten z. B. bei zu hohen Drehzahlen oder Momenten die Drehmomentübertragung ab.

56 Nennen Sie zwei Beispiele für Sicherheitskupplungen.

Beispiele für Sicherheitskupplungen sind die Fliehkraftkupplung und die Rutschkupplung.

57 Wie funktioniert eine Rutschkupplung?

Eine Rutschkupplung rutscht bei einem zu hohen zu übertragenden Drehmoment durch und verhindert z. B. das Überlasten des Motors bei blockiertem Abtrieb.

8.3 Elektrische Antriebe

58 Wie wird ein im Raum rotierendes magnetisches Feld genannt?

Ein im Raum rotierendes magnetisches Feld wird als Drehfeld bezeichnet.

59 **Geben Sie den Zusammenhang zwischen Frequenz und Drehfelddrehzahl an.**

Eine Verdopplung der Frequenz bewirkt eine Verdopplung der Drehfelddrehzahl:

$$n_d = \frac{f}{p}$$

n_d Drehfelddrehzahl
f Frequenz in Hz
p Polpaarzahl

60 **Ein für das europäische Verbundnetz konzipierter 12-poliger Synchronmotor wird in den USA betrieben. Beschreiben und begründen Sie die Auswirkung.**

Im europäischen Verbundnetz beträgt die Frequenz f = 50 Hz, in den USA beträgt die Frequenz f = 60 Hz. In den USA dreht der Motor schneller.

Europa:

$$n_{d50} = 500 \text{ min}^{-1}$$

USA:

$$n_{d60} = 600 \text{ min}^{-1}$$

(Lösungsweg Seite 538)

61 **Wie wird das Zurückbleiben der Läuferdrehzahl hinter der Drehfelddrehzahl bezeichnet?**

Das Zurückbleiben der Läuferdrehzahl hinter der Drehfelddrehzahl wird als Schlupf bezeichnet.

62 **Auf dem Leistungsschild eines 4-poligen Drehstromasynchronmotors sind u. a. folgende Daten gegeben: 400/230 V 50 Hz, 1420 1/min.**

$$s = 5,\bar{3} \text{ \%}$$

(Lösungsweg Seite 538)

Berechnen Sie den Schlupf in %.

63 Tragen Sie in die dargestellte Drehmoment-Kenn-
linie eines Asynchronmotors
die Stromaufnahme und die
folgenden Momente ein:
Anzugsmoment M_A, Sattel-
moment M_S, Kippmoment
M_K, Nennmoment M_N.

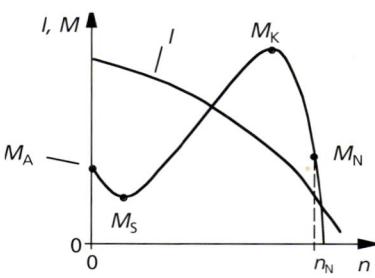

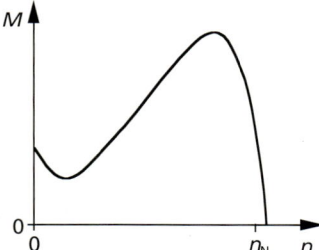

64 Wie erfolgt bei einer
Asynchronmaschine die Über-
tragung der elektrischen
Energie auf den Läufer?

Die elektrische Energie wird induktiv
übertragen.

65 Beschreiben Sie die Unterschiede im Aufbau von Kurz-
schlussläufermotoren und
Schleifringläufermotoren.

Die Läuferwicklung des Schleifring-
läufermotors ist an 3 Schleifringe
angeschlossen. An die Schleifringe
können über Kohlebürsten Wirkwiderstände in den Läuferkreis
geschaltet werden. Die Läuferan-
schlüssse sind mit K, L, M bei einer
Dreiphasenläuferwicklung und mit K,
L, Q bei einer Zweiphasenläuferwick-
lung bezeichnet. Die Widerstände
dienen zum Anlassen oder zur Dreh-
zahlsteuerung. Schleifringläufermotoren entwickeln ein hohes Anzugsmoment bei vergleichsweise
niedrigem Anlaufstrom. Sie können
unter voller Last anlaufen.

66 Warum entwickeln Schleifringläufermotoren bei verhältnismäßig kleinem Läuferstrom ein großes Drehmoment?

Die Wirkwiderstände im Läuferkreis verringern die Phasenverschiebung zwischen Strom und Spannung so, dass ein großes Drehmoment schon bei kleinen Drehzahlen erreicht wird.

67 Nennen Sie Maßnahmen zur Verringerung des Anlaufstromes bei Asynchronmaschinen.

Der Anlaufstrom von Asynchronmaschinen kann verringert werden durch

- Erhöhung des Läuferwiderstandes
  - Schleifringläufer mit Anlasswiderständen
  - Stromverdrängungsläufer,
- Verringerung der Ständerspannung
  - Stern-Dreieck-Umschaltung
  - Ständer-Anlasswiderstände, Anlasstransformator, elektronischer Sanftanlauf.

68 Stellen Sie eine Schaltung dar, mit der sich der hohe Anlaufstrom eines Asynchron-Kurzschlussläufermotors herabsetzen lässt.

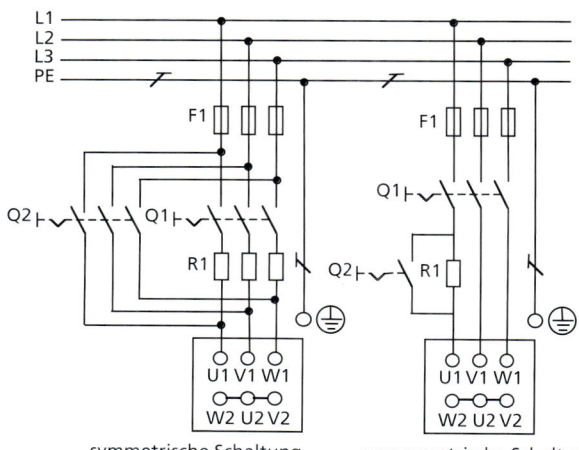

symmetrische Schaltung

unsymmetrische Schaltung (Kusa-Schaltung)

69 **Nennen Sie Bremsverfahren von Antrieben mit Drehstromasynchronmotoren.**

Antriebe mit Drehstromasynchronmotoren werden gebremst

– mit Brems-Lüftmagnet (Federdruckbremsung),
– durch Gegenstrombremsung,
– durch übersynchrone Bremsung,
– durch untersynchrone Bremsung,
– durch Gleichstrombremsung.

70 **Auf dem Leistungsschild eines Drehstrommotors steht △/Y 230 V/400 V. Zeichnen Sie das Motorklemmbrett für ein 400-V-Drehstromnetz**

a) für Rechtslauf,
b) für Linkslauf.

a) Rechtslauf   b) Linkslauf

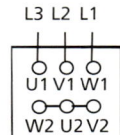

71 **In einem Datenblatt zu Elektromotoren finden Sie folgende Angaben: S1, S7, IM B6 und IP 54.**

Erklären Sie die Bedeutung der Kurzzeichen.

S1	Betriebsart: Dauerbetrieb
S7	Betriebsart: Ununterbrochener periodischer Betrieb mit Anlauf und elektrischer Bremsung
IM B6	IM: International Mounting B6: B: Wellenlage, 6: Angabe über Befestigung: Fußbefestigung, waagerechte Lage, zwei Lagerschilde mit Füßen, Wandbefestigung,
IP 54	Schutz gegen Staubablagerungen (staubgeschützt), vollständiger Berührungsschutz, Schutz gegen Spritzwasser aus allen Richtungen.

72 **Von einem Schleifringläufermotor, der am 400-V/50-Hz-Drehstromnetz angeschlossen ist, sind nebenstehende Angaben des Leistungsschildes noch lesbar.**

Berechnen Sie

a) **den Schlupf,**
b) **die Frequenz der Läuferspannung,**
c) **den Strom im Nennbetrieb und**
d) **das Drehmoment.**

Typ 132S und **P_n = 2,2 kW** liefen folgende Betriebswerte: n_d = 1000 min^{-1}; n = 910 min^{-1}; cos φ = 0,74; η = 77 %

a) s = 9 %
b) f_2 = 4,5 Hz
c) I = 5,57 A
d) M = 23,1 Nm

(Lösungsweg Seite 538/539)

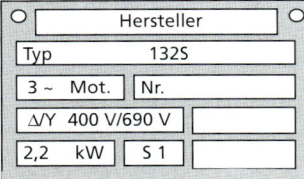

Hersteller	
Typ	132S
3 ~ Mot.	Nr.
△/Y 400 V/690 V	
2,2 kW	S 1

73 **In einer elektrischen Anlage befindet sich ein Schleifringläufermotor mit 3 Anlassstufen.**

Stellen Sie die Schaltung dar und beschreiben Sie deren Funktion.

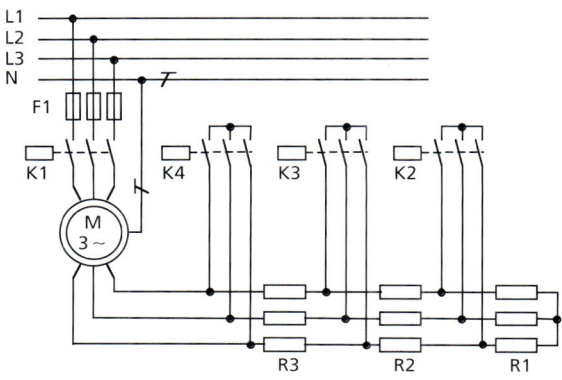

▷

▷ **Fortsetzung der Antwort** ▷

Es ist darauf zu achten, dass die Schütze in der Reihenfolge K1, K2, K3, K4 angeschaltet werden.

Schütz K1 schaltet; der Motor läuft an, im Läuferkreis liegen die Widerstände R1, R2 und R3 in Reihe, der Anlaufstrom ist daher gering.

So wie die Schütze K2, K3 und K4 anziehen, werden die Widerstände R1, R2 und R3 kurzgeschlossen, der Widerstandwert im Läuferkreis wird immer geringer.

---

74 **Nennen Sie 2 Eigenschaften von Asynchronmotoren mit Stromverdrängungsläufern und geben Sie an, durch welche Maßnahmen diese Eigenschaften erreicht werden.**

Asynchronmotoren mit Stromverdrängungsläufern besitzen ein großes Anzugsmoment und einen kleinen Anlaufstrom. Diese Eigenschaften werden durch eine geometrisch günstige Stabform des Käfigläufers erzielt, so z. B. mit einem Keilstabläufer und vor allem mit einem Doppelstabläufer. Der ungünstige Leistungsfaktor wird durch diese Stabform verbessert (Skin-Effekt).

---

75 **Nennen Sie 2 bauteilbezogene Ausführungen der Drehrichtungsumkehr bei Drehstrommotoren.**

Eine Drehrichtungsumkehr kann erreicht werden durch

1) eine Wendeschützschaltung,
2) eine Wendeschaltung mit Nockenschalter.

---

76 **Wie wird der Drehsinn einer elektrischen Maschine bestimmt?**

Der Drehsinn ist die Drehrichtung einer Maschine, die ein Beobachter feststellt, wenn er auf die Antriebsseite einer Maschine blickt. Antriebsseite einer Maschine ist die Maschinenseite, an der das Wellenende angeordnet ist. Dies ist normalerweise die antreibende Seite eines Motors oder die angetriebene Seite eines Generators. Bei Maschinen mit zwei Wellenenden mit verschiedenen Durchmessern ist das Ende mit dem größeren Wellendurchmesser Antriebsseite. Bei Maschinen mit einem zylindrischen Wellenende und einem konischen   ▷

▷ **Fortsetzung der Antwort** ▷

Wellenende des gleichen Durchmessers ist die Seite mit dem zylindrischen Wellenende Antriebsseite.

Drehrichtung im Uhrzeigersinn gilt als Rechtslauf, Drehrichtung gegen den Uhrzeigersinn gilt als Linkslauf.

77 Für eine Wendeschaltung wird der nachfolgende Nockenschalter verwendet.

Geben Sie die Schaltzustandstabelle für Rechtslauf und Linkslauf an.

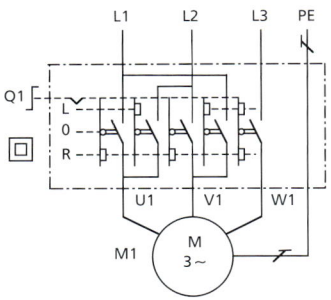

Linkslauf

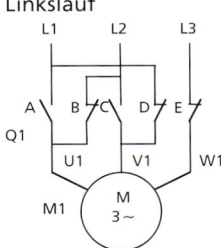

Rechtslauf

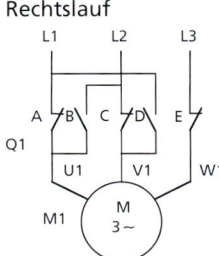

Schalt-stellung	Schaltglied				
	A	B	C	D	E
L		X		X	X
0					
R	X		X		X

78 Wie verhalten sich bei der △/YY-Dahlanderschaltung Drehmoment und Leistung in Abhängigkeit von der Drehzahl?

Die üblichste Art der Dahlanderschaltung ist die △/YY-Schaltung. In Dreieckschaltung dreht der Motor mit niedriger und in Doppelsternschaltung mit hoher Drehzahl. ▷

▷ **Fortsetzung der Antwort** ▷

Die Drehzahl in YY-Schaltung ist doppelt so hoch wie in △-Schaltung. Bei beiden Drehzahlen ist das Drehmoment M_n etwa gleich hoch. Die Nennleistung P_n sinkt bei der niedrigeren Drehzahl auf etwa $2/3$ der Leistung bei hoher Drehzahl ab.

79 **Stellen Sie die Anordnung der Spulen sowie das zugehörige Klemmbrett für eine △/YY-Dahlanderschaltung dar. Kennzeichnen Sie die Schaltung für hohe und niedrige Drehzahl.**

Niedrige Drehzahl

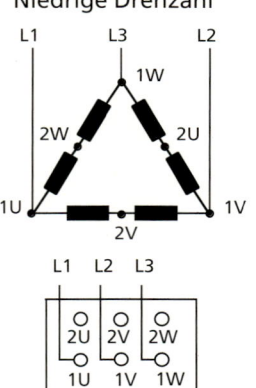

Hohe Drehzahl

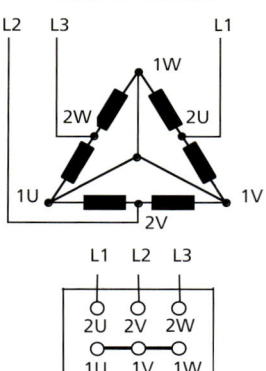

80 **Wie wird bei einem Einphasen-Wechselstrommotor eine Drehrichtungsänderung erreicht?**

Geben Sie ein Beispiel für Rechtslauf sowie Linkslauf an und stellen Sie die zugehörige Motorklemmbrettbelegung dar.

Die Drehrichtung ändert sich durch Vertauschen der Hilfswicklungsanschlüsse.

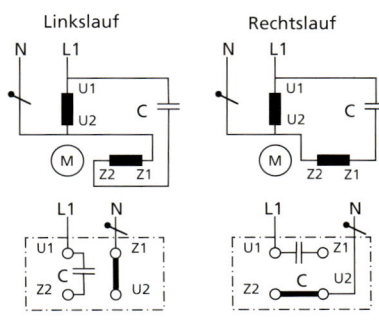

81 **Stellen Sie für Einphasenmotoren einen einpoligen und einen zweipoligen Motorschutz dar.**

Motorschutz
einpolig

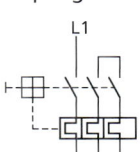

Motorschutz
zweipolig

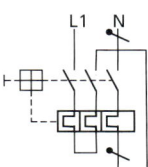

82 **In einem Schaltplan finden Sie unten stehende Darstellung.**

Geben Sie die Art des Motors an und erläutern Sie die Anschlussbezeichnungen.

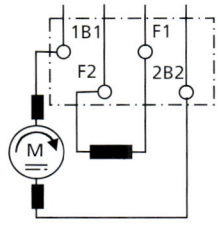

Die Darstellung zeigt einen fremderregten Gleichstrommotor. Die Anschlussstellen der verschiedenen Wicklungen einer Gleichstrommaschine werden mit unterschiedlichen Kennbuchstaben gekennzeichnet. Die Ziffer hinter dem Kennbuchstaben geben den Anfang (1) bzw. das Ende (2) der Wicklung an. Eine Ziffer vor einem Kennbuchstaben weist auf unterteilte Wicklungen hin.

Bedeutung der Kennbuchstaben:
B – Anschluss von Wendepolwicklungen
F – Anschluss einer fremderregten Wicklung.

83 **Geben Sie die genormten Anschlussbezeichnungen der Anker-, Feld- und Hilfswicklungen von Gleichstrommaschinen an.**

Wicklung	Kennbuchstabe
Ankerwicklung	A1 – A2
Wendepolwicklung	B1 – B2
Kompensationswicklung	C1 – C2
Reihenschluss-Erregerwicklung	D1 – D2
Nebenschluss-Erregerwicklung	E1 – E2
fremderregte Feldwicklung	F1 – F2

84 **Beschreiben Sie die Abhängigkeit der Drehzahl von einer Laständerung**

a) **bei einem Nebenschluss-motor,**
b) **bei einem Reihenschluss-motor und**
c) **bei einem Doppelschluss-motor.**

a) Beim **Nebenschlussmotor** sinkt die Drehzahl bei Lastzunahme nur wenig.
b) Beim **Reihenschlussmotor** sinkt die Drehzahl bei Lastzunahme sehr stark.
c) Das **Verhalten des Doppel-schlussmotors** ist eine Kombination des Verhaltens von Neben-schlussmotor und Reihen-schlussmotor.

85 **Stellen Sie einen**

a) **Nebenschlussmotor,**
b) **Reihenschlussmotor und**
c) **Doppelschlussmotor**

als Schaltsymbol mit Wendepolwicklungen und Klemmbrett für Rechtslauf dar.

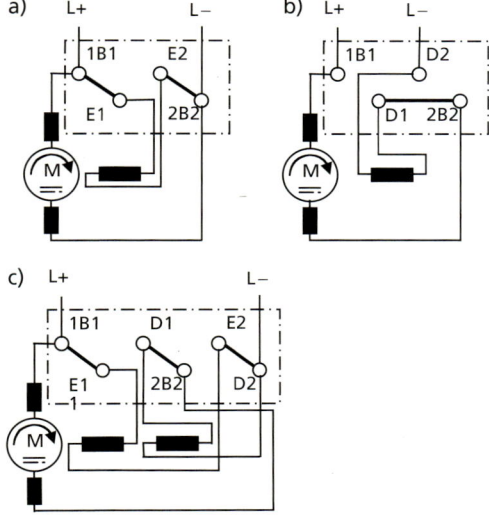

86 Nennen Sie Anwendungsbeispiele für

a) Nebenschlussmotoren,
b) Reihenschlussmotoren
   und
c) Doppelschlussmotoren.

a) **Nebenschlussmotoren** werden
   eingesetzt bei
   – Werkzeugmaschinen,
   – Förderanlagen.
b) **Reihenschlussmotoren** werden
   eingesetzt bei
   – elektrischen Fahrzeugen,
   – Hebezeugen,
   – Kfz-Anlassern,
   – Schienenfahrzeugen.
c) **Doppelschlussmotoren** werden
   eingesetzt bei
   – Werkzeugmaschinen,
   – Antrieben von Schwungmas-
     sen,
   – Hebezeugen,
   – Walzwerken.

87 Stellen Sie die Abhängigkeit der Drehzahl vom Last-
moment ($n = f(M)$) qualitativ
für einen Gleichstrom-
Nebenschlussmotor und
einen Gleichstrom-Reihen-
schlussmotor grafisch dar.

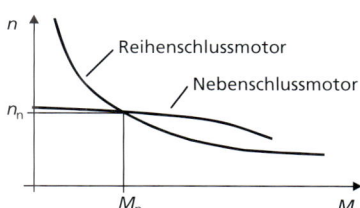

88 Worauf ist bei der Belastung eines Reihenschluss-
motors zu achten?

Ein Reihenschlussmotor darf nicht
ohne Belastung betrieben werden, da
er im Leerlauf „durchgeht". Deshalb
sind zwischen Motor und Last nur
starre Kupplungen zulässig, keine
Riemen.

89 Welche Aufgabe haben
die Anlassvorrichtungen bei
Gleichstrommaschinen?

Die Anlassvorrichtungen haben
grundsätzlich die Aufgabe, den
Anlaufspitzenstrom oder Einschaltstrom auf den von den EVU festge-
setzten zulässigen Wert zu beschrän-
ken.

90 **Stellen Sie die Schaltung eines Gleichstrom-Nebenschlussmotors mit Anlasser sowie geteilter Kompensations- und Wendepolwicklung für Rechts- und Linkslauf dar.**

Bezeichnen Sie die zugehörigen Klemmen.

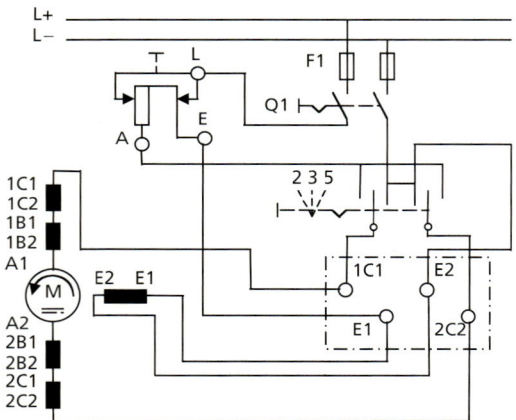

91 **Ein Gleichstrommotor trägt das unten stehende Leistungsschild.**

a) **Stellen Sie die Schaltung für Rechtslauf dar.**

b) **Ermitteln Sie den Wirkungsgrad und das Drehmoment des Motors.**

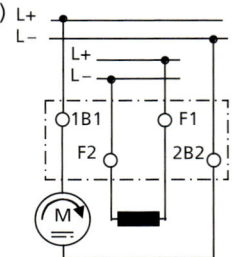

a)

b) $\eta = 63{,}9\ \%$
$M = 2{,}57\ \text{Nm}$

(Lösungsweg Seite 539)

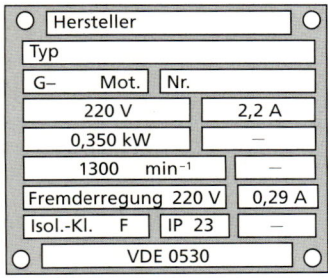

Hersteller	
Typ	
G– Mot.	Nr.
220 V	2,2 A
0,350 kW	—
1300 min⁻¹	—
Fremderregung 220 V	0,29 A
Isol.-Kl. F	IP 23 —
VDE 0530	

92 **Von einem Gleichstrom-Reihenschlussmotor ist der nebenstehende Ausschnitt des Leistungsschildes gegeben. Der Ankerwiderstand R_a = 2,3 Ω und der Widerstand der Reihenschlusswicklung R_f = 1,0 Ω sowie der Widerstand der Wendepolwicklung R_w = 1,1 Ω wurden durch Messung ermittelt. Der Spannungsfall an jeder Kohlebürste beträgt 1,1 V. Der maximale Einschaltstrom darf das 1,5fache des Nennstromes nicht übersteigen.**

Berechnen Sie

a) den maximalen Einschaltstrom I_{max},
b) den zulässigen Einschaltstrom I_{zul},
c) die im Anker bei Nennbelastung induzierte Spannung U_0,
d) den Anlasserwiderstand R_v,
e) den Wirkungsgrad η.

a) I_{max} = 49,5 A
b) I_{zul} = 30 A
c) U_i = 129,8 V
d) R_v = 2,86 Ω
e) η = 68,2 %

(Lösungsweg Seite 539/540)

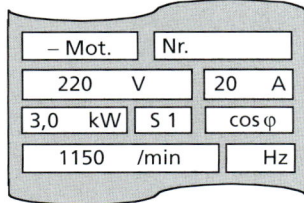

– Mot.	Nr.		
220 V		20 A	
3,0 kW	S 1	cos φ	
1150 /min		Hz	

93 **Ein Nebenschlussmotor 6 kW/220 V hat bei einer Nenndrehzahl von 2750 min⁻¹ eine Stromaufnahme von 35 A. Der Nennstrom der Feldwicklung beträgt 1,4 A. An jeder Kohlebürste fällt eine Spannung von 0,9 V ab.**

Berechnen Sie

a) den Ankerstrom,
b) den Widerstand der Feldwicklung,
c) den Widerstand der Ankerwicklung und
d) den Wirkungsgrad.

a) $I_a = 33,6$ A
b) $R_f = 157\,\Omega$
c) $R_a = 1,23\,\Omega$
d) $\eta = 77,9$ %

(Lösungsweg Seite 540)

(Lösungsweg Seite 540)

94 **Nennen Sie 4 Betriebsarten von elektrischen Maschinen.**

Betriebsarten von elektrischen Maschinen sind:

- Dauerbetrieb S1;
- Kurzzeitbetrieb S2;
- Aussetzbetrieb S3, S4, S5;
- ununterbrochener periodischer Betrieb mit Aussetzbelastung S6;
- ununterbrochener Betrieb mit Anlauf und Bremsung S7;
- ununterbrochener periodischer Betrieb mit Drehzahländerung S8;
- ununterbrochener Betrieb mit nichtperiodischer Last- und Drehzahländerung S9.

8.4 Elektromagnetische Verträglichkeit

95 **Nennen Sie 2 Eigenschaften von Geräten und Anlagen im Hinblick auf ihre elektromagnetische Verträglichkeit und geben Sie die Norm an, in der die EMV geregelt wird.**

Elektrische Geräte und elektrische Anlagen sind so aufzubauen, dass sie gegen Einstrahlung fremder Signalquellen möglichst geschützt sind (Störfestigkeit DIN EN 500 82). Außerdem sind sie so zu betreiben, dass sie selbst in den relevanten Frequenzbe-

▷

▷ **Fortsetzung der Antwort** ▷
reichen keine unzulässig hohen Störungen aussenden (Störaussendung DIN EN 50081).

96 Wie ist die elektromagnetische Beeinflussung definiert?

Die elektromagnetische Beeinflussung ist nach VDE 0870 definiert als: „Einwirkung elektromagnetischer Größen auf Stromkreise, Geräte, Systeme oder Lebewesen."

97 Nennen Sie Wirkungen, die durch eine elektromagnetische Beeinflussung hervorgerufen werden können.

Elektromagnetische Beeinflussungen können

– zur Zerstörung führen,
– unzumutbare Beeinträchtigungen der Funktion hervorrufen,
– zumutbare Beeinträchtigungen der Funktion hervorrufen.

98 Geben Sie 4 Arten der Übertragung von Störenergie an.

Die Übertragung der Störenergie kann erfolgen durch

1) galvanische Kopplung
2) kapazitive Kopplung
3) induktive Kopplung
4) elektromagnetische Kopplung

99 Nennen Sie Maßnahmen zur Verringerung oder Vermeidung der Störeinflüsse bei galvanischer Kopplung.

Die Beeinflussung bei galvanischer Kopplung kann verringert oder vermieden werden durch

– Weglassen unnötiger galvanischer Verbindungen zwischen voneinander unabhängigen Stromkreisen und Systemen,
– Minimierung der Koppelimpedanzen (z. B. getrennte Betriebsspannungszuleitungen),
– Potenzialtrennung,
– Einbau von Abblockkondensatoren,
– Verdrillen von Leitungen.

100 **Nennen Sie Maßnahmen zur Verringerung oder Vermeidung von Störeinflüssen bei kapazitiver Kopplung.**

Die Beeinflussung bei kapazitiver Kopplung kann verringert oder vermieden werden, wenn

- Höhe und Flankensteilheit von Spannungsänderungen so gering wie möglich gehalten werden,
- das beeinflusste System möglichst niederohmig ist,
- die Koppelkapazitäten gering gehalten werden durch größtmögliche Abstände der Leitungen,
- kurze Leitungen und nicht parallel geführte Leitungen verwendet werden,
- störende elektrische Felder an der Störquelle und/oder an der Störsenke abgeschirmt werden.

101 **Nennen Sie Maßnahmen zur Verringerung oder Vermeidung von Störeinflüssen bei induktiver Kopplung.**

Die Beeinflussung bei induktiver Kopplung kann verringert oder vermieden werden, wenn

- Höhe und Flankensteilheit von Stromänderungen möglichst gering gehalten werden,
- das beeinflusste System möglichst niederohmig ist,
- beide Systeme in sich möglichst konzentriert und dabei räumlich getrennt aufgebaut werden,
- die verwendeten Leitungen so kurz wie möglich sind,
- parallele Leitungsführung möglichst vermieden wird,
- Störquelle und/oder Störsenke abgeschirmt werden,
- die Leitungen verdrillt werden,
- störende elektrische Felder an der Störquelle und/oder an der Störsenke abgeschirmt werden.

102 **Zum Aufbau einer elektrischen Anlage gehört die EMV-gerechte Installation eines mit den Einheiten Auswerteelektronik, Steuerung, Antriebselektronik, Schütze und Sicherungen sowie einem Hauptschalter bestückten Schaltschrankes. Beschreiben Sie die Anordnung und Verdrahtung der Einheiten.**

Damit die Steuerelektronik und die Kleinsignalleitungen nicht durch elektromagnetische Einstrahlung beeinträchtigt werden, ist ein Stahlschrank für die Installation vorzusehen. Um die Beeinflussung innerhalb des Schaltschrankes so klein wie möglich zu halten, werden die Komponenten (z. B. Auswerte- und Steuereinrichtung), die gegen Störeinstrahlung empfindlich sind, in einem Schaltschrankfeld untergebracht. Geräte, von denen Störungen ausgehen, befinden sich in einem zweiten Schaltschrankfeld. Zwischen den Schaltschrankfeldern mit den empfindlichen Komponenten und den Störquellen wird eine metallische Trennwand angebracht, um das Eindringen von elektromagnetischer Störeinstrahlung in den empfindlichen Bereich zu verhindern. Die Auswerteinrichtung und die Steuerung sollten räumlich nahe beieinander liegen, damit die Kleinsignalleitungen möglichst kurz und damit weniger störanfällig sind.

103 **Stellen Sie je eine Schaltung für Gleichspannung und Wechselspannung dar, mit der die Spannungshöhe von Störimpulsen begrenzt wird.**

Bei Gleichspannung:

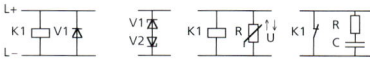

Bei Wechselspannung:

104 **Ein Motor wird mit einem Frequenzumrichter betrieben. Um die von dem Frequenzumrichter erzeugten Störungen (leitungsgebundene und abgestrahlte Störungen) zu reduzieren, werden spezielle Filterschaltungen eingesetzt.**

Beschreiben Sie die Aufgaben der Entstörkomponenten.

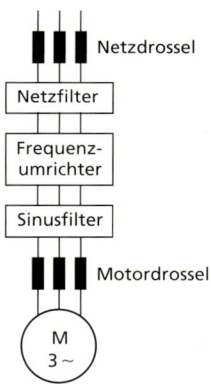

Die **Netzdrossel** glättet den Strom auf der Eingangsseite des Frequenzumrichters und reduziert dadurch die Stromoberschwingungen.

Das **Netzfilter** vermindert die durch den Gleichrichter des Frequenzumrichters erzeugten Störungen auf der Netzleitung. Der Einbau eines Netzfilters ist zur Erfüllung der europäischen EMV-Normen erforderlich.

Das **Sinusfilter** wandelt die rechteckförmige pulsweitenmodulierte Ausgangsspannung des Frequenzumrichters in eine annähernd sinusförmige Ausgangsspannung um.

Die **Motordrossel** glättet den Motorstrom und reduziert damit ebenfalls Oberschwingungen auf der Ausgangsseite.

105 **Stellen Sie ein Netzfilter dar, geben Sie die Art des Filters an und beschreiben Sie die Wirkungsweise.**

Zum Beispiel:

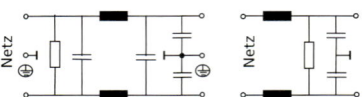

Die Schaltungen stellen Tiefpassfilter dar. Die in Rechteckimpulsen vorhandenen Oberwellen werden über die Querkondensatoren annähernd kurzgeschlossen und durch die Längsinduktivitäten stark bedämpft.

8.5 Ausrüstung von Maschinen

106 Welche Aufgaben muss die technische Dokumentation erfüllen?

Die technische Dokumentation muss sich auf den Normalbetrieb und auch auf die vorgesehenen abweichenden Betriebszustände erstrecken.

107 Aus welchen Teilen besteht die technische Dokumentation?

Zur technischen Dokumentation gehören

– der Installationsplan
– das Blockschaltplan
– der Stromlaufplan.

108 Was beinhaltet der Installationsplan?

Der Installationsplan umfasst alle Angaben, die für die Aufstellung der Maschine von Bedeutung sind. Er ist dem Kunden vor Aufstellung zur Verfügung zu stellen.

109 Was beschreibt der Blockschaltplan?

Der Blockschaltplan beschreibt bei größeren Systemen die funktionalen Zusammenhänge der Anlage.

110 Wofür wird der Stromlaufplan benötigt?

Der Stromlaufplan wird benötigt bei der Errichtung, Inbetriebnahme, Fehlersuche, Instandhaltung und bei Änderungen an der Anlage. Er ist das wichtigste Dokument für die Anlage.

111 Welche Unterscheidung der Stromkreise kennt der Stromlaufplan?

Beim Stromlaufplan wird unterschieden in

– Hauptstromkreis
– Steuerstromkreis und
– Meldestromkreis

112 Welche Informationen finden Sie im Hauptstromkreis des Stromlaufplanes?

Im Hauptstromkreis des Stromlaufplanes finden Sie alle Hauptleitungen und Hauptgeräte, d. h. Motoren, Schütze, Schutzschalter, Sicherungen, Lastschalter, Trenner usw.

113 Zeichnen Sie ein Beispiel für einen Hauptstromkreis für einen Motor mit Tippbetrieb und Schmelzsicherungen.

Hauptstromkreis für einen Motor mit Tippbetrieb und Schmelzsicherungen:

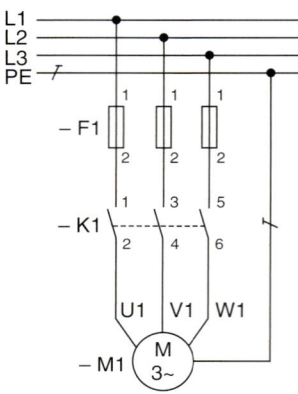

114 Wie sieht der Steuerstromkreis für einen Motor im Tippbetrieb aus?

Steuerstromkreis für einen Motor mit Tippbetrieb:

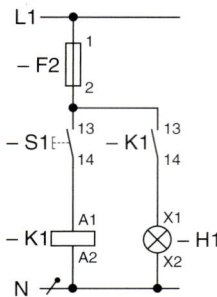

115 Warum müssen Steuerstromkreise gegen Kurzschlussströme geschützt werden?

Steuerstromkreise müssen gegen Kurzschlussströme geschützt werden, weil Kurzschlussströme zur Zerstörung der Betriebsmittel führen können.

116 **Welche Gefahr besteht in Steuerstromkreisen bei Körper- und bei Leiterschlüssen?**

Bei **Körperschlüssen** besteht die Gefahr der erhöhten Berührungsspannung und damit eine Gefährdung des Bedienpersonals.
Bei **Leiterschlüssen** kann es wie bei Doppelerdschlüssen zum Einschalten von Schützen kommen.

117 **Was ist ein Doppelerdschluss?**

Ein Doppelerdschluss sind 2 räumlich getrennte Erdschlüsse in einer Anlage.

118 **Wie können Erdschlüsse bzw. Doppelerdschlüsse sicher erkannt werden?**

Zur sicheren Erkennung von Erdschlüssen werden Isolationsüberwachungsgeräte eingebaut.

119 **Wann kann auf einen Steuertransformator zur galvanischen Trennung von Haupt- und Steuerstromkreis verzichtet werden?**

Auf einen Steuertransformator zur galvanischen Trennung von Haupt- und Steuerstromkreis kann verzichtet werden

– bei kleineren Anlagen mit einem Motorstarter mit max. 2 äußeren Steuergeräten oder
– bei Haushaltsgeräten, die nicht nach IEC 60204-1 gebaut wurden
– bei Maschinen für die Gebäudeausrüstung

120 **Welche Vorteile bietet ein Steuertransformator?**

Ein Steuertransformator bietet folgende Vorteile:

– Begrenzung der Kurzschlussströme auf Werte, die für die Betriebsmittel unproblematisch sind
– Dämpfung der Spannungsspitzen des Versorgungsnetzes
– Auslegung der Steuerung ohne Rücksicht auf die Spannung vor Ort auf immer die gleichen Werte durch den Betreiber
– Erhöhter Schutz gegen elektrischen Schlag

121 Wie kann die Leistung des Steuertransformator näherungsweise bestimmt werden?

Näherungsweise wird die Leistung eines Steuertransformators nach folgender Formel bestimmt:

$$S = 0,8 \cdot (S_H + S_{Am} + P_R)$$

S_H = Halteleistung aller Schütze
S_{Am} = Anzugsleistung des größten Schützes
P_R = Leistung der restlichen Verbraucher im Stromkreis.

122 Was ist der Unterschied zwischen Last und Trennschaltern?

Lastschalter können unter Last geschaltet werden. **Trennschalter** oder auch Trenner dürfen nicht unter Last geschaltet werden.

123 Wie groß darf der Spannungsfall auf Steuerleitungen maximal sein?

Der Spannungsfall auf Steuerleitungen darf 5 % nicht überschreiten.

124 Was sind die wichtigsten Anforderungen, die an die Betriebsmittel gestellt werden?

Die wichtigsten Anforderungen an die Betriebsmittel sind:

– 0,9 … 1,1 × Nennspannung
– Frequenzabweichungen bis 2 % müssen erlaubt sein.
– Netzspannungseinbrüche von 15 % müssen für 10 ms toleriert werden.
– Spannungsspitzen bis 200 % der Nennspannung sind für 1,5 ms zulässig.
– Eine dauerhafte Abweichung von der Nennspannung von 5 % muss toleriert werden.
– Umgebungstemperaturen von –5 °C bis +40 °C müssen zulässig sein.

125 Wie groß darf der Spannungsfall auf Steuerleitungen höchstens sein?

Wenn die Dauerbetriebsspannung des Netzes stabil ist, ist ein Spannungsfall von 5 % tolerierbar.

126 **Betriebsmittel sind im Stromlaufplan mit Kennbuchstaben bezeichnet. Erklären sie folgende Kennbuchstaben jeweils mit einem Beispiel. A; C; F; H; K; L; M; Q; R; S; T und X?**

A: Baugruppen – Verstärker
C: Kondensatoren – Anlaufkondensator
F: Schutzeinrichtungen – Sicherungen
H: Meldeeinrichtungen – Leuchtmelder
K: Relais, Schütz – Hauptschütze
L: Induktivitäten – Drosselspule
M: Motoren – Drehstrommotor
Q: Starkstromschaltgeräte – Netz-Trenneinrichtung
R: Widerstände – Bremswiderstand
S: Hilfsschalter – Drucktaster
T: Transformatoren – Steuertrafo
X: Klemmen, Steckvorrichtungen – Klemmleisten

127 **Wie werden elektrische Betriebsmittel gekennzeichnet?**

Elektrische Betriebsmittel werden mit der Anlagen-Orts-Kennzeichnung gekennzeichnet.

128 **Was bedeutet die Anlagen-Orts-Kennzeichnung?**

Mit der Anlagen-Orts-Kennzeichnung wird die Anlage, der Einbauort, die Funktion und der Anschluss angegeben.

129 **Wie ist die Anlagen-Orts-Kennzeichnung aufgebaut? Zählen sie die Blöcke mit Vorzeichen auf.**

Bei der Anlagen-Orts-Kennzeichnung sind die einzelnen Blöcke durch spezielle Vorzeichen getrennt.

1. Anlage: Vorzeichen =
2. Ort: Vorzeichen +
3. Art, Zählnummer, Funktion: Vorzeichen –
4. Anschluss: Vorzeichen :

130 **Was beinhaltet die Geräte- bzw. Stückliste?**

Die Geräte- bzw. Stückliste beinhaltet alle in der elektrischen Ausrüstung vorhandenen Betriebsmittel mit ihren Identifikationsnummern und Einbauorten.

131 **Wozu dient die Stückliste?**

Mit der Stückliste werden die Teile für den Aufbau der Anlage bestellt. Nach der Inbetriebnahme ist die Stückliste ein wichtiges Hilfsmittel zur Ersatzteilbeschaffung.

132 **Was muss die Wartungsanleitung umfassen?**

Die Wartungsanleitung muss den Zeitplan, die Instandsetzungsbeschreibung, die regelmäßig durchzuführenden Prüfungen sowie die Durchführung der Einstell- und Rüstarbeiten unter Beachtung der Sicherheitsbedingungen beinhalten.

133 **Wer legt die Farben für die Bedienelemente (Drucktaster usw.) fest?**

Letztendlich legt der Betreiber die Farben fest, damit er bei allen Maschinen und Anlagen eine durchgängige Bedienung hat. Es sollten aber die Vorschläge der Normen mit einfließen.

134 **Welches sind die üblichen Aderfarben bei der Innenverdrahtung (im Schaltschrank)?**

Übliche Farben bei der Innenverdrahtung sind:
– rot = Steuerstrom (Wechselstrom)
– blau = Gleichstromkreise
– schwarz = Hauptstromkreise

135 **Wann ist eine Prüfung elektrischer Betriebsmittel durchzuführen?**

Eine Prüfung elektrischer Betriebsmittel ist durchzuführen
– vor der ersten Inbetriebnahme
– vor der Wiederinbetriebnahme nach Instandsetzung oder Änderung
– in bestimmten Zeitabständen

136 **Welche Schritte umfasst die Prüfung elektrischer Betriebsmittel?**

Die Prüfung elektrischer Betriebsmittel umfasst die Schritte Besichtigen, Messen und Erproben.

137 **Was ist beim Einsetzen oder Herausnehmen von NH-Sicherungseinsätzen zu beachten?**

Beim Einsetzen oder Herausnehmen von NH-Sicherungseinsätzen nur NH-Sicherungsaufsteckgriffe mit Stulpe verwenden. Immer Gesichtsschutz tragen und auf einer Isoliermatte stehen.

8.6 Schutzeinrichtungen

138 **Wozu dienen Schutzeinrichtungen an Maschinen?**

Schutzeinrichtungen an Maschinen dienen dem Schutz der Bediener und der Werterhaltung der Maschine selbst.

139 **Was versteht man unter Personenschutz?**

Maschinen müssen so gebaut sein, dass keine Gefahr für Personen von ihnen ausgeht.

140 **Was versteht man unter Maschinenschutz?**

Maschinenschutz ist z. B. eine mechanische Absicherung der Maschine vor Überlastung.

141 **Wodurch können mechanische Überlastungen vermieden werden?**

Mechanische Überlastungen können durch den Einsatz von Sicherheitskupplungen vermieden werden.

142 **Wie kann die Sicherheitsabschaltung bei einer Sicherheitskupplung erfolgen?**

Die Abschaltung einer Sicherheitskupplung kann mechanisch (durch Abscheren eines Stiftes) oder auch elektrisch (durch Betätigung eines Kontaktes) erfolgen.

143 **Welche Schutzeinrichtungen kennen Sie?**

Es gibt z. B. Einrichtungen zum Personenschutz, Maschinenschutz, Kollisionsschutz oder Umweltschutz.

144 **Welche Aufgabe haben Not-Aus-Befehlseinrichtungen?**

Not-Aus-Befehlseinrichtungen haben die Aufgabe, gefahrbringende Zustände der Maschine oder Anlage schnellstmöglich zu beseitigen. Dabei dürfen keine zusätzlichen Gefahren entstehen.

145 In welcher Vorschrift sind die Anforderungen an eine elektrische Not-Aus-Einrichtung festgelegt?

Die Anforderungen an eine elektrische Not-Aus-Einrichtung sind in der DIN EN 60204-1 (VDE 0113-1) festgelegt.

146 Wie ist ein Not-Aus-Schalter farblich gekennzeichnet?

Beim Not-Aus-Schalter müssen die Stellteile rot und die Flächen hinter den Stellteilen gelb sein.

147 Muss bei Betätigen des Not-Aus-Tasters alles gestoppt werden?

Bei Betätigen des Not-Aus-Schalters müssen sämtliche Bewegungsabläufe, die Gefahr bedeuten, stillgesetzt werden. Es müssen aber manche Zustände und Bewegungen, je nach Anlage, aufrechterhalten bleiben, um Gefahren zu vermeiden, z. B. Kühlung, Spannvorrichtungen, Bremsen die Aufwärtsbewegung einer Presse usw.

148 Welche Bestimmungen gelten bei Verwendung von Baustellenverteilern?

Bei Verwendung von Baustellenverteilern gilt:

– im TT-S-System ist eine FI-Schutzeinrichtung erforderlich mit $I_{\Delta n} \le 0,5$ A;
– bei Einphasen-Steckdosen bis 16 A $I_{\Delta n} \le 0,032$ A
– SELV (**S**afety **E**xtra **L**ow **V**oltage = Sicherheitskleinspannung)
– Schutztrennung
– Schutzisolierung
– bewegliche Leitungen: H07RN-F oder gleichwertige einsetzen
– Drehstromsteckvorrichtungen CEE
– Handleuchten müssen strahlwassergeschützt und für rauen Betrieb geeignet sein (Symbol: ein Hammer).

149 **Wie sind feuergefährdete Betriebsstätten definiert?**

Als feuergefährdete Betriebsstätten gelten Räume, Stellen und Orte, an denen sich leicht entzündliche Stoffe in gefährlichen Mengen ansammeln und gleichzeitig an Betriebsmitteln hohe Temperaturen oder Lichtbogen entstehen können.

150 **Wie ist mit Problemstoffen zu verfahren?**

Problemstoffe dürfen keinesfalls in den Restmüll. Sie sind an Sammelstellen abzugeben und werden dann fachgerecht entsorgt.

151 **Nennen Sie mindesten 5 Beispiele für Problemstoffe.**

Problemstoffe sind z. B.

– Farben, Lacke und Beizmittel
– Lösemittel
– Spraydosen mit FCKW
– Leuchtstofflampen
– PCB-haltige Kleinkondensatoren
– Ölige Abfälle und Putzlappen

9 Informationsfluss in mechatronischen Systemen

9.1 Signalverarbeitung bei der Messsignalübertragung

1 **Wozu dient die Signalverarbeitung bei der Messsignalübertragung?**

Die Signalverarbeitung bei der Messsignalübertragung ist notwendig, damit die zu erfassenden mechanischen Größen eines mechatronischen Systems in geeignete elektrische Größen umgeformt werden können.

2 **Welche Größen werden mit einem DMS (Dehnungsmessstreifen) erfasst?**

Mit einem DMS können Kräfte und Drücke erfasst werden.

3 **Wozu dienen Messumformer?**

Messumformer wandeln die Signale der Sensorik in für die SPS verständliche Einheitssignale um.

4 **Was sind Einheitssignale?**

Einheitssignale sind Signale, deren Minimal- und Maximalwert durch Normung festgelegt sind.

5 **Zählen Sie die gängigen Einheitssignale auf.**

Die gängigen Einheitssignale sind:
- 0 … 10 V
- 0 … 20 mA
- 4 … 20 mA
- −10 … +10 V

6 **Welche Messwerte kennen Sie? Nennen Sie Beispiele.**

Es gibt
- **analoge Messwerte** z. B. Druck, Temperatur oder Spannung
- und **digitale Messwerte** z. B. Endschaltersignale, Taster

7 **Wie ist der Begriff analoges Signal definiert?**

Ein analoges Signal stellt eine physikalische Größe in Abhängigkeit von der Zeit dar. Die Größe kann innerhalb ihrer Grenzen jeden beliebigen Wert annehmen.

8 **Wie ist der Begriff digitales Signal definiert?**

Ein digitales Signal ist der Augenblickswert einer physikalischen Größe.

9 **Welche Signale kann eine SPS auswerten?**

Eine SPS kann nur die digitalen Signale 0 und 1 auswerten.

10 **Wie können analoge Signale von der SPS verarbeitet werden?**

In der SPS befindet sich ein A/D Wandler (Analog-Digital-Wandler).

11 **Welche Aufgabe hat ein A/D-Wandler?**

Ein Analog-Digital-Wandler (Umsetzer) setzt analoge Eingangssignale in digitale Ausgangssignale um.

12 **Was bedeutet LSB?**

LSB bedeutet Least Significend Bit, d. h. das niederwertigste Bit

13 **Wie hängen Auflösung und Genauigkeit von Umsetzern zusammen?**

Je höher die Auflösung eines Umsetzers ist, desto höher ist seine Genauigkeit.

14 **Wie erfolgt die Ausfall- und Kabelbruchüberwachung bei analogen Messsignalen?**

Die Ausfall- und Kabelbruchüberwachung erfolgt bei analogen Messsignalen mit Hilfe des lebenden Nullpunktes (Life Zero).

D. h. wenn bei einem Signal von 4 … 20 mA nur noch 0 mA ansteht, ist der Sensor defekt oder die Leitung unterbrochen.

9.2 Schnittstellen

15 **Wie wird die serielle Schnittstellen beim PC auch bezeichnet?**

Die serielle Schnittstelle beim PC wird als COM-Schnittstelle bezeichnet.

16 **Nach welchem Standard arbeitet die COM-Schnittstelle eines PC?**

Die COM-Schnittstelle arbeitet nach dem RS232C Standard.

17 **Über welche Standardschnittstelle wird bei einem PC die Maus angeschlossen?**

Die Maus kann, je nach Ausführung, über die COM-, USB-, oder PS2-Schnittstelle an den PC angeschlossen werden.

18 **Über welche Standardschnittstelle wird bei einem PC der Drucker angeschlossen?**

Der Drucker wird, je nach Ausführung, über die LPT- oder die USB-Schnittstelle angeschlossen.

19 **Wozu dienen die Schnittstellen?**

Schnittstellen dienen dazu, Daten verarbeitende Systeme und Peripheriegeräte zu verbinden.

20 **Was sind Prozessschnittstellen und was sind Systemschnittstellen?**

Prozessschnittstellen verbinden Prozessgeräte (wie z. B. Sensoren) mit Automatisierungsgeräten.

Als **Systemschnittstellen** werden Schnittstellen innerhalb eines Datenverarbeitungssystems bezeichnet, wie z. B. die Schnittstelle für den Anschluss des Druckers.

21 **Über wie viele Datenleitungen werden bei der parallelen Schnittstelle die Daten übertragen und wie viele Daten können damit gleichzeitig übertragen werden?**

Bei der parallelen Schnittstelle werden die Daten über 8 Leitungen übertragen. Deshalb ist eine Übertragung von 8 bit gleichzeitig möglich.

22 **Die parallele Schnittstelle am Drucker wird oft nach einem Hersteller bezeichnet. Wie lautet diese Bezeichnung?**

Die Bezeichnung der parallelen Druckerschnittstelle lautet Centronics-Schnittstelle.

23 **Wie werden die Daten bei der parallelen und bei der seriellen Schnittstelle übertragen?**

Bei der **seriellen Schnittstelle** werden die Daten zeitlich nacheinander über eine Datenleitung übertragen, bei der **parallelen Schnittstelle** über 8 Leitungen gleichzeitig.

24 **Wie wird die RS232 Schnittstelle häufig auch noch bezeichnet?**

Die serielle Schnittstelle RS232 wird oft auch als V-24-Schnittstelle bezeichnet.

25 **Wie verhalten sich Übertragungsgeschwindigkeit und Leitungslänge zueinander?**

Je länger die Leitungen sind, desto niedriger ist die Datenübertragungsgeschwindigkeit.

26 **Die Übertragungsgeschwindigkeit wird oft in Baud angegeben. Was bedeutet die Einheit Baud?**

Baud ist die Einheit für die Schrittgeschwindigkeit v_s.

27 **Kann Baud mit Bit/s gleichgesetzt werden? D. h. entsprechen 9600 bit/s auch 9600 baud?**

Da Baud die Schrittgeschwindigkeit ist, ein Schritt aber mehrere Bits enthalten kann, ist eine Gleichsetzung nicht grundsätzlich möglich. Gleichgesetzt werden kann nur, wenn klar ist, dass jeder Schritt einem Bit entspricht.

28 **Wie ist der 9-polige SUB-D-Stecker der seriellen Schnittstelle belegt?**

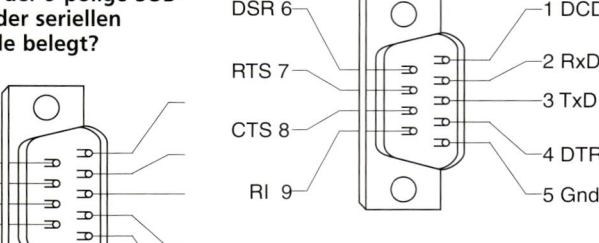

DSR 6 — 1 DCD
RTS 7 — 2 RxD
CTS 8 — 3 TxD
— 4 DTR
RI 9 — 5 Gnd

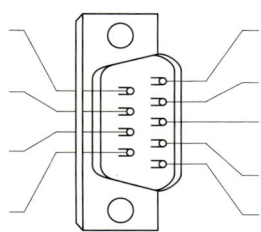

29 **Was bedeuten bei den Schnittstelle die Abkürzungen der Datenleitungen RxD; TxD; RTS; CTS; Gnd; DTR; DSR?**

Die Abkürzungen der Datenleistungen bei den Schnittstellen bedeuten:

RxD   **Read Data (Daten empfangen)**
TxD   **Transmit Data (Daten senden)**
RTS   **Request to send**
CTS   **Clear to send**
Gnd   **Ground Betriebserde**
DTR   **Data Terminal ready**
DSR   **Data set Ready**

30 **Wie müssen die Geräte miteinander verbunden werden, wenn zwei Systeme direkt über die Leitungen TxD und RxD kommunizieren sollen?**

Zur direkten Kommunikation zweier Geräte über die RxD- und die TxD-Leitungen müssen diese Leitungen gekreuzt werden. D. h. RxD im Gerät 1 wird mit TxD in Gerät 2 und TxD in Gerät 1 wird mit RxD in Gerät 2 verbunden.

31 **Nennen Sie jeweils die Vorteile der seriellen und der parallelen Schnittstelle.**

Vorteil der seriellen Schnittstelle:

Genormt; Leitungslänge größer als bei der parallelen Übertragung.

Vorteil der parallelen Schnittstelle:

Größere Geschwindigkeit als bei der seriellen Übertragung.

9.3 Aktor-Sensor-Interface

32 **Was bedeutet die Abkürzung AS-I?**

AS-I steht für Aktuator(Aktor)-Sensor-Interface. Dabei werden Sensoren und Aktoren über eine spezielle 2-Draht-Leitung vernetzt.

33 **Wo wird das AS-Interface eingesetzt?**

Das AS-Interface wird eingesetzt bei

– verteilt angeordneten und maschinennahen Signalgebern
– geringer E/A Anzahl an unterschiedlichen Installationsorten
– einzelnen Komponenten mit geringer E/A Information
– intelligenten Feldgeräten
– angepasst hoher Schutzart vor Ort

34 **Was für ein Bussystem ist der AS-I-Bus?**

Der AS-I-Bus ist ein Bitbus.

35 **Welche Bustopologien sind beim AS-I-Bus möglich?**

Beim AS-I-Bus sind Baum-, Linien-, Strang- und Stern-Topologien möglich.

36 **Wie sieht das Übertragungsmedium bei AS-I aus?**

Für das AS-I gibt es ein spezielles Kabel mit einer eigenen Geometrie.

37 **Was wird über das AS-I-Kabel alles übertragen?**

Beim AS-I werden über das Kabel sowohl Daten als auch die Spannungsversorgung übertragen.

38 **Wie gelangen die Daten auf das AS-I-Kabel?**

Über ein spezielles Netzgerät werden die Daten auf die Spannungsversorgung der AS-I-Leitung aufmoduliert.

39 **Zeichnen Sie die Geometrie und Polarität des AS-I-Kabels.**

40 **Was wird mit der speziellen Geometrie des AS-I-Kabels bewirkt?**

Durch die Geometrie des AS-I-Kabels wird eine Verpolungssicherheit bewirkt, d. h. die Versorgungsspannung kann nicht falsch gepolt am Sensor angelegt werden.

41 **Nach welchem Prinzip funktioniert der AS-I-Bus?**

Der AS-I-Bus funktioniert nach dem Master-Slave-Prinzip.

42 **Wie ist der Datenverkehr beim Master-Slave-Prinzip aufgebaut?**

Beim Master-Slave-Prinzip können die einzelnen Teilnehmer nicht direkt miteinander kommunizieren. Der gesamte Datenverkehr läuft über den Master.

43 **Wie werden AS-I-Komponenten am AS-I-Kabel angeschlossen?**

Die Komponenten werden mittels Durchdringtechnik angeschlossen.

44 **Skizzieren Sie das Prinzip der Durchdringungstechnik.**

verpolsichere
Flachleitung

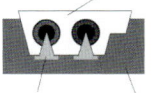

Durchdringungs-   AS-Interface-
dorne   Elektromechanik

45 **Wie viel Nutzdaten können maximal über einen AS-I-Strang übertragen werden?**

Maximal könne als Nutzdaten pro AS-I-Strang 124 bit Informationen übertragen werden.

46 **Wie viel Teilnehmer können pro AS-I-Master angeschlossen werden?**

An einem AS-I-Master können max. 31 Slaves (Teilnehmer) angeschlossen werden.

47 **Was bedeutet A²S-I?**

An den A²S-I-Chip können statt der 31 Teilnehmer 62 angeschlossen werden. Dies ist definiert in der AS-I-Spezifikation 2.11.

48 **Wie lang darf der AS-I-Bus mit und ohne Repeater sein?**

Die maximale Länge des AS-I-Bus ohne Repeater beträgt 100 m, mit Repeater (max. 2 St.): 300 m.

49 Wie viele Daten können pro Teilnehmer übertragen werden?

Pro Teilnehmer können 4 bit Eingänge und 4 bit Ausgänge übertragen werden.

50 Mit welcher Geschwindigkeit werden Daten beim AS-I übertragen?

Die Übertragungsgeschwindigkeit beim AS-I beträgt 167 kbit/s.

51 Welcher Strom kann über das Standard-AS-I-Kabel (gelb) übertragen werden?

Über das AS-I-Kabel können 24 V DC mit max. 2 A übertragen werden.

52 Wann wird das rote AS-I-Kabel verwendet?

Mit dem roten AS-I-Kabel wird 230 V AC-Hilfsenergie übertragen.

53 Was ist nötig, wenn die Hilfsenergie mit 2 A nicht ausreicht oder AC-Versorgung gefordert ist?

Bei AC-Hilfsenergie oder bei einem Strom >2 A ist z. B. das schwarze AS-I-Kabel als zusätzliches Energiekabel zu verwenden.

54 Wie wird in einem AS-I-System die Teilnehmer-Adresse vergeben?

Die Teilnehmer-Adresse in einem AS-I-System wird vom Master (SPS-Anschaltung) oder mit einem separaten Adressiergerät vergeben.

55 Wie heißt die Fähigkeit des AS-I-Kabels, bei Entfernen eines Gerätes die ursprüngliche Schutzart wieder herzustellen?

Diese Fähigkeit des AS-I-Kabels, die ursprüngliche Schutzart wieder herzustellen, wird Selbstheilung genannt.

56 Nennen Sie mindestens 3 Vorteile der AS-I-Verkabelung.

Eine Verkabelung mit AS-I ist
- einfach zu installieren
- leicht zu erweitern
- universell einsetzbar
- schnell zu installieren
- flexibel

57 **In welcher Ebene der Automatisierung ist der AS-I-Bus zu finden?**

Der AS-I-Bus ist in der untersten Ebene (der Feldebene) zu finden.

58 **Wo wird der AS-I-Bus vorwiegend eingesetzt?**

Einsatzgebiete des AS-I sind:
– in der Fertigungsautomatisierung
– in der Elektroindustrie
– im Maschinenbau

59 **Welche Schutzart hat das AS-I-Kabel auch nach Entfernen einer Komponente?**

Durch die Selbstheilung hat das Kabel die Schutzart IP 67.

60 **Wie wird die Verbindung von den Sensoren und Aktoren zum AS-I hergestellt?**

Die Verbindung vom AS-I zur Sensorik und zu den Aktoren wird mit AS-I-Kopplern hergestellt.

61 **In welcher Form gibt es AS-I-Koppler?**

AS-I-Koppler können entweder direkt am Aktor oder Sensor eingebaut sein oder als getrennte Geräte vorliegen.

62 **Was ist der Vorteil, wenn Sie AS-I-Koppler als eigenes Bauteil einsetzen?**

Ist der AS-I-Koppler ein eigenes Bauteil, kann jeder handelsübliche Sensor oder Aktor angeschlossen werden.

63 **Wie wird bei Austausch eines defekten Sensor am AS-I an einer SPS die Adresse für das neue Bauteil eingestellt?**

Nach dem Austausch eines defekten Sensors wird die Adresse für ein neues Bauteil automatisch eingestellt und muss nicht extra durchgeführt werden.

9.4 Profibus

64 **Was bedeutet die Abkürzung Profibus?**

PROFIBUS ist ein Akronym (aus den Anfangsbuchstaben mehrerer Wörter gebildetes Wort) aus **PRO**cess **FI**eld **BUS** und ist die genormte Definition der Kommunikation zwischen Geräten verschiedener Hersteller.

65 Welche Profibus-Systeme sind Ihnen bekannt?

Profibus – FMS
Profibus – DP
Profibus – PA

66 Was bedeuten die Profibus-Abkürzungen FMS, DP und PA?

Die Profibus-Abkürzungen bedeuten:

FMS fieldbus message specification
DP   dezentralized peripherie
PA   process automation

67 Wie ist der Profibus definiert?

Der Profibus ist ein herstellerunabhängiger, offener Feldbusstandard mit breitem Anwendungsbereich in der Fertigungs- und Prozessautomation.

68 In welcher Vorschrift sind die Profibusstandards FMS, DP und PA spezifiziert?

Der gesamte Profibus ist in der DIN 19245-1–4 spezifiziert.

69 Wie heißt die Organisation, in der Profibus-Nutzer zusammengeschlossen sind?

Die Organisation heißt PNO (**P**rofibus**n**utzer**o**rganisation).

70 Wie nennt man das Schichtenmodell, nach dem der Profibus aufgebaut ist?

Das Modell wird ISO/OSI-Modell genannt.

71 Weshalb ist der Profibus FMS langsamer als der DP?

Der Profibus FMS verwendet sie Schichten 1,2 und 7, der Profibus DP nur die Schichten 1 und 2. Durch die schlanken Architekturen ist der DP schneller.

72 Welche maximale Übertragungsgeschwindigkeit kann mit dem Profibus FMS erreicht werden?

Mit dem Profibus FMS können maximal 500 kbit/s erreicht werden.

73 Welche Übertragungsgeschwindigkeiten sind beim Profibus DP möglich?

Bei Profibus DP sind 9,6; 19,2; 92,75; 187,5; 500; 1500 und 12000 kbit/s möglich.

74 **Wie lange darf beim Profibus DP bei einer Übertragungsgeschwindigkeit von 12 Mbits/s die Leitung maximal sein?**

Bei 12 Mbit/s Übertragungsgeschwindigkeit darf die maximale Leitungslänge 100 m betragen.

75 **Welche Topologien sind beim Profibus FMS und DP möglich?**

Topologien beim Profibus:

FMS Linie, Baum, Stern
DP   Linie mit Repeatern, auch Baum und Stern.

76 **Was ist jeweils am ersten und letzten Teilnehmer eines Profibusstranges zu beachten und warum?**

Jeweils am ersten und am letzten am Busstrang angeordneten Teilnehmer sind die Bus-Abschluss- oder Pull-Down-Widerstände einzuschalten. Dies ist notwendig, damit keine Reflexionen von außen auf den Bus gelangen.

77 **Skizzieren Sie die Beschaltung mit den Bus-Abschluss-Widerständen.**

Beschaltung der Bus-Abschluss-Widerstände

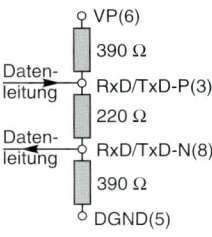

78 **Mit welcher Geschwindigkeit kann beim Profibus DP auf einer 1000 m langen Leitung übertragen werden?**

Bei einer Leitungslänge von 1000 m ist eine Übertragungsgeschwindigkeit von 187,5 kbit/s möglich.

79 **Benennen Sie die Automatisierungsebenen und tragen Sie ein, in welchem Bereich der Automatisierungspyramide der Profibus FMS und wo der Profibus DP bzw. PA eingesetzt wird.**

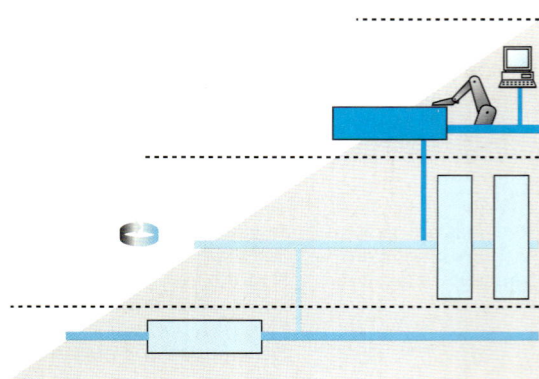

Automatisierungsebenen

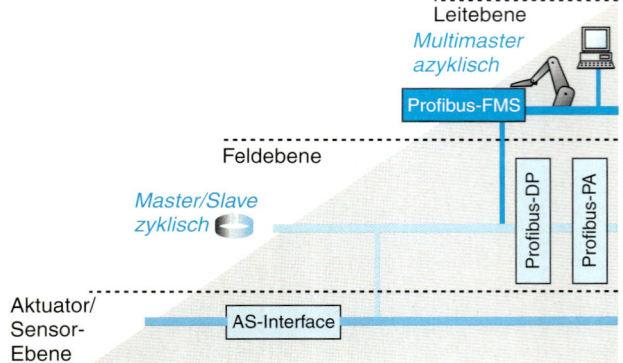

80 **Können der Profibus DP und der Profibus FMS gemeinsam auf einer Leitung verwendet werden?**

Profibus DP und FMS können gemeinsam auf einer Leitung verwendet werden.

81 **Kann der Profibus DP mit dem Profibus PA kommunizieren?**

Über Koppler können Profibus DP und PA kommunizieren.

82 **Wie können Profibus-Teilnehmer herstellerunabhängig in Fremdsysteme eingebunden werden?**

Für die Profibus-Teilnehmer gibt es vom Hersteller eine GSD-Datei. Damit können die Teilnehmer eingebunden werden.

83 **Was bedeutet GSD-Datei?**

GSD bedeutet **G**eräte-**S**tamm-**D**aten.

84 **Was ist in der GSD-Datei festgelegt?**

In der Gerätestammdaten-Datei ist das Verhalten und die Dienste des Busteilnehmers festgelegt. Z. B. Master oder Slave, Datenmenge, Übertragungsgeschwindigkeit, max. Teilnehmer, Nummer usw.

85 **Wie erhält man die GSD-Datei?**

Der Hersteller stellt die GSD-Dateien zur Verfügung:
Direkter Bezug oder download über die Internetseite des Herstellers.

86 **Wie nennt man das Buszugriffsverfahren zwischen Mastern am Profibus FMS?**

Es wird nach dem Token-Passing-Verfahren zugegriffen.

87 **Was bedeutet Token-Passing-Verfahren?**

Token-Passing-Verfahren bedeutet, alle Masterstationen haben Buszugriffsberechtigung für eine limitierte Zeitspanne (Token-Halte-Zeit).

88 **Was ist ein Token?**

Ein Token ist ein auf dem Bus zwischen den Mastern umlaufender Zeitstempel, der dafür sorgt, dass sich jeder Master während der Buszykluszeit einmal am Bus melden kann.

89 **Wann läuft das Token auf dem Bus um?**

Das Token läuft ständig, auch wenn keine Kommunikation stattfindet, auf dem Bus um.

90 **Welchen Vorteil bringt ein ständig umlaufendes Token?**

Durch ein ständig am Bus umlaufendes Token können Teilnehmer auch ohne Kommunikation auf Ausfall überprüft werden. Das erhöht die Störsicherheit.

91 **Nach welchem Protokoll greift der Profibus FMS auf Slaves zu?**

Der Zugriff geschieht nach dem Master-Slave-Protokoll, d. h. Slaves antworten nur auf Anfrage des Masters und haben keine eigene Zugriffsberechtigung.

92 **Wie arbeitet der Profibus FMS?**

Der Profibus FMS arbeitet objektorientiert.

93 **Was bedeutet objektorientiertes Arbeiten?**

Objektorientiertes Arbeiten bedeutet, dass Prozessvariablen und Parameter als Kommunikationsobjekte mit festgelegten Eigenschaften (read/write) abgelegt werden.

94 **Wo werden die Objekte abgelegt?**

Die Objekte werden im Objektverzeichnis (OV) abgelegt.

95 **Wann und wo wird das Objektverzeichnis erstellt?**

Das Objektverzeichnis wird bei der Projektierung für jeden Teilnehmer extra erstellt.

96 **Wie wird beim Profibus FMS die Datenübertragung zwischen den Teilnehmern geregelt?**

Der Datenverkehr zwischen den Teilnehmern wir durch Kommunikationsbeziehungen geregelt.

97 **Wo sind die Kommunikationsbeziehungen der Teilnehmer beim FMS festgelegt?**

Die Kommunikationsbeziehungen werden in der Kommunikations-Beziehungs-Liste (KBL) für jeden Teilnehmer festgelegt.

98 **Welche Arten von Datenverkehr für den Profibus FMS gibt es?**

Mögliche Arten von Datenverkehr sind zyklischer oder azyklischer Verkehr sowie Broadcast und Multicast.

99 **Bei welchem Datenverkehr ist eine Bestätigung erforderlich?**

Beim Datenverkehr bestätigende Arten sind der zyklische und der azyklische Verkehr.

100 **Was passiert bei einer Broadcast-Kommunikation beim Profibus FMS?**

Bei einer Broadcast-Kommunikation sendet ein aktiver Teilnehmer eine unquittierte Nachricht an alle anderen Teilnehmer (Master und Slaves).

101 **Was passiert bei einer Multicast-Kommunikation beim Profibus FMS?**

Bei einer Multicast-Kommunikation sendet ein aktiver Teilnehmer eine unquittierte Nachricht an eine Gruppe von Teilnehmern (Master und Slaves).

102 **Mit einer Hamming Distanz 4 bietet der Profibus FMS eine große Übertragungssicherheit. Was bedeutet Hamming Distanz?**

Die Hamming Distanz (HD) ist ein Maß für die Störsicherheit einer Datencodierung. Die HD gibt an, wie viele Bitfehler auftreten müssen, damit aus einem Codewort ein anderes, scheinbar richtiges Codewort wird.

103 **Wann werden beim Profibus Lichtwellenleiter (LWL) eingesetzt?**

Beim Profibus werden Lichtwellenleiter eingesetzt für Anwendungen in stark störbehafteter Umgebung, zur Potenzialtrennung, zur Vergrößerung der Reichweite und bei hoher Übertragungsgeschwindigkeit.

104 **Gibt es beim Profibus DP Objektverzeichnis und Kommunikations-Beziehungs-Liste?**

Nein, Objektverzeichnis und Kommunikations-Beziehungs-Liste gibt es nur beim Profibus.

105 **Wie findet beim Profibus DP die Kommunikation mit den Slaves statt?**

Alle Slaves werden in einer Token-Halte-Zeit bei einem meist zyklischen Datenverkehr bedient.

106 **Welches ist das schnellere Bussystem Profibus FMS oder DP und welche Übertragungsgeschwindigkeiten haben Sie?**

Der Profibus DP ist mit 12 Mbit/s erheblich schneller als der Profibus FMS mit 500 kbit/s.

107 **Wie werden Profibus FMS und DP konfiguriert?**

Es gibt dafür spezielle Konfiguratoren, die entweder als eigenständige Software oder als Bestandteil der SPS Software vorliegen.

108 **Wie viele Teilnehmer sind beim Profibus FMS pro Strang maximal möglich?**

Beim Profibus FMS sind pro Strang maximal 127 Teilnehmer möglich.

109 **Wie viele Byte Nutzdaten kann der Profibus FMS pro Teilnehmer maximal nutzen?**

Der Profibus FMS kann pro Teilnehmer maximal 220 byte nutzen.

110 **In welcher EN sind die Profibussysteme beschrieben?**

Die Profibussysteme sind beschrieben in EN 50170.

111 **Welche maximale Leitungslänge ist beim Profibus FMS mit herkömmlichen Kupferleitungen möglich?**

Beim Profibus FMS sind mit Kupferleitungen maximal 2400 m, mit Repeatern 9600 m möglich.

112 **Wie viele Teilnehmer sind beim Profibus DP pro Strang maximal möglich?**

Beim Profibus DP sind pro Strang maximal 126 Teilnehmer möglich.

113 **Wie viele Byte Nutzdaten kann der Profibus DP pro Teilnehmer maximal nutzen?**

Der Profibus DP kann pro Teilnehmer maximal 244 byte nutzen.

114 **Welche maximale Leitungslänge ist beim Profibus DP mit herkömmlichen Kupferleitungen möglich?**

Beim Profibus DP sind mit Kupferleitungen maximal 2400 m, mit Repeatern 9600 m möglich.

115 **Welche drei Gerätetypen definiert der Profibus DP?**

Gerätetypen des Profibus DP:

1) DP-Master Klasse 1 (DPM 1)
2) DP-Master Klasse 2 (DPM 2)
3) DP-Slave

116 **Nennen Sie jeweils ein Beispiel für DPM 1, DPM 2 und DP-Slave.**

– DPM 1 ist eine SPS,
– DPM 2 ist ein Visualisierungssystem
– DP-Slaves sind alle Aktoren und Sensoren, Antriebe und Bedienterminals am Bus.

117 **Skizzieren Sie einen Profibusstecker mit Bus-Abschluss-Widerständen.**

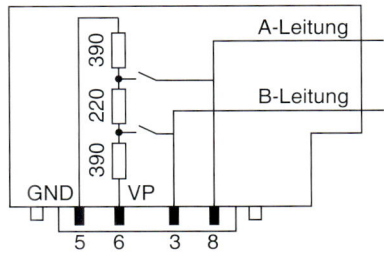

118 **Nennen Sie den wesentlichen Unterschied zwischen dem Profibus PA und dem Profibus DP oder FMS.**

Der Profibus PA ist eigensicher.

119 **Was bedeutet eigensicher?**

Im elektrischen Explosionsschutz können Geräte und Anlagen der Mess-, Steuer- und Regeltechnik, die nur geringe elektrische Energien benötigen, eigensicher ausgeführt werden. Dies bedeutet, dass ein im Normalbetrieb oder im Fehlerfall auftretender Funke in seiner Energie so begrenzt wird, dass er mit genügender Sicherheit keine Zündquelle werden kann.

120 **Wo kann der Profibus PA eingesetzt werden?**

Der Profibus PA kann in explosionsgefährdeten Bereichen in Zündschutzart Eigensicherheit (EEx ia/ib) oder Kapselung (EEx d) eingesetzt werden.

121 **Mit welcher Übertragungsphysik ist der Profibus PA eigensicher?**

Mit der Übertragungsphysik nach IEC 1158-2 ist der Profibus PA eigensicher.

122 **Auf welche Werte kann die Übertragungsrate beim Profibus PA eingestellt werden?**

Der Profibus PA hat eine feste Übertragungsrate von 31,25 kbit/s.

123 **Mit welcher Topologie kann der Profibus PA aufgebaut werden?**

Der Profibus PA kann mit einer Linien- oder Baum-Topologie aufgebaut werden.

124 **Welche maximale Entfernung kann mit dem Profibus PA ohne Repeater überbrückt werden?**

Die maximale Entfernung von 1900 m kann mit dem Profibus PA ohne Repeater überbrückt werden.

125 **Bei welchem Profibus ist die Speisung der Feldgeräte über das Buskabel möglich?**

Beim Profibus PA ist die Speisung der Feldgeräte über das Buskabel möglich.

126 **Welche Voraussetzung muss gegeben sein, damit alle drei Profibus-Arten am gleichen Netz arbeiten können?**

Es muss das Übertragungsmedium nach RS 485-Standard gewählt werden, um alle 3 Profibus-Arten am gleichen Netz betreiben zu können

127 **Ist der Profibus PA bei RS485 noch eigensicher?**

Nein, eigensicher ist der Profibus PA nur bei IEC 1158-2 bzw. EN 61 158-2.

128 **Wie viele Teilnehmer sind am Profibus PA adressierbar?**

Beim Profibus PA sind maximal 126 Teilnehmer adressierbar.

129 **Wie lang dürfen Stichlei-tungen zu den Geräten beim Profibus PA im Normal- und im Ex-Bereich sein?**

Im Normalbereich dürfen beim Profi-bus PA die Stichleitungen bis zu 120 m lang sein. Im Ex-Bereich ist die maximale Länge 30 m.

130 **Skizzieren Sie den Busab-schluss nach IEC 1158-2 beim Profibus PA.**

Busabschluss bei IEC 1158-2:

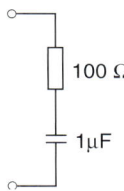

100 Ω

1µF

9.5 Ethernet

131 **Welche Vorteile bieten Netze generell?**

Durch Netze können Ressourcen geteilt werden (Datasharing, Prin-tersharing usw.).

132 **Welche Eigenschaften hat das Ethernet?**

Es ist die verbreitetste Technologie für Firmennetze, ist leicht und billig einrichtbar und ausreichend schnell.

133 **Wozu werden Ethernet-Verbindungen in der Indust-rie eingesetzt?**

Ethernet Verbindungen dienen zur Kommunikation zwischen Automati-sierungssystemen.

134 **Welche Signale können übertragen werden?**

Es können Produktionsdaten oder Steuersignale für Maschinen und Roboter übertragen werden.

135 **Was versteht man unter industrial Ethernet?**

Industrial Ethernet ist ein nach dem Standard IEEE 802.3 (Institute of Elec-trical and Electronics Engineers) für den industriellen Bereich ausgelegtes Netz.

| 136 Was bezeichnet 802.3? | 802.3 bezeichnet die Topologie, das Übertragungsmedium und die Übertragungsgeschwindigkeit des Netzes. |

136 Was bezeichnet 802.3?

802.3 bezeichnet die Topologie, das Übertragungsmedium und die Übertragungsgeschwindigkeit des Netzes.

137 Welche Übertragungsgeschwindigkeit hat das IEEE 802.3?

Das IEEE 802.3 hat eine Geschwindigkeit von 10 Mbit/s.

138 Woraus besteht das Netz?

Das Netz besteht aus Bussegmenten und Buskopplern zum Anschluss der Endgeräte.

139 Was ist ein Repeater?

Ein Repeater ist ein Gerät, mit dem das System um weitere Bussegmente erweitert werden kann.

Es verstärkt und regeneriert die Signale.

140 Welche Leitungen kommen zum Einsatz?

Es können Twisted Pair, Koaxialleitungen und Lichtleiterkabel verwendet werden.

141 Was ist ein ELM?

Ein ELM ist ein Electrical Link Module und dient zum Anschluss von maximal 3 Endgeräten über Twisted Pair Leitungen.

142 Was ist ein optisches Netz?

Optische Netze werden mit Lichtwellenleitern (Glasfaserkabel) aufgebaut.

143 Wie erfolgt der Anschluss eines Endgerätes an einen Lichtwellenleiter?

Der Anschluss erfolgt über einen optischen Buskoppler.

144 Was bezeichnet das CSMA/CD Verfahren?

Das CSMA/CD Verfahren bezeichnet das Zugriffsverfahren beim Sendezugriff angeschlossener Endgeräte um Datenkollisionen zu erkennen und zu vermeiden.

Carrier Sense = Abhören der Leitung, Multiple Access = Mehrfachzugriff, Collision Detection = Kollisionserkennung

145 Wie ist der Netzzugriff geregelt?

Endgeräte dürfen nur senden, wenn die Leitung frei ist.

146 Welche Netzformen lassen sich mit dem industrial Ethernet aufbauen?

Mögliche Netzformen des industrial Ethernet sind:
– Linie,
– Ring oder
– Stern

147 Wie kann die Linientopologie noch bezeichnet werden?

Die Linientopologie wird auch als Bustopologie bezeichnet.

148 Welchen Vorteil hat die Ringtopologie gegenüber der Linientopologie?

Die Ringtopologie hat eine höhere Ausfallsicherheit.

149 Erklären Sie den Begriff Topologie.

Topologie ist die Lehre von geometrischen Gebilden und beschreibt hier den Aufbau des Netzes und die Verteilung der Rechner.

150 Warum sind die Adern des Twisted-Pair-Kabels verdrillt?

Die Adern sind verdrillt, weil sie sich so vor äußeren Störeinflüssen selbst abschirmen.

151 Welche Funktion hat die Netzwerkkarte im PC?

Die Netzwerkkarte bietet den physischen Netzzugang und wandelt die Datenströme.

152 Was bedeutet LAN?

LAN ist die Abkürzung für **L**ocal **A**rea **N**etwork und bezeichnet ein lokales Netzwerk (z. B. Firmennetzwerk).

153 Was bedeutet Halbduplex z. B. für ein Token-Ring-Netzwerk?

Halbduplex bedeutet, nur der PC mit dem Token darf senden.

154 Was ist ein Hub?

Ein Hub ist ein Vermittlungsgerät für LAN-Segmente und Endgeräte.

155 **Geben Sie die Daten-übertragungsraten an für:**

– **Ethernet**
– **Fast Ethernet**
– **Gigabit Ethernet**

Datenübertragungsraten:

Ethernet:	10 Mbit/s
Fast Ethernet:	100 Mbit/s
Gigabit Ethernet:	1 Gbit/s

156 **Mit welchem Stecker wird das Ethernet ange-schlossen?**

Mit dem Stecker RJ 45 wird das Ethernet angeschlossen.

157 **Was bedeutet das CSMA/CD Verfahren für die einzelnen Ethernet-Teilnehmer?**

Jeder Teilnehmer horcht, ob der Bus frei ist und sendet bei Bedarf.

158 **Was passiert, wenn zwei Teilnehmer gleichzeitig am Ethernet senden?**

Senden zwei Teilnehmer gleichzeitig, entsteht eine Datenkollision. Der Sendebetrieb wird eingestellt und danach dauernd wiederholt.

159 **Wie ist der Datenverkehr im Ethernet?**

Der Datenverkehr im Ethernet ist azyklisch.

160 **Welche Ausdehnung kann ein Ethernet Strang mit 100 Teilnehmern maximal haben?**

Ein Ethernet-Strang mit 100 Teilnehmern darf maximal 500 m lang sein.

161 **Wie viele Adressen können vom Ethernet adressiert werden?**

Es können max. 10^{14} Adressen adressiert werden.

162 **Nach welchem Standard ist das Fast Ethernet ausgelegt?**

Das Fast-Ethernet ist nach IEEE 802.3.u ausgelegt.

163 **Nach welchem Standard ist das Gigabit Ethernet ausgelegt?**

Das Gigabit-Ethernet ist nach IEEE 802.3.z ausgelegt.

164 **Was bedeutet TCP/IP?**

TCP bedeutet Transmission control protocoll, IP Internet Protokoll.

165 **In welcher Ebene wird Ethernet im Automatisierungsbereich bereits eingesetzt?**

In der Automatisierung wird Ethernet bereits in der Kontroll- und Steuerungsebene eingesetzt.

166 **Wo ist Ethernet bereits Standard?**

In der Büro-Vernetzung ist Ethernet bereits Standard.

10 Planung der Montage und Demontage

1 Definieren Sie den Begriff Montage.

Montage ist die Gesamtheit aller Vorgänge, die dem Zusammenbau von geometrischen Formen dienen. Dabei können zusätzlich formlose Stoffe zur Anwendung kommen.

2 Was muss bei der Planung einer fachgerechten Montage und Demontage beachtet werden?

Bei der Planung einer fachgerechten Montage und Demontage muss beachtet werden:

– Montageplan und Zeichnungen
– Werkzeuge und Hilfsmittel
– Energieversorgung
– Entsorgung
– Transportmittel Arbeitssicherheit
– Umgebungsbedingungen
– Ergonomie

3 Welcher Aspekt spielt in der Planung zu einem Projekt neben der Wirtschaftlichkeit eine immer größere Rolle?

Neben der Wirtschaftlichkeit eines Projektes wird immer mehr die Umweltverträglichkeit mit in die Planung einbezogen.

4 Was ist bei der Einrichtung eines Montageplatzes zu beachten?

Bei der Einrichtung eines Montageplatzes müssen Wartungs- und Reparaturflächen sowie genügend große Ablageflächen für Werkzeuge und Maschinenteile vorhanden sein, die den Bewegungsraum nicht einschränken.

5 Was sind Gefahrenbereiche?

Gefahrenbereiche sind Wartungs- und Reparaturflächen sowie Abstellflächen, sie müssen gesichert und gekennzeichnet sein, besonders während der Transportarbeiten.

6 Gemäß den Unfallverhütungsvorschriften gibt es 2 Kennzeichnungsarten, welche sind das, und was wird gekennzeichnet?

Gemäß den Unfallverhütungsvorschriften gibt es

1. die Kennzeichnung mit rot-weißem Band für vorübergehende Gefahrenbereiche und   ▷

▷ **Fortsetzung der Antwort** ▷
2) die Kennzeichnung mit gelb-
schwarzen Streifen bei dauerhaf-
ten Gefahrenbereichen.

7 **Der Hersteller gibt immer Sicherheitshinweise an, die wie folgt gekennzeichnet sind. Was bedeuten sie?**

Die Sicherheitzeichen bedeuten

a)

a) Achtung, die Nichtbeachtung der Sicherheitshinweise kann Gefährdung von Personen und/oder für die Anlage sowie deren Funktion hervorrufen.

b)

b) Warnung vor elektrischer Spannung

c) Vor Öffnen Netzstecker ziehen

c)

8 **Definieren Sie den Begriff Demontage.**

Demontage ist die Gesamtheit aller Vorgänge, die der Vereinzelung von Mehrkörpersystemen zu Baugruppen, Bauteilen und/oder formlosen Stoffen dienen.

9 **Woraus bestehen Demontageprozesse?**

Demontageprozesse bestehen in der Regel aus einer Kombination zerstö-
rungsfreier und zerstörender Trenn-
verfahren, bei denen nur ausge-
wählte, wirtschaftlich nutzbare oder toxische Werkstoffe, Bauteile und Baugruppen eines Produktes demon-

▷

▷ **Fortsetzung der Antwort** ▷
tiert werden. Die verbleibenden
Materialien werden verfahrenstech-
nischen Prozessen, z. B. dem Recycling, zugeführt.

10 Welche Unterlagen sind bei der Demontage von Maschinen und Anlagen immer einzusehen und die Vorgaben einzuhalten?

Bei der Demontage von Maschinen
und Anlagen müssen die Montage-
bzw. Demontageanleitungen des
Herstellers mit der vorgegebenen Reihenfolge der Maßnahmen eingehalten werden.

11 Welche Maßnahme steht bei einer Demontage immer an erster Stelle?

An erster Stelle steht bei der Demontage immer die Außerbetriebnahme
der Anlage und aller Aggregate
sowie die Sicherung gegen Wiedereinschalten.

12 Welche Arbeitsschritte müssen vor der Demontage von Hydraulikanlagen zusätz-lich eingehalten werden?

Vor der Demontage von Hydraulikanlagen muss das Hydrauliköl abgekühlt werden, und alle austretenden
Flüssigkeiten müssen in dafür geeigneten Gefäßen aufgefangen werden.

13 Nennen Sie die Arbeits-schritte, die nötig sind, bevor eine Anlage demontiert wer-den kann.

Vor der Demontage einer Anlage sind
folgende Arbeitsschritte nötig:
– Schnellkupplungen der Hydraulik-
   anschlüsse trennen
– Elektroanschlussleitungen aller
   Überwachungseinrichtungen trennen
– Druckluftanschlüsse trennen
– Schutzeinrichtungen und Verklei-
   dungen aller Antriebseinrichtun-
   gen demontieren

14 In Hydraulikanlagen wer-den in den meisten Fällen Schnellkupplungen verwen-det. Was ist ihr großer Vorteil bei der Demontage?

Der Vorteil von Schnellkupplungen
bei der Demontage von Hydraulikanlagen ist, dass sie unter Druck und
ohne Leckverluste getrennt werden
können.

15 **Was muss beim Demontieren der elektrischen Zuleitungen beachtet werden?**

Vor der Demontage müssen elektrische Zuleitungen spannungsfrei geschaltet, gesichert und geprüft werden. Ein Wiedereinschalten muss durch Sicherungsmaßnahmen verhindert werden.

16 **Bei großen Anlagen werden die Bauteile mit Hilfe von Kränen aus ihrer Verankerung gehoben und transportiert. Welche Lastaufnahmemittel stehen dafür zur Verfügung?**

Für die Lastaufnahme und den Transport von großen Teilen stehen Traversen, Bänder, Ketten und Drahtseile als Lastaufnahmemittel zur Verfügung.

17 **Was ist der Vorteil, wenn beim Transport von schweren Teilen mit glatten Oberflächen Lastbänder aus Kunststoffgewebe verwendet werden?**

Durch den Einsatz von Lastbändern aus Kunststoffgewebe wird die glatte Oberfläche vor Kratzern geschützt.

18 **Nennen Sie wichtige Punkte, die beim Einsatz der Anschlagmittel eingehalten werden müssen.**

Beim Einsatz von Anschlagmittel muss beachtet werden:
- Es dürfen keine Knoten in den Verbindungen sein.
- Die Belastbarkeit und der Zustand muss vor dem Einsatz kontrolliert werden.
- Nur gekennzeichnete und einwandfreie Anschlagmittel dürfen eingesetzt werden.

19 **Welche Schäden können an Anschlag- und Tragmitteln entstehen?**

An Anschlag- und Tragmitteln können an Haken Aufweitungen, an Drahtseilen Knickungen und Quetschungen, an Ketten Verbiegungen oder Aufweitungen einzelner Glieder und an Bändern Einrisse auftreten.

20 **Was sind Traversen und welchen Vorteil hat ihr Einsatz?**

Traversen sind Gerüste, die der Lastaufnahme dienen. Der Einsatz von Traversen verringert die erforderliche Hallenhöhe.

21 **Warum darf der Neigungswinkel beim Einsatz von Anschlagmitteln 60° nicht übersteigen?**

Wird der Neigungswinkel größer als 60°, so wird auch die Belastung in jedem Strang des Anschlagmittels größer als die gesamte Last.

22 **Skizzieren Sie einen Lastfall, bei dem die zu transportierende Last 1000 kg und der Neigungswinkel 60° beträgt, zeichnen Sie den Spreizwinkel ein, und bestimmen Sie seine Größe.**

Neigungswinkel = 60°
Spreizwinkel = 120°

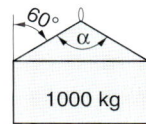

23 **Ein Lastkran transportiert ein Bauteil mit einer Gewichtskraft von 10 kN, durch die Abmessungen des Bauteils entsteht ein Spreizwinkel von 60°.**

1) **Berechnen Sie die Kräfte, die in den Seilsträngen auftreten.**
2) **Wie verändern sich die Kräfte, wenn der Spreizwinkel 150° beträgt?**

1. $F_s = 6{,}1$ kN
2. $F_s = 19{,}32$ kN

(Lösungsweg Seite 540)

24 **Beim Transport von Maschinenteilen kann ein Kantenschutz notwendig werden, warum?**

Kantenschutz ist notwendig, wenn scharfkantige Maschinenteile zu transportieren sind.

25 **Welche Arbeitsschutzbestimmungen beim Transport von Lasten müssen eingehalten werden, um Unfälle zu vermeiden?**

Den Transport von Lasten dürfen nur ausgebildete Kran- und Staplerfahrer durchführen. Diese sind auch für die Kontrolle und den exakten Einsatz von Anschlagmitteln verantwortlich.

▷

▷ **Fortsetzung der Antwort** ▷
Sicherheitszeichen sowie Zeichen zum Bewegen von Lasten müssen eindeutig und allen bekannt sein. Nicht in Gefahren- und Transportbereiche treten und sich aufhalten. Materialien nicht in diesen Bereichen lagern.

26 Was symbolisiert dieses Zeichen?

Dieses Zeichen symbolisiert: Achtung schwebende Lasten.

27 Welches Fertigungsverfahren wird als Hauptfunktion der Montage gesehen?

Als Hauptfunktion der Montage wird das Fertigungsverfahren Fügen gesehen, beim Fügen werden einzelne Elemente zu Baugruppen und Anlagen zusammengebaut.

28 Definieren Sie den Begriff Justieren.

Justieren ist die Gesamtheit aller notwendigen Tätigkeiten, die während oder nach dem Zusammenbau von Erzeugnissen planmäßig durchgeführt werden. Sie dienen dem Ausgleich fertigungstechnisch unvermeidbarer Abweichungen mit dem Ziel, geforderte Funktionen, Funktionsgenauigkeiten oder Eigenschaften von Erzeugnissen innerhalb vorgegebener Grenzen zu erreichen.

29 Definieren Sie den Begriff Kontrollieren.

Unter Kontrollieren versteht man das Messen und Prüfen der montierten Erzeugnisse.

– Prüfen ist das Feststellen, ob bestimmte Eigenschaften oder Zustände erfüllt sind.   ▷

▷ **Fortsetzung der Antwort** ▷
– Man spricht vom Messen, wenn Eigenschaften oder Zustände durch einen Wert beschrieben werden.

30 **Welche technischen Unterlagen sind für eine exakte Montage notwendig?**

Für eine exakte Montage benötigt man die Gesamtzeichnung, die Stückliste, die Einzelteilzeichnung und die Explosionszeichnung.

31 **Was sind Explosionszeichnungen, wozu dienen sie?**

Explosionszeichnungen sind Anordnungspläne. In ihnen ist die genaue Anordnung der Teile mit Hilfe von Mittel- und gestrichelten Linien dargestellt. Mit ihrer Hilfe wird der Zusammenbau von Geräten und Maschinen dargestellt.

32 **Wie nennt man die dargestellte Zeichnung, was können Sie ihr entnehmen?**

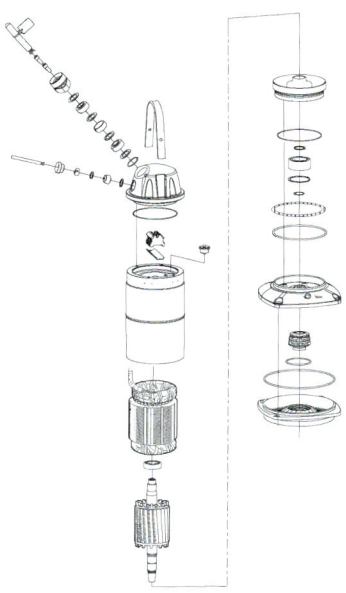

Die dargestellte Zeichnung ist die Explosionszeichnung einer Hydraulikpumpe. Ihr können die einzelnen Teile, deren benötigte Anzahl sowie die Reihenfolge des Zusammenbaues entnommen werden.

33 **Geben Sie an, wie Sie die Hydraulikpumpe nach der oben dargestellten Explosionszeichnung montieren würden.**

In der Zeichnung ist folgende Montagereihenfolge zu erkennen:

– In den Gehäusedeckel wird das Kabel mit den dafür notwendigen Anschlüssen und Dichtungen montiert sowie der Bügel für die Aufhängung befestigt.
– Die Welle wird mit dem Rotor verbunden und in den Stator eingeschoben, auf beide Wellenenden die jeweiligen Kugellager montiert und in das Gehäuse eingeschoben, dabei werden alle notwendigen Dichtungen mit montiert.
– Das Kabel wird an den Motor angeschlossen und der Deckel mit dem Gehäuse montiert.
– Am unteren Kugellager wird die Laufradaufnahme montiert und das Laufrad eingeschraubt.
– Zum Schluss wird das Laufradgehäuse mit seinen Dichtungen montiert.

34 **Benennen Sie die dargestellten Teile der Hydraulikpumpe.**

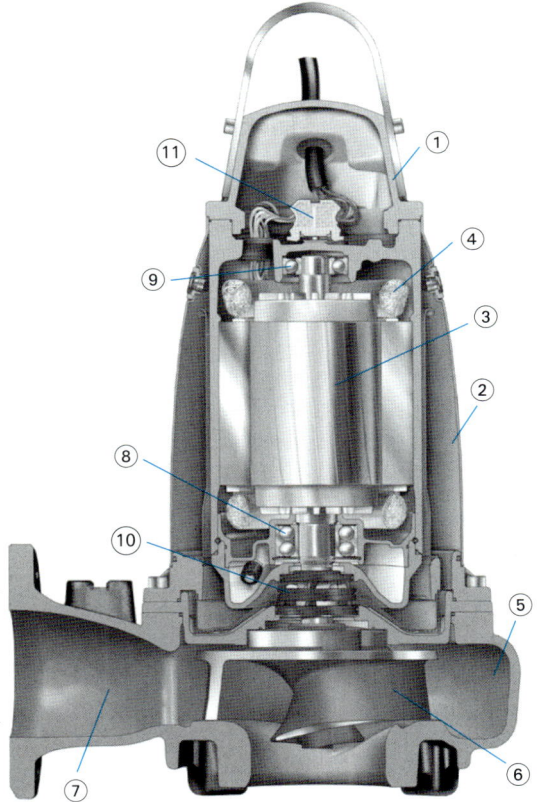

Die dargestellten Teile der Hydraulikpumpe sind:

1. Gehäusedeckel mit Aufhängung
2. Pumpengehäuse mit Kühlmantel
3. Rotor
4. Stator/Wicklung
5. Druckraum
6. Laufrad
7. Saugraum
8. unteres Kugellager
9. oberes Kugellager
10. Laufradaufnahme mit integrierter Dichtung
11. Kabelanschluss

35 Nennen Sie Gründe, wann eine Montage nötig wird.

Eine Montage wird aus folgenden Gründen nötig:

- für die Herstellung funktionsbedingter Beweglichkeiten
- bei Kombination verschiedener Materialeigenschaften
- zur Vereinfachung der Fertigung
- beim Ersetzen von Verschleißteilen
- zur Kostensenkung der Fertigung
- der Erhöhung der Variantenvielfalt
- Gewichtsersparnis

36 Welches Fertigungsverfahren ist als Hauptfunktion der Demontage zu sehen?

Die Hauptfunktion der Demontage ist das Fertigungsverfahren Trennen, das den eigentlichen Prozess des Lösens einer Verbindung zwischen 2 oder mehreren Teilen bewirkt.

37 Welche Fertigungsverfahren sind Nebenfunktionen des Trennens?

Das Fertigungsverfahren Trennen schließt als Nebenfunktionen die Verfahren Handhaben, Kontrollieren und Sonderoperationen (z. B. Säubern, Entfetten, Sortieren) mit ein.

38 Nennen Sie Aufgaben der Demontage.

Aufgaben der Demontage sind die Reparatur, Wartung und Instandhaltung. Zunehmend werden demontierte Elemente Recyclingprozessen zugeführt.

39 Welche Vorteile haben Pressen und Pyrolyse gegenüber dem Schreddern bei der Demontage?

Pressen und Pyrolyse ermöglichen die Rückgewinnung funktionsfähiger Bauteile und Baugruppen sowie die sortenreine Separierung von Schadstoffen und wertvollen Werkstoffen zur stofflichen Verwendung. Die Demontage leistet somit einen wichtigen Beitrag zur Kreislaufwirtschaft.

40 **Was ist bei der Demontage von elektrischen Zuleitungen zu beachten?**

Elektrische Zuleitungen müssen, falls erforderlich, freigeschaltet, gegen Wiedereinschalten gesichert und auf Spannungsfreiheit geprüft werden.

41 **Was ist zur Vorbeugung von Transportunfällen wichtig?**

Zur Vorbeugung von Transportunfällen ist es wichtig, auf folgende Regeln zu achten:

1. Krane und Stapler dürfen nur von ausgebildeten und eingewiesenen Fachkräften bedient werden.
2. Anschlagmittel dürfen nicht beschädigt sein.
3. Es darf niemand unter schwebende Lasten treten.
4. Zeichen zum Bewegen der Lasten müssen unmissverständlich und verabredet sein.

42 **Was wird bei der Abnahme von Maschinen im Anschluss an die Montage geprüft?**

In Anlehnung an die DIN ISO 230-1 werden

– Geradheit
– Ebenheit
– Parallelität
– Rechtwirklichkeit und
– Rundlauf

als geometrische Eigenschaften geprüft.

43 **Wo werden diese Prüfungen festgehalten?**

Diese Prüfungen werden in einem Prüfprotokoll festgehalten.

11 Inbetriebnahme, Fehlersuche, Instandhaltung, Instandsetzung

11.1 Inbetriebnahme und Prüfung der Ausrüstung von Maschinen

1 Was hängt von einer sachgemäßen Aufstellung einer Werkzeugmaschine ab?

Von einer sachgemäßen Aufstellung hängt die Leistungsfähigkeit und die Arbeitsgenauigkeit einer Werkzeugmaschine ab.

2 Nennen Sie die Schrittfolge einer sachgemäßen Aufstellung!

Schrittfolge der Aufstellung:

- Transport
- Eingangskontrolle und Reinigung
- Aufstellung
- Ausrichten
- Prüfung und Abnahme
- elektrische Anschluss

3 Was muss beim Transport einer Werkzeugmaschine beachtet werden?

Beim Transport einer Werkzeugmaschine muss beachtet werden:

- Alle beweglichen Teile müssen befestigt werden.
- Beim Transport mit einem Kran dürfen nur die vom Hersteller gekennzeichneten Aufhängepunkte verwendet werden.

4 Welche Arbeiten gehören zur Eingangskontrolle?

Zur Eingangskontrolle gehören:

- Maschine und Zubehör auf Vollständigkeit überprüfen
- festgestellte Schäden der Lieferfirma melden
- Korrosionsschutzöl von Führungsbahnen und anderen blanken Teilen entfernen
- Führungsbahnen mit Gleitöl einölen

5 Welche allgemeinen Punkte müssen beim Aufstellen einer Werkzeugmaschine beachtet werden?

Beim Aufstellen einer Werkzeugmaschine ist zu achten auf:

– tragfähigen und erschütterungsfreien Untergrund bzw. ein Fundament
– möglichst gleichmäßige Raumtemperatur am Aufstellplatz
– allseitige Zugänglichkeit der Maschine bei Wartung und Reparatur
– ein Sicherheitsabstand zwischen Wand und ausgefahrenem Maschinentisch, um Unfälle durch Einklemmen zu vermeiden

6 Wie erfolgt die Abnahme einer CNC-Drehmaschine?

Abnahme einer Drehmaschine:

– Überprüfen: Geradlinigkeit der Führungen, das Fluchten der Zentrierspitzen und Rundlauf der Arbeitsspindel
– Erstellen eines Abnahmeprotokolls mit allen gemessenen Werten und wichtigen Maschinendaten
– bei CNC-Maschinen wird der Bericht durch ein Messprotokoll ergänzt (Positioniergenauigkeit der Antriebe in den einzelnen Achsen wird festgehalten)

7 Wozu dient die Maschinenkarte und woher kommt sie?

Die Maschinenkarte

– enthält Kenndaten der Maschine
– dient der Arbeitsplanung und Kalkulation
– wird vom Hersteller mitgeliefert

8 Was kann man einer Maschinenkarte entnehmen?

Einer Maschinenkarte kann man folgende Informationen entnehmen:
- Bezeichnung, Hersteller und Lieferer einer Maschine
- Fabrik-Nr. und Baujahr
- Zubehör und Sondereinrichtungen
- Anwendungsbereiche
- Ausmaße der Maschine und des Zubehörs
- Schutz- und Sicherheitseinrichtungen

9 Welche Aufgabe erfüllt die Inbetriebnahme?

Die Inbetriebnahme hat die Aufgabe, die Maschine oder Anlage aus dem Ruhezustand nach Montageende in den funktionsfähigen Dauerbetriebszustand zu überführen.

10 Sind die Arbeitsschritte einer Inbetriebnahme frei wählbar?

Nein, die Arbeitsschritte einer Inbetriebnahme sind an sachlogische Notwendigkeiten gebunden.

11 Nennen Sie die Reihenfolge, nach der eine Inbetriebnahme erfolgt?

Die Reihenfolge einer Inbetriebnahme ist:
1. Prüfung der Ausrüstung nach VDE 0113
2. Prüfen der Pneumatik oder Hydraulik
3. Steuerung (SPS) mit Handbetrieb und Automatikbetrieb in Betrieb nehmen
4. Fehlermeldungen, Störungen und Visualisierung testen.

12 **Welche Teilprüfungen sind nach VDE 0113-1 vorgeschrieben?**

Nach VDE 0113-1 sind folgende Prüfungen vorgeschrieben:

– Sichtprüfung
– Messung der Durchgängigkeit des Schutzleitersystems
– Messung des Schleifenwiderstandes
– Messung des Isolationswiderstandes
– Prüfung der Spannungsfestigkeit
– Messung der Restspannung
– Funktionsprüfung

13 **Welchen Zweck verfolgt die Sichtprüfung?**

Die Sichtprüfung verfolgt den Zweck, äußerliche Mängel und Schäden an den Betriebsmitteln aufzudecken.

14 **Was ist bei der Sichtprüfung zu überprüfen?**

Bei der Sichtprüfung ist zu überprüfen, ob die Leitungsisolation an irgendeiner Stelle beschädigt ist.

Weiterhin ist zu überprüfen, ob:

– die galvanische Trennung zwischen Last- und Steuerstromkreis besteht
– die Ausführung der elektrischen Ausrüstung mit der Dokumentation übereinstimmt
– die Motorschutzschalter auf den richtigen Wert eingestellt sind
– die Schmelzsicherungen den richtigen Wert haben.

15 **Welche Leitungen müssen bei der Sichtprüfung untersucht werden?**

Bei der Sichtprüfung müssen alle Leitungen einschließlich des Schutzleiters überprüft werden.

16 **Was ist bei der Leitungsprüfung zu kontrollieren?**

Bei der Leitungsprüfung ist

– die einwandfreie Verlegung der Leitungen,
– das fachgerechte Anschließen der Leitungen und
– die richtige Auswahl des Querschnitts für den Schutzleiter

zu kontrollieren.

17 **Bei Motoren soll der Motoranschlusskasten geöffnet werden. Was ist hier zu prüfen?**

Bei geöffnetem Motoranschlusskasten ist zu überprüfen,

– ob der Schutzleiter Kontakt mit dem Gehäuse hat (nicht auf lackiertes Metall geschraubt),
– ob die PG-Verschraubung passt,
– ob die PG-Verschraubung fest ist.

18 **Welcher Strom ist bei der Messung der Durchgängigkeit des Schutzleiters einzustellen?**

Bei der Messung der Durchgängigkeit des Schutzleiters ist ein Strom von 10 A für 10 s einzustellen.

19 **Welcher zulässige Spannungsfall darf bei der Messung der Durchgängigkeit des Schutzleiter-Systems bei einem Querschnitt von 1,5 mm^2 auftreten?**

Bei der Messung der Durchgängigkeit des Schutzleiter-Systems darf bei einem Querschnitt von 1,5 mm^2 ein Spannungsfall von 2,6 V auftreten.

20 **Was ist bei der Messung des Isolationswiderstandes zu beachten?**

Bei der Messung des Isolationswiderstandes ist zu beachten, dass der Steuerstromkreis und alle Frequenzumrichter vom Hauptstromkreis getrennt werden.

21 **Wie hoch muss die Messspannung bei der Isolationswiderstandsprüfung mindestens sein?**

Bei der Isolationswiderstandsprüfung muss die Messspannung mindestens 500 V sein.

22 **Welcher Widerstand darf bei der Isolationswiderstandsprüfung nicht unterschritten werden?**

Bei der Isolationswiderstandsprüfung darf der Widerstand von 1 M Ω nicht unterschritten werden.

23 **Wodurch können Isolationsfehler auftreten?**

Isolationsfehler können auftreten durch

– thermische Beanspruchung
– mechanische Beanspruchung
– äußere Einflüsse

24 **Was können Isolations-fehler auslösen?**

Isolationsfehler können Fehlfunktionen und Brände auslösen.

25 **Was wird bei der Prüfung der Spannungsfestigkeit geprüft?**

Bei der Prüfung der Spannungsfestigkeit wird die Spannungsfestigkeit der Leitungen, **nicht** die der Betriebsmittel, geprüft.

26 **Mit welcher Spannung wird bei der Prüfung der Spannungsfestigkeit geprüft und wie lange?**

Bei der Prüfung der Spannungsfestigkeit wird mit 1000 V für 10 s geprüft.

27 **Wo wird die Prüfspannung bei der Prüfung der Spannungsfestigkeit angelegt?**

Bei der Prüfung der Spannungsfestigkeit wird die Prüfspannung zwischen den Außenleitern L1, L2, L3 und dem Schutzleiter angelegt.

28 **Was ist bei der Prüfung der Spannungsfestigkeit zu beachten?**

Bei der Prüfung der Spannungsfestigkeit muss wegen der hohen Prüfspannung mit äußerster Vorsicht vorgegangen werden. Absperrung, Warnschilder und Warnlampe sind aufzustellen.

29 **Was sagt die VDE 0113-1 über das Messen der Restspannung?**

Die VDE 0113-1 fordert, dass die Spannungen an berührbaren aktiven Teilen 5 s nach dem Abschalten der Versorgungsspannung auf einen Wert unter 60 V abgesunken sind.

30 **Wie wird die Restspannung gemessen?**

Die Restspannung wird mit einem hochohmigen Spannungsmesser gemessen.

31 **Was wird bei der Funktionsprüfung als Erstes geprüft?**

Als Erstes wird bei der Funktionsprüfung die Not-Aus-Funktion geprüft.

32 **Wo werden die gemessenen Werte nach VDE 0113 festgehalten?**

Die gemessenen Werte werden nach VDE 0113 im Prüfprotokoll festgehalten.

33 **Was muss bei der Inbetriebnahme von Pneumatik ausgeführt werden?**

Bei der Inbetriebnahme von Pneumatik muss ausgeführt werden:

1. die Einstellung des Luftdruckes
2. das Einstellen der Geschwindigkeit der Zylinder
3. das Einstellen der Endlagenschalter
4. ein kompletter Funktionstest

34 **In welchen Schritten erfolgt die Inbetriebnahme einer SPS?**

Die Inbetriebnahme einer SPS erfolgt in folgenden Schritten:

– überprüfen der Eingänge
– aktivieren und prüfen der Ausgänge
– Programm übertragen
– SPS starten
– kompletter Programmtest

35 **Welcher Ablauf ist bei der Inbetriebnahme eines SPS-Programms sinnvoll?**

Bei der Inbetriebnahme eines SPS-Programms ist es sinnvoll, zunächst den Handbetrieb und erst danach den Automatikbetrieb in Betrieb zu nehmen.

36 **Weshalb ist die Reihenfolge erst Handbetrieb, dann Automatikbetrieb bei der Inbetriebnahme eines SPS-Programms sinnvoll?**

Im Handbetrieb können alle Aggregate einzeln getestet werden, bevor sie im Automatikbetrieb miteinander funktionieren müssen.

37 **Nennen Sie Probleme, die bei der Inbetriebnahme von SPSen auftreten können.**

Bei der Inbetriebnahme von SPSen können folgende Probleme auftreten:

1. falsche Verkabelung von Aktoren und Sensoren
2. Fehlfunktionen von Aktoren und Sensoren
3. falsche Drehrichtung von Motoren
4. Fehler im Ablaufprogramm

38 **Was ist der letzte Schritt bei der Inbetriebnahme von SPS-Programmen?**

Der letzte Schritt bei der Inbetriebnahme von SPS-Programmen ist die Simulation von Fehlermeldungen.

39 **Warum ist die Simulation von Fehlermeldungen so wichtig?**

Die Simulation von Fehlermeldungen ist so wichtig, weil die Fehlermeldungen zum Abschalten der Maschine im Fehlerfall führen müssen.

40 **Welche Vorteile bietet eine Prozessvisualisierung bei der Inbetriebnahme?**

Mit einer Prozessvisualisierung hat der Inbetriebnehmer den kompletten Überblick über die gesamte Anlage (Aktoren und Sensoren).

41 **Welche wichtigen Parameter werden bei einem Frequenzumrichter bei der Inbetriebnahme eingestellt?**

Bei einem Frequenzumrichter werden bei der Inbetriebnahme folgende Parameter eingestellt:
– f_{max}
– die Beschleunigungsrampe
– die Verzögerungsrampe
– die Kennlinie
– der Schlupf
– der Fehlerausgang

42 **Warum muss ein Frequenzumrichter bei der Inbetriebnahme parametriert werden?**

Mit der Parametrierung wird der Frequenzumrichter bei der Inbetriebnahme an den Motor und die Anforderungen der Anlage angepasst.

43 **Was ist bei der Inbetriebnahme eines Bussystems zu beachten?**

Bei der Inbetriebnahme eines Bussystems ist zu beachten:
1. der richtige Anschluss der Leitungen
2. die richtige Polung der Leitungen
3. die richtige Schaltung der Abschlusswiderstände

44 **Wie kann man erkennen, ob ein Bussystem richtig arbeitet?**

Durch LEDs an jedem Teilnehmer kann erkannt werden, ob ein Bussystem richtig arbeitet.

45 **Wie ist bei der Inbetriebnahme der Hydraulik vorzugehen?**

Bei der Inbetriebnahme der Hydraulik ist folgendermaßen vorzugehen:

1. Einschalten der Hydraulikpumpe
2. Einstellen der Druckbegrenzung
3. Prüfen der einzelnen Ventile
4. Einstellen der Drosselventile
5. kompletter Funktionstest

46 **Was beschreibt der Inbetriebnahme-Abschlussbericht?**

Der Inbetriebnahme-Abschlussbericht beschreibt den allgemeinen Zustand des mechatronischen Systems vor der Inbetriebnahme.

11.2 Fehlersuche in elektrischen Systemen

47 **Was ist bei der Fehlersuche in elektrischen Systemen Voraussetzung?**

Bei der Fehlersuche ist ein systematisches Vorgehen Voraussetzung.

48 **Nennen Sie die 8 Punkte, nach denen die Instandsetzung gemäß Arbeitsplan erfolgt.**

Die Instandsetzung gemäß Arbeitsplan erfolgt nach folgende Punkten:

1. Störfall an Instandsetzer melden
2. Funktionsweise anhand der Anlagendokumentation erarbeiten
3. Anlagenzustand analysieren. Fehlerort eingrenzen
4. mögliche Fehlerursachen auflisten und Beginn der Fehlersuche
5. Fehler beseitigen durch Austausch defekter Komponenten oder Teilsysteme
6. Funktionsprüfung durchführen und Wiederinbetriebnahme
7. Fehler im Schadensbericht festhalten
8. durchgeführte Änderungen in der Anlagendokumentation festhalten

49 Wie erfolgt die Analyse eines mechatronischen Systems?

Die Analyse eines mechatronischen Systems erfolgt durch Beantwortung der folgenden Fragen:

– Aus welchen Teilsystemen besteht das System?
– Welche Funktionen erfüllen die einzelnen Teilsysteme?
– Wie arbeiten die einzelnen Teilsysteme zusammen (Steuerungsablauf)?

50 Welche Aspekte sind bei der Analyse des Ist-Zustandes eines fehlerhaften Systems zu beachten?

Bei der Analyse des Ist-Zustandes sind zu berücksichtigen

– Suche nach sichtbaren Beschädigungen
– überprüfen der Fehlermeldungen
– Art der Fehler: dauerhaft oder sporadisch
– Test der Anlage im Handbetrieb und feststellen, bei welchem Schritt der Fehler auftritt

51 Nennen Sie Teilsysteme, in denen Fehler vorkommen können.

Fehler können in folgenden Teilsystemen vorkommen

– SPS
– Frequenzumrichter und Leistungselektronik
– Pneumatik
– Hydraulik
– Signalfluss

52 Welche Fehler werden als einfache Fehler bezeichnet?

Als einfache Fehler werden

– Spannungsausfall,
– Druckluftausfall und
– verstellte Endschalter oder Sensoren

bezeichnet.

53 Wodurch treten mechanische Fehler am häufigsten auf?

Mechanische Fehler treten am häufigsten durch Verschmutzung oder Verstellen auf.

54 **Was ist die häufigste Ursache von sporadischen Ausfällen?**

Die häufigste Ursache von sporadischen Ausfällen sind Umwelteinflüsse und Störstrahlungen von Frequenzumrichtern.

55 **Wo treten Fehler eher selten auf?**

In der Steuerelektronik treten Fehler eher selten auf.

56 **Was sind die häufigsten Ursachen für einen Fehler in der SPS?**

Die häufigste Ursache für sogenannte Fehler in der SPS sind defekte Sensoren und Aktoren, also Einflüsse von außen.

57 **Worin besteht der Unterschied zwischen Fehler und Störung?**

Unter einem **Fehler** versteht man die Nichterfüllung einer vorgegebenen Forderung durch einen Merkmalswert.

Eine **Störung** ist eine unbeabsichtigte Unterbrechung der Funktionserfüllung einer Betrachtungseinheit.

58 **Definieren Sie den Begriff Instandsetzung.**

Instandsetzung umfasst alle Maßnahmen zur Wiederherstellung des Soll-Zustandes von technischen Mitteln eines Systems.

59 **Wo sind die Begriffe Fehler, Störung und Instandsetzung definiert?**

Die Begriffe Fehler, Störung und Instandsetzung sind in der DIN 31051 definiert.

60 **Wie können Fehler in Schützschaltungen auftreten?**

Fehler in Schützschaltungen können durch Kontaktversagen und Windungsschlüsse auftreten.

61 **Wie entsteht Kontaktversagen in Schützschaltungen?**

Kontaktversagen in Schützschaltungen entsteht, wenn die Kontaktglieder durch mechanischen Verschleiß oder Abbrand so weit abgetragen sind, dass durch den größer gewordenen Kontaktabstand ein Stromfluss nicht mehr möglich ist. Dadurch versagt der Kontakt.

62 **Wie wird bei der Fehlersuche in Schützschaltungen vorgegangen?**

Bei der Fehlersuche in Schützschaltungen wird im Strompfad, der aktiv sein sollte, mit dem Spannungsmesser jeder Kontakt durchgemessen und so erkannt, wo ein Kontaktelement versagt hat.

63 **Nennen Sie Fehler, die bei Asynchronmotoren auftreten können.**

Bei Asynchronmotoren können folgende Fehler auftreten

– festsitzende Motorwelle
– defekter Motorschutzschalter
– Unterbrechung einer Zuleitung
– Wicklungsschäden

64 **Wie kann der Fehler einer festsitzenden Welle bei einem Motor ausgeschlossen werden?**

Der Fehler einer festsitzenden Welle kann bei einem Motor ausgeschlossen werden, wenn die Welle von Hand gedreht werden kann.

65 **Wie überprüft man die Wicklung am Motor?**

Die Wicklung eines Motors kann man überprüfen, indem man mit einem Ohm-Meter jeweils die Wicklungsanfänge überprüft; d. h. U1–U2; V1– V2; W1–W2. Dabei müssen alle Widerstände beieinander liegen.

11.3 Fehlersuche in hydraulischen Systemen

66 **Welche Prüfungen sind an hydraulischen Systemen durchzuführen, bevor der Instandsetzer mit der Fehlersuche beginnt?**

Vor der Fehlersuche sind folgende Prüfungen durchzuführen.

– Sichtprüfung auf Leckstellen
– Flüssigkeitsstand im Vorratsbehälter überprüfen
– Sauberkeit des Filters kontrollieren

67 Wie erfolgt die systematische Fehlersuche an hydraulischen Anlagen?

Der Instandsetzer beginnt anhand des Hydraulikschaltplanes mit der Funktionsanalyse der Anlage und überprüft alle Messstellen. Ein Vergleich mit den Sollwerten der Serviceunterlagen ist wichtig.

68 Welche Ursachen können folgende Fehler an hydraulischen Anlagen haben:

a) maximale Last nicht verschiebbar

b) Hubzeit zu lang?

Folgende Ursachen sind möglich:

a) Reibung im Zylinder zu hoch, Leitung zwischen Wegeventil und Eingang Zylinder defekt oder Leitung zwischen Wegeventil und Behälter defekt

b) Innere Leckage im Zylinder oder im Wegeventil

69 Unterscheiden Sie *innere* und *äußere Leckagen* an Hydraulikzylindern.

Innere Leckagen treten durch Verschleiß oder Beschädigung der Dichtung zwischen Zylinderinnenwand und Arbeitskolben auf. Erkennbar wird dies durch eine Verlängerung der Hubzeit.

Äußere Leckagen treten durch Verschleiß oder Beschädigung von Dichtungen, die den Zylinder nach außen abdichten, auf oder durch eine defekte Kolbenstange.

70 Wodurch kann die innere Reibung in einem Hydraulikzylinder erhöht werden?

Die innere Reibung in einem Hydraulikzylinder kann durch das Eindringen von Staub und Schmutz erhöht werden.

71 Was muss beim Anschluss der Druckmessgeräte an die Messstellen beachtet werden?

Bei der Druckmessung muss immer erst das Druckmessgerät mit der Prüfschlauchleitung und dann mit der Druckmessstelle verbunden werden.

72 **Was kann durch ver-
schmutztes Hydrauliköl oder
durch das Festsetzen von Spä-
nen in einem 4/3-Wegeventil
passieren?**

Durch verschmutztes Öl kann das
Ventil nicht mehr richtig schalten.
Dringen Späne ein, können diese die
Steuerkante beschädigen und somit
kann das Ventil nicht mehr schalten
oder es kann zu unkontrolliertem
Durchfluss von Hydrauliköl kommen.

11.4 Instandhaltung/Instandsetzung

73 **Nennen Sie Aufgaben der
Instandhaltung.**

Die Instandhaltung hat folgende Aufgaben:

– den Betrieb funktionsfähig zu halten
– die Maschinenauslastung zu verbessern
– die Produktionskosten zu senken
– Rationalisierungsreserven besser
zu nutzen

74 **Was sind Ziele der
Instandhaltung?**

Ziele der Instandhaltung sind:

– Erhöhung der Anlagenverfügbar-
keit
– Senkung der Lagerkosten für
Ersatzteile
– schnelle Reaktion auf Störungen

75 **Definieren Sie den Begriff
Instandhaltung (nach DIN
31051).**

Unter Instandhaltung ist die Gesamtheit der Maßnahmen zur Bewahrung
und Wiederherstellung des Soll-
Zustandes sowie zur Feststellung und
Beurteilung des Ist-Zustandes von
technischen Arbeitsmitteln, Anlagen
und Gebäuden zu verstehen.

76 **In welche Bereiche wird
die Instandhaltung unter-
teilt?**

Die Instandhaltung wird in die Bereiche Wartung, Inspektion und Instandsetzung unterteilt.

77 **Definieren Sie den Begriff
Wartung (nach DIN 31051).**

Unter Wartung sind Maßnahmen zur
Beurteilung des Soll-Zustandes von
technischen Arbeitsmitteln und Anlagen zur Vermeidung von Störungen
des Produktionsablaufes zu verstehen.

78 Definieren Sie den Begriff Inspektion (nach DIN 31051).

Unter Inspektion versteht man alle Maßnahmen zur Feststellung und Beurteilung des Ist-Zustandes von Gebäuden, Anlagen und technischen Arbeitsmitteln zur Vermeidung von Störungen des Produktionsablaufes.

79 Was ist unter einem Instandhaltungsobjekt zu verstehen?

Ein Instandhaltungsobjekt ist ein Arbeitsgegenstand, der instandhaltungsbedürftig ist.

80 Warum sind Instandhaltungsmaßnahmen notwendig?

Instandhaltungsmaßnahmen sind notwendig wegen der Abnutzungsvorgänge der Werkstoffe.

81 Was versteht man unter Abnutzung?

Abnutzung ist die stofflich technische Veränderung der Beschaffenheit von Werkstoffen.

82 Nennen Sie Abnutzungserscheinungen.

Abnutzungserscheinungen sind:
– mechanischer Verschleiß
– Korrosion
– Alterung
– Ermüdung

83 Die Instandhaltung muss mit in die Unternehmensstruktur eingegliedert werden. Nennen Sie 3 Planungsziele, die dabei beachtet werden müssen.

Planungsziele für die Instandhaltung sind:
– Qualität der Instandhaltung
– Kosten der Instandhaltung
– Verfügbarkeit der Arbeitsmittel
– Personalauslastung
– Vergabe an Fremdfirmen
– Abwicklung der Instandhaltungsaufträge
– Anteil der geplanten Maßnahme

84 Welche Punkte müssen bei der Planung der technischen Mittel beachtet werden?

Bei der Planung der technischen Mittel müssen das Inspektionspersonal und dessen Qualifikation, die Werkstätten und das Lager, die Betriebsmittel für Wartung, Inspektion und Instandsetzung, Reserve- bzw. Ersatzteile sowie das Auftragswesen, die Kosten- und Zeiterfassung beachtet werden.

85 Anhand welcher Informationen kann ein Instandhaltungsplan entwickelt werden?

Ein Instandhaltungsplan kann anhand der Wartungspläne sowie der Informationen aus den Wartungs- und Inspektionsarbeiten entwickelt werden.

86 Ordnen Sie die folgenden Instandhaltungsarbeiten den Punkten Wartung, Inspektion und Instandsetzung zu!

Ausbessern
Austauschen
Diagnostizieren
Messen
Nachstellen
Pflegen
Prüfen
Reinigen
Reparieren
Schmieren

Die Instandhaltungsarbeiten werden wie folgt zugeordnet:

Wartung:
–   Reinigen
–   Pflegen
–   Schmieren
–   Nachstellen

Inspektion:
–   Messen
–   Prüfen
–   Diagnostizieren

Instandsetzen:
–   Ausbessern
–   Reparieren
–   Austauschen

87 Wo können Sie die Tätigkeiten der Wartung, Inspektion und Instandsetzung entnehmen?

Die Tätigkeiten der Wartung, Inspektion und Instandsetzung sind im Instandhaltungsplan enthalten.
(Wird mit der Bedienungsanleitung mitgeliefert)

88 Was können Sie einem Instandhaltungsplan entnehmen?

Der Instandhaltungsplan enthält folgende Angaben:

–   an welchen Punkten, in welchen Zeiträumen und wie die Maschine gewartet werden muss
–   welche Inspektionen wann fällig sind
–   wann und welche Instandsetzungen regelmäßig durchgeführt werden müssen

89 Was muss die Wartung gewährleisten?

Die Wartung muss die Maßhaltigkeit der gefertigten Teile und eine hohe Arbeitsqualität gewährleisten.

90 **Nennen Sie Wartungs-**
tätigkeiten.

Wartungstätigkeiten sind:

– Säubern der Maschine
– Schmieren, Ölen der vorgegebenen Punkte
– auf (auffällige) Geräusche achten
– auf Schwingungen achten
– Dichtheit der Hydraulik und
  Schmierleitungen überwachen

91 **Welches ist das kleinste**
und übliche Wartungsinter-
vall?

Das kleinste und übliche Wartungsin-
tervall beträgt 8 Stunden bzw. nach
Schichtende.

92 **Wozu dienen Inspektio-**
nen?

Inspektionen dienen zur Feststellung
der Fertigungsqualität und des
Abnutzungsgrades einer Maschine.

93 **Welche Inspektionsarten**
gibt es, wann finden sie
Anwendung?

Es gibt folgende Inspektionsarten mit
ihren Anwendungen:

– Die **Erst-Inspektion** erfolgt nach
  der Inbetriebnahme einer
  Maschine oder Anlage. Gemäß der
  Prüfvorschrift wird ein Abnahme-
  protokoll erstellt.
– Die **Regelinspektion** wird durchgeführt, um Ausschuss bei der laufenden Produktion zu vermeiden,
  sie wird anhand von Instandhal-
  tungsplänen durchgeführt.
– Die **Sonderinspektion** wird nach
  schwerer Betriebsstörung, oder
  wenn die Genauigkeit der gefertigten Werkstücke plötzlich
  abweicht, durchgeführt.

94 **Welche Arbeiten umfasst**
eine Sonderinspektion?

Die Sonderinspektion umfasst
genaue Messungen, die Augen-
scheinprüfungen (z. B. der Gleitbah-
nen) und die Laufruheprüfung
(Lagerschäden abhören).

95 **Nennen Sie die zwei Arten der Instandsetzung.**

Die zwei Arten der Instandsetzung sind die vorbeugende oder geplante und die störungsbedingte Instandsetzung.

96 **Welchen Zweck hat die geplante Instandsetzung?**

Die Vermeidung von ungewollten Unterbrechungen des Soll-Ablaufes durch technische Fehler ist der Zweck der geplanten Instandhaltung.

97 **Wann spricht man von einer geplanten oder vorbeugenden Instandsetzung?**

Von einer geplanten oder vorbeugenden Instandsetzung spricht man, wenn sie im Rahmen der im Instandhaltungsplan festgelegten Zeitabstände erfolgt.

98 **Welche Aufgaben hat die geplante Instandsetzung?**

Die geplante Instandsetzung dient der Ermittlung von Schwachstellen, der sachgerechten regelmäßigen Pflege und dem rechtzeitigen Ersatz von Verschleißteilen.

99 **Wann spricht man von einer störungsbedingten Instandsetzung?**

Von einer störungsbedingten Instandsetzung spricht man, wenn die Instandsetzung nach einer Maschinenstörung in der laufenden Fertigung erfolgt, oder die geforderte Fertigungsqualität nicht mehr eingehalten wird.

100 **Was wird bei einer störungsbedingten Instandsetzung gemacht?**

Bei einer störungsbedingten Instandsetzung wird erst die Störungsursache ermittelt, dann die defekten Bauteile ausgetauscht und die Maschine neu ausgerichtet.

101 **Wie ist beim Austausch eines Motors vorzugehen?**

Beim Austausch eines Motors ist folgendermaßen vorzugehen:

1. Wellenenden gründlich reinigen
2. Arbeitsmaschine und Motor sorgfältig ausrichten
3. Schläge auf das Wellenende vermeiden ▷

▷ **Fortsetzung der Antwort** ▷

4. Querschnitt der Zuleitungen prüfen
5. Brücken richtig einlegen und anschließen
6. alle Anschlüsse incl. Schutzleiter fest anziehen
7. Wicklungsanschlüsse überprüfen.

102 **Welche Arbeitsschritte sind beim Austausch eines Hydraulikzylinders vorzunehmen?**

Beim Austausch eines Hydraulikzylinders sind folgende Schritte vorzunehmen

1. Anlage drucklos schalten
2. Druckleitungen losschrauben
3. defekten Zylinder ausbauen
4. neuen Zylinder einbauen
5. Druckleitungen anschließen
6. Leitungen entlüften
7. Anlage testen.

103 **Was wird durch regelmäßige Wartung und Instandhaltung verbessert?**

Durch regelmäßige Wartung und Instandhaltung lässt sich die Lebensdauer einer Maschine erhöhen und der Zeitpunkt ihres Ausfalls hinauszögern.

104 **Was heißt TPM und was versteht man darunter?**

TPM heißt **T**otal **P**roductive **M**aintenance, es ist ein Managementsystem zur Optimierung der betrieblichen Abläufe der Instandsetzung durch eine kreative Beteiligung aller Mitarbeiter.

105 **Was soll mit TPM erreicht werden?**

TPM ist ein innovatives System zur Anlageninstandhaltung, welches

– die Effektivität erhöht,
– Störungen reduziert,
– selbstständige Betriebsinstandhaltung fördert.

106 **Beschreiben Sie die vier Phasen von TPM.**

1.Phase:

Total Productive Management befasst sich mit der Beziehung zwischen Instandhaltung und Fertigung. Es verbindet den Arbeiter der Fertigung mit dem der Instandhaltung, sie bilden ein Team.

2. Phase:

Total Productive Manufacturing befasst sich mit den Schnittstellenmanagement der jeweiligen Produktionseinheit. Es bildet Partnerschaften zwischen allen Mitarbeitern, die direkt an der Herstellung eines Produktes beteiligt sind. Es ermöglicht den Transfer von Fertigkeiten.

3. Phase:

Total Process Management ist das Management der Schnittstellen eines ganzen Unternehmens. Es schließt neben der Produktion auch das Management, die Konstruktion, den Ein- und Verkauf, die Instandhaltung und den Kundendienst mit ein

4. Phase:

Total Personal Motivation befasst sich mit der Motivation des Personals. Sie kann nur zum Tragen kommen, wenn die richtige Atmosphäre für eine kreative Weiterentwicklung eines jeden Mitarbeiters vorhanden ist und freie Entscheidungen zugelassen werden

Anreize und Möglichkeiten für eine fortwährende Mitarbeiterweiterbildung sind notwendig.

107 Geben Sie kurz die Veränderung der Struktur eines Unternehmens durch die Einführung von TPM wieder.

Vor der Einführung von TPM waren alle Abteilungen voneinander getrennt. Bei Fehlern oder dem Ausfall einer Anlage musste dies über die Abteilungen nach oben gemeldet werden. Auch das Material- und Rechnungswesen eines Unternehmens wurde mit einbezogen, um den Instandhaltungsauftrag auszulösen und durchzuführen.

Mit der Einführung von TPM sind die Mitarbeiter befähigt, selbst einen Teil der Arbeiten auszuführen, Fehler frühzeitig zu erkennen und durch die Zusammenarbeit mit der Instandhaltung schneller einen Produktionsstopp zu beheben.

108 In welche Teilabschnitte werden die TPM-Maßnahmen gegliedert?

1. *Operator Maintenance (OM)*

Reinigen

Abschmieren

kleine Reperaturen durch den Maschinenbediener oder ein Sevice-Team mit Hilfe der Anleitungen für Reinigung, Abschmierung und Reparatur.

2. *Monitoring Maintenance (MM)*

feste Intervallinspektionen, nach Angaben der Herstellerfirma oder von Fachleuten festgelegt und durch Schwachstellenauswertung durch das Service-Team mit Hilfe der Arbeitskarte für Inspektion

3. *Corrective Maintenance (CM)*

geplante und ungeplante Reparaturen werden durch die Instandhaltung mit Hilfe der Arbeitskarte für Instandhaltung ausgeführt.

▷

▷ **Fortsetzung der Antwort** ▷

4. *Improvement Maintenance (IM)*

Konstruktionsverbesserung an bestehenden Maschinen und Einkaufsspezifikation werden durch die Konstruktion und den Einkauf mit Hilfe von Maschinenfähigkeitsuntersuchungen und Einkaufsroutine erledigt

12 Kommunikation und Präsentation

12.1 Kommunikation

| 1 Was ist Kommunikation? | Kommunikation ist der Austausch von Informationen. |

1 Was ist Kommunikation?

Kommunikation ist der Austausch von Informationen.

2 Welches Ziel hat die Kommunikation?

Ziel der Kommunikation ist die Verständigung der Kommunikationspartner.

3 Nennen Sie Ergebnisse einer erfolgreichen Kommunikation.

Ergebnisse einer erfolgreichen Kommunikation sind:
- konfliktfreies Verstehen und Verhalten,
- persönliche Zielerreichung

4 Wie kann Kommunikation erfolgen?

Kommunikation kann durch Worte, Tonfall oder Körpersprache erfolgen.

5 Nennen Sie Kommunikationsregeln für den „Sender".

Kommunikationsregeln für den „Sender" sind:
- vor dem Reden Gedanken organisieren
- Gedanken klar ausdrücken
- kurze Aussagen formulieren

6 Was ist ein Feedback?

Ein Feedback ist eine Rückinformation des Gesprächspartners über das eigene Verhalten.

7 Nennen Sie Frageformen.

Frageformen sind:
- Alternativfrage,
- geschlossene Frage,
- Suggestivfrage oder
- Kontrollfrage.

8 Was versteht man unter schriftlicher Kommunikation?

Unter schriftlicher Kommunikation versteht man z. B. die Geschäftspost oder private Post, also Schriftstücke, die mit einem Kommunikationspartner ausgetauscht werden.

9 **Nach welcher Norm wird ein Brief erstellt?**

Briefe werden nach der DIN 5008 erstellt.

10 **Wie entstehen Kommunikationsfehler?**

Kommunikationsfehler entstehen durch unterschiedliche Kommunikationskanäle, Inkongruenz von Botschaften, durch falsche Deutung nonverbaler Kommunikation oder durch mangelndes Feedback.

11 **Wie entstehen Kommunikationsstörungen?**

Kommunikationsstörungen können durch unterschiedliche Kommunikationsebenen entstehen.

12 **Welcher Unterschied besteht zwischen analoger und digitaler Kommunikation?**

Analoge Kommunikation (z. B. Körpersprache) ist mehrdeutig. Tränen können z. B. Freude oder Trauer ausdrücken. Digitale Kommunikation ist eindeutig.

13 **Was ist ein Konflikt?**

Ein Konflikt besteht, wenn zwei Elemente gleichzeitig gegensätzlich oder unvereinbar sind.

14 **Welche Ursache haben Konflikte?**

Genaue Ursachen sind selten zu ermitteln. Häufig ist es eine Kombination verschiedener gegensätzlicher Umstände, die zum Konflikt führen.

15 **Nennen Sie 5 Möglichkeiten der Konfliktlösung.**

Möglichkeiten der Konfliktlösung sind:
– Flucht,
– Vernichtung,
– Unterordnung,
– Delegation an eine dritte Instanz und
– Kompromiss.

16 **Welchen Vorteil hat der Kompromiss?**

Durch den Kompromiss ist eine Lösung entstanden und damit der Konflikt gelöst.

17 **Nennen Sie den Nachteil der Unterordnung.**

Bei der Unterordnung setzt sich häufig der Stärkere durch und nicht der, der recht hat.

18 **Nennen Sie 3 Gründe, die einen Text schwer lesbar machen.**

Gründe für die schwere Lesbarkeit und damit das schlechte Verständnis von Texten können sein:

– das Fehlen von Hervorhebungen
– mangelnde Übersichtlichkeit
– Bandwurm- oder Spaghetti-Sätze
– schlecht lesbare Schrift (zu klein, nur Großbuchstaben, zu lange Zeilen)

19 **Was ist die Aufgabe von Texten bei der Übergabe von mechatronischen Systemen?**

Die Aufgabe von Texten bei der Übergabe von mechatronischen Systemen ist es, das Wissensgefälle zwischen Autor und Leser zu überbrücken.

20 **Was verbessern in den Text eingebaute anschauliche Visualisierungen?**

In den Text eingebaute anschauliche Visualisierungen verbessern

– die Lesemotivation
– das Verstehen
– das nachhaltige Behalten und
– das sichere Reagieren

21 **Was sind anschauliche Visualisierungen?**

Anschauliche Visualisierungen sind Zeichnungen, Skizzen und Bilder, die den Text unterbrechen und den Sachverhalt zusätzlich zum Wort erklären.

22 **Was sind die häufigsten Fehler bei der Erstellung von Texten?**

Die häufigsten Fehler bei der Erstellung von Texten sind:

– mangelnde Orientierung am Empfänger (Kunden)
– schwer verständliche Texte
– Textgestaltung ohne Lern- und Lesehilfen.

23 **Wie kann man beim Empfänger eines Textes die Aufnahmebereitschaft erhöhen?**

Die Aufnahmebereitschaft beim Empfänger von Texten kann durch emotionale Anreize (Fettdruck, Untersteichen, Aufzählungszeichen usw.) erhöht werden.

24 Was bedeutet Bedarfsorientierung bei der Ausgestaltung eines Textes?

Bedarfsorientierung bedeutet:
– Orientierung am Bedarf des Empfängers
– Konzentrieren auf das Wesentliche
– Weglassen des Entbehrlichen

25 Wie kann leseleicht formuliert werden?

Leseleichtes Formulieren erreicht man durch
– interessante, eindeutige und instruktive Formulierungen
– kurze und treffende Ausdrücke
– den Einsatz von Beispielen.

26 Welche Hilfsmittel stehen Ihnen bei der Gestaltung von Texten zur Verfügung?

Es stehen Leitzeichen und Textbilder zur Verfügung.

27 Was sind Leitzeichen?

Leitzeichen sind Aufzählungszeichen wie z. B.

– –
– ■
– ●
– ◆
– ◉
– ☺
– ☻
– ✿

28 Was sind Textbilder?

Textbilder sind die unterschiedlichen Hervorhebungen bei der Textverarbeitung, wie z. B. **Fettdruck**, <u>Unterstreichen</u>, *Kursivdruck*, Farbiger Druck, Schattierter Druck, andere Schrift.

29 Wie können Texte übersichtlicher dargestellt werden?

Eine einfache Möglichkeit, Texte übersichtlicher darzustellen, ist die Tabellenform.

30 **Was bedeutet textarmes Gestalten?**

Beim textarmen Gestalten werden meist nur Diagramme und Bilder zur Erklärung von z. B. komplizierten Abläufen eingesetzt.

31 **Was ist eine Technische Dokumentation?**

Technische Dokumentation ist ein Oberbegriff für produktbegleitende Anwenderinformationen. Dazu gehören Bedienungs-, Aufbau- und Installationsanleitungen.

32 **Was sind interne Dokumentationen?**

Interne Dokumentationen sind z. B. Fertigungsunterlagen oder Pflichtenhefte, die für den internen Gebrauch bestimmt sind.

33 **Was sind externe Dokumentationen?**

Externe Dokumentationen sind z. B. Betriebsanleitungen und Gebrauchsanweisungen, die für den Benutzer bestimmt sind.

34 **Nennen Sie Inhalte von Dokumentationen.**

Inhalte von Dokumentationen sind:
– Anleitungen
– Listen
– Beschreibungen
– Darstellungen

35 **In welcher Norm sind die Grundlagen für die Erstellung technischer Dokumentationen geregelt?**

Grundlagen für die Erstellung technischer Dokumentationen sind in der DIN V 8 418 geregelt.

12.2 Präsentation

36 **Was bedeutet Präsentation?**

Präsentation bedeutet
– informieren,
– motivieren und
– überzeugen.

37 Was sind die Ziele einer Präsentation?

Die Ziele einer Präsentation sind

- Problembewusstsein wecken
- informieren
- erklären
- motivieren
- Akzeptanz schaffen
- überzeugen
- verkaufen
- Entscheidungen herbeiführen

38 Was wird bei der Zielbestimmung einer Präsentation festgelegt?

Bei der Zielbestimmung einer Präsentation wird festgelegt, was bei den Teilnehmern erreicht werden soll. Es ist wichtig, die Teilnehmer dort abzuholen, wo sie stehen.

39 Welche Mittel können Sie einsetzen, um die Ziele Ihrer Präsentation zu erreichen?

Mittel zur Erreichung der Präsentationsziele:

- die Merkmal-Nutzen-Argumentation
- Behauptungen durch Zahlen absichern
- ergänzende und auflockernde Bemerkungen
- verständliches Sprechen
- gemäßigtes Sprechtempo
- Dialekt vermeiden
- Schwerpunkte setzen
- Rhetorikelemente verwenden
- sorgsame Auswahl der Medien

40 Wie ist eine gute Präsentation gegliedert?

Eine gute Präsentation ist in Einleitung, Hauptteil und Schluss gegliedert.

41 Wie ist die Einleitung einer Präsentation aufgebaut?

In der Einleitung wird der Teilnehmer begrüßt und da, wo er „steht", abgeholt, d. h. es wird die Brücke vom Teilnehmer zum Thema geschlagen.

42 Was muss der Hauptteil einer Präsentation beinhalten?

Im Hauptteil einer Präsentation wird das Thema systematisch vorgestellt. Hier werden Ideen, Argumente und Lösungen überzeugend präsentiert, Gegenargumente entkräftet und die Teilnehmer für das Ziel gewonnen.

43 Was muss im Schluss einer Präsentation enthalten sein?

Im Schluss einer Präsentation wird

– das Wesentliche zusammengefasst
– der Blick in die Zukunft gerichtet
– falls sinnvoll, ein Appell an die Zuhörer gerichtet
– mit einer Grußformel abgeschlossen

44 Welche Präsentationsmedien kennen Sie?

Präsentationsmedien sind z. B.

– der Overheadprojektor
– das Flip-Chart
– die Tafel
– das Episkop
– der Beamer
– der Dia-Projektor

45 Welche wichtigen Gestaltungshinweise sind beim Erstellen von Folien zu beachten, unabhängig davon, ob diese mit dem Beamer oder Overheadprojektor gezeigt werden?

Beim Erstellen von Folien ist folgendes zu beachten:

– pro Folie nur einen Sachverhalt darstellen
– Schlüsselwörter statt Sätze verwenden
– kurze Worte/Sätze
– pro Folie max. 6-8 Zeilen
– pro Folie max. 50 Worte
– Zahlen runden
– max. 30 Zahlen pro Folie
– max. 30 Folien für eine technische Präsentation

Merksatz: Weniger ist oft mehr.

46 Was muss der Vortragende einer Präsentation beachten?

Der Vortragende einer Präsentation muss auf

- seine Gestik
- seine Mimik
- seine Sprache
- seinen Blickkontakt zum Zuhörer

achten.

47 Wie viel Prozent der Informationen werden über die Körpersprache unbewusst vermittelt?

Weit über 50 % der Informationen werden unbewusst über die Körpersprache vermittelt.

48 Welche Gesten vermitteln in der Körpersprache Sicherheit?

In der Körpersprache vermitteln folgende Gesten Sicherheit:

- Hände (Gestik) im positiven Bereich
- sicherer Stand
- aufrechte Haltung
- offener, ruhiger Blickkontakt

49 Wie ist der positive Bereich der Gestik definiert?

Der positive Bereich der Gestik befindet sich zwischen den Schultern und der Hüftlinie.

50 Welche Möglichkeiten haben Sie, mit ihrer Stimme die Präsentation abwechslungsreich zu gestalten?

Es stehen mehrere Möglichkeiten zur Verfügung, mit der Stimme die Präsentation interessant zu gestalten. Diese sind:

- Variieren des Sprechtempos
- Sprechpausen
- Wechseln der Lautstärke
- deutliches Sprechen
- Wechseln der Tonlage

51 Was bewirken Sprechpausen bei der Präsentation?

Sprechpausen

- gliedern
- machen aufmerksam
- regen zum Denken an
- erzeugen Spannung
- helfen dem Vortragenden, sich den nächsten Satz zurechtzulegen
- helfen den Zuhörern, das Neue zu durchdenken

52 Was ist mit der Fünfsatz-technik gemeint?

Bei der Fünfsatztechnik wird in 5 Denkschritten kurz, logisch, folgerichtig, einprägsam und zielgerichtet argumentiert.

53 Wie gehen Sie mit Einwänden um?

Man hört Einwänden oder Fragen aktiv zu, nimmt sich eine kurze Pause zum Nachdenken, fragt falls nötig noch einmal zurück, behandelt den Einwand, bedankt sich ggf. namentlich beim Frager und setzt seine Ausführungen fort.

54 Wie sollten Sie Einwände sehen?

Man sollte Einwände als Chance begreifen. Sie zeigen, dass sich der Zuhörer aktiv an der Präsentation beteiligt.

13 Projektaufgaben

Projektaufgabe 1: Stromversorgung

Die folgende Schaltung stellt eine einfache Stromversorgung dar.

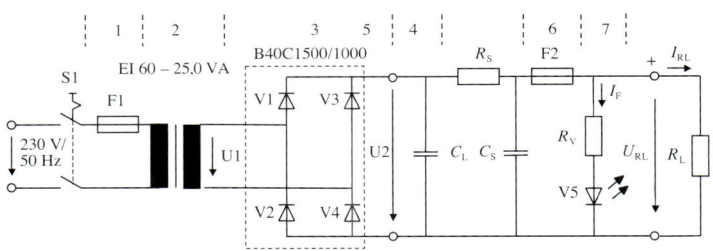

Betriebswerte: Spannungen: $U_1 = 18$ V;

$U_2 = 16,6$ V; $U_{2Br} = 0,84$ V;

$U_{RL} = 12$ V; $U_{RLBr} = 120$ mV;

Strom durch die LED: $I_F = 20$ mA

Laststrom: $I_{RLmax} = 800$ mA.

1. Geben Sie die jeweilige Aufgabe der Baugruppe 1 bis 7 an.
2. Dimensionieren Sie F1.
3. Erklären Sie die Bedeutung B40C1500/1000.
4. Aufgrund von „kalten Lötstellen" haben
    a) die Kondensatoren C_L und C_S bzw.
    b) der Widerstand R_S
    keine elektrisch leitende Verbindung mit der Schaltung.
    Stellen Sie den Verlauf der Spannung U_2 über der Zeit für den Fehler a) und den Fehler b) in einem Diagramm dar.
5. Ermitteln Sie den Widerstandswert und die Leistung von R_S sowie die Kapazität von C_L und C_S.

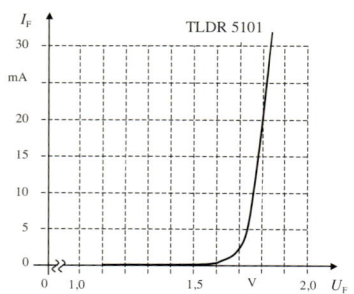

6. Berechnen Sie den erforderlichen Widerstandswert und die Leistung von R_V. Wählen Sie einen geeigneten Widerstandswert aus der E-24-Reihe.

7. Ermitteln Sie aus der Diodenkennlinie den dynamischen Widerstand r_F im Arbeitspunkt.

8. Berechnen Sie den kleinsten Wert des Widerstandes R_L so, dass der maximale Laststrom nicht überschritten wird.

9. Eine Messung der Spannung am Lastwiderstand zeigt, dass der Wert der Gleichspannung zu niedrig und der Wert der Brummspannung zu hoch ist. Nennen Sie mögliche Ursachen dafür.

Lösungen S. 541–543

Projektaufgabe 2: Temperaturregelung

Der Temperaturregler für ein Heizbad (siehe Anlage S. 388) wird in dem Temperaturbereich von 10 °C bis 100 °C eingesetzt.

Die folgenden Daten der Bauteile sind gegeben:

N1: OP RC4136   vierfach Operationsverstärker ideal;

V1: TIC 236 M   Stromeffektivwert I = 12 A;

                   Sperrspannung U_R = 600 V;

                   Zündstrom I_G = 50 mA;

                   Zündspannung U_G = <2 V;

V2: A 9903   Durchbruchspannung $|U_{BR}|$ = 30 V;

V3: 1N4148   Durchlassspannung U_{F3} = 0,7 V;

V4: P 1501   Durchlassspannung U_{F4} = 1,6 V;

                   Durchlassstrom I_{F4} = 5 mA;

                   Dunkelwiderstand R_D = 5 MΩ;

                   Hellwiderstand R_H = 1 kΩ;

R_ϑ Miniatur-Heißleiter (siehe Kennlinien S. 387) R_{25} = 100 kΩ;

R_{B3} = 0 ... 10 kΩ; (Potenziometer)

$R_{B2} = 10\ k\Omega$;

$R_{B4} = 12\ k\Omega$;

$R_{11} = 22\ k\Omega$;

$R_{12} = 0 \dots 22\ k\Omega$; (Potenziometer)

$R_{21} = R_{22} = 100\ k\Omega$;

Leistung von R_6: $P_6 = 2200\ W$;

1. Ermitteln Sie aus dem unten stehenden Diagramm den Widerstandswert von R_ϑ für eine Temperatur von 10 °C sowie 100 °C.

2. Auf welchen Wert muss das Potenziometer R_{B3} eingestellt werden, damit die Brücke bei $\vartheta = 100$ °C abgeglichen ist? Verwenden Sie für die weiteren Berechnungen den ermittelten Wert von R_{B3}.

3. Berechnen Sie die Teilspannungen U_{B2} und U_{B4} sowie die Brückenspannung U_{AB} für 10 °C und 100 °C.

4. Die Ausgangsspannung U_A darf in dem angegebenen Temperaturbereich maximal 13 V betragen. Auf welchen Widerstandswert muss das Potenziometer R_{12} eingestellt werden?

5. Berechnen Sie den erforderlichen Widerstandswert von R_3 und wählen Sie den nächstliegenden Wert aus der E-24-Reihe.

6. In welchen Grundschaltungen werden die Operationsverstärker betrieben?

7. Berechnen Sie den Widerstandswert des Heizwiderstandes R_6.

8. Dimensionieren Sie die Sicherung F1.

9. Geben Sie die Aufgabe des Potenziometers R_4 an.

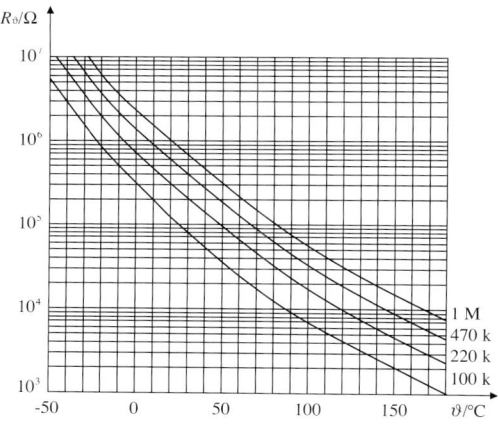

10. Benennen Sie die Bauteile V1, V2 und V4.

11. Beschreiben Sie die Funktionsweise der Temperaturregelung.

Anlage Temperaturregeler

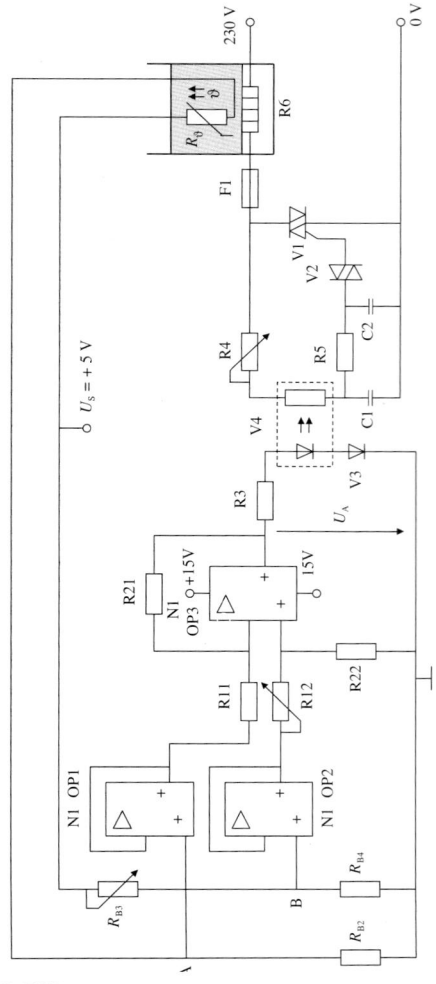

Lösungen S. 543–545

Projektaufgabe 3: Frequenzumrichter

Zum Antrieb eines Transportbandes wird ein Drehstrom-Asynchronmotor in Verbindung mit einem Frequenzumrichter eingesetzt.

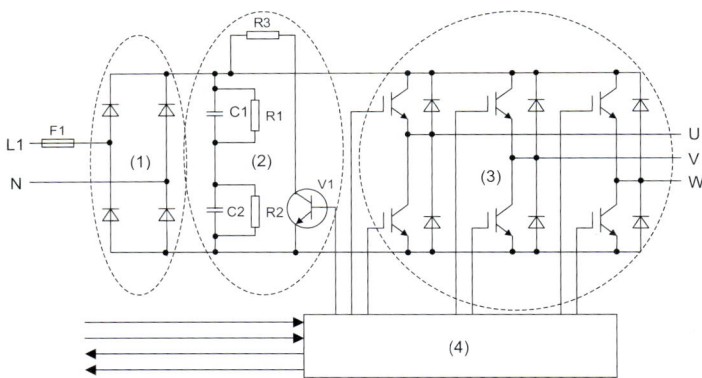

Bauteile: R_1 = 27 kΩ, R_2 = 27 kΩ, C_1 = 1000 µF, C_2 = 1000 µF.

1. Bezeichnen Sie die vier wesentlichen Baugruppen des Frequenzumrichters.

2. Wie lautet die Kurzbezeichnung der Schaltung unter Baugruppe (1)?

3. Der Anschluss des Widerstandes R_3 ist optional. Welche Auswirkungen hat dieser Widerstand für das Antriebssystem?

4. Welche Halbleiterbauelemente wurden in Baugruppe (3) verwendet?

5. Der Eingang des Frequenzumrichters wird an 230 V / 50 Hz angeschlossen. Wie groß ist die maximale Zwischenkreisspannung im Leerlauf des Umrichters (Kennwerte der Halbleiterbauelemente vernachlässigbar)?

6. Die Widerstände R_1 und R_2 dienen zum Entladen der Kondensatoren. Wie groß ist die Zwischenkreisspannung 60 Sekunden nach dem Ausschalten des Frequenzumrichters, wenn die maximale Zwischenkreisspannung des Gerätes auf 380 V eingestellt ist?

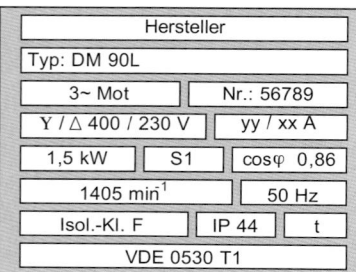

Herstellerschild:

Hersteller	
Typ: DM 90L	
3~ Mot	Nr.: 56789
Y / △ 400 / 230 V	yy / xx A
1,5 kW S1	cosφ 0,86
1405 min^{-1}	50 Hz
Isol.-Kl. F IP 44	t
VDE 0530 T1	

7. Der anzuschließende Motor trägt nebenstehendes Leistungsschild.
Skizzieren Sie das Motorklemmbrett und zeichnen sie alle erforderlichen elektrischen Verbindungen zum Anschluss der drei Motorwicklungen an den Frequenzumrichter ein.

8. Auf welches U/f-Verhältnis ist der Frequenzumrichter bei dem genannten Motor einzustellen?

9. Der Frequenzumrichter liefert eine Ausgangsfrequenz von 35 Hz. Welche Drehzahl hat der Motor, wenn der Schlupf bei der Frequenz dem Nennschlupf entspricht?

10. Was ist bei der Auswahl / dem Anschluss von Umrichterausgangsleitungen zu beachten?

11. Welcher Nennstrom wird vom Motor bei einer Umrichterausgangsfrequenz von 50 Hz und Nennlast aufgenommen, wenn von einem Wirkungsgrad von 82 % ausgegangen wird?

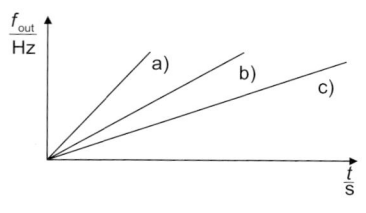

12. Bei der Parametrierung des Umrichters kann die Beschleunigungsrampe eingestellt werden. Bei der Einstellung b) schaltet der Frequenzumrichter während der Beschleunigung des Antriebes mit der Fehlermeldung „Überstrom" ab. Welche Rampe kann die Fehlermeldung verhindern (Begründen Sie Ihre Antwort!)?

13. Der Widerstand R_3 wurde am Gerät angeschlossen. Beim Abbremsen des Antriebes wird die Fehlermeldung „$U_{ZK} > U_{ZKmax}$" ausgegeben. Wie kann das verhindert werden?

Lösungen S. 546–547

Projektaufgabe 4: Lastenaufzug

Die Nennlast eines Lastenaufzuges (Anlage 1 S. 393) beträgt 3000 kg. Die Kabine hat ein Leergewicht von 750 kg. Der Hub von 3 m soll mit einer Geschwindigkeit von 0,4 m/s überwunden werden.

1. Welche Arbeit wird bei voller Beladung pro Hub verrichtet?

2. Welche mechanische Leistung wird bei halber Beladung benötigt?

3. Der Hubzylinder trägt die Typenbezeichnung BZH 100/ 5-VP-1x3440. Der Typenschlüssel ist in nachfolgendem Datenblatt dargestellt. Welche Druckspannung wirkt bei voller Beladung auf die Kolbenstange?

4. Im Typenschlüssel (Anlage 2 S. 394) ist ein Anschluss G $1^1/_2$ aufgeführt. Erklären Sie die Bedeutung der Abkürzung.

5. Welcher Öldruck ist bei dem verwendeten Zylinder mindestens erforderlich?

6. Die Pumpe trägt die Bezeichnung 140-39. Welche Leistung muss der Antriebsmotor bei einem dynamischen Förderdruck von 55 bar haben (Anlage 3 S. 395)?

7. Auf dem Lager befindet sich noch ein Motor mit nicht vollständig lesbarem Leistungsschild. Ein zugehöriges Datenblatt weist einen Wirkungsgrad von η = 0,9 aus. Berechnen Sie den vom Motor aufgenommenen Strom.

Hersteller		
Typ		
3 ~ Mot.	Nr.	
400 V/690 V		
22 kW		cos φ 0,85
	2940 /min	50 Hz
Isol.-Kl. F	IP 44 162	kg
VDE 0530		

8. Aufgrund eines Lagerschadens muss der zuvor eingesetzte Motor durch einen Motor gleicher Leistung ersetzt werden. Wählen Sie aus dem Tabellenbuch einen geeigneten Asynchronmotor aus und ermitteln Sie:

   a) Nennstrom

   b) Wirkungsgrad

   c) Nennschlupf

   d) Nennmoment

   e) Leistungsfaktor

9. Was bedeutet die Abkürzung IM B5 des verwendeten Motors?

10. Beschreiben Sie die Vorgehensweise beim Austausch des Motors unter Berücksichtigung der erforderlichen Sicherheitsmaßnahmen.

11. Bei der Befestigung des neuen Motors stellen Sie fest, dass das Gewinde einer Schraube beschädigt ist. Auf dem Schraubenkopf ist der Wert 5.6 dargestellt. Im Lager befinden sich Schrauben mit gleichen Abmessungen, jedoch ist der Wert 8.8 vermerkt. Was bedeuten diese Werte und kann die Schraube aus dem Lager verwendet werden?

12. Der Motor (Typ 180M) wird über eine 35 m lange Leitung an das Drehstromnetz angeschlossen.

   a) Prüfen Sie, ob der Spannungsfall auf der Leitung **H07VV5-U5G10** nach TAB DIN 18015-1 zulässig ist und erläutern Sie die Bezeichnung der Leitung.

   b) Kann die Leitung **H07VV5-U5G10** als Zuleitung bei Verlegeart B2 verwendet werden? Die Temperatur im Verlegebereich beträgt 25 °C. Begründen Sie Ihre Entscheidung.

   c) Es besteht die Möglichkeit, die Anschlussleitung (**H07VV5-U5G10**) in einem an der Hallendecke vorhandenen Kabelkanal, in dem sich schon drei vergleichbare Leitungen befinden, zu verlegen. Im Deckenbereich ist mit einer Temperatur von 30 °C zu rechnen.

   Wie hoch ist die Strombelastbarkeit unter den angegebenen Bedingungen?

   Kann die vorgesehene Leitung verwendet werden?

   Welche Maßnahmen sind erforderlich und wie hoch sind dann die Strom führenden Adern mit einem Leitungsschutzschalter mit Auslösecharakteristik K abzusichern?

13. Geben Sie den Durchmesser der Motorwelle an.

14. Auf dem Typenschild des Motors ist die Isolierstoffklasse F angegeben. Was bezeichnet diese Angabe?

15. Die Pumpe wird durch einen Druckschalter angesteuert. Dieser Druckschalter ist so eingestellt, dass je nach Nutzung des Aufzugs die Pumpe etwa 20 Mal pro Stunde gestartet wird. Kann für die Auslegung der Schaltgeräte die Betriebsart S1 angenommen werden?

16. Sind für den Anlauf des Motors besondere Maßnahmen zu ergreifen?

17. Skizzieren Sie sowohl den Steuer- als auch den Laststromkreis für eine automatische Stern-Dreieck-Umschaltung durch Verwendung von

   – Vorsicherung 3 pol
   – Taster Ein
   – Taster Aus

- Taster Not Aus
- 2 × Hauptschütz
- 1 × Zeitrelais anzugsverzögert
- 1 × Motorschutzrelais
- Meldeleuchte Betrieb
- Meldeleuchte Störung

Hinweis: Überstromauswertung nur für Dreieckschaltung erforderlich.

18. Auf welchen Wert ist das Motorschutzrelais einzustellen?

19. In der Motorwicklung ist ein Kaltleiter eingewickelt. Dieser ist im Klemmenkasten auf Klemme geführt. Gibt es dadurch eine technische Alternative zum Motorschutzrelais und welche Vorteile hat diese Alternative?

20. Die konventionelle Steuerung soll durch eine speicherprogrammierbare Steuerung ersetzt werden. Geben Sie die Steuerung als SPS-Programm in der Darstellung AWL und FUP an.

Lösungen S. 548–555

Anlage 1

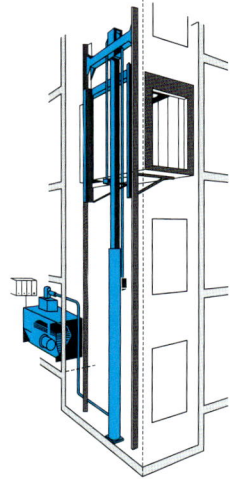

Anlage 2

Typenschlüssel

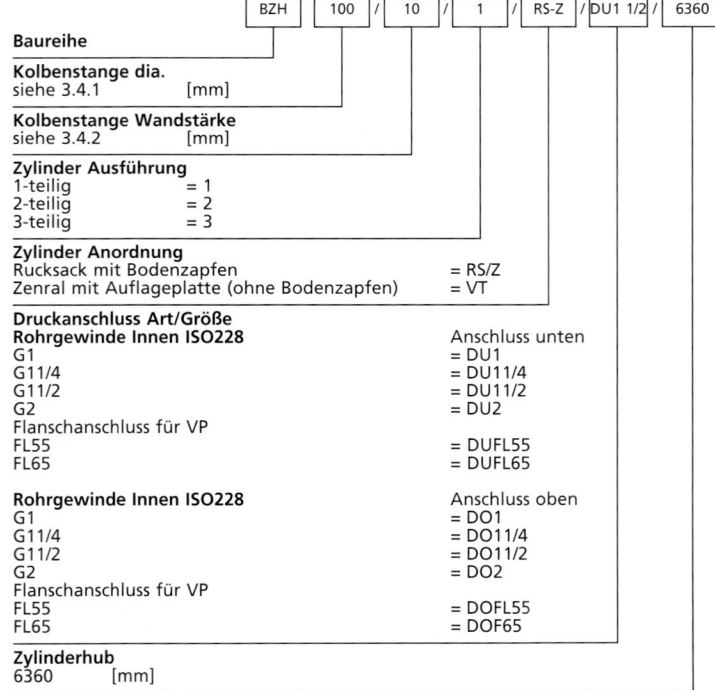

BZH / 100 / 10 / 1 / RS-Z / DU1 1/2 / 6360

Baureihe

Kolbenstange dia.
siehe 3.4.1   [mm]

Kolbenstange Wandstärke
siehe 3.4.2   [mm]

Zylinder Ausführung
1-teilig   = 1
2-teilig   = 2
3-teilig   = 3

Zylinder Anordnung
Rucksack mit Bodenzapfen   = RS/Z
Zenral mit Auflageplatte (ohne Bodenzapfen) = VT

Druckanschluss Art/Größe
Rohrgewinde Innen ISO228   Anschluss unten
G1   = DU1
G11/4   = DU11/4
G11/2   = DU11/2
G2   = DU2
Flanschanschluss für VP
FL55   = DUFL55
FL65   = DUFL65

Rohrgewinde Innen ISO228   Anschluss oben
G1   = DO1
G11/4   = DO11/4
G11/2   = DO11/2
G2   = DO2
Flanschanschluss für VP
FL55   = DOFL55
FL65   = DOF65

Zylinderhub
6360   [mm]

Anlage 3

Rucksack Anordnung

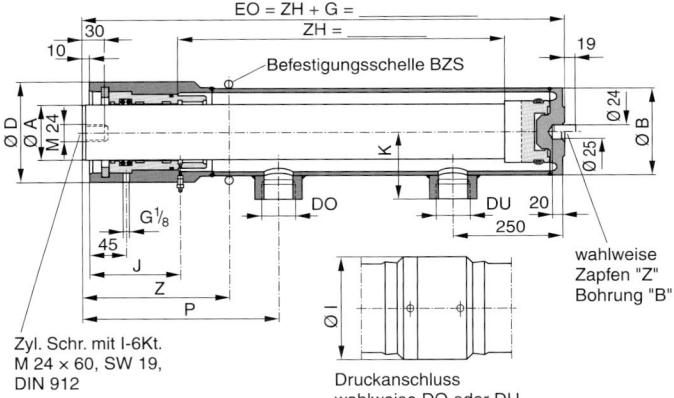

Zyl. Schr. mit I-6Kt.
M 24 × 60, SW 19,
DIN 912

Druckanschluss
wahlweise DO oder DU

Förderstrom Schraubensindelpumpen und Leistungsbedarf Motoren

Durchflussmengen bei Viskosität von 20 mm²/s (cSt) und Leistungen bei
Viskosität 75 mm²/s, Motor 50 Hz, Drehzahl 2750 min.⁻¹

dyn. Förderdruck [bar]

Pumpentyp 50 Hz	30 Q l/min	30 P KW	35 Q l/min	35 P KW	40 Q l/min	40 P KW	45 Q l/min	45 P KW	50 Q l/min	50 P KW	55 Q l/min	55 P KW	60 Q l/min	60 P KW	65 Q l/min	65 P KW	70 Q l/min	70 P KW
20-38	24,8	1,8	24,1	2,0	23,5	2,3	22,9	2,5	22,3	2,7	21,6	3,0	21,0	3,2	20,4	3,4	19,8	3,7
20-46	33,1	2,2	32,4	2,5	31,6	2,9	30,9	3,2	30,1	3,5	29,4	3,8	28,6	4,1	27,9	4,4	27,1	4,7
40-41	54,4	4,1	53,0	4,6	51,5	5,2	50,1	5,7	48,6	6,2	47,2	6,8	45,7	7,3	44,3	7,8	42,8	8,4
40-49	69,2	5,1	66,9	5,8	64,5	6,6	62,2	7,3	59,8	8,0	57,5	8,7	55,1	9,4	52,8	10,1	50,4	10,8
80-36	97,0	6,5	95,3	7,4	93,5	8,4	91,8	9,3	90,0	10,2	88,3	11,1	86,5	12,0	84,8	12,9	83,0	13,8
80-42	116,3	7,7	113,9	8,8	111,5	9,9	109,1	11,0	106,8	12,2	104,4	13,3	102,0	14,4	99,6	15,5	97,3	16,7
80-46	139,3	8,7	136,9	10,0	134,5	11,3	132,1	12,6	129,8	13,9	127,4	15,2	125,0	16,5	122,6	17,8	120,3	19,1
140-37	170,5	11,4	167,8	12,9	165,0	14,5	162,3	16,1	159,5	17,7	156,8	19,2	154,0	20,8	151,3	22,4	148,5	24,0
140-39	184,5	12,1	181,8	13,8	179,0	15,5	176,3	17,2	173,5	18,9	170,8	20,6	168,0	22,3	165,3	24,0	162,5	25,7
140-43	208,0	13,5	204,5	15,4	201,0	17,4	197,5	19,3	194,0	21,2	190,5	23,1	187,0	25,0	183,5	26,9	180,0	26,8
140-46	238,3	15,1	234,6	17,3	231,0	19,5	227,4	21,6	223,8	23,8	220,1	26,0	216,5	28,2	212,9	30,4	209,3	32,6
210-40	292,5	18,3	289,3	20,9	286,0	23,5	282,8	26,1	279,5	28,8	276,3	31,4	273,0	34,0	269,8	36,6	266,5	39,3
210-43	316,0	20,3	311,3	23,1	306,5	26,0	301,8	28,9	297,0	31,8	292,3	34,6	287,5	37,5	282,8	40,4	278,0	43,3
210-46	365,5	22,3	360,8	25,6	356,0	29,0	351,3	32,4	346,5	35,8	341,8	39,1	337,0	42,5	332,3	45,9	327,5	49,3
280-40	428,5	27,4	422,8	31,3	417,0	35,3	411,3	39,2	405,5	43,1	399,8	47,1	394,0	51,0	388,3	54,9	382,5	58,9
280-46	491,5	30,8	485,6	35,1	480,0	39,5	474,4	43,9	468,8	48,3	463,1	52,6	457,5	57,0	451,9	61,4	446,3	65,8
440-40	615,5	39,1	609,8	44,5	604,0	50,0	598,3	55,4	592,5	60,8	586,8	66,3	581,0	71,7	575,3	77,1	569,5	82,6
440-46	782,5	48,1	774,8	55,1	767,0	62,0	759,3	69,0	751,5	75,9	743,8	82,9	736,0	89,8	728,3	96,8	720,5	103,7

Anlage 4: Maßblatt – Rucksack-Anordnung

					Masse					
Heber BZG	A	B	D	G	I	J	K	P	Z	DO
50	50	82,5	100	185	101,6	82	68	300	250	G1
56	56	95,0	114	190	114,3	92	75	300	250	G1
60	60	95,0	114	190	114,3	92	75	300	250	G1
63	63	101,6	120	195	120,0	97	78	300	250	G1
70	70	108,0	126	195	127,0	97	81	300	250	G1
80	80	114,3	139	200	133,0	102	84	300	250	G1
85	85	127,0	152	205	146,0	107	91	300	250	G1
90	90	127,0	152	205	146,0	107	100	300	250	G1 $1/_2$
95	95	139,7	158	208	161,0	110	106	300	250	G1 $1/_2$
100	100	139,7	158	208	161,0	110	106	300	250	G1 $1/_2$
110	110	152,4	177	215	171,0	117	112	300	250	G1 $1/_2$
120	120	168,3	193	220	192,0	121	120	300	250	G2
125	125	168,3	193	220	192,0	121	120	300	250	G2
130	130	168,3	193	220	192,0	121	120	300	250	G2
140	140	193,7	219	225	219,0	116	133	300	250	G2
150	150	193,7	219	225	219,0	116	133	300	250	G2
160	160	219,1	244	232	244,0	120	146	300	250	G2
170	170	244,5	273	242	271,0	128	158	300	250	G2
180	180	244,5	273	242	271,0	128	158	300	240	G2
185	185	244,5	273	242	271,0	128	158	300	240	G2
200	200	273,0	298	342	310,0	218	173	450	380	G2
210	210	273,0	298	342	310,0	218	173	450	380	G2
220	220	298,5	322	352	340,0	224	185	450	380	G2
230	230	298,5	322	352	340,0	224	185	450	380	G2
240	240	323,9	354	355	365,0	224	198	450	380	G2
260	260	355,6	366	358	400,0	224	214	450	380	G2
280	280	355,6	395	399	400,0	265	214	450	380	G2
290	290	355,6	395	399	400,0	265	214	450	380	G2

Projektaufgabe 5: Maschinensteuerung für drei Motoren

Funktionsbeschreibung

Eine Maschine wird durch drei Drehstrommotoren angetrieben. Die Motoren M1, M2 und M3 werden getrennt über Taster ein- und ausgeschaltet. Es dürfen immer nur zwei Motoren gleichzeitig laufen. Alle Motoren haben Motorschutzrelais. An den Eingängen der SPS sind die Schließer der Motorschutzrelais angeschlossen. Im Störungsfall werden die jeweiligen Ausgänge abgeschaltet, und es erfolgt eine Störmeldung. Die Öffner der Motorschutzrelais sind zur Direktabschaltung vor den Schützspulen angeordnet.

Die SPS-Steuerung ist drahtbruchsicher und erdschlusssicher auszuführen. Erstellen Sie die Steuerung
1. als Schützschaltung, 2. mit digitalen Grundbausteinen, 3. als SPS-Programm in AWL und FUP/FBS.
Lösungen S. 554–558

14 Fachaufgaben in englischer Sprache

14. 1 Analysis of mechatronic systems / Funktionszusammenhänge in mechatronischen Systemen

1 **Convert into centimetres (round off to two decimal places):**

a) 2 inches
b) 2 feet

a) 1 inch = 2.54 cm
→ 2 inches = 5.08 cm

b) 1 ft = 30.48 cm
→ 2 ft = 60.96 cm

2 **Which is the correct formula for the circumference of a circle?**

a) $C = \pi$ x D
b) $C = 2\,\pi$ x D
c) $C = \pi$ x r
d) $A = \pi$ x r^2
e) None of the above

$C = \pi \times D$

3 **Stress is defined as**

a) *Force* divided by *Area*
b) *Force* divided by *Length*
c) *Area* divided by *Force*
d) None of the above
e) *Pressure* in relation to *Area*.

a) Force divided by Area

4 **Which of the following primary production processes is required to produce products of high accuracy?**

a) casting
b) stamping
c) welding
d) forging
e) machining

e) machining

5 **Which of the following primary production processes is used to produce high strength parts due to the continuous grain flow created in the parts?**

a) casting
b) stamping
c) welding
d) forging
e) machining

d) forging

6 **Which of the following primary production processes is suitable for producing highly complex shapes in large quantities?**

a) casting
b) stamping
c) welding
d) forging
e) conventional machining

a) casting

7 **Which of the following primary production processes is suitable for producing very complex shapes in small quantities?**

a) casting
b) stamping
c) welding
d) forging
e) conventional machining

e) conventional machining

8 **Which items are not forged?**

a) wrenches
b) crankshafts
c) cam shafts
d) engine blocks
e) cold chisels

d) engine blocks

9 **What is a reading error called that occurs when you do not look at a steel rule straight-on (perpendicularly to its surface)?**

It is called a parallax error.

10 **What is the reading at the pointer? (Note: Express fractions to the lowest denominator)**

1 3/8"

11 **What is the micrometer reading?**

.007''

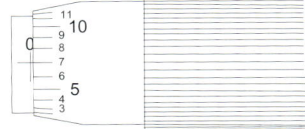

12 **How can the measuring faces of a micrometer be cleaned easily?**

The measuring faces of the micrometer can be cleaned easily by pulling a piece of paper through them.

14.2 Manufacturing of mechanical systems / Herstellen mechanischer Teilsysteme

13 **Plastics can be divided into two groups called**

a) polypropylene and poly-styrene
b) monomer and elastomer
c) synthetic and natural
d) thermoplastic and thermo-set
e) polymer and polygen.

d) thermoplastic and thermoset

14 **Four of the chemical elements that occur frequently in plastics are**

a) **carbon, iron, oxygen and fluorine**
b) **carbon, hydrogen, nitrogen and iron**
c) **sulphur, hydrogen, iron and silicon**
d) **chlorine, oxygen, nitrogen and carbon**

d) chlorine, oxygen, nitrogen and carbon

15 **Which type of hammer is used for general purpose work in machine shops in the U.S.?**

a) **claw-hammer**
b) **tack-hammer**
c) **ball-peen hammer**
d) **sledge-hammer**

c) A ball-peen hammer is used for general purpose work in machine shops. The heads of ball-peen hammers are made of hardened and tempered steel.

16 **What is the purpose of the set on hacksaw blades?**

The purpose of the set on a blade is to provide clearance for the blade in the kerf. The kerf is the slot produced when sawing.

17 **What is swarf?**

Swarf is the chips or shavings that are produced when metal is being cut.

18 **From which kind of steel are files generally made of that are used for machine shop work?**

Files used for machine shop work are made from high-carbon steel.

19 **Which are the four main features used to describe a file?**

The four main features used to describe a file are the cut, shape, length and the grade of cut or coarseness. The two most common classes of files in the shop are double cut and single cut.

20 **What is the most likely cause of a squealing noise when filing?**

The work piece is clamped too far out from the vice jaws.

21 **Soft materials need to be filed using**

a) **softer files**
b) **harder files**
c) **finer files**
d) **coarser files**

Soft materials need to be filed using coarser files.

22 **Accurately describe a combination wrench.**

A combination wrench is a flat wrench with a hex ring at one end and an open end at the other.

23 **What is the colour coding of Robertson screwdrivers from the smallest to the largest size?**

The colour coding of Robertson screwdrivers from the smallest to the the largest is orange, yellow, green, red and black.

24 **What can odd leg callipers be used for?**

Odd leg callipers can be used for finding the centre of circular discs, marking lines parallel to straight edges, finding the centre of flat bar stockand marking lines parallel to curved edges.

25 **What is the most suitable tool for measuring outside diameters, inside diameters, as well as depths from 0 to 6 in?**

The vernier calliper is the most suitable tool for measuring outside diameters, inside diameters, as well as depths from 0 to 6 in.

26 **Below are end views of a steel rule being used to guide a scriber to scribe a line on a sheet of metal. Which view shows the correct position to hold the scriber?**

d)

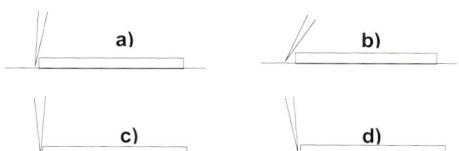

a)   b)

c)   d)

27 **What are the three styles of tap called? In what order should these taps be used?**

1) Second or intermediate
2) bottoming or plug
3) taper or first

The three taps should be used in the following order: 3,1, 2

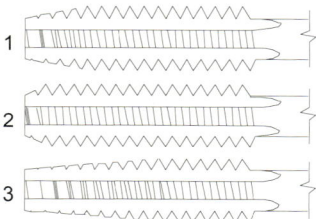

28 **How should the screws be adjusted when taking the first cut with a circular split die?**

When taking the first cut with a circular split die only the middle screw (B) of the die holder should be tightened.

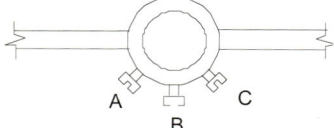

29 **Why should taps and dies be frequently turned back when cutting a thread?**

Taps and dies should be frequently turned back to clear the chips from the tap or die flutes.

30 **Assume you want to produce an internal thread of 10 mm nominal diameter with a 1.5 mm pitch. According to the standard threads chart, what is the required tapping drill size?**

The required tapping drill size to produce an internal thread of 10 mm nominal diameter with a 1.5 mm pitch is 8.5 mm diameter.

31 **Which calculation gives you the normal tap drill size for a Unified or ISO 60° V thread?**

Nominal diameter minus the pitch.

32 Match up the picture with
the terms.

A – 4
B – 3
C – 2
D – 1
E – 5

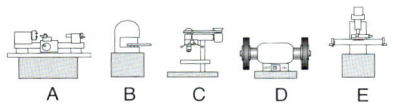

A   B   C   D   E

1) grinder   2) pillar drill   3) band saw
4) lathe   5) milling machine

33 These diagrams illustrate
different kinds of manufacturing techniques. Match up the
pictures with the terms.

A – 5   D – 1
B – 3   E – 2
C – 6   F – 4

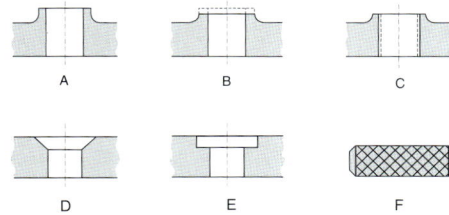

A   B   C

D   E   F

1) countersinking 2) counter boring 3) spot ing
4) knurled surfaces and chamfers 5) drilling
6) reaming

34 What is the tip angle of a
countersinking tool used to
countersink holes for ordinary North American flat
head screws?

It has a tip angle of E = 82°.

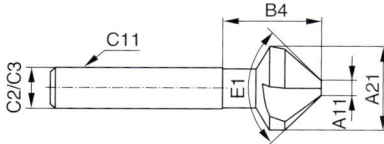

35 Refer to the cutting speed chart in your formulary to answer this question. What is the approx. cutting speed required to turn down a piece of cast iron, which has 200 mm diameter with an ordinary cutting tool?

The cutting speed required to turn down a piece of cast iron of 200 mm diameter using an ordinary cutting tool is about 25–55 rpm.

(The speed may vary depending on the formulary you use)

36 What is the correct speed for cutting a 1" diameter mild steel rod in a lathe using a high speed steel tool bit?

The correct speed is within the range 300–450 rpm.

(The speed may vary depending on the formular you use)

37 When countersinking a 1/2" hole, in aluminium, what speed (rpm) do you need to set the machine to?

You should set the machine to a speed of 600 rpm. (The speed may vary depending on the formular you use)

38 Which one of these lathe accessories would be most useful when:

a) turning down the outside diameter of a large piece of pipe?
b) in machining down the outside diameter of a pulley?
c) facing the end of a smooth round steel bar about 100 mm diameter and 500 mm long?
d) in machining a large casting of very awkward shape, and no holes?
e) in turning down the entire length of a long thin shaft?

a) 3
b) 2
c) 1
d) 5
e) 4

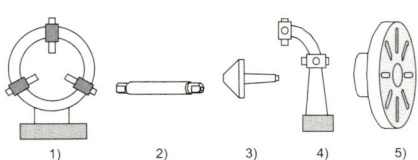

1)   2)   3)   4)   5)

39 Referring to 3 jaw universal lathe chucks, choose the statement that is false.

a) Some jaws are reversed by removing 2 screws, not the jaws.
b) Some chucks have regular and reverse (outside) jaws.
c) Jaws are interchangeable among chucks of the same make, size, and model.
d) Jaws need to be installed in the correct order.
e) All 3 jaw universal chucks have some means of reversing the jaws.

c) Jaws are interchangeable among chucks of the same make, size, and model.

40 Which statement is true concerning the four-jaw independent chuck?

a) Work can be held more accurately than in the 3-jaw.
b) It is more difficult to hold odd-shaped parts in it than the 3-jaw.
c) The 4-jaw chuck has a scroll thread (spiral) driving the jaws.
d) It cannot hold work as large as the 3-jaw because the jaws won't reverse
e) none of the above.

a) Work can be held more accurately than in the 3-jaw.

41 How can an improved surface finish be obtained by varing the feed rate and depth of cut, when machining on the lathe?

The smoothest surface finish can be obtained when machining on the lathe by taking a shallow cut and reducing the feed rate.

42 How are tailstock fittings removed from the tailstock?

To remove tailstock fittings (e.g.: drill chuck) from the tailstock spindle you have to retract (pull in) the spindle into the tailstock.

43 What will happen to a shaft that is turned between centres if the tailstock of the lathe is out of alignment away from the operator?

The shaft diameter will be smaller toward the headstock end.

44 Which diagram shows the lathe work piece centre-drilled to the correct depth for supporting the work piece with a tailstock centre?

d)

45 Which of the tool bits below is a threading tool bit for Unified or ISO threads?

b)

46 At which height should the cutting edge of a lathe tool bit be adjusted?

The cutting edge of a lathe tool bit should be adjusted at centre height.

47 Suppose that your lathe work piece has a diameter of 12.82 mm and that you want to bring it down to 12.10 mm in one cut. What is the depth of cut needed?

The tool bit will need to be fed inwards 0,36 mm.

48 In which terms is "feed" expressed for a lathe?

On a lathe "feed" is expressed in terms of tool bit travel per revolution of the spindle. For example, inches per revolutions.

49 **Which are the standard**
a) **metric units for cutting speed**
b) **Imperial units for cutting speed?**

The standard units for cutting speed are a) metres per minute for metric and b) feet per minute for imperial units.

50 **What happens to the feed rate, when you change the lathe spindle speed to a higher one, without changing the feed gearbox setting?**

The feed rate remains the same.

51 **What kind of tool is illustrated below? Describe its usage.**

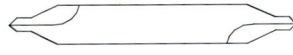

It is a centre drill. Centre drill bits are used in metalworking to provide a starting hole for a larger sized drill bit, or a conical indentation in the end of a work piece to mount a lathe centre. These centres are used when turning or grinding work pieces. A work piece machined between centres can be safely removed from one process (perhaps turning in a lathe) and set up in a later process (perhaps a grinding operation) without losing any concentricity.

52 **Name at least two precautions, which are important when centre-drilling on the lathe?**

When centre-drilling on the lathe you should
- use cutting oil
- use a high rpm (about 900)
- feed the centre-drill in slowly
- withdraw the centre drill frequently to clear away chips.

53 **When boring and reaming, which method requires a hole to be drilled first?**

Boring does, and so does reaming.

54 **Suppose you have drilled a hole through a work piece on the lathe, and the hole is a bit eccentric (it wobbles). Which method (boring or reaming) will make the hole concentric while enlarging it?**

Only boring will make the hole concentric while enlarging it.

55 With respect to a geared-head pillar drill, which statement is false?

a) the lathe tailstock fittings are able to fit in the spindle of the machine
b) chucks and drills are kept from turning inside this spindle due to the tightness of the taper
c) it is usually most convenient to mount work at or near one end of the table
d) all are false
e) none of the above (all are true)

b) Chucks and drills are kept from turning inside this spindle just by the tightness of the taper.

56 Good quality drill bits for the machine shop and woodworking are made of

a) carbon steel
b) tungsten steel
c) tool steel
d) high speed steel
e) low carbon steel

d) They are made of high speed steel.

57 If the straight shank of a drill bit got badly scored while you were using it, what is the most probable cause?

You did not tighten the chuck enough.

58 Which of these drill tips is suitable for cutting metal?

a)

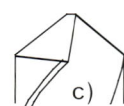

59 **Give two reasons why larger drills (over 1/2" dia.) generally have a taper shank?**

Larger drills (over 1/2" dia.) generally have a taper shank, because

the tang makes it nearly impossible for the drill to slip

the higher cost of the larger drill body justifies the higher cost of the better shank

eliminating the chuck leaves more room for large work pieces

60 **Describe the function of each single wheel of a band saw.**

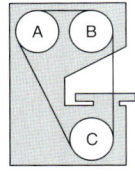

The function of wheel C is to drive the blade, wheel A guides the blade and B provides the blade with tension.

61 **What does EDM stand for?**

EDM stands for electrical discharge machining.

EDM works by eroding material in the path of electrical discharges that form an arc between an electrode tool and the work piece. The advantages of EDM over other manufacturing processes are

EDM uses low forces

can cut hard metals

can cut odd shapes very accurately

62 **Which item on the following list consists of non-ferrous cutting tool materials?**

a) Cemented carbide, Stellite®, high speed steel

d)

▷ **Fortsetzung der Frage** ▷

c) Tool steel, ceramic, high speed
steel

d) Cemented carbide, ceramic,
Stellite®

e) High speed steel, tool steel,
Stellite®.

---

63 The object to sh　　　　　d)

a) mitre fence
b) rip fence
c) drill chuck
d) drill chuck key
e) countersink

---

64 The purpose of the object　　d)
below is to

a) tighten a certain tool-
holding device
b) allow square or angular
cuts across the work, on
a power saw
c) allow cutting long strips of
material on a power saw
d) chamfer the edge of a hole
e) hold a certain type of
cutting tool

---

65 On a saw blade (of any　　d)
kind), the "set" means

a) the pitch (spacing) of the
teeth
b) the sharpness of the teeth
c) how many teeth there are
on the whole blade
d) the sideways bend of the
teeth
e) None of the above

© Holland + Josenhans

66 **Which view do we usually draw first when creating a technical drawing?**

When creating a technical drawing we usually draw the front view first.

67 **Which is the maximum number of orthographic views that can be drawn for any object?**

The maximum number of orthographic views that can be drawn for any object is six.

68 **Which of the following items is generally used to transfer distances from one part of a drawing to another?**

a) compass
b) divider
c) scale
d) triangle
e) protractor

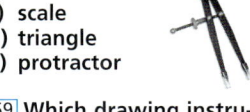

Generally dividers are used to transfer distances from one part of the drawing to another.

69 **Which drawing instrument is generally used to draw circles?**

Generally a pair of compasses is the correct drawing instrument to draw circles.

70 **What kind of lines are used on a technical drawing to show hidden features?**

Generally hidden or broken lines are used to show features on a technical drawings that are not visable.

71 **Put the types of lines used in mechanical drafting listed below into their correct order from thickest to thinnest.**

cutting Plane; object; hidden; dimension

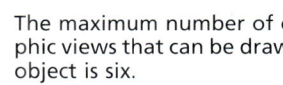

thickest line   thinnest line

72 **What is the minimum recommended distance from the edge of a view to the nearest dimension line (in millimetres)?**

The minimum recommended (!) distance from the edge of a view to the nearest dimension line is 10 mm.

73 How many quarters of an object are assumed to have been removed on a half-section view of a mechanical drawing?

It is assumed that of an object is removed on a half section view of a mechanical drawing.

74 In mechanical drafting, the term "50 B.C." would mean

a) a 50 mm diameter bolt circle
b) fifty bolt centres
c) a 50 mm radius bolt circle
d) 50 mm between centres
e) 50 mm below centre

d) Between centres. In mechanical drafting, the term "50 B.C." would mean a 50 mm diameter bolt circle. A bolt circle is a circular centre line on which there are holes.

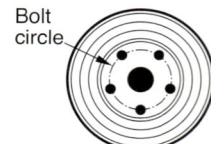

Bolt circle

14.3 Installing of electrical equipment in compliance with safety regulations/ Installieren elektr. Betriebsmittel unter Beachtung sicherheitechnischer Aspekte

75 What do we call a circuit in which current is allowed to flow from one terminal of the power source, to the other terminal, without going through a load device or any other significant resistance?

We call it a short circuit.

76 What does the Law of Electrical Charges state?

It states that like charges repel and unlike charges attract.

77 Why are metals good conductors?

They have free electrons.

78 What is the mains frequency in cycles per second of the power grid in Canada and the USA?

60 cycles per second

79 What is the advantage of using AC instead of DC, in residential and commercial applications?

The reason is that AC is suitable for transformers.

80 What does the term EMF stand for and what does it mean?

EMF stands for electromotive force and is same as the term voltage. Its unit is the volt.

81 How is the total resistance of a circuit affected, when you connect two resistors of widely different resistance values in parallel?

The total resistance decreases and is mainly influenced by the smaller resistance value.

82 In this circuit, which resistor has the largest voltage drop across it?

They all have the same voltage drop.

12 V   680 Ω   470 Ω   56 Ω

83 What causes the bimetal strip of a circuit-breaker to bend?

Heat causes the bimetal strip of a circuit-breaker to bend due to the different coefficients expansion of the 2 metals employed.

84 What is the best type of circuit breaker for protecting against a:

a) prolonged mild overload

b) sudden severe overload?

The best type of circuit breaker for protecting against a prolonged mild overload is thethermal type (a) and for a sudden severe overload the electromagnetic type (b).

85 **Describe the hand rule to determine the magnetic field around a current-carrying conductor?**

When the left thumb points in the direction of electron current then the fingers point in the direction of the magnetic field.

86 **What does a megger usually measure?**

A megger usually measures extremely high resistances.

87 **What is the meter reading on the 10 scale?**

It is 0.2.

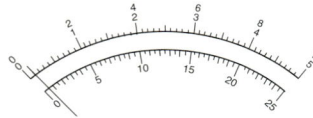

88 **What is the designation of this switch?**

It is a dual pole, dual throw switch (DPDT with 4 terminals).

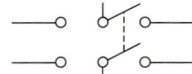

89 **Sketch the schematic diagram of a three-way switching circuit.**

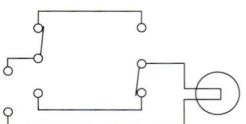

90 **What tends to cause the voltage output of a power source to drop when a load is applied to the terminals of the source?**

The Internal resistance of a power source tends to cause the voltage output to drop when a load is applied to the terminals of the source.

© Holland + Josenhans

91 **What is the purpose of a rectifier?**

A rectifier is an electrical device, comprising one or more semi conductive devices (such as diodes) or vacuum tubes arranged for converting alternating current to direct current.

92 **If you touch a source of electrical power, you will get the worst shock if another part of your body is touching**

a) **ground**
b) **a source of the same voltage and polarity**
c) **a source of the same voltage and opposite polarity**
d) **an insulator**
e) **an ungrounded metal object.**

c) A source of the same voltage with opposite polarity.

93 **Suppose you saw a person receiving an electrical shock, and their grip was locked on the live conductor. What is the first thing you should try doing, immediately?**

You should, turn off the power immediately.

94 **Which of the following schematic symbols represents a potentiometer?**

d)

a) 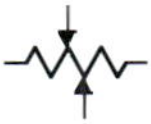 b)

c)  d)

e) **None of the above**

© Holland + Josenhans

95 **In which of the diagrams**
are the wires meant to be
***connected* ?**

d)

1	**2**	**3**

4

a) only in 1
b) in 1 and (4
c) only in 2
d) in 2 and 4
e) none of the above

96 **What is the tolerance and**
actual value of a 200 ohm
resistor with a gold fourth
band?

The tolerance is +/– 5 % and the
actual value can vary from 190 ohm
to 210 ohm.

97 **What is the value in ohm,**
of a resistor having the follo-
wing colour bands?

The value is 120 ohm. The resistor has
got a tolerance of +/– 10 %.

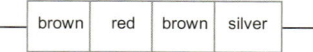

brown	red	brown	silver

98 **How can you determine**
the current in a circuit path
without using an ammeter?

Put a 1k resistor in series and measure
the voltage drop across it, to determine the number of mill amperes flo-
wing.

99 **A capacitor consists of a**
"sandwich" of layers of insu-
lating and conducting materi-
als, often rolled up to make it
compact. How many layers
are there?

There are three layers (conducting/
non-conducting/conducting).

100 **What is another name for the capacitor (often used in the U.S.)?**

Another term for capacitor is condenser.

101 **Name at least two purposes of a condenser.**

- to allow AC through, but block DC
- to store energy
- to smooth out pulses
- the condenser can release its energy much faster than a chemical cell or battery

102 **Suppose you discharge a capacitor through a circuit, and an LED in the discharge path glows, but a bit dimly. If you change the circuit resistance so that the LED glows more brightly, you would probably also find that**

a) **the LED is on for a shorter period of time**
b) **the LED is on for a longer period of time**
c) **the LED goes on gradually**
d) **both (b) and (c)**
e) **none of the above**

a) The LED is on for a shorter period of time.

103 **What happens to the total capacitance**

a) **when you connect two capacitors in series**
b) **in parallel?**

a) When you connect two capacitors in series the total capacitance decreases.

b) When you connect two capacitors in parallel the total capacitance increases.

104 **This bipolar transistor symbol shows the leads numbered. Label the numbers with the correct technical terms.**

2 emitter
3 collector
1 base

105 **Which polarity of voltage (plus or minus) needs to be applied to the emitter of a NPN transistors in order that it conducts?**

A small positive voltage has to be applied to the emitter.

106 **What are the two basic functions of a transistor?**

It can perform as an amplifier or a switch.

107 **What are differences between an ordinary diode and a zener diode?**

- The zener diode will "break down" in a controlled fashion.
- It lets current pass at a constant reverse voltage (zener voltage)

108 **What must always be connected in series with a zener diode to protect it from overheating?**

A resistor has to be connected in series with a zener diode to protect it from overheating.

109 **Sketch the schematic symbol for a zener diode.**

110 **How do you calculate the gain of an amplifier?**

The gain of an amplifier is equal to the output divided by the input.

14.4 Flow of information and energy within electric, pneumatic and hydraulic subcomponents/ Energie- und Informationsflüsse in elektrischen, pneumatischen, hydraulischen Baugruppen

111 **How are analogue and digital signals represented?**

digital signal analogue signal

▷ **Fortsetzung der Antwort** ▷
Analogue signals are represented by continuous signals, which can vary in shape and strength, whereas digital signals are represented by discrete pulses.

112 **Name two advantages of digital over analogue signal.**

- allows compression of information
- signal defects do not get amplified
- signal defects can often be detected and corrected

113 **What is the function of error detection schemes in digital systems?**

Digital systems can use error detection schemes to eliminate interference.

114 **Why are binary (base two) systems used in digital electronics?**

The reason why the binary system is used in digital electronics is that a switch or transistor can only be on or off state.

115 **What is the function of a digital inverter?**

It changes high signals to low, and low signals to high.NR

116 **How many two-input AND gates in combination are required to be equivalent to one three-input AND gate?**

Two two-input AND gates in combination are required to form the equivalent of one three-input AND gate.

117 **Insert the correct phrase into the gap. TTL devices are**

TTL devices are *more resistant* to static electricity than CMOS.

——————— ———————
(more resistant / less resistant) to static electricity than CMOS.

118 **What is the difference in output response when an external input signal is applied to an active or passive device?**

A passive device can *not* change its output in response to an external input signal, whereas an active device can change its output in response to an external input signal.

© Holland + Josenhans

119 **Give at least two examples of electronic devices that are referred to as discrete components.**

These are single devices such as a resistor, capacitor, or transistor which are individually packaged.

120 **What is an integrated circuit (IC) made up of?**

An integrated circuit consists of a number of devices such as resistors, capacitors, and transistors, all built into the same semiconductor chip.

121 **Describe the term linear device.**

An integrated circuit which controls gradually varying voltages, possibly as an amplifier, is called a linear device.

122 **Is the change in pressure transmitted undiminished or diminished to other parts of the body of fluid, when pressure is applied to one part of a completely enclosed body of fluid?**

According to Pascal, when pressure is applied to one part of a completely enclosed body of fluid, the change in pressure is transmitted undiminished to other parts of the body of fluid.

123 **Why are gases more easily compressed than liquids?**

Gases are more easily compressed than liquids because the particles are farther apart in gases.

124 **What is the formula for pressure, relating area and force for a hydraulic system?**

$P = F/A$

125 **Which is the crucial feature that distinguishes pneumatics from hydraulics?**

The crucial feature that distinguishes pneumatics from hydraulics is that the fluid used in pneumatics is much more compressible.

126 **Which element does this symbol represent and what is the function of this device?**

This symbol represents a four-way valve and is used to control a hydraulic cylinder, for example.

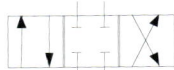

127 **Which element does this symbol represent and what is the function of this device?**

This symbol represents a check valve and it allows flow in one direction only.

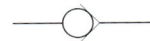

128 **Which element does this symbol represent and what is the function of this device?**

This symbol represents a plain valve and it controls the flow in a fluid line.

129 **Which element does this symbol represent and what is the function of this device?**

This symbol represents a pressure relief valve and is used to limit the pressure.

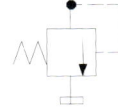

130 **Which element does this symbol represent and what is the function of this device?**

This symbol represents an accumulator and is used to store energy.

131 **Which element does this symbol represent and what is the function of this device?**

This symbol represents a double-acting cylinder and it provides a force in two directions.

132 **Which element does this symbol represent and is the function of this device?**

This symbol represents a single-acting cylinder and it provides a force in one direction only.

133 **What is wrong with this hydraulic circuit?**

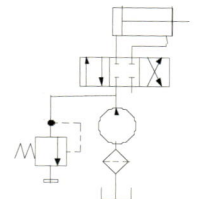

The system will lose oil.

134 **Which statement about this hydraulic lever is false?**

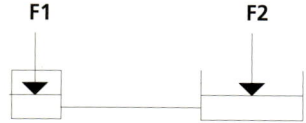

a) **F2 is greater than F1**
b) **the length of the interconnecting line is not important**

c) piston #1 and piston #2 will move the same distance

▷ **Fortsetzung der Frage** ▷

c) **piston #1 and piston #2 will move the same distance**

d) **both (a) and (c) are false**

e) **both (a) and (b) are false**

14.5   Communication by means of data processing systems/ Kommunizieren mit Hilfe von Datenverarbeitungssystemen

135 **For which type of communication concept does a computer use a bit map?**

A computer uses a bit map for encoding. A bit map is generally a succession of independent bits, which have the same relevancy.

136 **Fibre-optic technology is replacing transmission via**

a) **radio waves**

b) **microwaves**

c) **laser beams**

d) **copper wires**

e) **none of the above**

Fibre-optic technology is replacing transmission via copper wires.

137 **Enumerate three advantages of fibre-optic transmission, over the transmission via copper wire.**

• it is more immune to electromagnetic interference
• it can transmit more data for a given size of cable
• it has lower maintenance cost

138 **Why can fibre-optic cables transmit more conversations at a time than wires can?**

Fibre-optic cables can transmit more conversations at a time, because light pulses can be sent at a higher frequency than electrical pulses.

139 Nearly every application program uses dialog boxes. For which of the following can you choose more than one option?

If a dialog box displays n checkboxes, you can choose 0 to n of these.

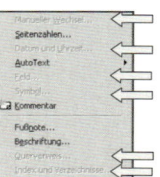

a) **option buttons (the round objects).**
b) **check boxes (the square objects)**
c) **both (a) and (b)**
d) **none of the above**
e) **items in a list box**

140 While working on a spreadsheet program it may happen that a menu command will be greyed out. What does that mean?

If a menu command is greyed out it means you cannot access it at that time.

141 Describe the purpose of a PC cache memory.

The Cache memory is a small bank of high-speed memory devices, that store frequently-used instructions or data for quick access by the CPU. The purpose of cache memory is to store only instructions for which there is an

▷ **Fortsetzung der Antwort** ▷

anticipated need instead of storing the entire code of the application currently used.

142 **Match up the following terms. Connect them by lines.**

CD-ROM means a CD that	Random Access Memory
For the term CD-RW, the RW stands for	can be written to, and erased and written to numerous times
BIOS stands for	re-writable
For the term CD-R, the R stands for	Basic Input/Output System
CD-RW means a CD that	Read Only Memory
RAM stands for	can only be read
RAM stands for	recordable

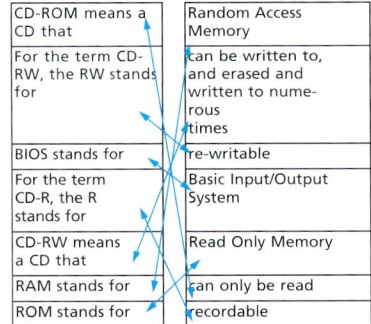

CD-ROM means a CD that	Random Access Memory
For the term CD-RW, the RW stands for	can be written to, and erased and written to numerous times
BIOS stands for	re-writable
For the term CD-R, the R stands for	Basic Input/Output System
CD-RW means a CD that	Read Only Memory
RAM stands for	can only be read
ROM stands for	recordable

143 **List at least three functions of a microprocessor chip.**

A microprocessor chip has got the following functions

- receive and store strings of binary data for processing
- perform arithmetic operations such as addition
- make logical decisions on the basis of the binary data it receives
- deliver processed data to output circuits

144 **The terms "byte", "word", and "nibble", refer to data widths of, respectively,**

a) 32, 16, and 8 bits
b) 8, 16, and 4 bits
c) 16, 8, and 4 bits
d) 16, 4, and 8 bits
e) 8, 32, and 4 bits

b) 8, 16, and 4 bits

145 **Which is the largest single-digit hexadecimal number?**

The largest single-digit hexadecimal number is F.

146 **Which is the binary and decimal equivalent of the largest single-digit hexadecimal number?**

The binary equivalent is 1111.

The decimal equivalent is 15.

147 **Suppose that a computer is sending 7-bit binary numbers, plus an eighth bit at the right end as a parity bit, and that the parity is even. What would need to be done to the number 1000110 before sending it?**

Change the number to 10001101.

14.6   Planning and organising of work flows/ Planen und Organisieren von Arbeitsabläufen

148 **In terms of metalwork and machining processes, what does "fabrication" mean?**

In terms of metalworking and machining processes, fabrication means joining basic parts to form more complex ones.

149 **Assume that your bicycle needs a new front wheel ball-bearing assembly. You can go into a store and buy this part, take it home, and it will fit on the axle shaft properly, even though you didn't take the axle shaft to the store to test if the new bearing will fit. This is because the manufacturer of the bicycle has adopted**

This is because the manufacturer of the bicycle has adopted interchangeable manufacturing.

a) selective assembly

▷ **Fortsetzung der Frage** ▷

b) fixed gauging
c) interchangeable manufac-
turing
d) automation

150 **What is meant by the**
term "tolerance"?

Tolerance is the range of sizes that is allowed.

14.7   Mechatronic subsystems/ Realisieren mechatroni-scher Teilsysteme

151 **What is meant by the**
term PLC and what is it used
for?

A **P**rogrammable **L**ogic **C**ontroller, PLC, or Programmable Controller is a small computer used for automation of real-world processes, such as the control of machinery on factory assembly lines.
The PLC usually uses a microprocessor. The program can often control complex sequencing. The program is stored in battery-backed memory and/or EEPROMs. Unlike general-purpose computers, the PLC is packaged and designed for extended temperature ranges, dirty or dusty conditions, immunity to electrical noise, and is mechanically more rugged and resistant to vibration and impact.

152 **A PLC controller features**
additional functions that
make troubleshooting easier.
According to severity, errors
can be divided into two cate-
gories. Explain both catego-
ries.

Fatal errors are undesirable because they prevent the PLC controller from operating until the source of error has been isolated and the cause has been rectified.

▷ **Fortsetzung der Antwort** ▷

Non-fatal errors are those that do not prevent the PLC controller from operating. After detecting one or more non-fatal errors, program execution will continue. Nevertheless, it is necessary to correct these errors as soon as possible.

| 153 **What is a PID loop used for?**

A PID loop is the standard solution to many industrial process control processes that require proportional, integral or derivative control techniques. A PID loop could be used to control the temperature of a manufacturing process, for example.

| 154 **Explain the function of a common PID controller.**

The PID controller compares a measured value from a (industrial) process with a reference setpoint value. The difference is then used to calculate a new value for a manipulatable input to the process that brings the process measured value back to its desired setpoint.

| 155 **In which applications are PLCs favoured over other control systems?**

PLCs are well-adapted to specific automation tasks. These are typically industrial processes in manufacturing where the cost of developing and maintaining the automation system is high relative to the total cost of the automation, and where changes to the system would be expected during its operational life.

| 156 **What are proximity sensors used for?**

Proximity sensors are used to detect the presence of an object or obstacle and are used for line tracing and direction monitoring. They are in much demand in robotic and automated machinery applications.

157 **What are the advantages of capacitive proximity sensors over inductive proximity sensors?**

Capacitive proximity sensors are similar to inductive proximity sensors except that they sense the presence of almost any material. Moreover, the sensitivity can be adjusted and they have a greater range compared with inductive proximity sensors.

158 **Which physical effect is employed when measuring the speed of an object using a velocity sensor?**

The *Doppler effect* is a phenomenon that has been used in conjunction with a number of different technologies to measure motion.

159 **Describe the function of a bimetallic strip thermometer.**

Two different metals with different coefficients of thermal expansion are bonded together. As a change in temperature occurs the unequal expansion of the two metals will cause the bimetal strip to curl. If one end of the metal strip is fixed then the other end will be displaced in response to temperature changes.

14.8 Mechanical and electrical actuator systems (Designing of mechatronic systems)/ Design und Erstellen mechatronischer Systeme

160 **What does EMC stand for?**

EMC stands for electromagnetic compatibility.

161 **What is the purpose of investigating the electromagnetic compatibility of different types of equipment used in mechatronics?**

The purpose of investigating the EMC of different types of equipment used in mechatronics is to search for the unintended generation, propagation and reception of electromagnetic energy with reference to the unwanted effects that such an energy may induce.

162 **Why does the EMC issue play a more important role today than it had done in the past? Argue from the mechatronics point of view.**

Nowadays EMC has become more and more of an issue, because of the increased clock speeds used in modern digital equipment coupled with the lower signal voltages used by these systems.

163 **The plate clutch is one of the most common type of friction clutches. It is a compact and trouble-free type of clutch. Why is this of clutch usually designed to be immersed in an oil bath?**

The oil provides a cushioning effect giving smooth engagement and also carries away the heat energy generated, resulting in a lower working temperature and prolonged life of the mating parts.

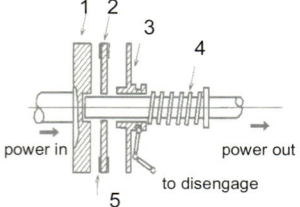

164 **In the picture below, some of the terms are mismatched. Match up the terms correctly and explain the function of the pressure plate.**

1 – flywheel
2 – friction disc
3 – pressure plate
4 – spring
5 – lining

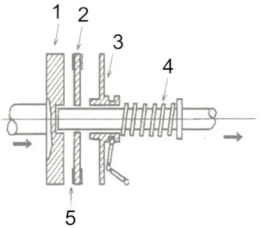

▷ Fortsetzung der Frage ▷

1 – spring
2 – pressure plate
3 – flywheel
4 – friction disc
5 – lining

▷ Fortsetzung der Antwort ▷

In order to ensure the maximum contact it is necessary that the mating surfaces of the plate clutch should be in close contact at all points. Consequently pressure plates are designed to flex sufficiently to adapt themselves to variations in the contacting surfaces and not to distort under high working temperatures.

165 **Explain the function of a dog clutch.**

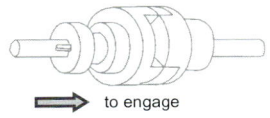

to engage

The dog clutch is a simple type of clutch. Often, however, the engagement has to be gradual requiring a friction clutch. Slipping will take place as engagement proceeds and the speed of the driven shaft builds up until, the shafts are running at the same speed and slipping ceases. A clutch therefore, is used to transmit motion from a power source to a driven component and bring the two to the same speed. Once full engagement has been made, the clutch must be capable of transmitting the maximum torque that can be applied to it without slip.

166 **What is a ratchet mechanism used for?**

A ratchet mechanism is used to restrict the rotary motion of a shaft to only one direction. It constists of a ratchet wheel, with saw-shaped teeth, which engage with an arm called a pawl. The arm is pivoted and con move back and forth to engage the wheel.

167 **What is the purpose of the rack and pinion concerning the type of motion it converts?**

The rack and pinion can be used to convert rotational motion to linear motion or vice versa.

168 **What is the main purpose of bevel gears?**

Bevel gears are used to transmit rotary motion through an angle of 90 degrees.

169 **Give a definition of a machine.**

A machine is an assemblage of parts that transmit forces, motion and energy in a predetermined manner. A machine is a combination of rigid or resistant bodies, formed and connected so that they move with definite relative motions and transmit forces from the source of power to the resistance to be overcome. It has two main functions: transmitting definite relative motion and transmitting force.

170 **Concerning gears, some gear-wheels are known as pinions, spurs or crown wheels. Explain these terms.**

When two gears are in mesh, the larger gear-wheel is often known as the spur or crown wheel and the smaller one the pinion.

171 **What is meant by gear ratio?**

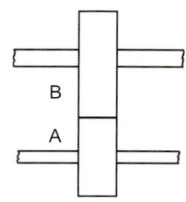

The term gear ratio is used to define the ratio of the angular speeds of a pair of intermeshed gear wheels. For example, if two gears A and B intermesh and wheel A has 20 teeth and B 40 teeth, then wheel A must rotate through two revolutions in the same time as wheel B rotates through one. Thus the angular velocity v A of wheel A must be twice that of wheel B. Therefore the gear ratio for this example is 2.

172 **What is the advantage of helical gears over spur gears?**

Helical gears have the advantage over spur gears that there is a gradual engagement of the individual teeth and consequently helical gears run smoother and generally have a prolonged life compared with spur gears.

173 **Into how many groups and according to which criteria can direct current motors be categorised?**

Direct current motors can be classified into four groups based on the arrangement of their field windings. Motors in each group exhibit distinct speed-torque characteristics and are controlled by different means.

174 **It is quite common to control the speed of d.c. motors by adding a resistance R_{add} in the armature circuit. What happens if the drive system is operated at point 4 = T_d?**

If a resistance R_{add1} is added to the armature circuit, the motor operates at point 2, where the motor speed is v_2. If the added resistance keeps increasing, the motor speed decreases until the system operates at point 4 = T_d, where the speed of the motor is zero. The operation of the drive system at this point is known as holding. It is quite common to operate the motor under electrical holding conditions in applications such as robotics and actuation.

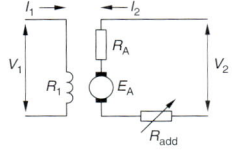

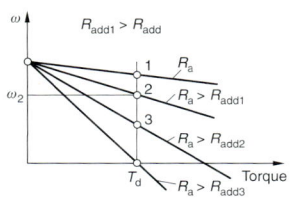

14.9 Flow of information within mechatronic systems/ Informationsfluss in mechatronischen Systemen

175 **What is the purpose of a strain gauge?**

A strain gauge (alternatively: strain gage) is a device used to measure deformation (strain) of an object.

176 **Explain the term gauge factor (GF).**

The gauge factor G_F is defined as $G_F = (DR/R_G)/$ where R_G is the resistance of the undeformed gauge, R is the change in resistance caused by strain, and is strain. For metallic foil gauges, the gauge factor is usually slightly greater than 2.

177 **In which case are semiconductor strain gauges preferred over foil gauges?**

For small measurements of strain, semiconductor strain gauges, so called piezoresistors, are often preferred to foil gauges. A semiconductor gauge usually has a larger gauge factor than a foil gauge. Semiconductor gauges tend to be more expensive, more sensitive to temperature changes, and are more fragile than foil gauges.

178 **What does LSB stand for?**

LSB stands for Least Significend Bit.

179 **What are the two basic logic families of integrated circuits (ICs)?**

The two basic logc families of integrated circuits (ICs) are the transistor-transistor-logic (TTL), based on bipolr technology, and the complemtary metal-oxide semiconductor (CMOS). based on metal-oxide semiconductor field-effekt transistor (MOSFET) technology.

180 **What accounts for the fact that PIC microcontrollers to not need any special requirement when interfa**

Generally, because these devices do not require more than a 5 V input. PIC microcontrollers can easily interface

▷ **Fortsetzung der Frage** ▷

cing with general purpose tri-
state transistors, MOSFETs, sensors, linear tracers, ADCs and
DACs?

▷ **Fortsetzung der Antwort** ▷

with actuators that are designed pri-
marily arount TTL and CMOS ICs.

181 **Which is the communication standard generally used
within mechatronic systems?**

Generally, RS 232 and RS 485 serial
line standards are used as a communication standard for mechatronic
systems.

14.10 Planning of assembly and disassembly/ Planung der Montage und Demontage

182 **The main function of an
assembly drawing is to**

a) **enable the individual parts
to be made**
b) **define the materials of the
parts**
c) **describe the shape of the
parts**
d) **show how the parts fit
together**
e) **show the size of the parts.**

The main function of an assembly
drawing is to show how the parts fit
together.

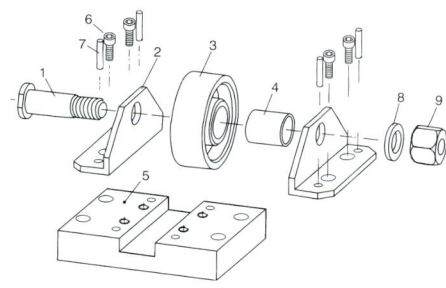

183 **Which column below cor-**
rectly names the thread fea-
tures shown in the figure
below?

e)

	a)	b)	c)	d)	e)
Thread form	C	C	A	B	A
Minor diameter	B	D	B	D	D
Major diameter	D	B	D	A	B
Pitch	A	A	C	C	C

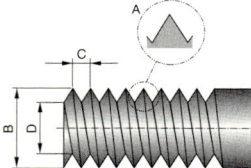

184 **Which three parameters**
are required to adequately
describe a thread?

The three parameters are pitch,
thread series and major diameter.

185 **What is the meaning of**
the single elements of a the
following thread description
3/8 – 16 UNC?

The TPI (threads per inch) is 16, the
diameter is 3/8, the standard is UNC
(Unified Coarse Thread).

186 **Describe the terms NC**
and UNC which are used to
describe threads.

The old definition NC is comparable
with the metric thread. The new term
UNC (Unified Coarse Thread) is comparable with the ISO metric thread,
which is in almost world-wide use.
The UNC thread system is used for
general purpose fasteners in North
America. NC and UNC threads are
interchangeable, similar to the metric
and the ISO metric thread.

187 Name at least tree types of threads commonly used in joining.

The most common threads are
- ISO Thread (metric)
- Whitworth Thread
- Pipe Thread
- Trapezoidal Thread (acme thread)
- Knuckle Thread
- Buttress Thread

188 What is the pitch of a thread that has got 10 threads per inch?

The thread has got a pitch of 0.1 inch.

189 Explain the term lead which is used to describe a thread.

The lead is defined as the distance that a nut would advance in one turn.

190 What is a thread called that is halfway in shape between a regular 60° V thread and a square thread?

It is called acme thread.

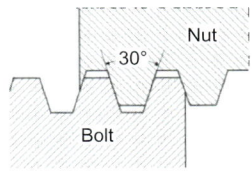

191 Name two advantages of fine pitch threads.

- resists loosening under vibration
- the male threaded component has higher tensile strength
- has greater mechanical advantage (easier to tighten)

192 According to the standard threads chart supplied, if you have an external thread with an actual major diameter of 6.30 mm, and either a 1.25 mm pitch or 20 threads per inch (suppose you cannot quite tell which) then the thread is

d) 1/4 – 20 UNC

▷ **Fortsetzung der Frage** ▷

a) **No. 6-32 UNC**
b) **M6 x 1.25**
c) **M8 x 1.25**
d) **1/4 – 20 UNC**
e) **none of the above**

193 **What are carriage bolts used for?**

Carriage bolts are used for bolting

- metal to metal
- wood to wood
- wood to metal.

194 **Suppose that you want to hold two parts together with a bolt, and then when the bolt tight, one part must still be free to move. Which type of bolt do you need?**

The type of bolt you need is a shoulder bolt.

195 **Which fastener has no head?**

A stud has no head.

196 **How large is the dimensional increase for each incremental increase in size of a machine screw?**

0.13".

197 Which column below correctly names the fasteners shown in the picture below?

e) C, A, E, D, B

	a)	b)	c)	d)	e)
rivet	D	C	A	D	C
woodruff key	E	D	B	A	A
cotter pin	C	E	C	E	E
dowel pin	B	Q	E	C	D
set screw	A	B	D	B	B

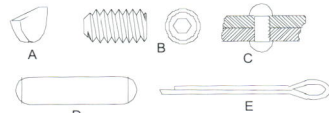

198 Insert the correct phrase into the gap. Tooth lock washers hold _____ (better / worse) than split washers.

Tooth lock washers hold *better* than split washers.

199 Which style of fastener head recess is sometimes referred to as Robertson?

b)

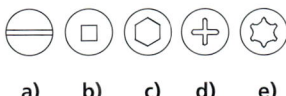

a)   b)   c)   d)   e)

200 Name two safety rules which have to be considered while working with compressed air.

- When using compressed air wear safety eyewear.
- Never blow the air towards any part of the body or the clothing.

201 **Name three safety rules, which must be observed while working on or repairing electrical equipment.**

- Do not attempt unauthorized repairs on electrical equipment.
- Always disconnect the equipment from the supply before doing repairs.
- Do not make yourself into a possible path between a live object and ground. Do not use any electrical equipment if its grounding connection or insulation is faulty.

202 **Is it required to wear safety eyewear when soldering? Give reasons.**

Yes, hot molten solder can splash or be flicked upward.

203 **Name at least seven general safety rules for working in a mechanical workshop.**

- Do not operate any equipment that you have not had instruction on.
- Do not operate any equipment that is missing safety guards or is otherwise not ready for operation.
- Make sure safety guards are in place before operating the machine.
- Keep the shop free from obstructions, to avoid tripping hazards, and slipping hazards such as spilled oil.
- Do not distract anyone working on a machine or other hazardous equipment.
- Wash your hands if you have handled lubricants, chemicals, solder etc. during work.
- Lack of thought and attention can lead to accidents. Therefore it is necessary to maintain a quiet and orderly atmosphere in the workshop at all times.

▷ **Fortsetzung der Antwort** ▷

- Before working on any machine, do whatever is necessary to prevent any possible entanglement with the machine. E.g.: roll up loose sleeves, tuck in tie or necklace, remove watch and rings, and cover up or tie up long hair.
- Never go away and leave a machine in an unsafe condition. E.g.: chuck should be tight on spindle, wrench should not be in chuck, feeds should be disengaged, nothing should be set to jam on starting.
- Avoid excessive skin contact with industrial fluids, such as oils and cutting fluids.
- Wash after working in a shop, especially before eating. Never wash with solvents, such as gasoline or paint thinner, or highly abrasive hand cleaners.

204 **Why is it not allowed to use oxy-acetylene welding for welding a large, hollow container without special precautions?**

It is not allowed to weld a large, hollow container without special precautions, because unburnt gases can accumulate inside and explode.

14.11 Commissioning, troubleshooting, maintenance, repairing / Inbetriebnahme, Fehlersuche, Instandhaltung, Instandsetzung

205 **What is the function of a capacitor (condenser) in an EDM process?**

It stores an electrical charge.

206 Which diagramshows the dressing tool correctly positioned on the surface grinder?

b)

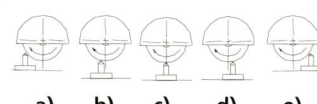

a)   b)   c)   d)   e)

207 Below is an example of a standard grinding wheel specification.

A – 46 – J – 5 – V

To which property of the grinding wheel do the five elements (separated here by dashes) refer (respectively) to?

A refers to the type of abrasive.
46 refers to the grain size.
J   refers to grade.
5   refers to structure.
V refers to bond type.

208 What has happened to the wheel of a pedestal grinder when it has a glazed surface ?

The wheel of this pedestal grinder has become blunt.

209 What do we call the surface of a grinding wheel when it gets clogged with soft material, e.g. aluminium?

We say it is loaded.

210 The method for checking to see if a grinding wheel is cracked involves

a) soaking it in water
b) dropping it
c) holding it up to the light
d) tapping it.

The method for checking to see if a grinding wheel is cracked involves tapping it.

211 What do you have to use to keep the wheel centred when a grinding wheel has a hole larger than the grinder spindle?

You have to use bushings.

212 **What should be the distance between the blade guides and the back edge of a band saw blade?**

The distance between the blade guides and the back edge of a band saw blade should be 0 to 1 mm.

213 **What do you have to do if, after a band saw blade has been installed, the teeth are found to point upwards?**

If, after a band saw blade has been installed, the teeth and are found to point upwards, then the blade must be removed, turned "inside out" and reinstalled.

214 **What do you have to take care of when installing a hacksaw blade in a hand hacksaw frame?**

When installing a hacksaw blade in a hand hacksaw frame the teeth should point away from the handle. It should be made to cut only on the stroke away from the operator.

The amount of down pressure that should be exerted on a hand hacksaw blade or metal-cutting band saw blade, is mainly determined by the number of teeth that will contact the metal.

215 **What is meant by the term "built-up edge"?**

A built-up edge is a deposit of work piece material on the cutting tool.

216 **Chipping of a cutting edge during an interrupted cut can be made less likely by using**

a) **a cutting fluid**
b) **a chip breaker**
c) **positive rake**
d) **a very high speed**
e) **negative rake.**

Chipping of a cutting edge during an interrupted cut can be made less likely by using negative rake.

217 **Translate the following cleanup list into German.**

	machine	person in charge	marks
1	Lathe		
2	Large milling machine		
3	Small drill press		
4	Cutoff band saw		
5	Surface grinder		
6	Pedestal grinder		
7	Sheet Metal shear		
8	Welding area		
9	Oxy-acety-lene rig		
10	Tool cabinet		
11	Safety goggles		
12	Main work-bench		
13	Rear work-bench		
14	Rear storage rack		
15	Stock room		
16	Project cup-board		

	Maschine	Verant-wortli-cher	Bemer-kungen
1	Drehmaschine		
2	Große Fräsma-schine		
3	Kleine Säulen-bohrmaschine		
4	Bandsäge		
5	Flachschleifma-schine		
6	Schleifbock		
7	Blechschere		
8	Schweißbereich		
9	Sauerstoff-Acety-len-Ausrüstung		
10	Werkzeug-schrank		
11	Schutzbrillen		
12	Hauptarbeits-bank		
13	Nebenarbeits-bank		
14	Hinteres Lagerre-gal		
15	Lagerraum		
16	Projektregal		

218 **What type of cutting fluid is usually milky white?**

An emulsion has usually a milky white appearance.

219 **Which of the following components of cutting fluids are the most effective in carrying away heat?**

water, oil, chemicals, solvent

Water is the most effective in carrying away heat.

220 **Which are the two main functions of a cutting fluid?**

The two main functions of a cutting fluid are to reduce friction at the tool tip and to remove heat.

221 **What is the proportion of carbon content added to steel to produce hardening?**

Steel requires a carbon content in the range from 0.3 % to 1.7 % to produce hardening.

222 **What does quenching mean?**

This is the rapid cooling of steel during the heat treatment process.

223 **Instead of water, oil is sometimes used to quench steel. Why is this?**

Water can cause the metal to cool too quickly.

224 **What is the purpose of tempering steel?**

Tempering steel is to decrease hardness, to achieve toughness and to reduce its brittleness.

225 **If the cutting edge of a cold chisel chips in use, it can be prevented from happening again by**

a) **tempering the end at a higher temperature**
b) **re-hardening**
c) **re-hardening and re-tempering**
d) **re-normalizing to soften the chisel**
e) **giving it a buoyancy test in a liquid composed of twice as many hydrogen atoms as oxygen atoms.**

a) Tempering the end at a higher temperature.

226 **Describe the process of normalizing of a steel part.**

In order to normalize a steel part you have to heat it up to the upper critical temperature and subsequently cool it down to room temperature.

227 **What is meant by case hardening?**

Case hardening is any thermal or chemical process that hardens the surface of the iron or steel work piece in order to give it a wear resistant skin and a tough core. Therefore, the red hot part is quenched after heating in a material containing carbon.

228 **How can you describe the hardness of a material?**

The hardness of a material is its resistance to penetration.

229 **Which is the technical term for the "resistance to elastic deformation", or "stiffness"?**

It is rigidity.

230 **Describe the difference between an elastic and a plastic deformation of a material.**

Plastic deformation means that the material stays deformed after the load has been removed. Elastic deformation means that the material returns to its original shape after the load has been removed.

231 **Which one of the following shapes has the most resistance to torque (twisting), assuming that the same amount of metal is present in each and that they all have the same length?**

a) **pipe**
b) **channel iron**
c) **angle iron**
d) **square tubing**
e) **solid round stock**

a) pipe

232 **Which one of the following is a common name or trade name for acrylic plastic?**

a) **Plexiglas**
b) **ABS**
c) **Bakelite**
d) **Teflon**
e) **PVC**

a) Plexiglas

233 **How do you normally prevent sticking of the finished plastic part in an injection mould?**

To prevent sticking of the finished plastic part in an injection mould you should spray the mould with a special fluid.

234 **A bending jig is made with a smaller radius than that required on the part that has to be bent because**

a) **of none of the following reasons**

e) The metal springs back a little when the pressure is released.

▷ **Fortsetzung der Frage** ▷

c) **this allows for stretching of the metal**
d) **the metal usually slips a little during the bending procedure**
e) **the metal springs back a little when the pressure is released**

---

235 **Inspection grade gauge blocks are generally accurate to within**

a) **+ - .000002 " per inch**
b) **+ - .000008 " per inch**
c) **+ - .000004 " per inch**
d) **+ - .000010 " per inch**
e) **+ - .000006 " per inch.**

c) + − .000004 " per inch

---

236 **At which temperature (°C) are gauge blocks calibrated?**

They are calibrated at 20 °C.

---

237 **Which is the advantage of the snap gauge over the micrometer for repeated checking of the same dimension on numerous parts?**

The advantage of the snap gauge over the micrometer for repeated checking of the same dimension on numerous parts is speed.

---

238 **Name at least two effects of excess friction.**

• overheating
• deterioration of surfaces
• loss of energy

---

239 **In lubrication, hydrodynamic action increases when**

a) **viscosity is increased and speed is reduced**
b) **both viscosity and speed are reduced**
c) **viscosity is reduced and speed is increased**
d) **both viscosity and speed are increased**
e) **none of the above**

d) Both viscosity and speed are increased.

240 **What happens in boundary lubrication?**

In boundary lubrication there is a lubricating film, but the surfaces touch to some extent.

241 **Name an example of a dry lubricant. What is the advantage of dry lubrication over oil lubrication?**

Talcum is a dry lubricant. The advantage is, that it stays put.

242 **Give an example of a self lubricating bearing material.**

Nylon is a self lubricating bearing material.

243 **A mechanic listened to the clacking sound of a car engine. Then he told the customer: "Your crankshaft is worn." This statement is**

a) a direct observation
b) an indirect observation
c) a conclusion based on indirect observations
d) a conclusion based on direct observations
e) none of the above

d) a conclusion based on direct observations

244 **Another mechanic dismantled the engine and examined the crankshaft. Then he told the customer: "Your camshaft is worn." This statement is**

a) a direct observation
b) an indirect observation
c) a conclusion based on indirect observations
d) a conclusion based on direct observations.
e) none of the above.

a) a direct observation

245 **Why is D.C. reverse current used for arc welding?**

It offers a greater penetration.

246 **How is the heat for arc welding generated?**

The heat for arc welding is generated by the flow of electrons through the arc gap.

247 **What causes an arc blow and how can it be avoided?**

The magnetic field created in the work causes an arc blow and can be reduced by reducing the amperage. It is eliminated completely when you use an A.C. machine only.

248 **Name two advantages of arc welding over oxyacetylene welding.**

• it is faster
• there is less heating of the work piece

249 **What is the purpose of the gas that is used on a wire feed welder?**

The gas that is used on a wire feed welder shields the weld from oxygen.

250 **What does MIG stands for in welding?**

It stands for metallic inert gas. An inert gas is one which

has no active chemical effect on the weld metal. Three advantages of the inert gas welding processes over other welding processes are that there is no slag, fast welding of aluminium is possible, and the weld is more dense.

251 **What is the purpose of the two gauges on a welding gas regulator in oxyacetylene welding?**

The purposes of the two gauges on a welding gas regulator are to indicate the pressures in the tank and in the hose.

252 **Which are the gases that burn in the oxyacetylene flame?**

The gases that burn in the oxyacetylene flame are oxygen and acetylene.

253 **What is the temperature of the oxyacetylene flame in degrees Fahrenheit?**

The temperature of the oxyacetylene flame is about 6000 °F (3300 °C).

254 **Which fittings in oxyace-tylene welding have right-hand threads and which have left-hand threads?**

Acetylene fittings have left-hand threads. Oxygen fittings have right-hand threads.

255 **What are the three parts of this flame called?**

A – the inner cone
B – the feather
C – the envelope

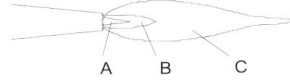

A   B   C

256 **Suppose you have just finished oxyacetylene wel-ding, and you want to turn off the flame. Which is the first valve to close?**

The acetylene torch valve is the first valve to close.

257 **Referring to the oxy-ace-tylene flame describe a neu-tral flame?**

A neutral flame can be described as having a white rounded inner cone with no acetylene feather.

258 **Why does oxyacetylene cutting work ?**

Oxy-acetylene cutting works by means of the oxygen blast burning the steel when this reaches a certain temperature.

259 **Name the safety rules to be observed when painting.**

- Paints and solvents are highly flammable. Don't use them near a source of ignition.
- Avoid excessive skin contact with paint or solvent and do not   inhale the vapour.
- Remove all welding slag, spat-ter, hardened flux, burrs, loose rust, etc.
- Remove oil and grease using a clean rag or paper towel mois-tened with old paint solvent.
- Apply masking tape where necessary.

260 **Why are artificial abrasi-ves are used more than natu-ral abrasives?**

Artificial abrasives, such as aluminium oxide and silicon carbide, are used more than natural abrasives, because artificial abrasives are more uniform in hardness and grain size.

14.12 Communication and presentation / Kommunikation und Präsentation

261 **Which of the listed parts of a communication system model does the antenna on a TV set represent?**

a) message
b) channel
c) sender
d) receiver
e) none of the above

The antenna on a TV set represents the receiver.

262 **Which statement about graphs is true?**

a) in calculating slope, the run is a vertical dimension
b) a best-fit line on a graph is usually straight
c) both axes of a graph must be the same length
d) the value for slope has units
e) the Y-intercept can have a negative value

e) The Y-intercept can have a negative value.

263 **Give five criteria for a good presentation of a topic to an audience.**

- Organize your material before starting your presentation.
- Introduce your subject clearly and in down-to-earth terms.
- Pick out and understand all the main points.
- Tell what is new, different, special, important, useful, etc. about it.

▷ **Fortsetzung der Antwort** ▷

- Give applications, examples, specimens, etc. if possible.
- Make up or get visual aids if possible.
- Be prepared to answer questions from the audience.
- Use visual aids.

15 Technical Terms English – German / Fachbegriffe in Englisch und Deutsch

A

a.c. motor with reactor starter — Wechselstrom-Motor mit Induktivität

a.c. motor with resistor starter — Wechselstrom-Motor mit Widerstand

a.c. motor without auxiliary winding — Wechselstrom-Motor ohne Hilfsphase

accelerometer — Beschleunigungssensor

acceptance test report — Abnahmeprüfprotokoll

access time — Zugriffszeit

accident prevention — Unfallverhütung, Unfallschutz

accumulator — Akkumulator

accuracy class — Genauigkeitsklasse

acetylene — Acetylen

acid — Säure

acme thread — Trapezgewinde

active bus terminator — aktiver Busabschluss

active current — Wirkstrom

active power — Wirkleistung

active power factor — Wirkleistungsfaktor

active power input — Wirkleistungsaufnahme

actor, actuator — Aktor, Stellglied

actual deviation — Istabmaß

actual size — Istmaß

actuator — Aktor, Steller

adapter sleeve — Reduzierhülse

address bus — Adressleitung

adiabatic — adiabatisch

adjustable overcurrent release — einstellbarer Überstromauslöser

air-service unit — Druckluft-Wartungseinheit

aerial — Antenne

alarm unit — Meldeeinrichtung

allowed forces and stresses — zulässige Kräfte und Spannungen

alloy — Legierung

alternating current (a.c.) — Wechselstrom

alternating voltage — Wechselspannung

aluminium alloy — Aluminiumlegierung

ambient temperature — Umgebungstemperatur

ammeter — Amperemeter

amplifier — Messverstärker, Verstärker

amplitude modulation — Amplitudenmodulation

analogue — analog

analogue controller — Regler, analog

analogue digital converter, ADC — Analog-Digital-Umsetzer

analogue closed loop control — analoge Regelung

analogue open loop control — analoge Steuerung

analogue signal — analoges Signal

AND function — UND – Funktion

AND gating — UND – Verknüpfung

AND operation — UND-Funktion, Konjunktion

angle gauge — Winkellehre

angular speed — Winkelgeschwindigkeit

annealing — Glühen

annealing colour — Glühfarbe

annular gap — Ringschlüssel

apparent power — Scheinleistung

application — Anwendung, Anwendungsbereich

arithmetic mean — Arithmetischer Mittelwert

assembly — Montage, Baugruppe

assembly drawing — Zusammenbauzeichnung

asynchronous motor — Asynchronmotor

attention!, danger!, look out!	Achtung!
automatic assembly	Montage, maschinell
automatic control	Regelung
automatic control technology	Regelungstechnik
automatic mode	Automatikbetrieb
automation	Automatisierung
auxiliary contact	Hilfsschaltglied
axial piston pump	Axialkolbenpumpe

B

back rake angle	Einstellwinkel
ball bearing	Kugellager
basic function	Grundfunktion
battery	Batterie
battery charger	Ladegerät
belt	Band, Riemen
belt drive	Riemengetriebe
bending resilience	Rückfederung beim Biegen
bending stress	Biegespannung
bevel gears	Kegelradgetriebe
binary sensor	Sensor, binär
binary system	Dualzahlen-System
blind hole	Grundloch, Sackloch
blind rivet	Blindniet
blind tapped hole	Gewindegrundloch
block and tackle	Flaschenzug
blowhole reservoir	Blasenspeicher
body resistance	Körperwiderstand
bolt	Bolzen
bolted joint	Bolzenverbindung
Boolean function	Boolesche Funktion
box	Blechkasten
brake cylinder	Ölbremszylinder
brass	Messing
brazing	Hartlöten
brittle	spröde
buffering	Puffern
built-in live centre	mitlaufende Spitze
built-up edge	Aufbauschneide
burr	Grat
business process	Geschäftsprozess

C

cable	Kabel, Leitung
cable connection box	Anschlusskasten für Leitungen
cable connector	Leitungsstecker
cable designation	Kabelbezeichnung
cable length	Leitungslänge
cable termination resistor	Leitungsabschlusswiderstand
calibrate	Kalibrieren
callipers pin combination	Taststiftkombination
callipers system	Tastsystem
cam disc	Kurvenscheibe
cam switch	Nockenschalter
camshaft	Nockenwelle
cap nut	Hutmutter
capacitance	Kapazität
capacitive sensor	Sensor, kapazitiv
capacitor	Kondensator
capillary action	Kapillarwirkung
carbide-tipped drill	Bohrer mit Hartmetallschneide
carbon fibre reinforced plastic	kohlenstofffaserverstärkter Kunststoff
carbon tool steel	unlegierter Werkzeugstahl
cardan joint, universal joint	Kardangelenk, Kreuzgelenk
cascade control	Kaskadensteuerung
centre distance of gearwheels	Achsabstand von Zahnrädern
centre drill	Zentrierbohrer
centre line	Mittellinie
centre of gravity	Schwerpunkt
central warehouse	Zentrallager
centrifugal clutch	Fliehkraftkupplung
certificate	Zertifikat
characteristic curve	Kennlinie
characteristics	Kenndaten
characteristic wave impedance	Wellenwiderstand
charge	Ladung
chatter, contact bounce	Kontaktprellen
check valve	Sperrventil
choke	Glättungsdrossel
circlip	Sicherungsring

circlip pliers	Zange für Sicherungsringe
circuit breaker	Leitungsschutzschalter
circuit diagram (coherent), schematic	Stromlaufplan (zusammenhängend)
circuit diagram (detached), schematic	Stromlaufplan (aufgelöst)
circular cutting motion	kreisförmige Schnittbewegung
circumference	Umfang
clamp screw	Klemm- / Feststellschraube
clearance	Spiel (einer Passung)
clockwise (CW) movement	Bewegung im Uhrzeigersinn
closed loop control	Regelung
clutch	Kupplung
coating	Beschichten
cog, gear	Zahnscheibe
conductive transducer	konduktive Messsonde
coefficient of static friction	Haftreibungszahl
collector	Kollektor
combination wrench	Ring-Gabelschlüssel
commissioning	Inbetriebnahme, Inbetriebsetzung
compensation winding	Kompensationswicklung
component	Baugruppe
component parts	Einzelteile
composite material	Verbundwerkstoff
compressed-air bottle	Druckluftflasche
conductor	elektrischer Leiter
cone	Kegel
constant current source	Konstantstromquelle
constant voltage source	Konstantspannungsquelle
contact-free measurement	berührungsfreies Messen
continuous operation	Dauerbetrieb
control	steuern
control and regulating units	Steuer- und Regeleinheit
control bus	Steuerbus
control loop	Regelkreis
control panel, console	Bediengerät, Bedienteil
control unit	Steuergerät
control valve	Regelventil
conventional manufacturing	konventionelle Fertigung
converter-fed cooling	Umrichterspeisung Entwärmung
cooling lubricant	Kühlschmierstoff
corrosion resistant steel	korrosionsbeständiger Stahl
counter bore diameter	Bohrungsdurchmesser
crank case	Kurbelgehäuse
crank handle	Handkurbel
crankshaft	Kurbelwelle
crater wear	Kolkverschleiß
crocodile shears, alligator shears	Hebelschere
cross section	Querschnitt
current impulse relay	Stromstoßrelais
current source d.c.-link converter	Umrichter mit Stromzwischenkreis
current transformer	Stromwandler
porting-off	Abstechdrehen
cutter path correction	Fräserbahnkorrektur
cutter radius correction	Schneidenradiuskorrektur
cutting direction	Schnittrichtung
cutting edge	Schneide
cutting force	Schneidkraft
cutting speed	Schnittgeschwindigkeit
cycle	Zyklus
cylinder roller thrust bearing	Axial-Zylinderrollenlager
cylindrical milling cutter	Walzenfräser

D

damage analysis	Schadensanalyse
damage compensation	Schadenersatz

© Holland + Josenhans

danger!, attention!	Vorsicht!
data exchange	Datenaustausch
data input device	Dateneingabegerät
data output device	Datenausgabegerät
data processing	Datenverarbeitung
data representation	Datendarstellung
data sensing	Messwertabnahme
data transmission, serial	Datenübertragung, seriell
data type, PLC	Datentyp, SPS
datum	Nullpunkt
DC/direct current converter	Gleichstromumrichter
DC/direct current drives	Gleichstromantrieb
dead time element	Totzeitglied
degree of protection, IP	Schutzarten, IP
degree of accuracy	Genauigkeitsgrad
delay time	Verzögerungszeit
density	Dichte
depth of cut	Spantiefe
device error	Gerätefehler
dial face	Zifferblatt
dial gauge	Messuhr
diameter	Durchmesser
digital control card	Steuerkarte, digital
digital dial gauge	Digitalmessuhr
digital to analogue converter, DAC	Digital-Analog-Umsetzer
dimension line	Maßlinie
dimensional tolerance	Maßtoleranz
direct contact measurement	berührendes Messen
direct current (d.c.)	Gleichstrom
direction of motion	Bewegungsrichtung
direction of rotation	Drehrichtung, Drehsinn
directional control valve	Wegeventil
disc clutch	Scheibenkupplung

disc rotor motor	Scheibenläufermotor
discharge	entladen
discharging current	Entladestromstärke
discontinuous controller	unstetiger Regler
discontinuous controlling systems	unstetige Regeleinrichtungen
dismantle	Demontieren
dismount	abbauen
display	Anzeige
disposal of materials	Entsorgung von Stoffen
distribution cabinet	Schaltkasten
division of lengths	Längenteilung
dog clutch	Klauenkupplung
double acting cylinder	doppelt wirkender Zylinder
dowel screw, set screw	Passschraube
drain screw, bleed screw	Ablassschraube
drawing	Zeichnung
drill chuck	Bohrfutter
drill press, pillar drill	Säulenbohrmaschine
durability	Lebensdauer

E

earth	Erde (elektr.)
earthing resistance	Erdungswiderstand
eccentricity	Rundlauffehler
edge detection	Flankenauswertung
effective length	gestreckte Länge, Nutzlänge
effective power	Wirkleistung
efficiency	Wirkungsgrad
elasticity	Elastizität
elastic limit	0,2 %-Dehngrenze
electrical discharge machining	Funkenerosion
electrical isolation	Spannungsfreiheit
electrical units	elektrische Einheiten

electrolytic capacitor	Papierkondensator
electromagnetic clutch	Elektromagnet-kupplung
electromagnetic compatibility	elektromagnetsiche Verträglichkeit
electronic speed control	elektronische Dreh-zahlsteuerung
elongation	Dehnung
emergency circuit	NOT-Schaltung
emergency button	NOT- AUS-Taster
environmental pollution	Umweltverschmut-zung
environmental protection	Umweltschutz
epoxy resin	Epoxidharz
evenness, flatness	Ebenheit
extension	Erweiterung

F

facing	Plandrehen, Plan-senken
fastener	Verbindungsele-ment
feather key	Passfeder
feed	Vorschub
feeder	Speiser
feed gear	Vorschubgetriebe
feed motion	Vorschubbewegung
feed rate	Vorschubgeschwin-digkeit
file	Datei
film resistor	Schichtwiderstand
film thickness	Schichtdicke
fine-pitch thread	Feingewinde
fire protection	Brandschutz
fire resistant	feuerhemmend
first aid	Erste Hilfe
first-aid room	Sanitätsraum
five axis milling machine	5-Achsen-Fräsma-schine
fixed command control	Festwertregelung
fixed displace-ment pump	Konstantpumpe
flag	Merker
flat belt transmission	Flachriemenge-triebe
flow chart	Ablaufdiagramm

flow control valve	Stromregelventil
flow of information	Informationskette
flow resistance	Strömungswider-stand
flux density	Flussdichte
fly wheel	Schwungrad
foamed material	Schaumstoff
foil strain gauge	Dehnungsmess-streifen
foolproof	Missbrauchsicher-heit
force-locked joint	kraftschlüssige Verbindung
force sensor	Kraft-Sensor
force vector	Kraftvektor
forging	Schmieden
forging die	Gesenk, Schmiede-gesenk
fork lift truck	Gabelstapler
four position cylinder	Vierstellungszylin-der
four quadrant operation	Vierquadrantenbe-trieb
frequency changer	KUSA-Schaltung
frequency control	Frequenzsteue-rung
frequency-division multiplex process	Frequenzmultiplex-verfahren
friction clutch	Reibkupplung, Rutschkupplung
functional earth (signal ground)	Betriebserde
functional test	Funktionsprüfung
fuse	Sicherung, Schmelz-sicherung

G

garbage container	Abfallbehälter
gas bottle	Gasflasche
gas fusion welding	Gasschmelzschwei-ßen, Autogen-schweißen
gauge	Lehre
gauge block	Endmaß
Gaussian distribution	Normalverteilung

gear	Getriebe
gear lubricant oil	Getriebeöl
gear ratio	Übersetzungsverhältnis
gear-wheel	Zahnrad
gear pump	Zahnradpumpe
geometrical deviation	Formabweichung
gluing process	Klebvorgang
goniometry	Winkelmessung
grinding machine	Schleifmaschine
gripper changing system	Greiferwechselsystem
ground conductor	Erdungsleitung
groove, slot	Nut, Hohlkehle
grooved pin	Kerbstift
ground	GND
guarantee	Gewährleistung, Garantie
guide way	Führungsbahn

H

half bridge circuit	Halbbrückenschaltung
half duplex operation	Wechselbetrieb
half-finished part	Halbzeug
hacksaw	Handbügelsäge
hand shears	Handschere
handle	Griff
handling function	Handhabungsfunktion
hard disk	Festplatte
hard solder	Hartlot
hardening	Härten
hardening crack	Härteriss
hardness drop test	Fallhärteprüfung
hardness scales, comparison	Härteskalen, Vergleich
hardness test for plastic materials	Härteprüfung für Kunststoffe
harmful	gesundheitsschädlich
harmonic oscillation	Oberschwingung
hazard	Gefährdung
headset	Headset
headstock	Spindelkasten
heat	Wärme

heavy metal	Schwermetall
height	Höhe
helical	schraubenförmig
helical gear	Schrägstirnrad
hexagon head cap screw	Sechskantschraube
hexagon head fit screw	Sechskant-Pass-schraube
high frequency interference	hochfrequente Störungen
high rack storage	Hochregallager
high speed motor	Schnellläufer
high-pass filter	Hochpassfilter
high-resistance cage motor	Widerstandsläufer
high-speed steel	Schnellarbeitsstahl
hinge	Scharnier
histogram	Balkendiagramm
hollow spindle drive	Hohlwellenmotor
hose	Schlauch
hose cart	Schlauchwagen
hose clip	Schlauchklemme
hours of operation	Betriebsstunden
hydraulic accumulator	Membranspeicher
hydraulic circuit diagram	hydraulischer Schaltplan
hydraulic control system	Steuerung, hydraulisch
hydraulic cylinder	hydraulischer Zylinder
hydraulic drive	Hydraulikantrieb
hydraulic fluid	Hydraulikflüssigkeit
hydraulic pump	Hydropumpe
hydraulics	Hydraulik
hydrogen	Wasserstoff
hydro motor	Hydromotor
hysteresis	Hysterese

I

I/O card, I/O-board	I/O-Karte
identification	Identifikation, Kennung
ignoring dimensions	nichtmaßliches Prüfen
image processing	Bildverarbeitung

immobilised in the on position	gegen Wiedereinschalten sichern
impedance	Scheinwiderstand
impedance transformer	Impedanzwandler
incremental scale	Strichmaßstab
indicating range	Anzeigebereich
inductance	Induktivität
induction	Induktion
induction machine	Drehfeldmaschine
industrial robot	Industrieroboter
industrial type vacuum cleaner	Industriestaubsauger
influencable	beeinflussbare
main utilization time	Hauptnutzungszeit
information transforming system	informationsumsetzendes System
infrared barrier	Infrarotschranke
infrared data transmission	Infrarot-Datenübertragung
in-house cable	Innenkabel
input bias current	Eingangs-Null-Strom
inspection	Prüfen, Inspektion
installation process	Montageablauf
Institute for Industrial Safety	Berufsgenossenschaft
instruction list (IL)	Anweisungsliste (AWL)
instruction manual	Bedienungsanleitung
insulated-gate field effect transistor	Isolierschicht-Feldeffekttransistor
insulator	Isolator, Nichtleiter
integrated circuit	Integrierte Schaltung (IC)
interface	Schnittstelle
interference	Einstreuung
interlock	Verriegelung
internal resistance	Innenwiderstand
introduction	Einführung
inverse-speed motor	Reihenschlussmotor
iron ore	Eisenerz
iron-casting	Eisen-Gusswerkstoff

isotherm	Isotherme
item reference	Positionsnummer

J

join	Fügen
joint	Verbindungsstelle

K

keep off!, attention!	Vorsicht!
kerf	Sägeschnitt
keyboard	Tastatur
knuckle thread	Rundgewinde
knurl	Rändel
knurled nut	Rändelmutter

L

labelling	Etikettieren
ladder diagram	Kontaktplan
laser cutting	Laserschneiden
laser interferometer	Laserinterferometer
laser runtime sensor	Laser-Laufzeitsensor
lathe	Drehmaschine
layer	Schicht
LCD (liquid crystal display)	Flüssigkristall-Anzeige
LC-filter	LC-Siebglied
leakage oil compensation	Leckölausgleich
leakage oil dissipation	Leckölverlust
level	Pegel
level control	Füllstandsregelung
lift	Aufzug
lifting equipment, lifting gear	Hebezeug
light metal	Leichtmetall
light-emitting diode (LED)	Leuchtdiode (LED)
limit deviation	Grenzabmaß
limit fit	Grenzpassung
limit gap gauge	Grenzrachenlehre
limit gauge	Grenzlehre
limit plug gauge	Grenzlehrdorn
limit switch	Grenzschalter, Endschalter
limit value signal	Grenzwertmeldung
limited work scope	Arbeitsfeldbegrenzung

line interface	Leitungsschnittstelle
cable termination resistor	Leitungsabschlusswiderstand
linear accuracy	Lineargenauigkeit
linear drive	Linearantrieb
linear potentiometer	Linearpotenziometer
linear velocity	Lineargeschwindigkeit
linearity	Linearität
linearity measurement	Linearitätsmessung
liquefied gas, liquid gas	Flüssiggas
liquid displacement	Flüssigkeitsverdrängung
load	Belastung
load capacity	Belastbarkeit
locking pin	Sicherungsstift
locking washer	Muttersicherung
locking wire	Sicherungsdraht
lock-on button	Feststeller
lock-type contact	Selbsthaltekontakt
look out!, attention!	Vorsicht!
loop impedance	Schleifenimpedanz
loop resistance	Schleifenwiderstand
loose fit	Spielpassung
low alloy steel	niedriglegierter Stahl
lower deviation	unteres Abmaß
lower yield point	untere Streckgrenze
low-pass filter	Tiefpassfilter
low-voltage cable	Niederspannungskabel
low-voltage fuse	Niederspannungssicherungen
lubricant	Schmierstoff
lubricant supply	Schmierstoffversorgung
lubricating nipple, lubricator	Schmiervorrichtung
lubrication chart	Schmieranweisung
lubricator, lubricating nipple	Schmiervorrichtung
luminance	Leuchtdichte

M

machinability	Zerspanbarkeit

machine layout	Aufstellung von Maschinen
machine tool	Werkzeugmaschine
machining	Bearbeitung
machining defect	Bearbeitungsfehler
magnetic field dependent components	magnetfeldabhängige Bauelemente
magnetic curve	BH-Kennlinie
main board, mother board	Hauptplatine
main circuit	Hauptstromkreis
main feed back converter	Netzrückspeisung
main function	Hauptfunktion
main memory	Hauptspeicher, Zentralspeicher
main switch	Hauptschalter
mains cable	Netzkabel
mains connection category	Verbindungsart
mains operation	Netzbetrieb
mains switch	Netzschalter
mains voltage	Netzspannung
maintenance	Instandhaltung, Wartung
maintenance costs	Instandhaltungskosten
maintenance equipment	Wartungsgerät
maintenance instructions	Wartungsvorschrift
maintenance schedule	Wartungsplan
maintenance unit	Wartungseinheit
maintenance-free	wartungsfrei
major cutting edge	Hauptschneide
malleability	Schmiedbarkeit
mandatory sign	Gebotszeichen
mandrel	Spanndorn
manipulated variable	Stellgröße
manual arc welding	Lichtbogenhandschweißen
manual control	Handregelung
mass flow rate	Massenstrom
master key	Hauptschlüssel
material	Werkstoff

material shrinkage	Schwindmaß
maximum clearance	Höchstspiel
maximum earthing resistance	maximaler Erdungswiderstand
maximum mechanical strength	maximale Festigkeitswerte
maximum safe load	zulässige Beanspruchung
maximum size	Höchstmaß
mean value	Mittelwert
measured quantity	Messgröße
measured value	Messwert, Istwert
measurement error	Messfehler
measurement results	Messergebnis
measuring equipment	Messeinrichtung
measuring force	Messkraft
measuring instrument	Messgerät, Messeinrichtung
measuring loop, measuring cycle	Messschleife
mechanical power	mechanische Leistung
measuring protocol	Messplanung
mechanical work	mechanische Arbeit
mechatronics	Mechatronik
medium fit	Übergangspassung
megger	Widerstandsmessgerät
memory banks	Speicherbänke
memory capacity	Speicherkapazität
memory, PLC	Speicher, SPS
menu-driven	menügesteuert
message	Nachricht
microfuse	Feinsicherung
micrometer	Messschraube
milling cutter compensation	Fräserradiuskorrektur
milling head	Messerkopf
milling machine	Fräsmaschine
miniature fuses	Geräteschutzsicherungen
minimum clearance	Mindestspiel
minimum of size	Mindestmaß
minimum speed	Mindestgeschwindigkeit
minimum yield point	Mindeststreckgrenze
mixture ratio	Mischungsverhältnis
mobile service	ortsveränderlicher Einsatz
mobility	Beweglichkeit
modification	Änderung
modulation	Modulation
modulus of elasticity	Elastizitätsmodul
mono-mode fibre optic	Einmoden-Lichtwellenleiter
Morse taper	Morsekegel
motion thread	Bewegungsgewinde
motor operation	Motorbetrieb
motor protecting switch	Motorschutzschalter
motor protection	Motorschutz
mould inspection	Formprüfung
multi-disc clutch	Lamellenkupplung
multifunctional	multifunktional
multimeter	Vielfachmessgerät
multimotor drive	Mehrmotorenantrieb
multiple	Vielfaches
multiple-pole mains switch	allpoliger Netzschalter
multiple-start thread	mehrgängiges Gewinde

N

narrow V-belt	Schmalkeilriemen
natural resin	Naturharz
nc-machine tool	NC-Werkzeugmaschine
needle bearing	Nadellager
negative pole	Minuspol
negative temperature coefficient resistor	Heißleiter (NTC-Widerstand)
net retail price	Nettoverkaufspreis
network connection	Netzanschluss
network layer	Vermittlungsschicht
neutral conductor	Neutralleiter

neutral wire	Neutralleiter
nibbling	Knabberschneiden, Nibbeln
nitrogen	Stickstoff
noise control	Schallschutz
no-load characteristic	Leerlaufkennlinie
no-load operation, idling	Leerlauf
no-load voltage	Leerlaufspannung
nominal alternating voltage	Nennwechselspannung
nominal current	Nennstrom
nominal d.c. voltage	Nenngleichspannung
nominal diameter	Nenndurchmesser
nominal power	Nennleistung
nominal range	Nennbereich
nominal size	Nennmaß
non-destructive material testing	zerstörungsfreie Werkstoffprüfung
nonferrous metal	Nichteisenmetall, NE-Metall
nonmetallic material	nichtmetallischer Werkstoff
normal projection method	Normalprojektion
normalizing	Normalglühen
notch effect	Kerbwirkung
notching punch	Seitenschneider (am Schneidwerkzeug)
notching tool	Ausklinkwerkzeug
noxious material	Schadstoff
NTC, negative temperature coefficient	NTC
number of turns in winding	Windungszahl
numerical scale	Ziffernskala
nut	Mutter

O

OEM, Original Equipment Manufacturer	OEM
offset	Offset
offset yield strength, 0,2 %	0,2 %-Stauchgrenze
Ohm's law	ohmsches Gesetz
oil can	Ölkanne
oil separator	Ölabscheider

oiler	Öler
oil-level indicator	Ölschauglas
OLE, Object Linking and Embedding	OLE
On – Off	Ein-Aus
one way restrictor	Drossel-Rückschlagventil
one-pulse centre tap connection	Einpuls-Mittelpunkt-Schaltung
on-off control	Zweipunktregelung
on-site service	ortsfester Einsatz
OOP, Object Oriented Programming	OOP
OPC, Operations Planning and Control	OPC
open joint	Lötspalt
operate	Bedienen
operating costs	Betriebskosten
operating frequency	Betriebsfrequenz
operating mode	Betriebsart
operating panel	Bedienfeld
operating speed	Betriebsdrehzahl
operating system	Betriebssystem
operational amplifier	Operationsverstärker
operator	Bediener
optical fibre	Lichtwellenleiter
optical sensor	Sensor, optisch
opto-electric converter	optisch-elektrischer Wandler
orientation	Orientierung
oscillate	pendeln
output device	Ausgabegerät
output speed	Antriebsdrehzahl
overbad protection device	Überstrom-Schutzeinrichtung
over current release	Überstromauslöser
over load	Überlastung
overview	Übersicht
oxide	Oxid
oxide film	Oxidschicht
oxygen	Sauerstoff
oxygen bottle	Sauerstoffflasche
oxygen-free	sauerstofffrei

P

pallet conveyor	Palettenzuführsystem
parallax	Parallaxe
parallel interface	parallele Schnittstelle
parallel operation	Parallelbetrieb
parallel-serial converter	Parallel-Serien-Umsetzer
parameter	Parameter
parting line	Teilfuge
passive protection against corrosion	passiver Korrosionsschutz
password	Passwort
path measurement, absolute	Wegmessung, absolut
path measurement, cyclical analogue	Wegmessung, zyklisch analog
path measurement, incremental	Wegmessung, inkremental
path trace programming	Konturzugprogrammierung
pattern recognition	Mustererkennung
pawl	Klinke (eines Klinkenmechanismus)
payment transaction	Zahlungsverkehr
peak value	Spitzenwert
PEN, Protection Earth Neutral (conductor)	PEN
PEN-conductor	PEN-Leiter
period	Periodendauer
peripheral load	Umfangslast
peripheral speed	Umfangsgeschwindigkeit
permanent elongation	bleibende Dehnung
permanent excitation	Permanenterregung
permanent magnet	Permanentmagnet, Dauermagnet
permissible current carrying capacity	zulässige Strombelastbarkeit
perpendicular	Senkrechte
perpendicular force	Normalkraft
personal protective equipment	persönliche Schutzausrüstung
personal safety	Eigensicherheit
phase control modulator	Phasenanschnittsteuerung
phase difference	Phasenverschiebungswinkel, Phasengang
phase image indicator	Phasenbild
phase lag	Phasenverschiebung
phase shift	Phasenverschiebung
phase shift method	Phasenschiebeverfahren
photodiode	Fotodiode
physical layer	Bitübertragungsschicht
PI controller	PI-Regler
picture	Abbildung
piece rate	Stückzeit
piece rate setting	Stückzeitermittlung
piece work	Akkordarbeit
piece work pay	Akkordlohn
piezo crystal	Piezokristall
piezo travelling wave motor	Piezo-Wanderwellenmotor
piezoelectric	piezoelektrisch
pilot flame	Zündflamme
pin	Stift
pincers (pair of)	Kneifzange, Beißzange
pinned joint, bottled joint	Stiftverbindung, Bolzenverbindung
pinion gear	Ritzel
pinion shaft	Ritzelwelle
pipe clip, clamp	Rohrschelle
pipe diameter	Rohrweite
pipe joint	Rohrverbindung
pipe thread	Rohrgewinde
piping system	Rohrnetz
piston	Kolben
piston engine	Kolbenmotor
piston pump	Kolbenpumpe
piston valve	Kolbenschieberventil
piston-type accumulator	Kolbenspeicher
pitch error	Getriebeteilungsfehler
pitch movement	Nickbewegung

plain bearing	Gleitlager
plain bearing bush	Gleitlagerbuchse
planetary drive	Planetenradgetriebe
plastic	Kunststoff
plasticity	Umformbarkeit
PLC - Programmable Logic Controller	SPS - Speicherprogrammierbare Steuerung
plug, connector	Stecker
plunger coil actuator	Tauchspulenantrieb
plunger sensor	Tauchankersensor
pneumatic circuit diagram	pneumatischer Schaltplan
pneumatic control system	Steuerung, pneumatisch
pneumatic tool	Druckluftwerkzeug
pneumatics	Pneumatik
point-to-point positioning control	Punktsteuerung
polar coordinate	Polarkoordinaten
polyester	Polyester
polyethylene	Polyethylen
polygon of forces	Krafteck, Kräftepolygon
polygonal shaft	Polygonwelle
polymerisation	Polymerisation
polyoxymethylene	Polyoxymethylen
polypropylene	Polypropylen
polystyrene	Polystyrol
polytetrafluorethylene	Polytetrafluorethylen (PTFE)
polyurethane	Polyurethan
polyvinyl chloride	Polyvinylchlorid (PVC)
porting-off	Abstechdrehen
position	Position
position control	Lageregelung
position diagram	Wegdiagramm
position measuring system	Wegmesssystem
position sensor	Wegsensor
position switch	Positionsschalter
position tolerance	Lagetoleranz
positive temperature coefficient resistor	Kaltleiter (PTC)
potentiometer	Potenziometer
power	Leistung
power loss	Verlustleistung
power output	abgegebene Leistung
power pack	Kraftverstärker
power protection switch	Leistungsschutzschalter
power rating	Bemessungsleistung
power supply	Stromversorgung
power supply unit	Netzgerät, Netzteil
power switch	Leistungsschalter
powertrain engineering	Antriebstechnik
precipitation hardening	Aushärten
precision	Genauigkeit
predetermined breaking point	Sollbruchstelle
pre-load	Vorspannkraft für Schrauben
preparation	Vorbereitung, Vorbehandlung
pressure difference	Druckdifferenz
pressure regulator	Druckregelventil
pressure relief valve	Druckbegrenzungsventil
pressure relief valve	Druckventil
pressure sensor	Drucksensor
preventive maintenance	vorbeugende Instandhaltungsmaßnahme
primary coil	Primärspule
primary list	Urliste
printed circuit board	Leiterplatte, gedruckte Schaltung
printed circuit boards	gedruckte Schaltungen
probability density function	Wahrscheinlichkeitsdichtefunktion
procedure	Prozedur
process	Prozess

process control	Prozesslenkung, Prozesssteuerung
process control card	Prozessregelkarte
processing	Verarbeitung
processing unit	Verarbeitungseinheit
product liability	Produkthaftung
production costs	Fertigungskosten, Herstellkosten
production data acquisition	Betriebsdatenerfassung
profile gauge	Profillehre
program flowchart	Programmablaufplan
programmable logic control (PLC)	speicherprogrammierbare Steuerung (SPS)
programmable read-only memory (PROM)	programmierbarer Nur-Lese-Speicher
programming hand held controller	Programmierhandgerät
project planning	Projektplanung
properties of materials	Werkstoffkennwert
proportional coefficient	Proportionalbeiwert
proportional solenoid	Proportionalmagnet
proportional valve	Proportionalventil
protection, fuse	Sicherung
protection against body current	Schutz gegen Körperstrom
protection against corrosion	Korrosionsschutz
protection against direct contact	Schutz gegen direktes Berühren
protection against electric shock	Schutz gegen gefährliche Körperströme
protection layer	Sicherungsschicht
protection with equipotential bonding	Schutz durch Hauptpotenzialausgleich
protective cap	Schutzabdeckung

protective coating	Schutzanstrich
protective conductor	Schutzleiter
protective earth conductor	Schutzleiter, Schutzleiteranschluss
protective equipment	Schutzeinrichtung
protective gap	Schutztrennung
protective gloves	Schutzhandschuhe
protective goggles	Schutzbrille
protective low voltage	Schutzkleinspannung
protractor head	Winkellehre
proximity sensor	Näherungssensor, berührungsloser Sensor
PSD, Position Sensitive Diode	Positionsdiode
PTC, Positive temperature coefficient sensor	PTC-Sensor
pulley	Rolle
pulse width modulation (PWM)	Pulsweitenmodulation
pulse-code modulation	Pulscodemodulation
pump	Pumpe
PWM, pulse width modulation	PWM
pyrometer	Pyrometer

Q

quality	Qualität
quality assurance	Qualitätssicherung
quality control card	Qualitätsregelkarte
quality inspection	Qualitätsprüfung
quality loop	Qualitätsregelkreis
quality management	Qualitätsmanagement
quenching circuit	Löschglied
quenching temperature	Abschrecktemperatur
quick adjustment	Schnellverstellung
quick release chuck	Schnellwechselbohrfutter

quick vent valve	Schnellentlüftungs-ventil
quick-action chuck	Schnellspannfutter
quick-acting stop valve	Schnellschlussventil

R

rack and pinion	Zahnstange
rack and pinion gear	Zahnstangenge-triebe
radial bearing	Radiallager
radial engine	Radialkolbenmotor
radial pump	Radialkolbenpumpe
radial self-aligning roller bearing	Radial-Pendelrollen-lager
radiation source	Strahlquelle
radio interference	Funkstörung
radio interference suppression	Funkentstörung
radius gauge	Radiuslehre
RAID, Redundant Array of Independent Disks	RAID
rake angle	Spanwinkel
ramp response	Anstiegsantwort
random tsampling	Stichprobe
range	Range
rapid feed	Eilgang, Schnellvor-schub
ratchet	Sperrrad
ratchet mechanism	Klinkenmechanis-mus
rate of cooling	Abkühlungsge-schwindigkeit
RCD, Residual Current Device	RCD
reactance	Blindwiderstand
reactive power factor	Blindleistungsfaktor
real time	Echtzeit
reamer	Reibahle
rebase agent, separating agent	Trennmittel
reciprocating speed	Hubzahl / Stosszahl
rectifier	Gleichrichter
red brass, gunmetal	Rotguss

reduction gear unit	Untersetzungsge-triebe
redundancy	Redundanz
reference position	Referenzpunkt
reference edge	Bezugskante
reference input variable	Führungsgröße
reflected illumination	Auflichtmaßstab
regenerator	Entzerrer
regrind	Nachschleifen
relative permeability	Permeabilitätszahl
relay	Relais
reliability	Zuverlässigkeit
relief well	Entlastungsöffnung
reluctance	magnetischer Widerstand
remote control	Fernbedienung
repair	Instandsetzung, Ausbesserung
replacement	Austausch
requirement list	Anforderungsliste
rescue sign	Rettungszeichen
reservoir capacitor	Ladekondensator
residual current circuit breaker	Fehlerstromschutz-schalter
residual current protective device	RCD (FI-Schutzschal-ter)
resin bond	Kunstharzbindung
resistance	Widerstand, Wirk-widerstand
resistance to shock	Schlagfestigkeit
resistance to thermal shock	Temperaturwech-selbeständigkeit
resistance to wear	Verschleißfestigkeit
resistant to alkaline	laugenbeständig
resistant to bending	biegesteif
resistivity	spezifischer Wider-stand
resistor	Widerstand (Bau-teil)
resolution	Auflösung
resource scheduling	Betriebsmittelpla-nung

resource set-up time	Betriebsmittel-Rüstzeit
resources	Betriebsmittel, Ressourcen
response function, response mode	Antwortfunktion
responsivness	Ansprechempfindlichkeit
return stroke	Rückhub
reverse buffer	Rücklaufpuffer
reverse milling	Gegenlauffräsen
reverse motion	Rücklauf
reversing contactor device	Wendeschützsteuerung
right-handed thread	Rechtsgewinde
rigidity	Steifigkeit (einer Maschine)
ring spanner	Ringlschlüssel
rivet	Niet
riveted joint	Nietverbindung
robot	Roboter, Handhabungsautomat
robot assembly	Robotermontage
robotics	Robotik
roller chain	Gelenkkette
roller guide	Rollenführung
roller lever	Rollenhebel
root-mean-square value (r.m.s.)	Effektivwert (RMS)
rope	Seil
rope drive	Seiltrieb
rotary field	Drehfeld
rotating	umlaufend
rotational frequency	Umdrehungsfrequenz
rotational frequency diagram	Umdrehungsfrequenz-Schaubild
rotational speed, r.p.m.	Drehzahl
rotor speed	Läuferdrehzahl
round thread	Rundgewinde

S

safety	Sicherheit
safety device	Sicherheitsschaltung
safety fuse	Schmelzsicherung
safety instructions	Sicherheitshinweis
safety regulations	Sicherheitsbestimmungen
safety screen	Schutzschirm
safety symbol	Sicherheitszeichen
sampling	Abtastung
sampling rate	Abtastfrequenz
sampling time	Abtastzeit
saturation concentration	Sättigungskonzentration
saturation point	Sättigungspunkt
saw blade	Sägeblatt
scaffold	Gerüst
scale symbols	Skalensymbole
screened sheathed cable	Mantelleitung
screening	Abschirmung
screw	Schraube
screw clamp	Schraubzwinge
screw conveyor, feeder	Schneckenförderer
screw driver	Schraubendreher
screw press	Spindelpresse
scriber	Anreißnadel, Reißnadel
search engine	Suchmaschine
secondary control	Sekundärsteuerung
security criterion	Sicherheitskriterien
self inductance	Selbstinduktivität
sensor	Sensor, Aufnehmer
sensor guide	Sensorführung
separate excited generator	fremderregter Generator
sequence cascade, sequence flow	Ablaufkette
sequencer	Taktkette, Taktstufensteuerung
serial oscillator	Reihenschwingungskreis
series resistors	Vorwiderstände
series wound generator	Reihenschlussgenerator
set (of hacksaw blade)	Schränkung
set screw	Gewindestift
setpoint to measured valve comparison	Soll-Ist-Vergleich
setpoint value	Sollwert

setting-up	Rüsten
shaded pole motor	Spaltpolmotor
shape, contour	Umriss
shape scanning	Formerfassung
shaper	Stoßmaschine
shaving die	Nachschneidwerkzeug
shearing	Scheren, Abscheren, Scherschneiden
shearing force	Scherkraft
shearing tool	Scherschneidwerkzeug
sheet metal	Blech
sheet metal components	Blecherzeugnisse
sheet metal screw, self tapping screw	Blechschraube
sheet metalwork	Blechumformung
shielded	abgeschirmt
shift register	Schieberegister
shock absorber, buffer	Dämpfer, Puffer
short circuit	Kurzschluss
short circuit current	Kurzschlussstrom
short circuit protection	Kurzschlussschutz
short circuit to frame	Körperschluss
short to ground	Erdschluss
short to ground fuse	Erdschlusssicherung
short stroke cylinder	Kurzhubzylinder
shrinking fit	Aufschrumpfen
shunt generator	Nebenschlussgenerator
shunt motor	Nebenschlussmotor
side rake angle	Seitenspanwinkel
signal processing, operations	Signalverarbeitung, Operationen
silencer	Schalldämpfer
simplified representation, simplified view	vereinfachte Darstellung
simulating program	Simulationsprogramm
sine	Sinus
single acting cylinder	einfach wirkender Zylinder
single cycle	Einzelzyklus
single phase transformer	Einphasentransformatoren
single quadrant drive	Einquadrantenbetrieb
single-component adhesive	Einkomponentenkleber
single-step mode	Einzelschrittbetrieb
sintered bearing	Sinterlager
sintered metal	Sintermetall
sintering	Sintern
sinusoidal voltage	sinusförmige Wechselspannung
six pulse bridge connection	Sechspuls-Brückenschaltung
sketch	Skizze
slave valve	Folgeventil
slide way, guide Rail	Führungsschiene
sliding plane	Gleitebene
sliding vane pump	Flügelzellenpumpe
slip	Schlupf
slip-ring induction motor	Schleifringläufermotor
smooth (to)	Schlichten
snap gauge	Rachenlehre
snap ring, circlip	Sprengring
socket (female)	Steckdose
soft annealing	Weichglühen
soft solder	Weichlot
soldering iron	Lötkolben
solenoid control valve	Magnetventil
solid material	feste Stoffe
solid state memory	Halbleiterspeicher
solid state temperature sensor	Halbleitertemperatursensor
solvent	Lösungsmittel
source of danger	Gefahrenquelle
source of interference	Störquelle
spacer block	Distanzstück
spanner	Schraubenschlüssel
spare part	Ersatzteil
spatial movement	räumliche Bewegung
special characters	Sonderzeichen
specifications	technische Daten
speed control	Drehzahlsteuerung
speed limit	Grenzdrehzahl

speed-sensitive clutch	drehzahlgeschaltete Kupplung	stop valve, check valve	Absperrventil, Sperrventil
speed-torque characteristic	Drehzahl-Drehmoment-Kennlinie	stop/off	STOP/AUS
sphere	Kugel	STP, Shielded Twisted Pair	STP
spirit level	Wasserwaage	stop bit	Stoppbit
spline shaft	Keilwelle	straight line motion	geradlinige Bewegung
split pin	Splint	strain gauge	Dehnmessstreifen
spring characteristics	Federkennlinie	strength	Festigkeit
spring lock washer	Federring	stressed cross section	Spannungsquerschnitt
spring steel wire	Federstahldraht	strip (to)	Abisolieren
spring washer	Federscheibe, Federscheibe	structogram	Struktogramm
		structural steel	Baustahl
spur gear	Geradstirnrad	structured programming	Programmierung, strukturiert
squirrel cage motor	Kurzschlussläufermotor	stud	Bolzen, Gewindestift
stability	Standsicherheit		
stack	Stack	sub D connector	Sub-D-Stecker
stainless steel	rost- und säurebeständiger Stahl, Edelstahl	subscriber fee	Teilnehmergebühr
		successive approximation converter	Sukzessive-Approximations-Umsetzer
standard voltage	Normspannung		
Standards Committee	Normenausschuss	summing amplifier	Summierverstärker
star connection	Sternschaltung	supervision	Überwachung
star-delta starter	Stern-Dreieck-Wendeschaltung	surface milling	Planfräsen
		surface treatment	Vorbehandlung von Klebeflächen
start/on	START/EIN	surface treatment of metalls	Vorbehandlung von Metalloberflächen
start delay	Einschaltverzögerung		
		surge voltage protector	Überspannungsableiter
starting signal	Startsignal		
starting transformer	Anlasstransformator	swarf	Reißspan
statistical process control	statistische Prozessregelung	switch	Schalter
		switchboard	Schalttafel
statistics	Statistik	switchgear and protective devices	Schalt- und Schutzeinrichtungen
stator winding	Ständerwicklung		
steel wire	Stahldraht	swivel	Schwenkbewegung des Handgelenks am Roboter
steel wire rope	Drahtseil		
step chain	Schrittkette		
step enabling condition	Weiterschaltbedingung	swivel bending machine	Schwenkbiegemaschine
step flag	Taktmerker	symptom of fatigue	Ermüdungserscheinung
step function	Sprungfunktion		
step response	Sprungantwort	synchronous milling	Gleichlauffräsen
step-by-step motion linkage	Schrittgetriebe		
stepping motor / stepper motor	Schrittmotor		

synchronous motor	Drehstromsynchronantrieb, Drehstromsynchronmotor
T	
tailstock	Reitstock
tally	Strichliste
tangential force	Umfangskraft
tap	Gewindeschneidschraube
taper	Verjüngung
tappet	Stößel
TCP, Tool Centre Point	TCP
TCP, Transmission Communication Protocol	TCP
TCP/IP (Transmission Control Protocoll/Internet protocol)	Übertragungs-Steuerungs-Protokoll, Verbindungsprotokoll
teach box, manual controller	Handeingabegerät
Technical control board	Technischer Überwachungsverein (TÜV)
technical document	technische Unterlage
technical documentation	technische Produktdokumentation
technical drawing	technische Zeichnung
technical features	technologische Eigenschaften
Technical Inspection Authority	TÜV
technical instruction	technische Anleitung (TA)
technical requirements	Anforderung
technician	Techniker
telephone network	Telefonnetz
telescopic cylinder	Teleskopzylinder
temperature	Temperatur
temperature dependent resistors	temperaturabhängige Widerstände
temperature sensor	Temperatursensor
tempering	Anlassen
tempering colour	Anlassfarbe
template	Schablone
tensile force	Zugkraft
tensile load	Zugbeanspruchung
tensile strength	Zugfestigkeit
tensile stress	Zugspannung
tensile test	Zugversuch
tension	Zug
thermal conductivity	Wärmeleitfähigkeit
thermal efficiency	Wärmewirkungsgrad
thermal expansion	Wärmedehnung
thermal switch	Auslöser, thermisch
thermistor	Heißleiter
thermoplastic	Thermoplast
thermoset	Duroplast
thermosetting plastic	Duroplast
transient behaviour	Übergangsverhalten, Ansprechverhalten
thread	Gewinde
thread die	Schneideisen
thread pitch	Gewindesteigung
three phase a.c. motor	Drehstrommotor
three phase asynchronous machines	Drehstrom-Asynchronmaschinen
three-dimensional	dreidimensional
three-jaw chuck	Dreibackenfutter
three-phase asynchronous drive	Drehstromasynchronantrieb
threshold switch	Schwellwertschalter
throttle	Drossel
throttle cross section	Drosselquerschnitt
throttling	Drosselung
thyristor	Thyristordiode
time lag relay	Verzögerungsrelais
time delay	Zeitverschiebung
token ring	Token Ring
tolerance	Toleranz
tolerance class	Toleranzklasse
tool basis coordinate system	Werkzeugkoordinatensystem
tool carriage	Werkzeugschlitten

tool case	Werkzeugkoffer
tool centre point	Tool-Center-Point
tool change point	Werkzeugwechsel-punkt
tool length correction	Werkzeuglängen-korrektur
tool reference point	Werkzeugnullpunkt
toolmaker	Werkzeugmacher
tooth	Zahn
tooth pitch	Zahnteilung
top view, plan	Draufsicht
torque	Drehmoment, Torsionsmoment
torque drive	Torque-Motor
torque sensor	Drehmoment-Sensor
torque-sensitive clutch	drehmomentge-schaltete Kupplung
torque wrench	Drehmomentschlüssel
torsion	Torsion, Verdrehung
total active power	Gesamt-Wirkleistung
total complex power	Gesamt-Scheinleistung
total efficiency	Gesamtwirkungsgrad
total reactive power	Gesamt-Blindleistung
total voltage	Gesamtspannung
touch control	Tippbetrieb
tough	zäh
toughness	Zähigkeit
toxicity	Giftigkeit
transducer	Messumformer, Messwertgeber
transfer element	Übertragungsglied
transfer factor	Übertragungsfaktor
transformer main equation	Transformator-hauptgleichung
transition	Schaltbedingung
transition state diagram	Zustandsfolgedia-gramm
transmission	Getriebe, Übersetzung, Übertragung
transmission case	Getriebegehäuse
transmission ratio	Übersetzungsver-hältnis
transmitter	Sender
triangle	Dreieck
trigger diodes	Triggerdioden
tripping characteristic	Auslösecharakteris-tik
trouble free	störungsfrei
troubleshooting	Fehlersuche
truing	Abrichten (einer Schleifscheibe)
truth table	Wertetabelle, Tunk-tionstabelle
TTL, Transistor Transistor Logic	TTL
turn	drehen
turning tool	Drehmeißel
twist drill	Spiralbohrer
two pulse bridge connection	Zweipuls-Brücken-schaltung
two-hand safety connection	Zweihand-Sicher-heits-Schaltung
type of corrosion	Korrosionsart

U

UART, Universal Asynchronous Receiver/Trans-mitter	UART
ultra sonic	Ultraschall
unalloyed steel	unlegierter Stahl
uncontrolled converter	ungesteuerte Stromrichter
unit	Einheit
up-cut milling	Gegenlauffräsen
upper deviation	oberes Abmaß
upper limiting value	Höchstwert
upper yield point	obere Streckgrenze
user's guide	Benutzerhandbuch
utilisation category	Betriebsklassen
UTP, Unshielded Twisted Pair	UTP

V

vacuum	Vakuum
valve	Ventil
vane pump	Flügelpumpe
variable displacement pump	Verstellpumpe
variance	Streuung
VAT (value added tax)	Mehrwertsteuer

VB, VB for Applications	VBA
VB, Visual Basic	VB
V-belt transmission	Keilriemengetriebe
VE, Virtual Environment	VE
velocity	Geschwindigkeit
Venturi-injectors	Venturi-Düsen
verdigris	Grünspan
vernier	Nonius
vernier reading	Messschieber
vernier interval	Noniuswert
vertical	senkrecht
vertical milling machine	Senkrechtfräsmaschine
vibration	Schwingung
vice	Schraubstock
Vickers hardness test	Härteprüfung nach Vickers
video connectors	Videoanschlüsse
virtual environment	Virtual Environment
viscosity	Viskosität
viscosity class	Viskositätsklasse
volt	Volt
voltage dependent resistor (VDR)	spannungsabhängiger Widerstand
voltage divider	Spannungsteiler
voltage drop	Spannungsfall
voltage error circuit	Spannungsfehlerschaltung
voltage to frequency converter	Spannungs-Frequenz-Umsetzer
voltage source	Spannungsquelle
voltage source d.c.-link converter	Umrichter mit Spannungszwischenkreis
voltage tester	Spannungsprüfer
voltaic cell	galvanisches Element
voltmeter	Voltmeter
volume controller	Volumensteuerung
volume flow	Volumenstrom
volume flow rate	Volumenstrom

W

wall mounting	Wandbefestigung
warning limit	Warngrenze

warning sign for electrical installations	Sicherheitsschild für elektrische Anlagen
warning signs	Sicherheitsschilder
warranty	Gewährleistung, Garantie
washer	Scheibe, Unterlegscheibe
waste valve	Ablassventil
waste water	Abwasser
water supply tank	Wasserbehälter
watt	Watt
wave length	Wellenlänge
wear	Verschleiß
wear criterion	Verschleißkriterium
wedge	Schneidkeil
wedge angle	Keilwinkel
weight	Gewichtskraft
welding	Schweißen
welding rod for gas welding	Schweißstab für das Gasschweißen
welding safety shield	Schweißschutzschild
welding tongs	Schweißzange
welding torch	Schweißbrenner
wheel gear	Rädergetriebe
wheel-work	Getriebe, Verzahnung
winch	Winde
wing nut	Flügelmutter
wire	Draht, Leitung (elektr.)
wire stripper	Abisolierzange
Woodruff key	Scheibenfeder
work bench	Werkbank
work piece	Werkstück
work piece edge	Werkstückkante
work piece properties	Werkstückeigenschaften
work plan, work schedule	Arbeitsplan
working hours	Arbeitszeit
working pressure	Betriebsdruck
work piece datum	Werkstücknullpunkt
workshop	Werkstatt
workshop equipment	Werkstatteinrichtung
workstation	Arbeitsplatz
worm wheel	Schneckenrad

wring-EDM (electrical discharge machining) — Drahterodieren, funkenerosives Schneiden

Y

yaw movement — Gierbewegung
yield point — Streckgrenze
yield stress — Streckspannung

Z

Z-diode — Z-Diode
zinc cast alloy — Zinkgusslegierungen
zone subject to compressive forces — Druckzone
zone subject to tensile forces — Zugzone

16 Konzeption der Abschlussprüfung[*]

Nach dem Berufsbildungsgesetz soll durch die Abschlussprüfung festgestellt werden, „ob der Prüfling die erforderlichen Fertigkeiten beherrscht, die notwendigen praktischen und theoretischen Kenntnisse besitzt und mit dem im Berufsschulunterricht vermittelten, für die Berufsausbildung wesentlichen Lehrstoff vertraut ist." Oder anders ausgedrückt: Durch die Abschlussprüfung soll festgestellt werden, ob der Prüfling auf Grund seiner in der Ausbildung erworbenen Qualifikationen in der Lage ist, die Tätigkeit eines Facharbeiters auszuführen.

Für den Mechatroniker/die Mechatronikerin wurde deshalb für diesen Beruf eine Abschlussprüfung konzipiert, in der geprüft wird, was diese Fachkräfte in ihrer beruflichen Praxis können sollen:

– **Handeln im Einsatzfeld mit realen Arbeitsaufgaben an realen Arbeitsgegenständen,**
– **ganzheitliches, prozesshaftes Arbeiten.**

Um diese Zielsetzung zu erreichen, wurden folgende Prüfungsteile realisiert:

In einem **Teil A der Abschlussprüfung** ist die **Bearbeitung eines betrieblichen Auftrages** vorgesehen. „Betrieblicher Auftrag" heißt, dass als Prüfungsgegenstand ein Auftrag aus dem Betriebsalltag erledigt wird, und nicht ein standardisiertes, nach Machbarkeits- und Beurteilungskriterien entwickeltes Prüfstück angefertigt wird.

In diesem Prüfungsteil ist es erwünscht, dass das eigentliche Facharbeiterhandeln im Rahmen des Qualifikationsprofils mit seinen betriebsspezifischen Besonderheiten Gegenstand der Prüfung wird. Teil dieses Facharbeiterhandelns ist das Anfertigen von Planungsunterlagen einschließlich das Durchführen der Materiallogistik, Organisieren der Arbeit mit den notwendigen Absprachen im Team und mit vor- und nachgelagerten Bereichen. Dazu gehört auch die Dokumentation der vollzogenen Arbeitsschritte und der vorgenommenen technischen Prüfungen entsprechend der Kriterien des Qualitätsmanagements. Die Qualität des Facharbeiterhandelns, d. h. die Zielorientiertheit der Planung und Durchführung unter Beachtung der wirtschaftlichen, technischen, qualitativen, organisatorischen und zeitlichen Rahmenbedin-

[*] Die Texte im Kapitel 16 sind mit freundlicher Genehmigung des Bundesministeriums für Bildung und Forschung (BMBF) der BMBF-Publikation „Mechatroniker/ Mechatronikerin. Umsetzungshilfen für die Abschlussprüfung. Gestaltungshilfen für die Zwischenprüfung" entnommen.

gungen, wird anhand dieser Dokumente beurteilt. Im Weiteren führt der Prüfungsausschuss mit dem Prüfling hierüber ein Fachgespräch.

Der **Teil B der Abschlussprüfung** besteht aus den Prüfungsbereichen **Arbeitsplanung** und **Funktionsanalyse** sowie **Wirtschafts- und Sozialkunde**.

In den Prüfungsbereichen Arbeitsplanung und Funktionsanalyse soll jeweils <u>eine</u> Aufgabe gestellt werden. Bei diesen Aufgaben soll es sich nicht um Wissensfragen handeln, sondern um komplexe Aufgabenstellungen, wie sie in der Praxis vorkommen.

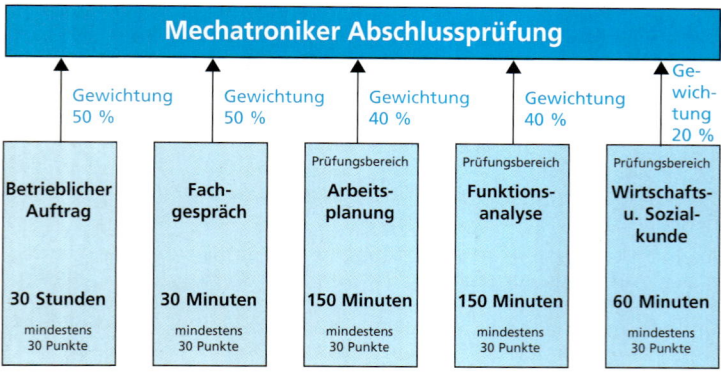

Gegenstand der Abschlussprüfung

§ 8 Abschlussprüfung*
(1) Die **Abschlussprüfung** erstreckt sich auf die in der Anlage aufgeführten Fertigkeiten und Kenntnisse, sowie auf den im Berufsschulunterricht vermittelten Lehrstoff, soweit er für die Berufsausbildung wesentlich ist.

(2) Der Prüfling soll in **Teil A der Prüfung** in höchstens 30 Stunden einen **betrieblichen Auftrag** bearbeiten und dokumentieren, sowie in höchstens 30 Minuten hierüber ein Fachgespräch führen. Hierfür kommt insbesondere folgende Aufgabe in Betracht:

---

*   § 8 der Verordnung über die Berufsausbildung zum Mechatroniker/zur Mechatronikerin vom 4. März 1998

Errichten, Ändern oder Instandhalten eines mechatronischen Systems, einschließlich **Arbeitsplanung, Montieren, Demontieren, Ändern und Konfigurieren von Programmen, sowie Inbetriebnehmen**.

Die Ausführung des Auftrages wird mit **praxisbezogenen Unterlagen dokumentiert**. Durch die Ausführung des Auftrages und dessen Dokumentation soll der Prüfling belegen, dass er Arbeitsabläufe und Teilaufgaben zielorientiert unter Beachtung wirtschaftlicher, technischer, organisatorischer und zeitlicher Vorgaben selbstständig planen und umsetzen, Material disponieren, Verdrahtungs- und Verbindungstechniken anwenden, Baugruppen der Sensorik und Aktorik einstellen und abgleichen, Fehler und Störungen in elektrischen sowie pneumatischen oder hydraulischen Systemen systematisch feststellen, eingrenzen und beheben, sowie unter Nutzung von Standardsoftware Prüfprotokolle erstellen und Schaltungsunterlagen sowie andere technische Kommunikationsunterlagen ändern kann. Durch das **Fachgespräch** soll der Prüfling zeigen, dass er fachbezogene Probleme und deren Lösungen darstellen, die für den Auftrag relevanten fachlichen Hintergründe aufzeigen, sowie die Vorgehensweisen bei der Ausführung des Auftrages begründen kann. Dem Prüfungsausschuss ist vor der Durchführung des Auftrages die Aufgabenstellung einschließlich einer Zeitplanung zur Genehmigung vorzulegen. Das Ergebnis der Bearbeitung des Auftrages sowie das Fachgespräch sollen jeweils mit 50 vom Hundert gewichtet werden.

(3) Der **Teil B der Prüfung** besteht aus den drei Prüfungsbereichen Arbeitsplanung, Funktionsanalyse sowie Wirtschafts- und Sozialkunde. In den Prüfungsbereichen Arbeitsplanung und Funktionsanalyse sind insbesondere durch Verknüpfung informationstechnischer, technologischer und mathematischer Sachverhalte fachliche Probleme zu analysieren, zu bewerten und geeignete Lösungswege darzustellen.

(4) Für den **Prüfungsbereich Arbeitsplanung** kommt insbesondere folgende Aufgabe in Betracht:

Anfertigen eines Arbeitsplanes zur Montage und Inbetriebnahme eines mechatronischen Systems nach vorgegebenen Anforderungen.

Dabei soll der Prüfling zeigen, dass er eine Problemanalyse durchführen, die zur Montage und Inbetriebnahme notwendigen mechanischen und elektrischen Komponenten, Leitungen, Software, Werkzeuge und Hilfsmittel unter Beachtung der technischen Regeln auswählen, Installations- und Montagepläne anpassen, die notwendigen Arbeitsschritte unter Berücksichtigung der Arbeitssicherheit planen und Standardsoftware anwenden kann. Für den **Prüfungsbereich Funktionsanalyse** kommt insbesondere folgende Aufgabe in Betracht:

Beschreiben der Vorgehensweise zur vorbeugenden Instandhaltung und zur systematischen Eingrenzung eines Fehlers in einem mechatronischen System.

Dabei soll der Prüfling zeigen, dass er Maßnahmen zur Instandhaltung oder Inbetriebnahme unter Berücksichtigung betrieblicher Abläufe planen, Schaltungsunterlagen auswerten, Programme interpretieren und ändern sowie funktionelle Zusammenhänge eines mechatronischen Systems, mechanische und elektrische Größen, sowie Bewegungsabläufe ermitteln und darstellen, Signale an Schnittstellen funktionell zuordnen, Prüfverfahren und Diagnosesysteme auswählen und einsetzen, sowie Fehlerursachen lokalisieren, Schutzeinrichtungen testen und elektrische Schutzmaßnahmen prüfen kann. Im **Prüfungsbereich Wirtschafts- und Sozialkunde** kommen Aufgaben, die sich auf praxisbezogene Fälle beziehen sollen, insbesondere aus folgenden Gebieten in Betracht: **allgemeine, wirtschaftliche und gesellschaftliche Zusammenhänge aus der Berufs- und Arbeitswelt.**

(5) Für den Prüfungsteil B ist von folgenden zeitlichen Höchstwerten auszugehen:
1. Arbeitsplanung   150 Minuten,
2. Funktionsanalyse   150 Minuten,
3. Wirtschafts- und Sozialkunde   60 Minuten.

(6) Innerhalb des Prüfungsteiles B haben die Prüfungsbereiche Arbeitsplanung und Funktionsanalyse gegenüber dem Prüfungsbereich Wirtschafts- und Sozialkunde jeweils das doppelte Gewicht.

(7) Der Prüfungsteil B ist auf Antrag des Prüflings oder nach Ermessen des Prüfungsausschusses in einzelnen Prüfungsbereichen durch eine **mündliche Prüfung** zu **ergänzen,** wenn diese für das Bestehen der Prüfung den Ausschlag geben kann. Bei der Ermittlung des Ergebnisses für die mündlich geprüften Prüfungsbereiche sind das bisherige Ergebnis und das Ergebnis der mündlichen Ergänzungsprüfung im Verhältnis 2:1 zu gewichten.

(8) Die **Prüfung** ist **bestanden,** wenn jeweils in den Prüfungsteilen A und B mindestens ausreichende Leistungen erbracht sind. Werden die Prüfungsleistungen im betrieblichen Auftrag einschließlich Dokumentation, in dem Fachgespräch oder in einem der drei Prüfungsbereiche mit ungenügend bewertet, so ist die Prüfung nicht bestanden.

Inhalte des Ausbildungsrahmenplans
Eine Analyse zeigt, dass die Endqualifikation der Mechatroniker/innen im Wesentlichen durch folgende Berufsbildpositionen repräsentiert wird:

Berufsbildpositionen (relevant für Endqualifikation)

15 Programmieren mechatronischer Systeme,
16 Zusammenbauen von Baugruppen und Komponenten zu Maschinen und Systemen,
17 Montieren und Demontieren von Maschinen, Systemen und Anlagen, Transportieren und Sichern,
18 Prüfen und Einstellen von Funktionen an mechatronischen Systemen,
19 Inbetriebnehmen und Bedienen mechatronischer Systeme,
20 Instandhalten mechatronischer Systeme.

Die Berufsbildpositionen 15 bis 20 sind deshalb in der Verordnung durch den Systembegriff gekennzeichnet, d. h. die Endqualifikation der Mechatroniker/innen ist geprägt durch das Handling von Systemen. Die anderen Berufsbildpositionen sind im Wesentlichen Teilmengen der Berufsbildpositionen 15–20.

Inhalte des Rahmenlehrplans

Alle Lernziele und Lerninhalte, die entsprechend dem KMK-Rahmenlehrplan „Mechatroniker" in der Berufsschule vermittelt wurden, können in der Abschlussprüfung geprüft werden. Für die letzten zwei Ausbildungsjahre sind die folgenden Lernfelder besonders relevant:

Lernfelder (relevant für Endqualifikation)

8. Design und Erstellen mechatronischer Systeme
9. Untersuchen des Informationsflusses in komplexen mechatronischen Systemen
10. Planen der Montage und Demontage
11. Inbetriebnahme, Fehlersuche und Instandsetzung
12. Vorbeugende Instandhaltung
13. Übergabe von mechatronischen Systemen an Kunden

Hinzu kommen noch die Inhalte für den Bereich „Wirtschafts- und Sozialkunde".

Handlungskompetenz

Nach § 4 Absatz 2 soll der Auszubildende zur Ausübung einer qualifizierten beruflichen Tätigkeit befähigt werden, die insbesondere selbstständiges Planen, Durchführen und Kontrollieren einschließt. Diese Befähigung ist ebenfalls in der Abschlussprüfung nachzuweisen.

17 Lösungswege

1 Funktionszusammenhänge in mechatronischen Systemen

1.3 Berechnungsaufgaben zu Funktionszusammenhängen in mechatronischen Systemen

zu $\boxed{33}$

$$W = F \cdot S = 8\,500 \text{ N} \cdot 10 \text{ m} = 85\,000 \text{ N} \cdot \text{m} = \underline{\underline{85 \text{ kNm}}}$$

zu $\boxed{34}$

$$F = \frac{W}{S} = \frac{280 \text{ Nm}}{0,3 \text{ m}} = \underline{\underline{933,\overline{3} \text{ N}}}$$

zu $\boxed{35}$

$$W_k = \frac{m \cdot v^2}{2} = \frac{0,015 \text{ kg} \cdot \left(90 \frac{\text{m}}{\text{s}}\right)^2}{2} = 60,75 \frac{\text{kg} \cdot \text{m}}{\text{s}^2} = \underline{\underline{60,75 \text{ Nm}}}$$

zu $\boxed{36}$

$$v = 50 \frac{\text{km}}{\text{h}} = \frac{50\,000 \text{ m}}{3\,600 \text{ s}} = 13,88 \frac{\text{m}}{\text{s}}$$

$$W_k = \frac{m \cdot v^2}{2} = \frac{1\,800 \text{ kg} \cdot \left(13,88 \frac{\text{m}}{\text{s}}\right)^2}{2} = 173\,388,96 \frac{\text{kg} \cdot \text{m}}{\text{s}^2} \approx \underline{\underline{173,4}}$$
$\underline{\underline{\text{kNm}}}$

zu $\boxed{37}$

a) $W_p = G \cdot S = m \cdot g \cdot s = 80 \text{ kg} \cdot 9,81 \frac{\text{m}}{\text{s}^2} \cdot 1,2 \text{ m} = 941,76 \text{ Nm}$

b) $W_p = W_k \qquad W_k = \frac{m \cdot v^2}{2}$

$$v = \sqrt{\frac{2 \cdot W_k}{m}} = \sqrt{\frac{2 \cdot 941,76 \text{ kg} \cdot \text{m}^2}{80 \text{ kg} \cdot \text{s}^2}} \approx \underline{\underline{4,85 \frac{\text{m}}{\text{s}}}}$$

zu $\boxed{38}$

$$\eta = \frac{P_2}{P_1} = \frac{3 \text{ kW}}{3,5 \text{ kW}} = 0,857 = \frac{85,7}{100} \triangleq \underline{\underline{85,7 \text{ \%}}}$$

zu 39

$$\eta = \frac{P_2}{P_1} = \frac{P_{G2}}{P_{M1}} = \eta_1 \cdot \eta_2$$

zu 40

a) $\eta_1 = \frac{P_2}{P_1} = \frac{8 \text{ kW}}{10 \text{ kW}} = 0,8 \triangleq \underline{\underline{80 \%}}$

b) $\eta_2 = \frac{P_2}{P_1} = \frac{6 \text{ kW}}{8 \text{ kW}} = 0,75 \triangleq \underline{\underline{75 \%}}$

c) $\eta = \eta_1 \cdot \eta_2 = 0,8 \cdot 0,75 = 0,6 \triangleq \underline{60 \%}$

zu 41

$$P = \frac{W}{t} = \frac{F \cdot s}{t} = \frac{15\,000 \text{ N} \cdot 2,5 \text{ m}}{7 \text{ s}} = 5\,357,1 \frac{\text{Nm}}{\text{s}}$$

$$W = F \cdot s \qquad\qquad\qquad\qquad \approx \underline{\underline{5,4 \text{ kW}}}$$

zu 42

$$M = \frac{P}{2\pi \cdot n} = \frac{1\,500 \dfrac{\text{Nm}}{\text{s}}}{2 \cdot \pi \cdot \dfrac{1\,500}{60 \text{ s}}} = \underline{\underline{9,549 \text{ Nm}}}$$

zu 43

$$\dot{m} = \frac{m}{t} = \frac{14\,000 \text{ kg}}{1\,440 \text{ min}} = \underline{\underline{9,72 \frac{\text{kg}}{\text{min}}}}$$

zu 44

$$\dot{V} = \frac{V}{t} = \frac{3\,200 \text{ l}}{480 \text{ min}} = \underline{\underline{6,67 \frac{\text{l}}{\text{min}}}}$$

2 Herstellen mechanischer Teilsysteme

2.4 Berechnungen

zu 165

$$\tau_a = \frac{F}{s} = \frac{50\,000 \text{ N}}{\frac{\pi}{4}(10 \text{ mm})^2} = 636,62 \frac{\text{N}}{\text{mm}^2}$$

zu 166

$$\tau_{aB} \approx 0,8 \cdot R_m = 0,8 \cdot 340 \frac{\text{N}}{\text{mm}^2} = 272 \frac{\text{N}}{\text{mm}^2}$$

zu 167

$$\tau_{aB} \approx 0,8 \cdot R_m = 344 \frac{\text{N}}{\text{mm}^2}$$

$$F = 2 \cdot s \cdot \tau_{aB} = \frac{2 \cdot \pi \cdot (16 \text{ mm})^2 \cdot 344 \frac{\text{N}}{\text{mm}^2}}{4}$$

$$F = 138\,330,6 \text{ N}$$

zu 168

$$S = U \cdot s = \pi \cdot d \cdot s = \pi \cdot 20 \text{ mm} \cdot 5 \text{ mm} = 314 \text{ mm}^2$$

$$R_m = 540 \frac{\text{N}}{\text{mm}^2} \qquad \tau_{aB} = 0,8 \cdot R_m = 0,8 \cdot 540 \frac{\text{N}}{\text{mm}^2} = 432 \frac{\text{N}}{\text{mm}^2}$$

$$F = S \cdot \tau_{aB} = 314 \text{ mm}^2 \cdot 432 \frac{\text{N}}{\text{mm}^2} = 135\,648 \text{ N} \approx 136 \text{ kN}$$

zu 169

$$\tau_{aB} = \frac{F}{S} = \frac{4 \cdot F}{2\pi \cdot d^2} = \frac{4 \cdot 30\,000 \text{ N}}{2 \cdot \pi \cdot (10 \text{ mm})^2} = 191 \frac{\text{N}}{\text{mm}^2}$$

zu 170

$$F_1 \cdot \pi \cdot d = F_2 \cdot p$$

$$F_1 = \frac{F_2 \cdot P}{\pi \cdot d} = \frac{5\,000 \text{ N} \cdot 1 \text{ mm}}{\pi \cdot 2 \cdot 120 \text{ mm}} = 6,63 \text{ N}$$

zu 171

$$F_P = \frac{F_H \cdot \pi \cdot d}{p}$$

$$F_P = \frac{100 \text{ N} \cdot \pi \cdot 500 \text{ mm}}{5 \text{ mm}}$$

$$\underline{\underline{F_P = 31\,416 \text{ N}}}$$

zu 172

$$F_H \cdot \pi \cdot d = G \cdot p$$

$$d = \frac{G \cdot p}{F_H \cdot \pi} = \frac{4\,500 \text{ N} \cdot 5 \text{ mm}}{150 \text{ N} \cdot \pi} = 47{,}7 \text{ mm}$$

$$\underline{\underline{r = 23{,}9 \approx 24 \text{ mm}}}$$

zu 173

$$F_c = A \cdot k_c = \frac{d \cdot f}{2} \cdot k_c = \frac{10 \text{ mm} \cdot 0{,}2 \text{ mm}}{2} \cdot 2\,000 \frac{\text{N}}{\text{mm}^2} = \underline{\underline{2 \text{ kN}}}$$

$$M_c = \frac{F_c \cdot d}{4} = \frac{2\,000 \text{ N} \cdot 10 \text{ mm}}{4} = 5\,000 \text{ N} \cdot \text{mm} = \underline{\underline{5 \text{ Nm}}}$$

zu 174

$$A = a_P \cdot h \cdot z_e \qquad h = 0{,}9 \cdot fz \qquad z_e = 3$$
$$\qquad\qquad\qquad\qquad h = 0{,}09 \qquad a_P = 5 \text{ mm}$$

$$A = 5 \text{ mm} \cdot 0{,}09 \text{ mm} \cdot 3 = \underline{\underline{1{,}35 \text{ mm}^2}}$$

$$F_c = A \cdot k_c = 1{,}35 \text{ mm}^2 \cdot 2\,200 \frac{\text{N}}{\text{mm}^2} = \underline{\underline{2\,970 \text{ N}}}$$

zu 175

$$p_c = F_c \cdot v_c$$

$$p_c = \frac{4\,000 \text{ N} \cdot 150 \text{ m}}{60 \text{ S}} = \underline{\underline{10 \text{ kW}}}$$

zu 176

$$d_n = d + d_s$$

$$d_n = 180 \text{ mm} + 14 \text{ mm}$$

$$d_n = 194 \text{ mm}$$

$l = \pi \cdot d_n$

$l = \pi \cdot 194$ mm

$\underline{\underline{l = 609{,}46 \text{ mm}}}$

zu 177

$l = l_1 + l_2 + l_3$

$l_2 = \dfrac{\pi \cdot d \cdot 2}{360°} = \dfrac{\pi \cdot 1\,140 \text{ mm} \cdot 150°}{360°} = 1\,492{,}3$ mm

$l = 300 \text{ mm} + 1\,492{,}3 \text{ mm} + 500 \text{ mm} = \underline{\underline{2\,292{,}3 \text{ mm}}}$

zu 178

$l = l_1 + l_2 + l_3 + l_4 + l_5$

$l_1 = 50$ mm

$l_2 = 10$ mm

$l_3 = 10$ mm

$l_4 + l_5 = \pi \cdot d$ ergibt 1 Kreis

$d = 34 \text{ mm} + 6 \text{ mm}$

$d = 40 \text{ mm}$

$l_{4+5} = 125{,}66$ mm

$\underline{\underline{l = 195{,}66 \text{ mm}}}$

zu 179

$50\text{H7} = 50^{+0{,}025}_{0} \qquad 50\text{j6} = 50^{+0{,}011}_{-0{,}005}$

$P_u = G_{uB} - G_{oW} = 50{,}000 - 50{,}011 = \underline{\underline{-0{,}011}}$

$P_O = G_{oB} - G_{uW} = 50{,}025 - 49{,}995 = \underline{\underline{+0{,}030}}$

zu 180

$80^{+0{,}05}_{+0{,}02}:$

$T_B = ES - EI = +0{,}05 - (+0{,}02) = \underline{\underline{0{,}03}}$

$G_{OB} = N + ES = 80 + (+0{,}5) = \underline{\underline{80{,}05}}$

$G_{uB} = N + EI = 80 + (+0{,}2) = \underline{\underline{80{,}02}}$

$8 \pm 0{,}2$:

$T_B = +0{,}2 - (-0{,}2) = \underline{\underline{0{,}4}}$

$G_{OB} = 8 + (+0{,}2) = \underline{\underline{8{,}2}}$

$G_{uB} = 8 + (-0{,}2) = \underline{\underline{7{,}8}}$

zu [181]

$F = \dfrac{M}{l} \qquad l = \dfrac{d}{2} = 75 \text{ mm}$

$F = \dfrac{200 \text{ N} \cdot \text{m}}{0{,}075 \text{ m}} = \underline{\underline{2666{,}66 \text{ N}}}$

zu [182]

$F_1 \cdot l_1 = F_2 \cdot l_2$

$F_Z \cdot 80 \text{ mm} = F_W \cdot 120 \text{ mm}$

$\qquad F_W = \dfrac{F_Z \cdot 80 \text{ mm}}{120 \text{ mm}}$

$\qquad \underline{\underline{F_W = 6{,}66 \text{ kN}}}$

zu [183]

$F_B \cdot l = F_1 \cdot l_1 + F_2 \cdot l_2$

$F_B \quad = \dfrac{F_1 \cdot l_1 + F_2 \cdot l_2}{l}$

$F_B \quad = \dfrac{8 \text{ kN} \cdot 400 \text{ mm} + 4 \text{ kN} \cdot 900 \text{ mm}}{1\,000 \text{ mm}}$

$F_B \quad = \underline{\underline{6{,}8 \text{ kN}}}$

$F_A + F_B = F_1 + F_2$

$F_A \quad = F_1 + F_2 - F_B$

$F_A \quad = 8 \text{ kN} + 4 \text{ kN} - 6{,}8 \text{ kN}$

$F_A \quad = \underline{\underline{5{,}2 \text{ kN}}}$

zu 184

$F \cdot s = G \cdot h$

$G = m \cdot g$

$G = 2\,000 \text{ kg} \cdot 9{,}81 \dfrac{m}{s^2}$

$G = 19{,}62 \text{ kN}$

$F = \dfrac{G \cdot h}{s}$

$F = \dfrac{19{,}62 \text{ kN} \cdot 20 \text{ mm}}{100 \text{ mm}}$

$F = \underline{\underline{3\,924 \text{ N}}}$

zu 185

$G = m \cdot g$

$G = 600 \text{ kg} \cdot 9{,}81 \dfrac{m}{s^2}$

$G = 5\,886 \text{ N}$

$F_1 = \dfrac{G}{n} = \dfrac{5\,886 \text{ N}}{4}$

$F_1 = \underline{\underline{1\,471{,}5 \text{ N}}}$

$s_1 = n \cdot h$

$s_1 = 4 \cdot 2 \text{ m} = \underline{\underline{8 \text{ m}}}$

3 Installieren elektrischer Betriebsmittel unter Beachtung sicherheitstechnischer Aspekte

3.2 Einfacher Gleichstromkreis

zu 19

$R = \dfrac{U}{I} \quad R = \dfrac{10{,}4 \text{ V}}{20 \text{ mA}} \quad \underline{\underline{R = 520 \ \Omega}}$

zu 20

a) $I = \dfrac{U_B}{R_{Rel}} \quad I = \dfrac{24 \text{ V}}{200 \ \Omega} \quad \underline{\underline{I = 120 \text{ mA}}}$

b) $I = \dfrac{U}{R} \Rightarrow R = \dfrac{U}{I}$ $R = \dfrac{230 \text{ V}}{260 \text{ mA}}$ $\underline{\underline{R = 885 \ \Omega}}$

zu $\boxed{23}$

a) $R = \dfrac{l}{g_{Cu} \cdot A}$ $R = \dfrac{16 \text{ m}}{57{,}1 \dfrac{\text{m}}{\Omega \cdot \text{mm}^2} \cdot 10 \text{ mm}^2}$ $\underline{\underline{R = 28 \text{ m}\Omega}}$

b) $R = \dfrac{l}{g_{Al} \cdot A_{Al}} \Rightarrow A_{Al} = \dfrac{l}{g_{Al} \cdot R}$ $A = \dfrac{16 \text{ m}}{37{,}7 \dfrac{\text{m}}{\Omega \cdot \text{mm}^2} \cdot 28 \cdot 10^{-3} \Omega}$

$\underline{\underline{A_{Al} = 15{,}2 \text{ mm}^2}}$

zu $\boxed{24}$

a) $R = \dfrac{U_{Netz} - U_{Heizung}}{I}$ $R = \dfrac{230 \text{ V} - 216{,}2 \text{ V}}{11{,}78 \text{ A}}$ $\underline{\underline{R = 1{,}17 \ \Omega}}$

$R = \dfrac{\ddot{o} \cdot l}{A} \Rightarrow A = \dfrac{\ddot{o} \cdot l}{R}$ $A = \dfrac{0{,}01751 \dfrac{\Omega \cdot \text{mm}^2}{\text{m}} \cdot 2 \cdot 50 \text{ m}}{1{,}17 \ \Omega}$

$\underline{\underline{A = 1{,}5 \text{ mm}^2}}$

b) $U_{Leitung} = 0{,}03 \cdot U_{Netz}$ $U_{Leitung} = 0{,}03 \cdot 230 \text{ V}$

$\underline{U_{Leitung} = 6{,}9 \text{ V}}$

$R = \dfrac{U_{Leitung}}{I}$ $R = \dfrac{6{,}9 \text{ V}}{12 \text{ A}}$ $\underline{\underline{R = 0{,}575 \ \Omega}}$

$A = \dfrac{\ddot{o} \lozenge l}{R}$ $A = \dfrac{0{,}01751 \dfrac{\Omega \cdot \text{mm}^2}{\text{m}} \cdot 2 \cdot 50 \text{ m}}{0{,}575 \ \Omega}$ $\underline{\underline{A = 3{,}05 \text{ mm}^2}}$

Gewählter Leitungsquerschnitt: $A = 4 \text{ mm}^2$

c) $A = 1{,}5 \text{ mm}^2$ $J = \dfrac{I}{A}$ $S = \dfrac{11{,}78 \text{ A}}{1{,}5 \text{ mm}^2}$ $\underline{\underline{J = 7{,}85 \dfrac{A}{\text{mm}^2}}}$

$$A = 4 \text{ mm}^2 \quad J = \frac{I}{A} \quad S = \frac{12 \text{ A}}{4 \text{ mm}^2} \quad \underline{\underline{J = 3\frac{A}{\text{mm}^2}}}$$

zu 25

$$R = \frac{l}{\chi_{Cu} \cdot A_{Cu}} \text{ und } R = \frac{l}{\chi_{Al} \cdot A_{Al}} \Rightarrow \chi_{Al} \cdot A_{Al} = \chi_{Cu} \cdot A_{Cu} \Rightarrow$$

$$A_{Al} = \frac{c_{Cu}}{c_{Al}} \cdot A_{Cu}; \quad A_{Al} = \frac{57,1\dfrac{\Omega \cdot \text{mm}^2}{\text{m}}}{37,7\dfrac{\Omega \cdot \text{mm}^2}{\text{m}}} \cdot 16 \text{ mm}^2 \quad \underline{\underline{A_{Al} = 24,2 \text{ mm}^2}}$$

Der nächsthöhere Normquerschnitt $A_{Al} = 25 \text{ mm}^2$

zu 26

a) Aus der Bezeichnung der Leitung u. a. A = 0 1,5 mm².

$$R_{20} = \frac{2 \cdot l}{\gamma \cdot A} \quad R_{20} = \frac{2 \cdot 50 \text{ m}}{57,1\dfrac{\text{m}}{\Omega \cdot \text{mm}^2} \cdot 1,5 \text{ mm}^2} \quad \underline{\underline{R_{20} = 1,17 \ \Omega}}$$

b) $R_T = R_{20} \cdot [1 + \alpha \cdot (T_2 - T_1)]$

$$R_{65} = 1,17 \ \Omega \left[1 + 0,00382\frac{1}{K} \cdot (65 \ °C - 20 \ °C) \right] \quad \underline{\underline{R_{65} = 1,37 \ \Omega}}$$

c) $\dfrac{\Delta R}{R_{20}} \cdot 100 \ \% = \dfrac{1,37 \ \Omega - 1,17 \ \Omega}{1,17 \ \Omega} \cdot 100 \ \% \quad \underline{\underline{\dfrac{\Delta R}{R_{20}} \cdot 100 \ \% = 17,1 \ \%}}$

Der Widerstand nimmt um 17,1 % zu.

zu 27

a) $I_{Ein} = \dfrac{U}{R_{20}} \quad I_{Ein} = \dfrac{230 \text{ V}}{40,6 \ \Omega} \quad \underline{\underline{I_{Ein} = 5,67 \text{ A}}}$

b) $R_T = \dfrac{U}{I} \quad R_T = \dfrac{230 \text{ V}}{458 \text{ mA}} \quad \underline{\underline{R_T = 502 \ \Omega}}$

c) $R_T = R_{20} \cdot [1 + \alpha \cdot (T_2 - T_1)] \Rightarrow \dfrac{R_T}{R_{20}} = 1 + \alpha \cdot (T_2 - T_1) \Rightarrow$

$$\frac{R_T}{R_{20}} - 1 = \alpha \cdot (T_2 - T_1) \Rightarrow \frac{R_T - R_{20}}{\alpha \cdot R_{20}} = T_2 - T_1 \Rightarrow T_2 = \frac{R_T - R_{20}}{\alpha \cdot R_{20}} + T_1$$

$$T_2 = \frac{502\ \Omega - 40,6\ \Omega}{0,00482\frac{1}{K} \cdot 40,6\ \Omega} + 293\ K \quad \underline{\underline{T_2 = 2\,651\,K}}$$

zu 31

$$P = U \cdot I \Rightarrow I = \frac{P}{U} \quad I = \frac{100\ W}{230\ V} \quad \underline{\underline{I = 435\ mA}}$$

$$P = \frac{U^2}{R} \Rightarrow R = \frac{U^2}{P} \quad R = \frac{(230\ V)^2}{100\ W} \quad \underline{\underline{R = 529\ \Omega}}$$

zu 32

a) Heizung: $P_1 = 1\,000\ W$ an $U_1 = 230\ V$

$\qquad\qquad P_2 = 700\ W$

$$R_{Heiz} = \frac{U_1^2}{P} \quad R_{Heiz} = \frac{(230\ V)^2}{1000\ W} \quad \underline{\underline{R_{Heiz} = 52,9\ \Omega}}$$

$$P_2 = I^2 \cdot R_{Heiz} \Rightarrow I = \sqrt{\frac{P_2}{R_{Heiz}}} \quad I = \sqrt{\frac{700\ W}{52,9\ \Omega}} \quad \underline{\underline{I = 3,638\ A}}$$

$$U_2 = I \cdot R_{Heiz} \quad U_2 = 3,638\ A \cdot 52,9\ \Omega \quad \underline{\underline{U_2 = 192,4\ V}}$$

$$U_{RV} = U_1 - U_2 \quad U_{RV} = 230\ V - 193\ V \quad \underline{\underline{U_{RV} = 37,6\ V}}$$

$$R_V = \frac{U_V}{I} \quad R_V = \frac{37,6\ V}{3,64\ A} \quad \underline{\underline{R_V = 10,3\ \Omega}}$$

b) $P_{RV} = U_V \cdot I \quad P_{RV} = 37,6\ V \cdot 3,638\ A \quad \underline{\underline{P_{RV} = 136,8\ W}}$

c) $P_{ges} = P_2 + P_{RV} \quad P_{ges} = 700\ W + 136,8\ W \quad \underline{\underline{P_{ges} = 836,8\ W}}$

zu 33

$$U* = 0,8 \cdot U \quad (U*\ \text{beträgt } 80\ \% \text{ von } U)$$

$$P = \frac{U^2}{R} \text{ und } P* = \frac{(U*)^2}{R} \Rightarrow P* = \frac{(0,8 \cdot U)^2}{R} \Rightarrow$$

$$P* = \frac{0,64 \cdot U^2}{R} \Rightarrow P* = 0,64 \cdot \frac{U^2}{R} \Rightarrow P* = 0,64 \cdot P$$

$$F_{rel} = \frac{P* - P}{P} \cdot 100\,\% \qquad F_{rel} = \frac{0,64 \cdot P - P}{P} \cdot 100\,\% \qquad F_{rel} = -36\,\%$$

Die Leistung sinkt um 36 %.

zu 35

a) $P_{zu} = U \cdot I \qquad P_{zu} = 440\,V \cdot 26\,A \qquad \underline{\underline{P_{zu} = 11\,440\,W}}$

b) $P_v = P_{zu} - P_{ab} \qquad P_v = 11\,440\,W - 10\,000\,W \qquad \underline{\underline{P_v = 1\,440\,W}}$

c) $\eta_M = \frac{P_{ab}}{P_{zu}} \cdot 100\,\% \qquad \eta_M = \frac{10\,000\,W}{11\,440\,W} \cdot 100\,\% \qquad \underline{\underline{\eta_M = 87\,\%}}$

d) $\eta_{ges} = \eta_M \cdot \eta_G \qquad \eta_{ges} = 0,84 \cdot 0,95 \qquad \underline{\underline{\eta_{ges} = 0,83}}$

e) $W = P \cdot t \qquad W = 11,44\,kW \cdot 20\,d \cdot 8\frac{h}{d} \qquad \underline{\underline{W = 1830,4\,kWh}}$

$K = W \cdot T \qquad K = 1\,830,4\,kWh \cdot 0,10\frac{€}{kWh} \qquad \underline{\underline{K = 183,04\,€}}$

Der Betrieb des Motors verursacht pro Monat 183,04 € Energiekosten.

zu 36

a) $W = \frac{U^2}{R} \cdot t \qquad W = \frac{(24\,V)^2}{288\,\Omega} \cdot 600\,s \qquad \underline{\underline{W = 1200\,Ws}}$

b) $Q = m \cdot c \cdot \Delta\vartheta \qquad Q = W \qquad \Delta\vartheta = \vartheta_2 - \vartheta_1 \qquad \vartheta_2 = \frac{W}{m \cdot c} + \vartheta_1$

Kupfer: $c = 0,390\frac{kJ}{kg \cdot K} \qquad \vartheta_2 = \frac{1\,200\,Ws}{0,2\,kg \cdot 390\frac{Ws}{kg \cdot K}} + 20\,°C$

$\underline{\underline{\vartheta_2 = 35,4\,°C}}$

3.3 Schaltungen im Gleichstromkreis

zu 38

$$R_v = \frac{U - U_L}{I} \qquad R_v = \frac{230\,V - 85\,V}{1,2\,mA} \qquad \underline{\underline{R_v = 121\,k\Omega}}$$

zu 39

c) $\quad R_{ges} = \dfrac{U}{I} \qquad R_{ges} = \dfrac{5\,V}{90\,mA} \qquad \underline{\underline{R_{ges} = 55,6\,\Omega}}$

$\quad R_v = R_{ges} - R_R \qquad R_V = 55,6\,\Omega - 45\,\Omega \qquad \underline{\underline{R_v = 10,6\,\Omega}}$

Für $R_v = 10,6\,\Omega$ ergibt sich aus der Kennlinie eine Temperatur von $\vartheta \approx 75\,°C$.

d) $\quad U_{RV} = I \cdot R_v \qquad U_{RV} = 90\,mA \cdot 10,6\,\Omega \qquad \underline{\underline{U_{RV} = 0,95\,V}}$

$\quad U_{RR} = I \cdot R_R \qquad U_{RR} = 90\,mA \cdot 45\,\Omega \qquad \underline{\underline{U_{RV} = 4,05\,V}}.$

zu 40

a) Die Kennlinie liefert für $I_F = 20\,mA$, die Spannung $U_F = 1,6\,V$.

$\quad R = \dfrac{U - U_F}{I_F} \qquad R = \dfrac{24\,V - 1,6\,V}{20\,mA} \qquad \underline{\underline{R = 1\,120\,\Omega}}$

$\quad R = (U - U_F) \cdot I_F \qquad P = (24 - 1,6\,V) \cdot 20\,mA \qquad \underline{\underline{P = 0,448\,W}}$

zu 42

$$R_{ges} = \frac{1}{\dfrac{1}{R_1} + \dfrac{1}{R_2}} \qquad \frac{1}{R_1} + \frac{1}{R_2} = \frac{1}{R_{ges}} \qquad \frac{1}{R_2} = \frac{1}{R_{ges}} - \frac{1}{R_1}$$

$$R_2 = \frac{1}{\dfrac{1}{R_{ges}} - \dfrac{1}{R_1}} \qquad R_2 = \frac{1}{\dfrac{1}{170\,\Omega} - \dfrac{1}{180\,\Omega}} \qquad \underline{\underline{R_2 = 3\,060\,\Omega}}$$

zu $\boxed{43}$

$U = R_1 \cdot I_1 \quad U = 2\,k\Omega \cdot 12\,mA \quad U = 24\,V$

$R_{ges} = \dfrac{U}{I} \quad R_{ges} = \dfrac{24\,V}{40\,mA} \quad R_{ges} = 600\,\Omega$

$I_2 = \dfrac{U}{R_2} \quad I_2 = \dfrac{24\,V}{1,2\,k\Omega} \quad I_2 = 20\,mA \quad I_3 = I - I_1 - I_2$

$I_3 = 40\,mA - 12\,mA - 20\,mA \quad I_3 = 8\,mA$

$R_3 = \dfrac{U}{I_3} \quad R_3 = \dfrac{24\,V}{8\,mA} \quad \underline{\underline{R_3 = 3\,k\Omega}}$

zu $\boxed{44}$

E12-Reihe: Toleranz ± 10 %,

$198\,\Omega \leq R_1 \leq 242\,\Omega \quad 351\,\Omega \leq R_2 \leq 429\,\Omega \quad 504\,\Omega \leq R_3 \leq 616\,\Omega$

$R_{ges\,min} = \dfrac{1}{\dfrac{1}{R_{1min}} + \dfrac{1}{R_{2min}} + \dfrac{1}{R_{3min}}}$

$R_{ges\,min} = \dfrac{1}{\dfrac{1}{198\,\Omega} + \dfrac{1}{351\,\Omega} + \dfrac{1}{504\,\Omega}} \quad R_{ges\,min} = 101\,\Omega$

$R_{ges\,max} = \dfrac{1}{\dfrac{1}{R_{1max}} + \dfrac{1}{R_{2max}} + \dfrac{1}{R_{3max}}}$

$R_{ges\,max} = \dfrac{1}{\dfrac{1}{242\,\Omega} + \dfrac{1}{429\,\Omega} + \dfrac{1}{616\,\Omega}} \quad R_{ges\,max} = 124\,\Omega$

$\underline{\underline{101\,\Omega \leq R_{ges} \leq 124\,\Omega}}$

zu $\boxed{45}$

a) $I_1 = \dfrac{P_1}{U} \quad I_1 = \dfrac{250\,W}{230\,V} \quad I_1 = 1,087\,A$

$I_2 = \dfrac{P_2}{U} \quad I_2 = \dfrac{100\,W}{230\,V} \quad I_2 = 0,435\,A$

$$I_3 = \frac{P_3}{U} \quad I_3 = \frac{75\ W}{230\ V} \quad I_3 = 0,326\ A$$

$$I = I_1 + I_2 + I_3 \quad I = 1,087\ A + 0,435\ A + 0,326\ A \quad \underline{\underline{I = 1,848\ A}}$$

b) n = Anzahl der Arbeitsbereiche $I_{max} = 16\ A$

$$n = \frac{I_{max}}{I} \quad n = \frac{16\ A}{1,848\ A} \quad n = 8,66$$

8 Arbeitsbereiche können mit einer 16-A-Sicherung abgesichert werden.

zu 46

$$R_{3,4} = \frac{R_3 \cdot R_4}{R_3 + R_4} \quad R_{3,4} = \frac{390\ \Omega \cdot 470\ \Omega}{390\ \Omega + 470\ \Omega} \quad R_{3,4} = 213\ \Omega$$

$$R_{2,3,4} = R_2 + R_{3,4} \quad R_{2,3,4} = 82\ \Omega + 213\ \Omega \quad R_{2,3,4} = 295\ \Omega$$

$$R_{ges} = \frac{R_1 \cdot R_{2,3,4}}{R_1 + R_{2,3,4}} \quad R_{ges} = \frac{220\ \Omega \cdot 295\ \Omega}{220\ \Omega + 295\ \Omega} \quad \underline{\underline{R_{ges} = 126\ \Omega}}$$

$$I = \frac{U}{R_{ges}} \quad I = \frac{24\ V}{126\ \Omega} \quad \underline{\underline{I = 190\ mA}}$$

zu 47

a) $R = 460\ \Omega + \dfrac{(80\ \Omega + 125\ \Omega) \cdot 125\ \Omega}{80\ \Omega + 125\ \Omega + 125\ \Omega} + 15\ \Omega + \dfrac{840\ \Omega \cdot 840\ \Omega}{840\ \Omega + 840\ \Omega}$

$R = 460\ \Omega + 77,7\ \Omega + 15\ \Omega + 420\ \Omega \quad \underline{\underline{R = 973\ \Omega}}$

b) $I = \dfrac{U}{R} \quad I = \dfrac{230\ V}{972,7\ \Omega} \quad \underline{\underline{I = 236\ mA}}$

zu 48

Im Einschaltmoment:

$$I_{Rel} = \frac{U_{Rel}}{R_{Rel}} \quad I_{Rel} = \frac{6\ V}{75\ \Omega} \quad I_{Rel} = 80\ mA$$

$$R_2 = \frac{U - U_{Rel}}{I_{Rel}} - R_1 \quad R_2 = \frac{12\ V - 6\ V}{80\ mA} - 30\ \Omega \quad \underline{\underline{R_2 = 45\ \Omega}}$$

Nach dem Durchschalten: $I = 100$ mA

$U_{R1} = I \cdot R_1$　　$U_{R1} = 0{,}1$ A $\cdot 30$ Ω　　$U_{R1} = 3$ V

$R_3 = \dfrac{U - U_{R1} - U_F}{I_F}$　　$R_3 = \dfrac{12\text{ V} - 3\text{ V} - 1{,}6\text{ V}}{20\text{ mA}}$　　$\underline{\underline{R_3 = 370\ \Omega}}$

$I_2 = \dfrac{U - U_{R1}}{R_2 + R_{Rel}}$　　$I_2 = \dfrac{12\text{ V} - 3\text{ V}}{45\ \Omega + 75\ \Omega}$　　$\underline{\underline{I_2 = 75\text{ mA}}}$

$U_{R1} = I_2 \cdot R_{Rel}$　　$U_{R1} = 75$ mA $\cdot 75$ Ω　　$\underline{\underline{U_{R1} = 5{,}625\text{ V}}}$

zu $\boxed{49}$

$R_P = \dfrac{R_2 \cdot R_3}{R_2 + R_3}$　　$R_P = \dfrac{100\ \Omega \cdot 330\ \Omega}{100\ \Omega + 330\ \Omega}$　　$R_P = 76{,}7\ \Omega$

$U_{R3} = \dfrac{R_P}{R_1 + R_P} \cdot U$　　$U_{R3} = \dfrac{76{,}7\ \Omega}{220\ \Omega + 76{,}7\ \Omega} \cdot 24$ V　　$\underline{\underline{U_{R3} = 6{,}21\text{ V}}}$

$I_3 = \dfrac{U_{R3}}{R_3}$　　$I_3 = \dfrac{6{,}21\text{ V}}{330\ \Omega}$　　$\underline{\underline{I_3 = 18{,}8\text{ mA}}}$

zu $\boxed{50}$

a) $R_3 = \dfrac{U_{R3}}{I_3}$　　$R_3 = \dfrac{12\text{ V}}{60\text{ mA}}$　　$\underline{\underline{R_3 = 200\ \Omega}}$

b) $I_2 = \dfrac{U_{R3}}{R_2}$　　$I_2 = \dfrac{12\text{ V}}{150\ \Omega}$　　$I_2 = 80$ mA

　　$R_1 = \dfrac{U - U_{R3}}{I_2 + I_3}$　　$R_1 = \dfrac{24\text{ V} - 12\text{ V}}{80\text{ mA} + 60\text{ mA}}$　　$\underline{\underline{R_1 = 85{,}7\ \Omega}}$

c) $q = \dfrac{I_2}{I_3}$　　$q = \dfrac{80\text{ mA}}{60\text{ mA}}$　　$\underline{\underline{q = 1{,}33}}$

zu 51

b) Einschaltstrom:

$$I_{Ein} = \frac{U_N}{R_{Rel}} \qquad I_{Ein} = \frac{24\ V}{650\ \Omega} \qquad \underline{\underline{I_{Ein} = 36{,}9\ mA}}$$

$$R_{ges} = \frac{U_N - U_F}{I_B} \qquad R_{ges} = \frac{24\ V - 0{,}64\ V}{18{,}4\ mA} \qquad \underline{\underline{R_{ges} = 1\,270\ \Omega}}$$

$$R_{ges} = R_v + R_{Rel} \Rightarrow R_V = R_{ges} - R_{Rel} \qquad R_V = 1270\ \Omega - 650\ \Omega$$

$$\underline{\underline{R_V = 620\ \Omega}}$$

c) $U_{RV} = U_B - U_F - U_{AB} \qquad U_{RV} = 24\ V - 0{,}64\ V - 3{,}6\ V$

$$\underline{\underline{U_{RV} = 19{,}76\ V}}$$

$$I_{RV} = \frac{U_{RV}}{R_V} \qquad I_{RV} = \frac{19{,}76\ V}{620\ \Omega} \qquad \underline{\underline{I_{Ein} = 31{,}9\ mA}}$$

$$I_{Rel} = \frac{U_{AB}}{R_{Rel}} \qquad I_{Rel} = \frac{3{,}6\ V}{650\ \Omega} \qquad \underline{\underline{I_{Rel} = 5{,}54\ mA}}$$

$$I_{R\vartheta} = I_{RV} - I_{Rel} \qquad I_{R\vartheta} = 31{,}9\ mA - 5{,}54\ mA \qquad \underline{\underline{I_{R\vartheta} = 26{,}36\ mA}}$$

$$R_\vartheta = \frac{U_{AB} + U_F}{I_{R\vartheta}} \qquad R_\vartheta = \frac{3{,}6\ V + 0{,}64\ V}{26{,}36\ mA} \qquad \underline{\underline{R_\vartheta = 161\ \Omega}}$$

Aus dem Diagramm folgt für $R_\vartheta = 161\ \Omega$: $\underline{\underline{\vartheta \approx 75\ °C}}$.

zu 53

b) Brückenschaltung abgeglichen: $U_{AB} = 0\ V$

$$\frac{R_1}{R_2} = \frac{R_3}{R_x} \qquad R_1 \cdot R_x = R_2 \cdot R_3 \qquad R_x = \frac{R_2 \cdot R_3}{R_1}$$

$$R_x = \frac{1{,}5\ k\Omega \cdot 1\ k\Omega}{680\ \Omega} \qquad \underline{\underline{R_x = 2\,206\ \Omega}}\ .$$

zu 54

$$U_{AB} = \left(\frac{R_3}{R_3 + R_4} - \frac{R_1}{R_1 + R_2}\right) \cdot U$$

$B_1 = 0{,}5\ T: R_{B1} = R_{4\,min} = 3{,}5 \cdot R_0 \qquad R_{4\,min} = 350\ \Omega$

$B_2 = 1{,}5\ T: R_{B2} = R_{4\,max} = 17 \cdot R_0 \qquad R_{4\,max} = 1\,700\ \Omega$

$$U_{AB\,max} = \left(\frac{R_3}{R_3 + R_{4\,min}} - \frac{R_1}{R_1 + R_2}\right) \cdot U$$

$$_{AB\,max} = \left(\frac{1\ k\Omega}{1\ k\Omega + 350\ \Omega} - \frac{1\ k\Omega}{1\ k\Omega + 1\ k\Omega}\right) \cdot 5 \qquad \underline{\underline{U_{AB\,max} = 1{,}204\ V}}$$

$$U_{AB\,min} = \left(\frac{R_3}{R_3 + R_{4\,max}} - \frac{R_1}{R_1 + R_2}\right) \cdot U$$

$$U_{AB\,min} = \left(\frac{1\ k\Omega}{1\ k\Omega + 1{,}7\ k\Omega} - \frac{1\ k\Omega}{1\ k\Omega + 1\ k\Omega}\right) \cdot 5\ V \qquad \underline{\underline{U_{AB\,min} = -0{,}648\ V}}$$

$$\underline{\underline{-0{,}648\ V \le U_{AB} \le 1{,}204\ V}}$$

zu 58

a) $R_{Cu} = \dfrac{l}{\gamma \cdot A} \qquad R_{Cu} = \dfrac{2 \cdot 12\ m}{57{,}1\dfrac{m}{\Omega \cdot mm^2} \cdot 0{,}6\ mm^2} \qquad \underline{R_{Cu} = 0{,}7\ \Omega}$

$R_L = \dfrac{U^2}{P} \qquad R_L = \dfrac{(6\ V)^2}{1\ W} \qquad \underline{R_L = 36\ \Omega}$

$R_{ges} = R_i + R_{Cu} + R_L \qquad R_{ges} = 1{,}2\ \Omega + 0{,}7\ \Omega + 36\ \Omega$

$\underline{R_{ges} = 37{,}9\ \Omega}$

$U_{KL} = \dfrac{R_{Cu} + R_L}{R_{ges}} \cdot U_0 \qquad U_{KL} = \dfrac{0{,}7\ \Omega + 36\ \Omega}{37{,}9\ \Omega} \cdot 6\ V \qquad \underline{\underline{U_{KL} = 5{,}81\ V}}$

b) $U_L = \dfrac{R_L}{R_{ges}} \cdot U_0 \qquad U_{KL} = \dfrac{36\ \Omega}{37{,}9\ \Omega} \cdot 6\ V \qquad \underline{\underline{U_L = 5{,}70\ V}}$

zu 59

a) $R_i = \dfrac{U_{KL2} - U_{KL1}}{I_2 - I_1}$ $\quad R_i = \dfrac{11,75\ V - 11,50\ V}{1,5\ A - 0,75\ A}$ $\quad \underline{\underline{R_i = 0,\bar{3}\ \Omega}}$

b) $U_0 = U_{KL1} + I_1 \cdot R_i$ $\quad \underline{\underline{U_0 = 12\ V}}$

c) $R_L = \dfrac{U_{KL}}{I_L}$ $\quad R_L = \dfrac{11,75\ V}{0,75\ A}$ $\quad \underline{\underline{R_L = 15,\bar{6}\ \Omega}}$

d) $I_K = \dfrac{U_0}{R_i}$ $\quad I_K = \dfrac{12\ V}{0,\bar{3}\ \Omega}$ $\quad \underline{\underline{I_K = 36\ A}}$

zu 61

a) $U_{0ges} = n \cdot U_0$ $\quad U_{0ges} = 115 \cdot 2\ V$ $\quad \underline{\underline{U_{0ges} = 230\ V}}$

$R_{iges} = n \cdot R_i$ $\quad R_{iges} = 115 \cdot 2,5\ m\Omega$ $\quad \underline{\underline{R_{iges} = 287,5\ m\Omega}}$

b) $U_{KLmin} = 0,9 \cdot U_{0ges}$ $\quad U_{KLmin} = 0,9 \cdot 230\ V$ $\quad \underline{\underline{U_{KLmin} = 207\ V}}$

$U_{imax} = U_{0ges} - U_{KLmin}$ $\quad U_{imax} = 230\ V - 207\ V$

$\underline{\underline{U_{imax} = 23\ V}}$

$\dfrac{U_{imax}}{R_{iges}} = \dfrac{U_{KLmin}}{R_{Lmin}}$ $\quad R_{Lmin} = \dfrac{U_{KLmin}}{U_{imax}} \cdot R_{iges}$

$R_{Lmin} = \dfrac{207\ V}{23\ V} \cdot 287,5\ m\Omega$ $\quad \underline{\underline{R_{Lmin} = 2,59\ \Omega}}$

zu 63

$R_{iges} = \dfrac{1}{\dfrac{1}{R_{i1}} + \dfrac{1}{R_{i2}} + \dfrac{1}{R_{i3}} + \dfrac{1}{R_{i4}}}$ $\quad R_{iges} = \dfrac{1}{\dfrac{1}{0,8\ \Omega} + \dfrac{1}{0,6\ \Omega} + \dfrac{1}{1,2\ \Omega} + \dfrac{1}{0,9\ \Omega}}$

$\underline{\underline{R_{iges} = 0,206\ \Omega}}$

$I_K = \dfrac{U_0}{R_{iges}}$ $\quad I_K = \dfrac{1,2\ V}{0,206\ \Omega}$ $\quad \underline{\underline{I_K = 5,83\ A}}$

3.4 Elektrisches Feld und Kondensator

zu $\boxed{70}$

$$E = \frac{U}{d} \Rightarrow d = \frac{U}{E} \quad d = \frac{630\ \text{V}}{30\ 000\ \dfrac{\text{V}}{\text{mm}}} \quad \underline{\underline{d = 21\ \mu\text{m}}}$$

zu $\boxed{73}$

b) $C_{min} = 0,9 \cdot C_N \quad C_{min} = 0,9 \cdot 0,47\ \mu\text{F} \quad \underline{\underline{C_{min} = 0,423\ \mu\text{F}}}$

$C_{max} = 1,1 \cdot C_N;\ C_{max} = 1,1 \cdot 0,47\ \mu\text{F} \quad \underline{\underline{C_{max} = 0,517\ \mu\text{F}}}$

c) $Q = C_N \cdot U \quad Q = 0,47\ \mu\text{F} \cdot 350\ \text{V} \quad \underline{\underline{Q = 164,5\ \mu\text{As}}}$

zu $\boxed{76}$

a) **Fühler in Öl:** $C_{max} = \dfrac{\varepsilon_0 \cdot \varepsilon_{r\text{Öl}} \cdot A}{d}$

$$C_{max} = \frac{8,86 \cdot 10^{-12}\ \dfrac{\text{As}}{\text{Vm}} \cdot 4,5 \cdot 0,8\ \text{m} \cdot 0,12\ \text{m}}{8 \cdot 10^{-3}\ \text{m}} \quad \underline{\underline{C_{max} = 474\ \text{pF}}}$$

b) **Fühler in Luft:** $C_{min} = \dfrac{\varepsilon_0 \cdot \varepsilon_{r\text{Luft}} \cdot A}{d}$

$$C_{min} = \frac{8,86 \cdot 10^{-12}\ \dfrac{\text{As}}{\text{Vm}} \cdot 1 \cdot 0,8\ \text{m} \cdot 0,12\ \text{m}}{8 \cdot 10^{-3}\ \text{m}} \quad \underline{\underline{C_{min} = 106\ \text{pF}}}$$

zu $\boxed{77}$

$C_{ges} = C_1 + C_2 \quad C_{ges} = 4,7\ \mu\text{F} + 2,2\ \mu\text{F} \quad \underline{\underline{C_{ges} = 6,9\ \mu\text{F}}}$

$Q_1 = C_1 \cdot U \quad Q_1 = 4,7\ \mu\text{F} \cdot 24\ \text{V} \quad \underline{\underline{Q_1 = 113\ \mu\text{As}}}$

$Q_2 = C_2 \cdot U \quad Q_2 = 2,2\ \mu\text{F} \cdot 24\ \text{V} \quad \underline{\underline{Q_2 = 52,8\ \mu\text{As}}}$

zu $\boxed{78}$

a) $C = \dfrac{C_1 \cdot C_2}{C_1 + C_2} \quad C = \dfrac{6,8\ \mu\text{F} \cdot 4,7\ \mu\text{F}}{6,8\ \mu\text{F} + 4,7\ \mu\text{F}} \quad \underline{\underline{C = 2,78\ \mu\text{F}}}$

b) $Q = C \cdot U \quad Q = 2,78\ \mu\text{F} \cdot 60\ \text{V} \quad \underline{\underline{Q = 167\ \mu\text{As}}}$

c) $Q = C \cdot U = U_1 \cdot C_1 = C_2 \cdot U_2 \Rightarrow U_1 = \dfrac{C \cdot U}{C_1}$

$U_1 = \dfrac{167\ \mu As}{6,8\ \mu F}$ $\underline{U_1 = 24,5\ V}$ $U_2 = \dfrac{167\ \mu As}{4,7\ \mu F}$ $\underline{U_2 = 35,5\ V}$

zu [79]

$C_{ges} = \dfrac{C_1 \cdot C_2}{C_1 + C_2} + C_3$ $C_{ges} = \dfrac{3,3\ \mu F \cdot 4,7\ \mu F}{3,3\ \mu F + 4,7\ \mu F} + 10\ \mu F$

$\underline{C_{ges} = 11,9\ \mu F}$

zu [80]

$C_{ges} = \dfrac{(C_1 + C_2) \cdot C_3}{C_1 + C_2 + C_3}$ $C_{ges} = \dfrac{(2,2\ \mu F + 3,3\ \mu F) \cdot 4,7\ \mu F}{2,2\ \mu F + 3,3\ \mu F + 4,7\ \mu F}$

$\underline{C_{ges} = 2,5\ \mu F}$

zu [82]

b) $u_{c\,max} = \dfrac{R_{Rel}}{R_v + R_{Rel}} \cdot U_B$ $u_{c\,max} = \dfrac{1\,130\ \Omega}{680\ \Omega + 1\,130\ \Omega} \cdot 24\ V$

$\underline{u_{c\,max} = 15\ V}$

c) $Q = C \cdot u_{c\,max}$ $Q = 47\ \mu F \cdot 15,0\ V$ $\underline{Q = 0,705\ mAs}$

d) $u_{AN} = u_{cmac} \cdot \left(1 - e^{-\frac{t}{\tau}}\right)$ $\dfrac{u_{AN}}{u_{cmac}} = 1 + -e^{-\frac{t}{\tau}}$ $e^{-\frac{t}{\tau}} = 1 - \dfrac{u_{AN}}{u_{cmac}}$;

$-\dfrac{t}{\tau} = \ln\left(1 - \dfrac{u_{AN}}{u_{cmac}}\right)$ $t = -\tau \cdot \ln\left(1 - \dfrac{u_{AN}}{u_{cmac}}\right)$ $\tau = \dfrac{R_v \cdot R_{Rel}}{R_v + R_{Rel}} \cdot C$

$\tau = \dfrac{680\ \Omega \cdot 1\,130\ \Omega}{680\ \Omega + 1\,130\ \Omega} \cdot 47\ \mu F$ $\underline{\tau = 20\ ms}$

$t = -20\ ms \cdot \ln\left(1 - \dfrac{11,2\ V}{15\ V}\right)$ $\underline{t = 27,4\ ms}$

e) $u_{AB} = u_{cmac} \cdot e^{-\frac{t}{\tau}}$ $\dfrac{u_{AB}}{u_{cmac}} = e^{-\frac{t}{\tau}}$ $-\dfrac{t}{\tau} = \ln \dfrac{u_{AB}}{u_{cmac}}$

$t = -\tau \cdot \ln \dfrac{u_{AB}}{u_{cmac}}$ $\tau = R_{Rel} \cdot C$ $\tau = 1\,130\ \Omega \cdot 47\ \mu F$ $\underline{\tau = 53,1\ ms}$

$t = -53,1\ ms \cdot \ln \dfrac{2,4\ V}{15\ V}$ $\underline{\underline{t = 97,3\ ms}}$

3.5 Magnetisches Feld und Spule

zu 93

a) $P = \dfrac{U^2}{R}$ $P = \dfrac{(24\ V)^2}{468\ \Omega}$ $\underline{\underline{P = 1,23\ W}}$

b) $H = \dfrac{I \cdot N}{l_m}$ $H = \dfrac{\frac{U}{R} \cdot N}{l_m}$ $H = \dfrac{\frac{24\ V}{468\ \Omega} \cdot 7\,100}{0,11\ m}$ $\underline{\underline{H = 3\,310\ \dfrac{A}{m}}}$

zu 94

a) $P = U \cdot I \Rightarrow I = \dfrac{P}{U}$ $I = \dfrac{8\ W}{12\ V}$ $\underline{I = 0,\bar{6}\ A}$

$\Theta = I \cdot N$ $\Theta = 0,\bar{6}\ A \cdot 1\,500$ $\underline{\Theta = 1\,000\ A}$

b) $l_m = 90\ mm + 90\ mm + 110\ mm + 110\ mm$ $\underline{l_m = 400\ mm}$

$H = \dfrac{I \cdot N}{l_m}$ $H = \dfrac{1\,000\ A}{0,4\ m}$ $\underline{\underline{H = 2\,500\ \dfrac{A}{m}}}$

d) $\Phi = B \cdot A$ $\Phi \approx 1,5\ \dfrac{V_s}{m^2} \cdot (0,02\ m)^2$ $\underline{\underline{\Phi = 0,6 \cdot 10^{-3}\ Vs}}$

zu 95

Aus der Magnetisierungskennlinie für Elektroblech V 300-50 A ergibt sich für $B = 1,04$ T: $H \approx 200$ A/m: $B = \mu_0 \cdot \mu_r \cdot H \Rightarrow$

$\mu_0 \cdot \mu_r = \dfrac{B}{H}$ $\mu_0 \cdot \mu_r = \dfrac{1,04\ \frac{V_s}{m^2}}{200\ \frac{A}{m}}$ $\mu_0 \cdot \mu_r = 5,2 \cdot 10^{-3}\ \dfrac{Vs}{Am}$

$$R_m = \frac{l_m}{\mu_0 \cdot \mu_r \cdot A} \qquad R_m = \frac{0,44 \text{ m}}{5,2 \cdot 10^{-3} \frac{\text{Vs}}{\text{Am}} \cdot 4 \cdot 10^{-4} \text{ m}^2}$$

$$\underline{\underline{R_m = 212 \cdot 10^3 \frac{\text{A}}{\text{Vs}}}}$$

$$\Lambda = \frac{l}{R_m} \qquad \Lambda = \frac{l}{212 \cdot 10^3 \frac{\text{A}}{\text{Vs}}} \qquad \underline{\underline{\Lambda = 4,72 \cdot 10^{-6} \frac{\text{Vs}}{\text{A}}}}$$

zu $\boxed{96}$

$$l_{Fe} = 100 \text{ mm} + 140 \text{ mm} + 100 \text{ mm} + 137 \text{ mm} \qquad \underline{l_{Fe} = 477 \text{ mm}}$$

Aus der Magnetisierungskennlinie für Elektroblech V 300-50 V ergibt sich für $B = 0,9$ T; $H_{Fe} \approx 150$ A/m;

$$H_L = \frac{B}{\mu_0} \qquad H_L = \frac{0,9 \frac{\text{Vs}}{\text{m}^2}}{4 \cdot \pi \cdot 10^{-7} \frac{\text{Vs}}{\text{Am}}} \qquad \underline{H_L = 716 \cdot 10^3 \frac{\text{A}}{\text{m}}}$$

$$H = \frac{\Theta}{l} \Rightarrow \Theta = H \cdot l$$

$$\Theta_{ges} = \Theta_{Fe} + \Theta_L \Rightarrow \Theta_{ges} = H_{Fe} \cdot l_{Fe} + H_L \cdot l_L$$

$$\Theta_{ges} = 150 \frac{\text{A}}{\text{m}} \cdot 0,477 \text{ m} + 716 \cdot 10^3 \frac{\text{A}}{\text{m}} \cdot 3 \cdot 10^{-3} \text{ m} \qquad \underline{\Theta_{ges} = 2\,220 \text{ A}}$$

$$I = \frac{\Theta_{ges}}{N} \qquad I = \frac{2\,220 \text{ A}}{1\,200} \qquad \underline{\underline{I = 1,85 \text{ A}}}$$

zu $\boxed{102}$

$$|U_0| = B \cdot l \cdot v \qquad |U_0| = 1,4 \frac{\text{Vs}}{\text{m}^2} \cdot 0,036 \text{ m} \cdot 4 \frac{\text{m}}{\text{s}} \qquad \underline{\underline{|U_0| = 201,6 \text{ mV}}}$$

zu $\boxed{104}$

$$U_0 = -N \cdot \frac{\Delta \Phi}{\Delta t}$$

$$0 \text{ ms} \leq t < 10 \text{ ms} \qquad U_0 = -250 \cdot \frac{2 \cdot 10^{-4} \text{ Vs}}{10 \text{ ms}} \qquad \underline{U_0 = -5 \text{ V}}$$

$$10 \text{ ms} \leq t < 20 \text{ ms} \quad U_0 = -250 \cdot \frac{-2 \cdot 10^{-4} \text{ Vs} - 2 \cdot 10^{-4} \text{ Vs}}{20 \text{ ms} - 10 \text{ ms}}$$

$$\underline{U_0 = 10 \text{ V}}$$

$$20 \text{ ms} \leq t < 40 \text{ ms} \quad U_0 = -250 \cdot \frac{2 \cdot 10^{-4} \text{ Vs} - (-2 \cdot 10^{-4} \text{ Vs})}{40 \text{ ms} - 20 \text{ ms}}$$

$$\underline{U_0 = -5 \text{ V}}$$

$$40 \text{ ms} \leq t < 50 \text{ ms} \quad U_0 = -250 \cdot \frac{-2 \cdot 10^{-4} \text{ Vs} - 2 \cdot 10^{-4} \text{ Vs}}{50 \text{ ms} - 40 \text{ ms}}$$

$$\underline{U_0 = 10 \text{ V}}$$

zu 105

$$l_m = \frac{d_a + d_i}{2} \cdot \pi \quad l_m = \frac{82 \text{ mm} + 64 \text{ mm}}{2} \cdot \pi \quad \underline{l_m = 229{,}3 \text{ mm}}$$

$$A = \left(\frac{d_a - d_i}{2}\right)^2 \cdot \frac{\pi}{4} \quad A = \left(\frac{82 \text{ mm} - 64 \text{ mm}}{2}\right)^2 \cdot \frac{\pi}{4} \quad \underline{A = 63{,}6 \text{ mm}^2}$$

$$L = N^2 \cdot \frac{\mu_0 \cdot \mu_r \cdot A}{l_m} \quad L = 240^2 \cdot \frac{4 \cdot \pi \cdot 10^{-7} \frac{\text{Vs}}{\text{Am}} \cdot 1 \cdot 63{,}6 \text{ mm}^2}{229{,}3 \text{ mm}}$$

$$\underline{L = 20 \text{ μH}}$$

zu 106

$$L_{ges} = L_1 + L_2 + L_3 \quad L_{ges} = 680 \text{ μH} + 3{,}3 \text{ mH} + 15 \text{ mH}$$

$$\underline{\underline{L_{ges} = 18{,}98 \text{ mH}}}$$

zu 107

$$L_{ges} = \frac{L_1 \cdot L_2}{L_1 + L_2} \quad L_{ges} = \frac{100 \text{ mH} \cdot 220 \text{ mH}}{100 \text{ mH} + 220 \text{ mH}} \quad \underline{\underline{L_{ges} = 68{,}75 \text{ mH}}}$$

zu [109]

a) $I_B = \dfrac{U_B}{R_{Cu}}$ $I_B = \dfrac{24\ V}{695\ \Omega}$ $\underline{\underline{I_B = 34,5\ mA}}$

b) $\tau_E = \dfrac{L}{R_{Cu}}$ $\tau_E = \dfrac{1,45\ H}{695\ \Omega}$ $\underline{\underline{\tau_E = 2,09\ ms}}$

$$i_1 = I_B \cdot \left(l - e^{-\frac{t_1}{\tau_e}}\right) \Rightarrow \frac{i_1}{I_B} = l - e^{-\frac{t_1}{\tau_e}} \Rightarrow e^{-\frac{t_1}{\tau_e}} = l - \frac{i_1}{I_B} \Rightarrow -\frac{t_1}{\tau_E} = \ln\left(l - \frac{i_1}{I_B}\right)$$

$$\Rightarrow t_1 = -\tau_E \cdot \ln\left(l - \frac{i_1}{I_B}\right)$$

$$t_1 = -2,09\ ms \cdot \ln\left(l - \frac{17,25\ mA}{34,5\ mA}\right)\quad \underline{\underline{t_1 = 1,45\ ms}}$$

3.6 Grundlagen der Wechselstromtechik

zu [114]

$u(t) = \hat{u} \cdot \sin(\omega \cdot t)$ $u(t) = \hat{u} \cdot \sin(2 \cdot \pi \cdot f \cdot t)$

a) $u(t) = 325\ V \cdot \sin(2 \cdot \pi \cdot 50\ s^{-1} \cdot 0,002\ s)$ $\underline{\underline{u(t) = 191\ V}}$

b) $u(t) = 325\ V \cdot \sin(2 \cdot \pi \cdot 50\ s^{-1} \cdot 0,005\ s)$ $\underline{\underline{u(t) = 325\ V}}$

c) $u(t) = 325\ V \cdot \sin(2 \cdot \pi \cdot 50\ s^{-1} \cdot 0,010\ s)$ $\underline{\underline{u(t) = 0\ V}}$

d) $u(t) = 325\ V \cdot \sin(2 \cdot \pi \cdot 50\ s^{-1} \cdot 0,015\ s)$ $\underline{\underline{u(t) = -325\ V}}$

e) $u(t) = 325\ V \cdot \sin(2 \cdot \pi \cdot 50\ s^{-1} \cdot 0,025\ s)$ $\underline{\underline{u(t) = 325\ V}}$

zu [118]

$u = \hat{u} \cdot \sin\alpha \Rightarrow \hat{u} = \dfrac{u}{\sin\alpha}$ $\hat{u} = \dfrac{52\ V}{\sin 60°}$ $\underline{\underline{\hat{u} = 60\ V}}$

$U = \dfrac{\hat{u}}{\sqrt{2}}$ $U = \dfrac{60\ V}{\sqrt{2}}$ $\underline{\underline{U = 42,4\ V}}$

zu 119

Effektivwert der Wechselspannung:

$$U_2 = \frac{\hat{u}_2}{\sqrt{2}} \qquad U_2 = \frac{6\ V}{\sqrt{2}} \qquad \underline{U_2 = 4{,}24\ V}$$

Effektivwert der Mischspannung:

$$U_{Misch} = \sqrt{U_1^2 + U_2^2} \qquad U_{Misch} = \sqrt{(12\ V)^2 + (4{,}24\ V)^2}$$

$$\underline{\underline{U_{Misch} = 12{,}73\ V}}$$

zu 122

a) **K I:** $\hat{u}_1 \approx 2{,}5\ DIV \cdot 5\ \dfrac{V}{DIV}$ $\qquad \underline{\underline{\hat{u}_1 \approx 12{,}5\ V}}$

$$U_1 = \frac{\hat{u}_1}{\sqrt{2}} \qquad U_1 = \frac{12{,}5\ V}{\sqrt{2}} \qquad \underline{\underline{U_1 = 8{,}84\ V}}$$

K II: $\hat{u}_2 \approx 3{,}3\ DIV \cdot 2\ \dfrac{V}{DIV}$ $\qquad \underline{\underline{\hat{u}_2 \approx 6{,}6\ V}}$

$$U_2 = \frac{\hat{u}_2}{\sqrt{2}} \qquad U_2 = \frac{6{,}6\ V}{\sqrt{2}} \qquad \underline{\underline{U_1 = 4{,}67\ V}}$$

b) $T_1 = T_2 = T = 6{,}7\ DIV \cdot 2\ \dfrac{ms}{DIV}$ $\qquad \underline{\underline{T = 13{,}4\ ms}}$

$$f = \frac{1}{T} \qquad f = \frac{1}{13{,}4\ ms} \qquad \underline{\underline{f = 74{,}6\ Hz}}$$

c) u_2 gegenüber u_1 um 0,9 DIV verschoben.
6,7 DIV $\triangleq$ 360°

$$\varphi_2 = \frac{0{,}9\ DIV}{6{,}7\ DIV} \cdot 360° \qquad\qquad \underline{\underline{\varphi_2 = 48{,}4°}}$$

$$\widehat{\varphi_2} = \frac{\pi}{180°} \cdot 48{,}4° \qquad\qquad \underline{\underline{\widehat{\varphi_2} = 0{,}845}}$$

zu 124

$$X_L = 2 \cdot \pi \cdot f \cdot L \Rightarrow L = \frac{X_L}{2 \cdot \pi \cdot f} \qquad L = \frac{251\ \Omega}{2 \cdot \pi \cdot 50\ s^{-1}} \qquad \underline{\underline{L = 799\ mH}}$$

zu 127

$$X_C = \frac{1}{2 \cdot \pi \cdot f \cdot C} \qquad X_C = \frac{1}{2 \cdot \pi \cdot 50\ s^{-1} \cdot 5{,}1 \cdot 10^{-6} F} \qquad \underline{\underline{X_C = 624\ \Omega}}$$

$$I = \frac{U}{X_C} \qquad I = \frac{230\ V}{624\ \Omega} \qquad \underline{\underline{I = 0{,}369\ A}}$$

3.7 Schaltungen im Wechselstromkreis

zu 135

a) $X_L = 2 \cdot \pi \cdot f \cdot L \qquad X_L = 2 \cdot \pi \cdot 50\ s^{-1} \cdot 220\ mH \qquad \underline{\underline{X_L = 69{,}1\ \Omega}}$

$\quad Z = \sqrt{R^2 + X_L{}^2} \qquad Z = \sqrt{(60\ \Omega)^2 + (69{,}1\ \Omega)^2} \qquad \underline{\underline{Z = 91{,}5\ \Omega}}$

b) $I = \frac{U}{Z} \qquad I = \frac{24\ V}{91{,}5\ \Omega} \qquad \underline{\underline{I = 0{,}262\ A}}$

$\quad U_R = I \cdot R \qquad U_R = 0{,}262\ A \cdot 60\ \Omega \qquad \underline{\underline{U_R = 15{,}7\ V}}$

$\quad U_L = I \cdot X_L \qquad U_L = 0{,}262\ A \cdot 69{,}1\ \Omega \qquad \underline{\underline{U_L = 18{,}1\ V}}$

c) $\varphi = \arctan \frac{X_L}{R} \qquad \varphi = \arctan \frac{69{,}1\ \Omega}{60\ \Omega} \qquad \underline{\underline{\varphi = 49°}}$

zu 136

a) $Z = \frac{U}{I} \qquad Z = \frac{48\ V}{60\ mA} \qquad \underline{\underline{Z = 800\ \Omega}}$

$\quad R = Z \cdot \cos\varphi \qquad R = 800\ \Omega \cdot \cos 20° \qquad \underline{\underline{R = 752\ \Omega}}$

$\quad X_L = Z \cdot \sin\varphi \qquad X_L = 800\ \Omega \cdot \sin 20° \qquad \underline{\underline{X_L = 274\ \Omega}}$

$\quad X_L = 2 \cdot \pi \cdot f \cdot L \Rightarrow L = \frac{X_L}{2 \cdot \pi \cdot f} \qquad L = \frac{274\ \Omega}{2 \cdot \pi \cdot 50\ s^{-1}} \qquad \underline{\underline{L = 871\ mH}}$

zu $\boxed{137}$

a) $Z = \sqrt{R^2 + X_L^2} \Rightarrow X_L = \sqrt{Z^2 - R^2}$ $X_L = \sqrt{(820\ \Omega)^2 - (560\ \Omega)^2}$

$\underline{\underline{X_L = 599\ \Omega}}$

b) $I = \dfrac{U}{Z}$ $I = \dfrac{60\ V}{820\ \Omega}$ $I = \dfrac{60\ V}{820\ \Omega}$ $\underline{\underline{I = 73{,}2\ mA}}$

$U_R = I \cdot R$ $U_R = 73{,}2\ mA \cdot 560\ \Omega$ $\underline{\underline{U_R = 41\ V}}$

$U_L = I \cdot X_L$ $U_L = 73{,}2\ mA \cdot 599\ \Omega$ $\underline{\underline{U_L = 43{,}8\ V}}$

c) $\varphi = \arccos \dfrac{U_R}{U}$ $\varphi = \arccos \dfrac{41\ V}{60\ V}$ $\underline{\underline{\varphi = 46{,}9°}}$

zu $\boxed{139}$

a) $\hat{u}_1 = 2{,}4\ cm \cdot 5\ V/cm$ $\underline{\underline{\hat{u}_1 = 12\ V}}$

$\hat{u}_2 = 3{,}4\ cm \cdot 2\ V/cm$ $\underline{\underline{\hat{u}_2 = 6{,}8\ V}}$

$T = 10\ cm \cdot 2\ ms/cm$ $\underline{\underline{T = 20\ ms}}$

$f = \dfrac{1}{T}$ $\underline{\underline{f = 50\ Hz}}$

b) $\hat{i} = \dfrac{\hat{u}_1}{R}$ $\hat{i} = \dfrac{12\ V}{390\ \Omega}$ $\underline{\underline{\hat{i} = 30{,}8\ mA}}$

$U_1 = \dfrac{\hat{u}_1}{\sqrt{2}}$ $U_1 = \dfrac{12\ V}{\sqrt{2}}$ $\underline{\underline{U_1 = 8{,}49\ V}}$

$U_2 = \dfrac{\hat{u}_2}{\sqrt{2}}$ $U_2 = \dfrac{6{,}8\ V}{\sqrt{2}}$ $\underline{\underline{U_2 = 4{,}81\ V}}$

$I = \dfrac{\hat{i}}{\sqrt{2}}$ $I = \dfrac{30{,}8\ mA}{\sqrt{2}}$ $\underline{\underline{I = 21{,}8\ mA}}$

Eine volle Schwingung über 10 cm $\triangleq$ 360°; der Abstand zwischen den Nulldurchgängen von u_1 und u_2 beträgt 1,6 cm;

$\varphi = \dfrac{1{,}6\ cm}{10\ cm} \cdot 360°$ $\underline{\underline{\varphi = 57{,}6°}}$

$$\widehat{\varphi} = \frac{\varphi}{180°} \cdot \pi \quad \widehat{\varphi} = \frac{57,6°}{180°} \cdot \pi \quad \underline{\underline{\widehat{\varphi} = 1,005}}$$

$$\tan\varphi = \frac{X_L}{R_{Cu}} \Rightarrow X_L = R_{Cu} \cdot \tan\varphi$$

$$X_L = 118,4\ \Omega \cdot \tan 57,6° \quad X_L = 186,6\ \Omega$$

$$X_L = 2 \cdot \pi \cdot f \cdot L \Rightarrow L = \frac{X_L}{2 \cdot \pi \cdot f} \quad L = \frac{186,6\ \Omega}{2 \cdot \pi \cdot 50\frac{1}{s}} \quad \underline{\underline{L = 594\ mH}}$$

zu 140

a) $B_L = \frac{1}{X_L} \quad B_L = \frac{1}{700\ \Omega} \quad \underline{\underline{B_L = 1,43\ mS}}$

$G = \frac{1}{R} \quad G = \frac{1}{820\ \Omega} \quad \underline{\underline{G = 1,22\ mS}}$

$Y = \sqrt{G^2 + B_L^2} \quad Y = \sqrt{(1,22\ mS)^2 + (1,43\ mS)^2} \quad \underline{\underline{Y = 1,88\ mS}}$

$Z = \frac{1}{Y} \quad Z = \frac{1}{1,88\ mS} \quad \underline{\underline{Z = 532\ \Omega}}$

b) $\varphi = \arctan\frac{B_L}{G} \quad \varphi = \arctan\frac{1,43\ mS}{1,22\ mS} \quad \underline{\underline{\varphi = 49,5°}}$

zu 141

a) $X_L = 2 \cdot \pi \cdot f \cdot L \quad X_L = 2 \cdot \pi \cdot 60s^{-1} \cdot 0,8\ H \quad \underline{\underline{X_L = 302\ \Omega}}$

b) $B_L = \frac{1}{X_L} \quad B_L = \frac{1}{302\ \Omega} \quad \underline{\underline{B_L = 3,31\ mS}}$

$G = \frac{1}{R} \quad G = \frac{1}{330\ \Omega} \quad \underline{\underline{G = 3,03\ mS}}$

$Y = \sqrt{G^2 + B_L^2} \quad Y = \sqrt{(3,03\ mS)^2 + (3,31\ mS)^2} \quad \underline{\underline{Y = 4,49\ mS}}$

$Z = \frac{1}{Y} \quad Z = \frac{1}{4,49\ mS} \quad \underline{\underline{Z = 223\ \Omega}}$

zu 142

a) $I_{ges} = \sqrt{I_R^2 + I_L^2}$ $I_{ges} = \sqrt{(40 \text{ mA})^2 + (60 \text{ mA})^2}$

$\underline{\underline{I_{ges} = 72,1 \text{ mA}}}$

b) $\varphi = \arctan\dfrac{I_L}{I_R}$ $\varphi = \arctan\dfrac{60 \text{ mA}}{40 \text{ mA}}$ $\underline{\underline{\varphi = 56,3°}}$

c) $R = \dfrac{U}{I_R}$ $R = \dfrac{15 \text{ V}}{40 \text{ mA}}$ $\underline{\underline{R = 375 \ \Omega}}$

$X_L = \dfrac{U}{I_L}$ $X_L = \dfrac{15 \text{ V}}{60 \text{ mA}}$ $\underline{\underline{X_L = 250 \ \Omega}}$

d) $X_L = 2 \cdot \pi \cdot f \cdot L \Rightarrow f = \dfrac{X_L}{2 \cdot \pi \cdot L}$ $f = \dfrac{250 \ \Omega}{2 \cdot \pi \cdot 0,8 \text{ H}}$ $\underline{\underline{f = 49,7 \text{ Hz}}}$

zu 143

$I_R = \dfrac{U}{R}$ $I_R = \dfrac{24 \text{ V}}{820 \ \Omega}$ $\underline{\underline{I_R = 29,3 \text{ mA}}}$

$I_L = \dfrac{U}{2 \cdot \pi \cdot f \cdot L}$ $I_L = \dfrac{24 \text{ V}}{2 \cdot \pi \cdot 60 \text{ s}^{-1} \cdot 1,2 \text{ H}}$ $\underline{\underline{I_L = 53,1 \text{ mA}}}$

$I_{ges} = \sqrt{I_R^2 + I_L^2}$ $I_{ges} = \sqrt{(29,3 \text{ mA})^2 + (53,1 \text{ mA})^2}$

$\underline{\underline{I_{ges} = 60,6 \text{ mA}}}$

$Z = \dfrac{U}{I_{ges}}$ $Z = \dfrac{24 \text{ V}}{60,6 \text{ mA}}$ $\underline{\underline{Z = 396 \ \Omega}}$

zu 144

$X_L = 2 \cdot \pi \cdot f \cdot L$ $X_L = 2 \cdot \pi \cdot 60 \text{ s}^{-1} \cdot 0,1 \text{ H}$ $\underline{\underline{X_L = 31,4 \ \Omega}}$

$Z = \sqrt{R^2 + X_L^2}$ $Z = \sqrt{(27 \ \Omega)^2 + (31,4 \ \Omega)^2}$ $\underline{\underline{Z = 41,4 \ \Omega}}$

$I = \dfrac{U}{Z}$ $I = \dfrac{230 \text{ V}}{41,4 \ \Omega}$ $\underline{\underline{I = 5,56 \text{ A}}}$

$P = I^2 \cdot R$ $P = (5,56 \text{ A})^2 \cdot 27 \ \Omega$ $\underline{\underline{P = 835 \text{ W}}}$

$Q_L = I^2 \cdot X_L$ $Q_L = (5,56\ A)^2 \cdot 31,4\ \Omega$ $\underline{\underline{Q_L = 971\ var}}$

$S = U \cdot I$ $S = 230\ V \cdot 5,56\ A$ $\underline{\underline{S = 1279\ VA}}$

zu 145

$P = S \cdot \cos\varphi$ $S = \dfrac{P}{\cos\varphi}$ $S = \dfrac{65\ W}{\cos 60°}$ $\underline{\underline{S = 130\ VA}}$

$Q_L = S \cdot \sin\varphi$ $Q_L = 130\ VA \cdot \sin 60°$ $\underline{\underline{Q_L = 113\ var}}$

zu 146

a) $S = U \cdot I$ $S = 230\ V \cdot 7\ A$ $\underline{\underline{S = 1610\ VA}}$

b) $P_{zu} = S \cdot \cos\varphi$ $P_{zu} = 1610\ VA \cdot 0,95$ $\underline{\underline{P_{zu} = 1530\ W}}$

c) $S = \sqrt{P^2 + Q_L^2}$ $Q_L = \sqrt{S^2 - P^2}$

   $Q_L = \sqrt{(1610\ VA)^2 - (1530\ W)^2}$ $\underline{\underline{Q_L = 503\ var}}$

d) $\eta = \dfrac{P_{ab}}{P_{zu}}$ $\eta = \dfrac{1100\ W}{1530\ W}$ $\underline{\underline{\eta = 0,72}}$

zu 147

$X_C = \dfrac{1}{2 \cdot \pi \cdot f \cdot C}$ $X_C = \dfrac{1}{2 \cdot \pi \cdot 50\ s^{-1} \cdot 2,2\ \mu F}$ $\underline{\underline{X_C = 1447\ \Omega}}$

$Z = \sqrt{R^2 + X_C^2}$ $Z = \sqrt{(1800\ \Omega)^2 + (1447\ \Omega)^2}$ $\underline{\underline{Z = 2309\ \Omega}}$

zu 148

a) $U_R = I \cdot R$ $U_R = 50\ mA \cdot 390\ \Omega$ $\underline{\underline{U_R = 19,5\ V}}$

   $U_C = I \cdot X_C$ $U_C = 50\ mA \cdot 560\ \Omega$ $\underline{\underline{U_C = 28\ V}}$

b) $U = \sqrt{U_R^2 + U_C^2}$ $U = \sqrt{(19,5\ V)^2 + (28\ V)^2}$ $\underline{\underline{U = 34,1\ V}}$

c) $X_C = \dfrac{1}{2 \cdot \pi \cdot f \cdot C} \Rightarrow f = \dfrac{1}{2 \cdot \pi \cdot X_C \cdot C}$ $f = \dfrac{1}{2 \cdot \pi \cdot 560\ \Omega \cdot 4{,}7\ \mu F}$

$\underline{\underline{f = 60{,}5\ \text{Hz}}}$

d) $\tan \varphi = \dfrac{X_C}{R} \Rightarrow \varphi = \arctan \dfrac{X_C}{R}$

$\varphi = \arctan \dfrac{560\ \Omega}{390\ \Omega}$ $\underline{\underline{\varphi = 55{,}1\,°}}$

zu 149

a) $U = \sqrt{U_R^2 + U_C^2}$ $U = \sqrt{(48\ \text{V})^2 + (36\ \text{V})^2}$ $\underline{\underline{U = 60\ \text{V}}}$

b) $\tan \varphi = \dfrac{U_C}{U_R} \Rightarrow \varphi = \arctan \dfrac{U_C}{U_R}$ $\varphi = \arctan \dfrac{36\ \text{V}}{48\ \text{V}}$ $\underline{\underline{\varphi = 36{,}9\,°}}$

c) $R = \dfrac{U_R}{I}$ $R = \dfrac{48\ \text{V}}{160\ \text{mA}}$ $\underline{\underline{R = 300\ \Omega}}$

d) $X_C = \dfrac{U_C}{I}$ $X_C = \dfrac{36\ \text{V}}{160\ \text{mA}}$ $\underline{\underline{X_C = 225\ \Omega}}$

e) $X_C = \dfrac{1}{2 \cdot \pi \cdot f \cdot C} \Rightarrow f = \dfrac{1}{2 \cdot \pi \cdot X_C \cdot C}$ $f = \dfrac{1}{2 \cdot \pi \cdot 225\ \Omega \cdot 1{,}5\ \mu F}$

$\underline{\underline{f = 472\ \text{Hz}}}$

f) $f^* = 1{,}5 \cdot f$ $f^* = 1{,}5 \cdot 472\ \text{Hz}$ $\underline{\underline{f^* = 708\ \text{Hz}}}$

$X_C^* = \dfrac{1}{2 \cdot \pi \cdot f^* \cdot C}$ $X_C^* = \dfrac{1}{2 \cdot \pi \cdot 708\ \text{s}^{-1} \cdot 1{,}5\ \mu F}$

$\underline{\underline{X_C^* = 150\ \Omega}}$

$\varphi^* = \arctan \dfrac{X_C^*}{R}$ $\varphi^* = \arctan \dfrac{150\ \Omega}{300\ \Omega}$ $\underline{\underline{\varphi^* = 26{,}5\,°}}$

zu 150

$$X_C = \frac{1}{2 \cdot \pi \cdot f \cdot C} \qquad X_C = \frac{1}{2 \cdot \pi \cdot 50 \text{ s}^{-1} \cdot 470 \text{ µF}} \qquad \underline{X_C = 4681 \ \Omega}$$

$$\varphi = \arctan \frac{R}{X_C} \qquad \varphi = \arctan \frac{3300 \ \Omega}{4681 \ \Omega} \qquad \underline{\underline{\varphi = 35{,}2°}}$$

zu 151

a) $I_R = \dfrac{U}{R} \qquad I_R = \dfrac{24 \text{ V}}{680 \ \Omega} \qquad \underline{\underline{I_R = 35{,}3 \text{ mA}}}$

$I_C = \dfrac{U}{X_C} \qquad I_C = \dfrac{24 \text{ V}}{500 \ \Omega} \qquad \underline{\underline{I_C = 48 \text{ mA}}}$

$I_{ges} = \sqrt{I_R^2 + I_C^2} \qquad I_{ges} = \sqrt{(35{,}3 \text{ mA})^2 + (48 \text{ mA})^2}$

$\underline{\underline{I_{ges} = 59{,}6 \text{ mA}}}$

b) $Z = \dfrac{U}{I} \qquad Z = \dfrac{24 \text{ V}}{59{,}6 \text{ mA}} \qquad \underline{\underline{Z = 403 \ \Omega}}$

zu 152

$$X_C = \frac{1}{2 \cdot \pi \cdot f \cdot C} \qquad X_C = \frac{1}{2 \cdot \pi \cdot 50 \text{ s}^{-1} \cdot 3{,}3 \text{ µF}} \qquad \underline{X_C = 965 \ \Omega}$$

$Z = \sqrt{R^2 + X_C^2} \qquad Z = \sqrt{(680 \ \Omega)^2 + (965 \ \Omega)^2} \qquad \underline{Z = 1180 \ \Omega}$

$I = \dfrac{U}{Z} \qquad I = \dfrac{230 \text{ V}}{1180 \ \Omega} \qquad \underline{I = 195 \text{ mA}}$

$S = U \cdot I \qquad S = 230 \text{ V} \cdot 0{,}195 \text{ A} \qquad \underline{\underline{S = 44{,}9 \text{ VA}}}$

$P = I^2 \cdot R \qquad P = (0{,}195 \text{ A})^2 \cdot 680 \ \Omega \qquad \underline{\underline{P = 25{,}9 \text{ W}}}$

$Q_C = I^2 \cdot X_C \qquad Q_C = (0{,}195 \text{ A})^2 \cdot 965 \ \Omega \qquad \underline{\underline{Q_C = 36{,}7 \text{ var}}}$

zu 153

$$P = \frac{U^2}{R} \qquad P = \frac{(24 \text{ V})^2}{120 \ \Omega} \qquad \underline{\underline{P = 4{,}8 \text{ W}}}$$

$$Q_C = \frac{U^2}{X_C} \qquad Q_C = \frac{(24 \text{ V})^2}{250 \text{ }\Omega} \qquad \underline{Q_C = 2{,}3 \text{ var}}$$

zu 154

$$X_C = \frac{1}{2 \cdot \pi \cdot f \cdot C} \qquad X_C = \frac{1}{2 \cdot \pi \cdot 50 \text{ s}^{-1} \cdot 12 \text{ }\mu\text{F}} \qquad \underline{X_C = 265 \text{ }\Omega}$$

$$X_L = 2 \cdot \pi \cdot f \cdot L \qquad X_L = 2 \cdot \pi \cdot 50 \text{ s}^{-1} \cdot 2 \text{ H} \qquad \underline{X_L = 628 \text{ }\Omega}$$

$$Z = \sqrt{R^2 + (X_L - X_C)^2} \qquad Z = \sqrt{(680 \text{ }\Omega)^2 + (628 \text{ }\Omega - 265 \text{ }\Omega)^2}$$

$$\underline{Z = 771 \text{ }\Omega}$$

$$I = \frac{U}{Z} \qquad I = \frac{230 \text{ V}}{771 \text{ }\Omega} \qquad \underline{I = 0{,}298 \text{ A}}$$

$$U_R = I \cdot R \qquad U_R = 0{,}289 \text{ A} \cdot 680 \text{ }\Omega \qquad \underline{\underline{U_R = 203 \text{ V}}}$$

$$U_C = I \cdot X_C \qquad U_C = 0{,}289 \text{ A} \cdot 265 \text{ }\Omega \qquad \underline{\underline{U_C = 79{,}1 \text{ V}}}$$

$$U_L = I \cdot X_L \qquad U_L = 0{,}289 \text{ A} \cdot 628 \text{ }\Omega \qquad \underline{\underline{U_L = 187 \text{ V}}}$$

zu 155

$$X_L = 2 \cdot \pi \cdot f \cdot L \qquad X_L = 2 \cdot \pi \cdot 16\tfrac{2}{3} \text{ s}^{-1} \cdot 5{,}3 \text{ H} \qquad \underline{X_L = 555 \text{ }\Omega}$$

$$X_C = \frac{1}{2 \cdot \pi \cdot f \cdot C} \qquad X_C = \frac{1}{2 \cdot \pi \cdot 16\tfrac{2}{3} \text{ s}^{-1} \cdot 22 \text{ }\mu\text{F}} \qquad \underline{X_C = 434 \text{ }\Omega}$$

$$I_R = \frac{U}{R} \qquad I_R = \frac{200 \text{ V}}{220 \text{ }\Omega} \qquad \underline{\underline{I_R = 0{,}909 \text{ A}}}$$

$$I_L = \frac{U}{X_L} \qquad I_L = \frac{200 \text{ V}}{555 \text{ }\Omega} \qquad \underline{\underline{I_L = 0{,}360 \text{ A}}}$$

$$I_C = \frac{U}{X_C} \qquad I_C = \frac{200 \text{ V}}{434 \text{ }\Omega} \qquad \underline{\underline{I_C = 0{,}461 \text{ A}}}$$

$$I = \sqrt{I_R^2 + (I_C - I_L)^2} \qquad I = \sqrt{(0{,}909 \text{ A})^2 + (0{,}461 \text{ A} - 0{,}360 \text{ A})^2}$$

$$\underline{I = 0{,}915 \text{ A}}$$

zu 158

a) $S = U \cdot I$ $S = 230\text{ V} \cdot 3,1\text{ A}$ $\underline{S = 713\text{ VA}}$

$P = S \cdot \cos\varphi \Rightarrow \cos\varphi = \dfrac{P}{S}$ $\cos\varphi = \dfrac{420\text{ W}}{713\text{ VA}}$ $\underline{\cos\varphi = 0,59}$

b) $\varphi_1 = \arccos 0,59$ $\varphi_1 = 53,8°$ $\underline{\tan\varphi_1 = 1,37}$

$\varphi_2 = \arccos 0,9$ $\varphi_1 = 25,8°$ $\underline{\tan\varphi_2 = 0,484}$

$Q_C = P \cdot (\tan\varphi_1 - \tan\varphi_2)$ $Q_C = 420\text{ W} \cdot (1,37 - 0,484)$

$\underline{Q_C = 371\text{ var}}$ $I_C = \dfrac{Q_C}{U} \wedge I_C = \dfrac{U}{X_C} \Rightarrow 2 \cdot \pi \cdot f \cdot C = \dfrac{Q_C}{U^2} \Rightarrow$

$C = \dfrac{Q_C}{2 \cdot \pi \cdot f \cdot U^2}$ $C = \dfrac{371\text{ var}}{2 \cdot \pi \cdot 50\text{ s}^{-1} \cdot (230\text{ V})^2}$ $\underline{\underline{C = 22\text{ µF}}}$

zu 159

a) $\varphi_1 = \arccos 0,6$ $\varphi_1 = 53,1°$ $\underline{\tan\varphi_1 = 1,33}$

$\varphi_2 = \arccos 0,92$ $\varphi_1 = 23,1°$ $\underline{\tan\varphi_2 = 0,426}$

$Q_C = P \cdot (\tan\varphi_1 - \tan\varphi_2)$ $Q_C = 4,2\text{ kW} \cdot (1,33 - 0,426)$

$\underline{Q_C = 3\,811\text{ var}}$

b) $C = \dfrac{Q_C}{2 \cdot \pi \cdot f \cdot U^2}$ $C = \dfrac{3\,811\text{ var}}{2 \cdot \pi \cdot 50\text{ s}^{-1} \cdot (230\text{ V})^2}$ $\underline{\underline{C = 229\text{ µF}}}$

c) $I_1 = \dfrac{P}{U \cdot \cos\varphi_1}$ $I_1 = \dfrac{4\,200\text{ W}}{230\text{ V} \cdot 0,6}$ $\underline{I_1 = 30,4\text{ A}}$

$I_2 = \dfrac{P}{U \cdot \cos\varphi_2}$ $I_2 = \dfrac{4\,200\text{ W}}{230\text{ V} \cdot 0,92}$ $\underline{I_2 = 19,8\text{ A}}$

zu 160

a) $U_R = \dfrac{P}{I_1}$ $U_R = \dfrac{71\text{ W}}{0,617\text{ A}}$ $\underline{U_R = 115\text{ V}}$

$U_L = \sqrt{U^2 - U_R{}^2}$ $U_L = \sqrt{(230\text{ V})^2 - (115\text{ V})^2}$ $\underline{U_L = 199\text{ V}}$

$$\tan \varphi_1 = \frac{U_L}{U_R} \quad \tan \varphi_1 = \frac{199 \text{ V}}{115 \text{ V}} \quad \underline{\tan \varphi_1 = 1{,}73}$$

$$\cos \varphi_2 = 0{,}96 \Rightarrow \varphi_2 = \arccos 0{,}96 \quad \underline{\varphi_2 = 16{,}3°}$$

$$\tan \varphi_2 = \tan 16{,}3° = \underline{0{,}292}$$

$$Q_C = P \cdot (\tan \varphi_1 - \tan \varphi_2) \quad Q_C = 71 \text{ W} \cdot (1{,}73 - 0{,}292)$$

$$\underline{Q_C = 102 \text{ var}}$$

$$C = \frac{Q_C}{2 \cdot \pi \cdot f \cdot U^2} \quad C = \frac{102 \text{ var}}{2 \cdot \pi \cdot 50 \text{ s}^{-1} \cdot (230 \text{ V})^2} \quad \underline{\underline{C = 6{,}1 \text{ µF}}}$$

b) $I_2 = \dfrac{P}{U \cdot \cos \varphi_2} \quad I_2 = \dfrac{71 \text{ W}}{230 \text{ V} \cdot 0{,}96} \quad \underline{\underline{I_2 = 322 \text{ mA}}}$

zu 161

b) $S = U \cdot I \quad S = 230 \text{ V} \cdot 0{,}67 \text{ A} \quad \underline{S = 154{,}1 \text{ VA}}$

$P = P_L + P_D \quad P = 65 \text{ W} + 13 \text{ W} \quad \underline{P = 78 \text{ W}}$

$$Q_L = \sqrt{S^2 - P^2} \quad Q_L = \sqrt{(154{,}1 \text{ VA})^2 - (78 \text{ W})^2} \quad \underline{Q_L = 133 \text{ var}}$$

$$Q_C = 2 \cdot Q_L \quad Q_C = 2 \cdot 133 \text{ var} \quad \underline{\underline{Q_C = 266 \text{ var}}}$$

c) $C = \dfrac{I^2}{2 \cdot \pi \cdot f \cdot Q_C} \quad C = \dfrac{(0{,}67 \text{ A})^2}{2 \cdot \pi \cdot 50 \text{ s}^{-1} \cdot 266 \text{ var}} \quad \underline{\underline{C = 5{,}4 \text{ µF}}}$

zu 164

a) $f_g = \dfrac{1}{2 \cdot \pi \cdot R \cdot C} \quad f_g = \dfrac{1}{2 \cdot \pi \cdot 120 \text{ } \Omega \cdot 22 \text{ µF}} \quad \underline{f_g = 60{,}3 \text{ Hz}}$

b) $X_C = \dfrac{1}{2 \cdot \pi \cdot f \cdot C} \quad X_C = \dfrac{1}{2 \cdot \pi \cdot 100 \text{ s}^{-1} \cdot 22 \text{ µF}} \quad \underline{X_C = 72{,}3 \text{ } \Omega}$

$$U_2 = \frac{X_C}{\sqrt{R^2 + X_C^2}} \cdot U_1 \quad U_2 = \frac{72{,}3 \text{ } \Omega}{\sqrt{(120 \text{ } \Omega)^2 + (72{,}3 \text{ } \Omega)^2}} \cdot 24 \text{ V}$$

$$\underline{U_2 = 12{,}4 \text{ V}}$$

c) $\varphi = \arctan \dfrac{X_C}{R}$ $\varphi = \arctan \dfrac{72,3\ \Omega}{120\ \Omega}$ $\underline{\underline{\varphi = 31,1°}}$

zu 166

a) $f_g = \dfrac{R}{2 \cdot \pi \cdot L} \Rightarrow L = \dfrac{R}{2 \cdot \pi \cdot f_g}$ $L = \dfrac{100\ \Omega}{2 \cdot \pi \cdot 800\ s^{-1}}$ $\underline{\underline{L = 19,9\ \text{mH}}}$

b) $X_L = 2 \cdot \pi \cdot f \cdot L$ $X_L = 2 \cdot \pi \cdot 500\ s^{-1} \cdot 19,9\ \text{mH}$ $\underline{\underline{X_L = 62,5\ \Omega}}$

$U_2 = \dfrac{X_L}{\sqrt{R^2 + X_L{}^2}} \cdot U_1$ $U_2 = \dfrac{62,5\ \Omega}{\sqrt{(100\ \Omega)^2 + (62,5\ \Omega)^2}} \cdot 12\ \text{V}$

$\underline{\underline{U_2 = 6,36\ \text{V}}}$

zu 168

a) $f_g = \dfrac{1}{2 \cdot \pi \cdot R \cdot C}$ $f_g = \dfrac{1}{2 \cdot \pi \cdot 1\ \text{k}\Omega \cdot 3,3\ \mu\text{F}}$ $\underline{\underline{f_g = 48,2\ \text{Hz}}}$

b) $X_C = \dfrac{1}{2 \cdot \pi \cdot f \cdot C}$ $X_C = \dfrac{1}{2 \cdot \pi \cdot 200\ s^{-1} \cdot 3,3\ \mu\text{F}}$ $\underline{\underline{X_C = 241\ \Omega}}$

$U_2 = \dfrac{R}{\sqrt{R^2 + X_C{}^2}} \cdot U_1$ $U_2 = \dfrac{1\ \text{k}\Omega}{\sqrt{(1\ \text{k}\Omega)^2 + (241\ \Omega)^2}} \cdot 60\ \text{V}$

$\underline{\underline{U_2 = 58,3\ \text{V}}}$

c) $\varphi = \arctan \dfrac{X_C}{R}$ $\varphi = \arctan \dfrac{241\ \Omega}{1\,000\ \Omega}$ $\underline{\underline{\varphi = 13,5°}}$

zu 169

a) $f_g = \dfrac{1}{2 \cdot \pi \cdot L}$ $f_g = \dfrac{820\ \Omega}{2 \cdot \pi \cdot 220\ \text{mH}}$ $\underline{\underline{f_g = 593\ \text{Hz}}}$

b) $\dfrac{U_2}{U_1} = \dfrac{R}{\sqrt{R^2 + X_L{}^2}} \wedge \dfrac{U_2}{U_1} = 0,25 \Rightarrow 0,25 = \dfrac{R}{\sqrt{R^2 + X_L{}^2}} \Rightarrow$

$$\sqrt{R^2 + X_L{}^2} = \frac{R}{0,25} = 4 \cdot R \Rightarrow R^2 + X_L{}^2 = 16 \cdot R^2 \Rightarrow X_L{}^2 = 15 \cdot R^2$$

$$\Rightarrow X_L = \sqrt{15} \cdot R \Rightarrow f = \frac{\sqrt{15} \cdot R}{2 \cdot \pi \cdot L} \quad f = \frac{\sqrt{15} \cdot 820\ \Omega}{2 \cdot \pi \cdot 220\ \text{mH}}$$

$$\underline{f = 2\,298\ \text{Hz}}$$

zu $\boxed{183}$

Für ohmsche Last gilt: $\cos\varphi_2 = 1\,(S_2 = P_{ab})$.

$$I_2 = \frac{P_{ab}}{U_2} \quad I_2 = \frac{250\ \text{W}}{12\ \text{V}} \quad \underline{I_2 = 20,8\ \text{A}}$$

$$\frac{I_1}{I_2} = \frac{U_2}{U_1} \Rightarrow I_1 = \frac{U_2}{U_1} \cdot I_2 \quad I_1 = \frac{12\ \text{V}}{230\ \text{V}} \cdot 20,8\ \text{A} \quad \underline{I_1 = 1,09\ \text{A}}$$

$$R_2 = \frac{(U_2)^2}{P_{ab}} \quad R_2 = \frac{(12\ \text{V})^2}{250\ \text{W}} \quad \underline{R_2 = 576\ \text{m}\Omega}$$

$$R_1 = \frac{U_1}{I_1} \quad R_1 = \frac{230\ \text{V}}{1,09\ \text{A}} \quad \underline{R_1 = 211,6\ \Omega}$$

zu $\boxed{184}$

a) $\ddot{u} = \dfrac{U_1}{U_2} \quad \ddot{u} = \dfrac{230\ \text{V}}{42\ \text{V}} \quad \underline{\ddot{u} = 5,48}$

b) $\dfrac{N_2}{N_1} = \dfrac{U_2}{U_1} \Rightarrow N_2 = \dfrac{U_2}{U_1} \cdot N_1 \quad N_2 = \dfrac{42\ \text{V}}{230\ \text{V}} \cdot 1\,200 \quad \underline{N_2 = 219}$

c) $I_1 = \dfrac{U_2}{U_1} \cdot I_2 \quad I_1 = \dfrac{42\ \text{V}}{230\ \text{V}} \cdot 6\ \text{A} \quad \underline{I_1 = 1,10\ \text{A}}$

d) $Z_2 = \dfrac{U_2}{I_2} \quad Z_2 = \dfrac{42\ \text{V}}{6\ \text{A}} \quad \underline{Z_2 = 7\ \Omega}$

$\dfrac{Z_1}{Z_2} = \ddot{u}^2 \quad Z_1 = \ddot{u}^2 \cdot Z_2 \quad Z_1 = 5,48^2 \cdot 7\ \Omega \quad \underline{Z_1 = 210\ \Omega}$

zu 185

a) $P_{ab} = S_2 \cdot \cos\varphi_2$ $P_{ab} = 250 \text{ VA} \cdot 0{,}88$ $\underline{\underline{P_{ab} = 220 \text{ W}}}$

$P_{zu} = P_{ab} + P_{VFe} + P_{VCu}$ $P_{zu} = 220 \text{ W} + 10 \text{ W} + 15 \text{ W}$

$\underline{\underline{P_{zu} = 245 \text{ W}}}$

$\eta = \dfrac{P_{ab}}{P_{zu}}$ $\eta = \dfrac{220 \text{ W}}{245 \text{ W}}$ $\underline{\underline{\eta = 0{,}90}}$

b) $\underline{\underline{P_{ab} = 130 \text{ W}}}$ $\underline{\underline{P_{zu} = 155 \text{ W}}}$ $\underline{\underline{\eta = 0{,}84}}$

zu 186

$u_{kN} = \dfrac{U_{kN}}{U_N} \cdot 100 \ \% \Rightarrow U_{kN} = \dfrac{u_{kN} \cdot U_N}{100 \ \%}$ $U_{k1N} = \dfrac{40 \ \% \cdot 230 \text{ V}}{100 \ \%}$

$\underline{\underline{U_{k1N} = 92 \text{ V}}}$

$U_{k2N} = \dfrac{40 \ \% \cdot 8 \text{ V}}{100 \ \%}$ $\underline{\underline{U_{k2N} = 3{,}2 \text{ V}}}$

3.8 Dreiphasen-Wechselstromtechnik

zu 196

a) $U_{Str} = \dfrac{U}{\sqrt{3}}$ $U_{Str} = \dfrac{400 \text{ V}}{\sqrt{3}}$ $\underline{\underline{U_{Str} = 231 \text{ V}}}$

b) $I_{Str} = \dfrac{U_{Str}}{R_{Str}}$ $I_{Str} = \dfrac{231 \text{ V}}{33 \ \Omega}$ $\underline{\underline{I_{Str} = 7 \text{ A}}}$

zu 197

a) $I = I_{Str} = \dfrac{U_{Str}}{R}$ mit $U_{Str} = \dfrac{U}{\sqrt{3}} = 230 \text{ V}$

$I_1 = \dfrac{U_{Str}}{R_1}$ $I_1 = \dfrac{230 \text{ V}}{11 \ \Omega}$ $\underline{\underline{I_1 = 20{,}9 \text{ A}}}$

$I_2 = \dfrac{U_{Str}}{R_2}$ $I_2 = \dfrac{230 \text{ V}}{22 \ \Omega}$ $\underline{\underline{I_2 = 10{,}5 \text{ A}}}$

$$I_3 = \frac{U_{Str}}{R_3} \quad I_3 = \frac{230 \text{ V}}{33 \text{ }\Omega} \quad \underline{I_3 = 6{,}97 \text{ A}}$$

$$I_N = \sqrt{0{,}75 \cdot (I_2 - I_3)^2 + (I_1 - 0{,}5 \cdot I_2 - 0{,}5 \cdot I_3)^2} \quad \underline{\underline{I_N = 12{,}5 \text{ A}}}$$

zu 199

a) $U_{12} = U_{23} = U_{31} = U_{Str} = \underline{400 \text{ V}}$

b) $I_{12} = I_{23} = I_{31} = I_{Str} = \dfrac{U_{Str}}{R_{Str}} \quad I_{Str} = \dfrac{400 \text{ V}}{33 \text{ }\Omega} \quad \underline{\underline{I_{Str} = 12{,}1 \text{ A}}}$

c) $I_1 = I_2 = I_3 = I = \sqrt{3} \cdot I_{Str} \quad I = \sqrt{3} \cdot 12{,}1 \text{ A} \quad \underline{\underline{I = 21 \text{ A}}}$

zu 200

a) $I_{12} = \dfrac{U_{12}}{R_1} \quad I_{12} = \dfrac{480 \text{ V}}{110 \text{ }\Omega} \quad \underline{\underline{I_{12} = 4{,}36 \text{ A}}}$

$I_{23} = \dfrac{U_{23}}{R_2} \quad I_{23} = \dfrac{480 \text{ V}}{220 \text{ }\Omega} \quad \underline{\underline{I_{23} = 2{,}18 \text{ A}}}$

$I_{31} = \dfrac{U_{31}}{R_3} \quad I_{31} = \dfrac{480 \text{ V}}{330 \text{ }\Omega} \quad \underline{\underline{I_{31} = 1{,}45 \text{ A}}}$

$I_1 = \sqrt{I_{12}^2 + I_{31}^2 + I_{12} \cdot I_{31}}$

$I_1 = \sqrt{(4{,}36 \text{ A})^2 + (1{,}45 \text{ A})^2 + 4{,}36 \text{ A} \cdot 1{,}45 \text{ A}} \quad \underline{\underline{I_1 = 5{,}24 \text{ A}}}$

b) $I_2 = \sqrt{I_{12}^2 + I_{23}^2 + I_{12} \cdot I_{23}}$

$I_2 = \sqrt{(4{,}36 \text{ A})^2 + (2{,}18 \text{ A})^2 + 4{,}36 \text{ A} \cdot 2{,}18 \text{ A}} \quad \underline{\underline{I_2 = 5{,}77 \text{ A}}}$

$I_3 = \sqrt{I_{23}^2 + I_{31}^2 + I_{23} \cdot I_{31}}$

$I_3 = \sqrt{(2{,}18 \text{ A})^2 + (1{,}45 \text{ A})^2 + 2{,}18 \text{ A} \cdot 1{,}45 \text{ A}} \quad \underline{\underline{I_3 = 3{,}16 \text{ A}}}$

zu 201

a) 380-V-Drehstromnetz:

$$P_{Str} = \frac{P}{3} \quad P_{Str} = \frac{21\ kW}{3} \quad \underline{P_{Str} = 7\ kW}$$

$$P_{Str} = \frac{U^2}{R_{Str}} \Rightarrow R_{Str} = \frac{U^2}{P_{Str}} \quad R_{Str} = \frac{(380\ V)^2}{7\ kW} \quad \underline{R_{Str} = 20{,}6\ \Omega}$$

400-V-Drehstromnetz:

$$P_{Str}* = \frac{(U*)^2}{R_{Str}} \quad P_{Str}* = \frac{(400\ V)^2}{20{,}6\ \Omega} \quad \underline{P_{Str}* = 7\,756\ W}$$

b) $P* = 3 \cdot P_{Str}* \quad P* = 3 \cdot 7\,756\ W \quad \underline{\underline{P* = 23{,}3\ kW}}$

zu 202

c) $P_{gzu} = \sqrt{3} \cdot U_L \cdot I_L \cdot \cos\varphi \quad P_{gzu} = \sqrt{3} \cdot 400\ V \cdot 11{,}4\ A \cdot 0{,}85$

$\underline{\underline{P_{gzu} = 6{,}7\ kW}}$

$\cos\varphi = 0{,}85 \Rightarrow \varphi = \arccos 0{,}85 \quad \underline{\varphi = 31{,}7°}$

$Q_g = \sqrt{3} \cdot U_L \cdot I_L \cdot \sin\varphi \quad \sin 31{,}7° = 0{,}527$

$Q_g = \sqrt{3} \cdot 400\ V \cdot 11{,}4\ A \cdot 0{,}527 \quad \underline{\underline{Q_g = 4{,}2\ kW}}$

$P_{Yzu} = \sqrt{3} \cdot U_L \cdot I_L \cdot \cos\varphi \quad P_{Yzu} = \sqrt{3} \cdot 690\ V \cdot 6{,}6\ A \cdot 0{,}85$

$\underline{\underline{P_{Yzu} = 6{,}7\ kW}}$

$Q_Y = \sqrt{3} \cdot U_L \cdot I_L \cdot \sin\varphi \quad Q_Y = \sqrt{3} \cdot 690\ V \cdot 6{,}6\ A \cdot 0{,}527$

$\underline{\underline{Q_Y = 4{,}2\ kW}}$

$$\eta = \frac{P_{ab}}{P_{zu}} \quad \eta = \frac{5{,}5\ kW}{6{,}7\ kW} \quad \underline{\underline{\eta = 0{,}82}}$$

zu 203

a) Wechselstrommotor (Index 1):

$$P_{1zu} = \frac{P_{1ab}}{\eta_1} \quad P_{1zu} = \frac{550\ W}{0{,}75} \quad \underline{\underline{P_{1zu} = 733\ W}}$$

$$\cos\varphi_1 = 0{,}91 \Rightarrow \varphi_1 = \arccos 0{,}91 \quad \varphi_1 = 24{,}5°$$

$$\tan\varphi_1 = \frac{Q_1}{P_{1zu}} \Rightarrow Q_1 = P_{1zu} \cdot \tan\varphi_1 \quad Q_1 = 733\ W \cdot 0{,}456$$

$$\underline{\underline{Q_1 = 334\ var}}$$

$$S_1 = \frac{P_{1zu}}{\cos\varphi_1} \quad S_1 = \frac{733\ W}{0{,}91} \quad \underline{\underline{S_1 = 806\ VA}}$$

Durchlauferhitzer (Index 2): $\quad \underline{\underline{P_{2zu} = 24\ kW}}$

$$\underline{\underline{Q_2 = 0\ var}}$$

$$\underline{\underline{S_2 = 24\ kVA}}$$

Drehstrommotor (Index 3):

$$P_{3zu} = \frac{P_{3ab}}{\eta_3} \quad P_{3zu} = \frac{4\,000\ W}{0{,}83} \quad \underline{\underline{P_{3zu} = 4819\ W}}$$

$$\cos\varphi_3 = 0{,}80 \Rightarrow \varphi_3 = \arccos 0{,}80 \quad \varphi_3 = 36{,}9°$$

$$\tan\varphi_3 = \frac{Q_3}{P_{3zu}} \Rightarrow Q_3 = P_{3zu} \cdot \tan\varphi_3 \quad Q_3 = 4819\ W \cdot 0{,}75$$

$$\underline{\underline{Q_3 = 3\,614\ var}}$$

$$S_3 = \frac{P_{3zu}}{\cos\varphi_3} \quad S_3 = \frac{4\,819\ W}{0{,}80} \quad \underline{\underline{S_3 = 6\,024\ VA}}$$

b) $I_1 = \dfrac{S_1}{U_{1N}} \quad I_1 = \dfrac{806\ VA}{230\ V} \quad \underline{I_1 = 3{,}50\ A}$

$$I_{w1} = I_1 \cdot \cos\varphi_1 \quad I_{w1} = 3{,}5\ A \cdot 0{,}91 \quad \underline{I_{w1} = 3{,}19\ A}$$

$$I_{b1} = I_1 \cdot \sin\varphi_1 \quad I_{b1} = 3{,}5\ A \cdot 0{,}415 \quad \underline{I_{b1} = 1{,}45\ A}$$

$$I_{w2} = \frac{P_{2zu}}{\sqrt{3} \cdot U \cdot \cos\varphi} \quad (\cos\varphi = 1) \quad I_{w2} = \frac{24 \text{ kW}}{\sqrt{3} \cdot 400 \text{ V}}$$

$$\underline{I_{w2} = 34{,}64 \text{ A}}$$

$$I_3 = \frac{S_3}{\sqrt{3} \cdot U} \quad I_3 = \frac{6\,024 \text{ VA}}{\sqrt{3} \cdot 400 \text{ V}} \quad \underline{I_3 = 8{,}69 \text{ A}}$$

$$I_{w3} = I_3 \cdot \cos\varphi_3 \quad I_{w3} = 8{,}69 \text{ A} \cdot 0{,}80 \quad \underline{I_{w3} = 6{,}96 \text{ A}}$$

$$I_{b3} = I_3 \cdot \sin\varphi_3 \quad I_{b3} = 8{,}69 \text{ A} \cdot 0{,}60 \quad \underline{I_{b3} = 5{,}22 \text{ A}}$$

$$I_{L1} = \sqrt{(I_{w1} + I_{w2} + I_{w3})^2 + (I_{b1} + I_{b3})^2}$$

$$I_{L1} = \sqrt{(3{,}19 \text{ A} + 34{,}64 \text{ A} + 6{,}96 \text{ A})^2 + (1{,}45 \text{ A} + 5{,}22 \text{ A})^2}$$

$$\underline{\underline{I_{L1} = 45{,}3 \text{ A}}}$$

$$I_{L2} = \sqrt{(I_{w2} + I_{w3})^2 + I_{b3}^2}$$

$$I_{L2} = \sqrt{(34{,}64 \text{ A} + 6{,}96 \text{ A})^2 + (5{,}22 \text{ A})^2} \quad \underline{\underline{I_{L2} = 42{,}0 \text{ A}}}$$

$$I_{L2} = I_{L3} \qquad\qquad\qquad\qquad\qquad \underline{\underline{I_{L2} = 42{,}0 \text{ A}}}$$

c) Gesamtwirkleistung: $P_{ges} = P_{1zu} + P_{2zu} + P_{3zu}$

$$P_{ges} = 733 \text{ W} + 24 \text{ kW} + 4\,819 \text{ W} \qquad \underline{\underline{P_{ges} = 29{,}6 \text{ kW}}}$$

Gesamtblindleistung: $Q_{ges} = Q_1 + Q_3$

$$Q_{ges} = 334 \text{ var} + 3\,614 \text{ var} \qquad \underline{\underline{Q_{ges} = 3{,}95 \text{ k var}}}$$

Gesamtscheinleistung: $S_{ges} = \sqrt{P_{ges}^2 + Q_{ges}^2}$

$$S_{ges} = \sqrt{(29{,}6 \text{ kW})^2 + (3{,}95 \text{ k var})^2} \qquad \underline{\underline{S_{ges} = 29{,}9 \text{ kVA}}}$$

3.9 Schutzmaßnahmen und Unfallverhütung

zu $\boxed{230}$

d) Fehlerstrom:

$$I_F = \frac{U_0}{R_g} \quad I_F = \frac{U_0}{R_K + R_{St} + R_B} \quad I_F = \frac{230\ V}{1{,}3\ k\Omega + 1\ k\Omega + 2\ k\Omega}$$

$$\underline{\underline{I_F = 0{,}1\ A}}$$

$$U_B = R_K \cdot I_F \quad U_B = 1{,}3\ k\Omega \cdot 0{,}1\ A \quad \underline{\underline{U_B = 130\ V}}$$

$$U_F = R_g \cdot I_F \quad U_F = 2{,}3\ k\Omega \cdot 0{,}1\ A \quad \underline{\underline{U_F = 230\ V}}$$

f) $I_F = \dfrac{U_0}{R_K + R_{St} + R_B} \quad I_F = \dfrac{230\ V}{1{,}3\ k\Omega + 50\ \Omega + 2\ \Omega} \quad \underline{\underline{I_F = 0{,}17\ A}}$

zu $\boxed{232}$

b) $Z_S = \dfrac{U_0 - U_P}{I_P} \quad Z_S = \dfrac{228\ V - 217\ V}{10\ A} \quad \underline{\underline{Z_S = 1{,}1\ \Omega}}$

$$I_F = \frac{U_0}{Z_S} \quad I_F = \frac{228\ V}{1{,}1\ \Omega} \quad \underline{\underline{I_F = 207{,}3\ A}}$$

Aus der Strom-Zeit-Kennlinie für den LS-Schalter Typ B 16 A folgt für den Abschaltstrom bei einer Abschaltzeit von $t_a = 0{,}4\ s$

$$I_a = 5 \cdot I_n \quad I_a = 5 \cdot 16\ A \quad \underline{\underline{I_a = 80\ A}}$$

da $I_F > I_a$ ist, folgt: Sicherung F1 löst aus.

c) $R_{L1} = R_{PE} \Rightarrow U_F = \dfrac{U_0}{2}$

$$U_F = \frac{228\ V}{2} \quad \underline{\underline{U_F = 114\ V}}$$

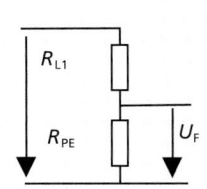

zu $\boxed{233}$

b) $Z_S = \dfrac{U_0}{I_F} \quad Z_S = \dfrac{230\ V}{200\ A} \quad \underline{\underline{Z_S = 1{,}15\ \Omega}}$

d) Für $t_a = 4$ s folgt $I_a = 360$ A.

$$Z_S = \frac{U_0}{I_F} \quad Z_S = \frac{230 \text{ V}}{360 \text{ A}} \quad \underline{\underline{Z_S = 0{,}639 \ \Omega}}$$

zu $\boxed{235}$

a) Schmelzsicherung Typ gl 16 A, $t_a = 0{,}4$ s $\Rightarrow I_a = 120$ A

$$Z_S \le \frac{U_0}{I_a} \quad Z_S \le \frac{230 \text{ V}}{120 \text{ A}} \quad \underline{\underline{Z_S \le 1{,}917 \ \Omega}}$$

b) LS-Schalter Typ B16 A, $t_a = 0{,}4$ s $\Rightarrow I_a = 5 \cdot I_n = 80$ A :

$$Z_S \le \frac{U_0}{I_a} \quad Z_S \le \frac{230 \text{ V}}{80 \text{ A}} \quad \underline{\underline{Z_S \le 2{,}875 \ \Omega}}$$

c) RCD mit $I_{\Delta n} = 300$ mA

$$Z_S \le \frac{U_0}{I_{\Delta n}} \quad Z_S \le \frac{230 \text{ V}}{0{,}3 \text{ A}} \quad \underline{\underline{Z_S \le 766{,}7 \ \Omega}}$$

3.10 Leitungen und Kabel

zu $\boxed{245}$

b) $I_b = \dfrac{P_\Delta}{\sqrt{3} \cdot U \cdot \cos\varphi} \quad (\cos\varphi = 1)$

$$I_b = \frac{24 \text{ kW}}{\sqrt{3} \cdot 400 \text{ V}} \quad I_b = 34{,}6 \text{ A}$$

aus der Verlegeart C und der erforderlichen Strombelastbarkeit der Leitung folgt:

Leiterquerschnitt $\underline{A = 4 \text{ mm}^2}$ mit $I_z = 35$ A

$\Rightarrow$ Nennstrom des Schutzorgans: $\underline{\underline{I_n = 35 \text{ A}}}$

Bedingung $I_b \le I_n \le I_z$ erfüllt.

c) Leitungsschutzschalter mit Auslösecharakteristik C für Verwendung u. a. bei Hausinstallationen.

$$I_2 \le 1{,}45 \cdot I_z \quad I_2 \le 1{,}45 \cdot 35 \text{ A} \quad \underline{\underline{I_2 \le 50{,}75 \text{ A}}}$$

zu 246

a) $\eta = \dfrac{P_{Nenn}}{P_{zu}} \qquad \eta = \dfrac{P_{Nenn}}{\sqrt{3} \cdot U \cdot I \cdot \cos\varphi}$

$\eta = \dfrac{5\,500\text{ W}}{\sqrt{3} \cdot 400\text{ V} \cdot 11{,}4\text{ A} \cdot 0{,}85} \qquad \underline{\underline{\eta = 0{,}82}}$

b) $\Delta U = \dfrac{\sqrt{3} \cdot \lambda \cdot I \cdot \cos\varphi}{\gamma \cdot A} \qquad \Delta U = \dfrac{\sqrt{3} \cdot 16\text{ m} \cdot 11{,}4\text{ A} \cdot 0{,}85}{56\,\dfrac{\text{m}}{\Omega \cdot \text{mm}^2} \cdot 2{,}5\text{ mm}^2}$

$\underline{\Delta U = 1{,}92\text{ V}}$

$u_v\% = \dfrac{\Delta U}{U} \cdot 100\,\% \qquad u_v\% = \dfrac{1{,}92\text{ V}}{400\text{ V}} \cdot 100\,\% \qquad \underline{\underline{u_v\% = 0{,}48\,\%}}$

4 Energie- und Informationsflüsse in elektrischen, pneumatischen und hydraulischen Baugruppen

4.5 Berechnungen von pneumatischen und hydraulischen Steuerungen

zu 123

Gegeben: $d_1 = 80\text{ mm} = 8\text{ cm}$

$p_e = 6\text{ bar} = 60\,\dfrac{\text{N}}{\text{cm}^2}$

$\eta = 90\,\% = 0{,}9$

Gesucht: F

Lösung: $F = F_{en} \cdot \eta \qquad F = P_e \cdot A \cdot \eta$

$A = \dfrac{\pi \cdot d^2}{4} \qquad A = \dfrac{\pi \cdot (8\text{ cm})^2}{4} \qquad \underline{A = 50{,}265\text{ cm}^2}$

$F = 60\,\dfrac{\text{N}}{\text{cm}^2} \cdot 50{,}265\text{ cm}^2 \cdot 0{,}9 \qquad \underline{\underline{F = 2\,714{,}33\text{ N}}}$

zu 125

Gegeben: $d_1 = 90$ mm $= 9$ cm

$d_2 = 25$ mm $= 2,5$ cm

$p_e = 8$ bar $= 80 \dfrac{\text{N}}{\text{cm}^2}$

$\eta_s = 90\ \% = 0,9$

$\eta_E = 80\ \% = 0,8$

Gesucht: F_A

F_E

Lösung: $F = p_e \cdot A \cdot \eta$ $A = \dfrac{\pi \cdot d^2}{4}$ $A = \dfrac{\pi \cdot (9\ \text{cm})^2}{4}$

$\underline{A = 63,61\ \text{cm}^2}$ $F_A = 80 \dfrac{\text{N}}{\text{cm}^2} \cdot 63,61\ \text{cm}^2 \cdot 0,9$

$\underline{\underline{F_A = 4\,580,44\ \text{N}}}$

$A = \dfrac{\pi \cdot (d_1 - d_2)^2}{4}$ $A = \dfrac{\pi \cdot (9 - 2,5)^2\ \text{cm}^2}{4}$

$\underline{A = 58,708\ \text{cm}^2}$ $F_E = 80 \dfrac{\text{N}}{\text{cm}^2} \cdot 58,708\ \text{cm}^2 \cdot 0,8$

$\underline{\underline{F_E = 3\,757,34\ \text{N}}}$

zu 126

Gegeben: $d_i = 16$ mm $= 1,6$ cm

$d_1 = 90$ mm $= 9$ cm

$d_2 = 40$ mm $= 4$ cm

$Q = 12 \dfrac{l}{\text{min}} = 12\,000 \dfrac{\text{cm}}{\text{min}}$

Gesucht: $V_A;\ V_E;\ V_i$

Lösung:

$$V_A = \frac{Q}{A} \qquad A = \frac{\pi \cdot d_1^2}{4} \qquad A = 63{,}61\ cm^2$$

$$V_A = \frac{12\,000\ cm^3}{63{,}61\ cm^2 \cdot min} \qquad V_A = 188{,}62\ \frac{cm}{min}$$

$$V_E = \frac{Q}{A} \qquad A = \frac{\pi \cdot (d_1 - d_2)^2}{4} \qquad A = 51{,}05\ cm^2$$

$$V_E = \frac{12\,000\ cm^3}{51{,}05\ cm^2 \cdot min} \qquad V_E = 235{,}05\ \frac{cm}{min}$$

$$V_i = \frac{Q}{A} \qquad A = \frac{\pi \cdot d_i^2}{4} \qquad A = 2{,}01\ cm^2$$

$$V_i = \frac{12\,000\ cm^3}{2{,}01\ cm^2 \cdot min} \qquad V_i = 59{,}68\ \frac{m}{min} \approx 1\frac{m}{s}$$

7 Realisieren mechatronischer Teilsysteme

7.2 Regelungstechnik

zu 50

b) Integrierbeiwert K_{IS}:

$$h = \frac{V}{A} \Rightarrow h = \frac{(Q_{zu} - Q_{ab}) \cdot t}{\pi \cdot \frac{d^2}{4}} \qquad h = \frac{(Q_{zu} - Q_{ab}) \cdot t}{\pi \cdot \frac{(0{,}5\ m)^2}{4}}$$

$$h = 5{,}09\ \frac{1}{m^2}(Q_{zu} - Q_{ab}) \cdot t \Rightarrow K_{IS} = 5{,}09\frac{1}{m^2}$$

$$h(t) = K_{IS} \cdot (Q_{zu} - Q_{ab}) \cdot t$$

$$h(t) = 5{,}09\frac{1}{m^2} \cdot \left(3 \cdot 10^{-3}\frac{m^3}{s} - 2 \cdot 10^{-3}\frac{m^3}{s}\right) \cdot t$$

$$h(t) = 5{,}09\frac{mm}{s} \cdot t$$

7.3 Leistungselektronik

zu 78

a) Widerstandswert des Vorwiderstandes:

$$R_V = \frac{U - U_F}{I_F} \qquad R_V = \frac{6\ V - 1,6\ V}{20\ mA} \qquad \underline{\underline{R_V = 220\ \Omega}}$$

Leistung des Vorwiderstandes:

$$P_{RV} = (U - U_F) \cdot I_F \qquad P_{RV} = (6\ V - 1,6\ V) \cdot 20\ mA$$

$$\underline{P_{RV} = 88\ mW}$$

b) Statischer Widerstand im Arbeitspunkt:

$$R_F = \frac{U_F}{I_F} \qquad R_F = \frac{1,6\ V}{20\ mA} \qquad \underline{\underline{R_F = 80\ \Omega}}$$

Dynamischer Widerstand im Arbeitspunkt:

$$r_F = \frac{\Delta U_F}{\Delta I_F} \qquad r_F = \frac{0,1\ V}{30\ mA} \qquad \underline{\underline{r_F = 3,3\ \Omega}}$$

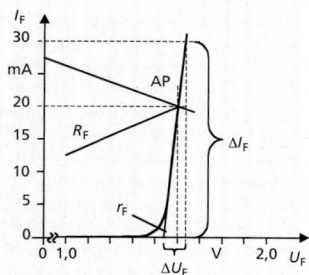

zu 86

a) $R_{V2} = \dfrac{U_Z - U_F}{I_F} \qquad R_{V2} = \dfrac{16\ V - 2\ V}{20\ mA} \qquad \underline{\underline{R_{V2} = 700\ \Omega}}$

b) Der Transistor arbeitet in Emitterschaltung mit Basisspannungslei-
ter und Gleichstromgegenkopplung.

$$R_C = \frac{U_B - U_{C_E} - U_{R_E}}{I_C} \qquad R_C = \frac{16\ V - 8\ V - 1\ V}{45\ mA} \qquad \underline{\underline{R_C = 156\ \Omega}}$$

gewählt: $\underline{\underline{R_C = 160\ \Omega}}$

$$R_E = \frac{U_{RE}}{I_E} \approx \frac{U_{RE}}{I_C} \qquad R_E = \frac{1\ V}{45\ mA} \qquad \underline{\underline{R_E = 22\ \Omega}}$$

gewählt: $\underline{\underline{R_E = 22\ \Omega}}$

$$I_B = \frac{I_C}{B} \qquad I_B = \frac{45\ mA}{250} \qquad \underline{I_B = 0{,}18\ mA}$$

$$R_2 = \frac{U_{BE} + U_{RE}}{10 \cdot I_B} \qquad R_2 = \frac{0{,}68\ V + 1\ V}{10 \cdot 0{,}18\ mA} \qquad \underline{\underline{R_2 = 933\ \Omega}}$$

gewählt: $\underline{\underline{R_2 = 910\ \Omega}}$

$$R_1 = \frac{U_Z - (U_{BE} + U_{RE})}{11 \cdot I_B} \qquad R_1 = \frac{16\ V - (0{,}68\ V + 1\ V)}{11 \cdot 0{,}18\ mA}$$

$$\underline{\underline{R_1 = 7{,}23\ k\Omega}} \quad \text{gewählt: } \underline{\underline{R_1 = 7{,}5\ k\Omega}}$$

zu $\boxed{93}$

$$V_u = 1 + \frac{R_2}{R_1} \qquad V_u = 1 + \frac{470\ k\Omega}{2{,}2\ k\Omega} \qquad \underline{\underline{V_u = 215}}$$

$$V_u = \frac{U_A}{U_E} \Rightarrow U_A = V_u \cdot U_E \qquad U_A = 215 \cdot 50\ mV \qquad \underline{\underline{U_A = 10{,}7\ V}}$$

zu 94

Gewählt: $R_1 = 10 \text{ k}\Omega$

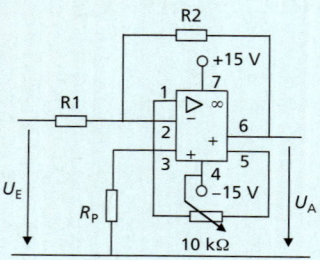

$$V_u = -\frac{R_2}{R_1} \Rightarrow R_2 = -V_u \cdot R_1 \quad R_2 = -(-22) \cdot 10 \text{ k}\Omega \quad \underline{R_2 = 220 \text{ k}\Omega}$$

$$R_P = \frac{R_1 \cdot R_2}{R_1 + R_2} \quad R_P = \frac{10 \text{ k}\Omega \cdot 220 \text{ k}\Omega}{10 \text{ k}\Omega + 220 \text{ k}\Omega} \quad \underline{\underline{R_P = 9,6 \text{ k}\Omega}}$$

zu 97

b) $V_1 = \dfrac{R_2}{R_{11}} \quad V_1 = -\dfrac{100 \text{ k}\Omega}{10 \text{ k}\Omega} \quad \underline{\underline{V_1 = -10}}$

$V_2 = \dfrac{R_2}{R_{12}} \quad V_2 = -\dfrac{100 \text{ k}\Omega}{6,8 \text{ k}\Omega} \quad \underline{\underline{V_2 = -14,7}}$

c) $U_A = V_1 \cdot U_1 + V_2 \cdot U_2$

$\quad U_A = (-10) \cdot 280 \text{ mV} + (-14,7) \cdot 150 \text{ mV} \quad \underline{\underline{U_A = -5,01 \text{ V}}}$

zu 98

$$V_1 = \frac{R_{21}}{R_{11}} \quad V_1 = -\frac{270 \text{ k}\Omega}{56 \text{ k}\Omega} \quad \underline{\underline{V_1 = -4,82}}$$

$$V_2 = \frac{1 + \dfrac{R_{21}}{R_{11}}}{1 + \dfrac{R_{12}}{R_{22}}} \quad V_2 = \frac{1 + \dfrac{270 \text{ k}\Omega}{56 \text{ k}\Omega}}{1 + \dfrac{39 \text{ k}\Omega}{100 \text{ k}\Omega}} \quad \underline{\underline{V_2 = 4,19}}$$

$$U_A = V_2 \cdot U_{E2} + V_1 \cdot U_{E1} \quad U_{Amin} = V_2 \cdot U_{E2min} + V_1 \cdot U_{E1max}$$

$$U_{Amin} = 4{,}19 \cdot 0{,}7 \text{ V} - 4{,}82 \cdot 1{,}6 \text{ V} \quad \underline{U_{Amin} = -4{,}78 \text{ V}}$$

$$U_{Amax} = V_2 \cdot U_{E2max} + V_1 \cdot U_{E1min}$$

$$U_{Amax} = 4{,}19 \cdot 1{,}9 \text{ V} - 4{,}82 \cdot 0{,}2 \text{ V} \quad \underline{U_{Amax} = 6{,}99 \text{ V}}$$

zu 99

$$U_{E2} = \frac{1 \text{ k}\Omega}{1 \text{ k}\Omega + 1 \text{ k}\Omega} \cdot 6 \text{ V} \quad \underline{U_{E2} = 3 \text{ V}}$$

$$U_A = \frac{(R_{11} + R_{21}) \cdot R_{22}}{(R_{12} + R_{22}) \cdot R_{11}} \cdot U_{E2} - \frac{R_{21}}{R_{11}} U_{E1}$$

$$\vartheta = 0 \text{ °C}$$

$$U_{E1} = \frac{1 \text{ k}\Omega}{0{,}5 \text{ k}\Omega + 1 \text{ k}\Omega} \cdot 6 \text{ V} \quad \underline{U_{E1} = 4 \text{ V}}$$

$$U_A = \frac{(10 \text{ k}\Omega + 33 \text{ k}\Omega) \cdot 33 \text{ k}\Omega}{(10 \text{ k}\Omega + 33 \text{ k}\Omega) \cdot 10 \text{ k}\Omega} \cdot 3 \text{ V} - \frac{33 \text{ k}\Omega}{10 \text{ k}\Omega} \cdot 4 \text{ V}$$

$$\underline{U_A = -3{,}3 \text{ V} \Rightarrow \text{V1 leuchtet}}$$

$$\vartheta = 60 \text{ °C}$$

$$U_{E1} = \frac{1 \text{ k}\Omega}{2 \text{ k}\Omega + 1 \text{ k}\Omega} \cdot 6 \text{ V} \quad \underline{U_{E1} = 2 \text{ V}}$$

$$U_A = \frac{(10 \text{ k}\Omega + 33 \text{ k}\Omega) \cdot 33 \text{ k}\Omega}{(10 \text{ k}\Omega + 33 \text{ k}\Omega) \cdot 10 \text{ k}\Omega} \cdot 3 \text{ V} - \frac{33 \text{ k}\Omega}{10 \text{ k}\Omega} \cdot 2 \text{ V}$$

$$\underline{U_A = 3{,}3 \text{ V} \Rightarrow \text{V2 leuchtet}}$$

zu 100

$$|V_u| = \frac{X_C}{R} \quad X_C = \frac{1}{2 \cdot \pi \cdot f \cdot C} \quad |V_u| = \frac{\frac{1}{2 \cdot \pi \cdot f \cdot C}}{R}$$

$$\underline{\underline{|V_u| = \frac{1}{2 \cdot \pi \cdot f \cdot R \cdot C}}}$$

zu $\boxed{101}$

$$|V_u| = \frac{R}{X_C} \qquad X_C = \frac{1}{2 \cdot \pi \cdot f \cdot C} \qquad |V_u| = \frac{R}{\frac{1}{2 \cdot \pi \cdot f \cdot C}}$$

$$\underline{\underline{|V_u| = 2 \cdot \pi \cdot f \cdot R \cdot C}}$$

7.4 Messtechnik

zu $\boxed{131}$

Absoluter Messfehler:

$$\Delta x = x_A - x_W \qquad \Delta x = 8{,}2 \text{ A} - 8{,}32 \text{ A} \qquad \underline{\underline{\Delta x = -0{,}12 \text{ A}}}$$

Relativer Messfehler:

$$F_{rel} = \frac{\Delta x}{x_W} \cdot 100 \% \qquad F_{rel} = \frac{-0{,}12 \text{ A}}{8{,}32 \text{ A}} \cdot 100 \% \qquad \underline{\underline{F_{rel} = -1{,}4 \%}}$$

zu $\boxed{134}$

Absoluter Messfehler:

$$\Delta x = \pm 0{,}5 \% \cdot 300 \text{ V} \qquad \Delta x = \frac{\pm 0{,}5 \cdot 300 \text{ V}}{100} \qquad \underline{\underline{\Delta x = \pm 1{,}5 \text{ V}}}$$

Relativer Messfehler:

$$F_{rel} = \frac{\Delta x}{x_W} \cdot 100 \% \qquad F_{rel} = \frac{\pm 1{,}5 \text{ V}}{130 \text{ V}} \cdot 100 \% \qquad \underline{\underline{F_{rel} = \pm 1{,}2 \%}}$$

zu $\boxed{136}$

$$R = \frac{U_R}{I_R} \qquad I_R = I - I_{MU} \qquad R = \frac{U_R}{I - I_{MU}} \Rightarrow R = \frac{1}{\dfrac{I}{U_R} - \dfrac{I_{MU}}{U_R}} \Rightarrow$$

$$R = \frac{1}{\dfrac{I}{U_R} - \dfrac{1}{R_{MU}}} \qquad R = \frac{1}{\dfrac{46 \text{ mA}}{24 \text{ V}} - \dfrac{1}{15 \text{ k}\Omega}} \qquad \underline{\underline{R = 540 \ \Omega}}$$

zu $\boxed{137}$

a) $R = \dfrac{U_R}{I_R}$ $U_R = U - U_{MI}$ $R = \dfrac{U - U_{MI}}{I_R}$ $R = \dfrac{U}{I_R} - \dfrac{U_{MI}}{I_R}$

$R = \dfrac{U_R}{I_R} - R_{MI}$ $R = \dfrac{230\text{ V}}{46\text{ mA}} - 50\ \Omega$ $\underline{\underline{R = 4{,}95\text{ k}\Omega}}$

b) R_A – angezeigter Wert, $R = R_W$ – wahrer Wert,

$R_A = \dfrac{U}{I_R}$ $R_A = \dfrac{230\text{ V}}{46\text{ mA}}$ $\underline{\underline{R_A = 5{,}0\text{ k}\Omega}}$

$F_{rel} = \dfrac{R_A - R_W}{R_W} \cdot 100\ \%$ $F_{rel} = \dfrac{5{,}0\text{ k}\Omega - 4{,}95\text{ k}\Omega}{4{,}95\text{ k}\Omega} \cdot 100\ \%$

$\underline{\underline{F_{rel} = 1{,}0\ \%}}$

zu $\boxed{141}$

Absoluter Messfehler:

$\Delta x = \pm(0{,}8\ \% \cdot 150\text{ V} + 5 \cdot 0{,}1\text{ V})$ $\Delta x = \pm(1{,}2\text{ V} + 0{,}5\text{ V})$

$\underline{\underline{\Delta x = \pm 1{,}7\text{ V}}}$

Relativer Messfehler:

$F_{rel} = \dfrac{\Delta x}{x_W} \cdot 100\ \%$ $F_{rel} = \dfrac{\pm 1{,}7\text{ V}}{150\text{ V}} \cdot 100\ \%$ $\underline{\underline{F_{rel} = \pm 1{,}1\ \%}}$

zu $\boxed{145}$

$I_M = \dfrac{U_M}{R_M}$ $I_M = \dfrac{60\text{ V}}{60\text{ k}\Omega}$ $\underline{\underline{I_M = 1\text{ mA}}}$

$U_V = U - U_M$ $R_V = \dfrac{U_V}{I_M}$ $R_V = \dfrac{U - U_M}{I_M}$ $R_V = \dfrac{600\text{ V} - 60\text{ V}}{1\text{ mA}}$

$\underline{\underline{R_V = 540\text{ k}\Omega}}$

zu [146]

$U_M = I_M \cdot R_M$ $U_M = 1,5 \text{ mA} \cdot 300 \ \Omega$ $\underline{U_M = 450 \text{ mV}}$

$I_N = I - I_M$ $R_N = \dfrac{U_M}{I_N}$ $R_N = \dfrac{U_M}{I - I_M}$ $R_N = \dfrac{450 \text{ mV}}{600 \text{ mA} - 1,5 \text{ mA}}$

$\underline{R_N = 0,752 \text{ k}\Omega}$

zu [147]

$U_{AB} = U_{R2} - U_{R4}$ $U_2 = \dfrac{R_2}{R_1 + R_2} \cdot U$ $U_4 = \dfrac{R_4}{R_3 + R_4} \cdot U$

$\underline{\underline{U_{AB} = \left(\dfrac{R_2}{R_1 + R_2} - \dfrac{R_4}{R_3 + R_4} \right) \cdot U}}$ v $\underline{\underline{U_{AB} = \left(\dfrac{R_3}{R_3 + R_4} - \dfrac{R_1}{R_1 + R_2} \right) \cdot U}}$

zu [152]

$U_1 = \dfrac{U_{1n}}{U_{2n}} \cdot U_2$ $U_1 = \dfrac{5\,000 \text{ V}}{100 \text{ V}} \cdot 76 \text{ V}$ $\underline{U_1 = 3\,800 \text{ V}}$

zu [153]

$I_1 = \dfrac{I_{1n}}{I_{2n}} \cdot I_2$ $I_1 = \dfrac{300 \text{ A}}{5 \text{ A}} \cdot 3,8 \text{ A}$ $\underline{I_1 = 228 \text{ A}}$

zu [156]

c) $C_X = \dfrac{R_4}{R_2} \cdot C_3$ $R_X = \dfrac{R_2}{R_4} \cdot R_3$

e) $R_X = \dfrac{R_2}{R_4} \cdot R_3$ $R_X = \dfrac{10 \text{ k}\Omega}{6\,892 \ \Omega} \cdot 653 \text{ k}\Omega$ $\underline{\underline{R_X = 947 \text{ k}\Omega}}$

$C_X = \dfrac{R_4}{R_2} \cdot C_3$ $C_X = \dfrac{6\,892 \ \Omega}{1 \text{ k}\Omega} \cdot 2,2 \ \mu\text{F}$ $\underline{\underline{C_X = 15,2 \ \mu\text{F}}}$

$Q_C = 2 \cdot \pi \cdot f \cdot R_X \cdot C_X$

$$Q_C = 2 \cdot \pi \cdot 50\,\frac{1}{s} \cdot 947 \cdot 10^3\ \Omega \cdot 15{,}2 \cdot 10^{-6}\ F \quad \underline{\underline{Q_C = 4\,522}}$$

zu 157

c) $U_{AB} = \left(\dfrac{R_2}{R_1 + R_2} - \dfrac{R_4}{R_3 + R_4}\right) \cdot U$

Zugstab:

$$U_{AB} = \left(\frac{R}{R + \Delta R + R} - \frac{R + \Delta R}{R + \Delta R + R}\right) \cdot U \quad U_{AB} = \frac{-\Delta R}{2 \cdot R + \Delta R} \cdot U$$

für $2 \cdot R > \Delta R$ gilt: $U_{AB} = \dfrac{1}{2} \cdot \dfrac{\Delta R}{R} \cdot U \quad U_{AB} = -\dfrac{1}{2} \cdot 0{,}002 \cdot 5\ V$

$$\underline{\underline{U_{AB} = -5\ mV}}$$

Biegebalken:

$$U_{AB} = \left(\frac{R - \Delta R}{R + \Delta R + R + \Delta R} - \frac{R}{R + R}\right) \cdot U \quad U_{AB} = \left(\frac{R - \Delta R}{2 \cdot R} - \frac{R}{2 \cdot R}\right) \cdot U$$

$$U_{AB} = -\frac{1}{2} \cdot \frac{\Delta R}{R} \cdot U \quad U_{AB} = -\frac{1}{2} \cdot 0{,}002 \cdot 5\ V \quad \underline{\underline{U_{AB} = -5\ mV}}$$

zu 158

c) $U_{AB} = \left(\dfrac{R_2}{R_1 + R_2} - \dfrac{R_4}{R_3 + R_4}\right) \cdot U$

$$U_{AB} = \left(\frac{R - \Delta R}{R + \Delta R + R - \Delta R} - \frac{R + \Delta R}{R + \Delta R + R - \Delta R}\right) \cdot U$$

$$U_{AB} = \left(\frac{R - \Delta R}{2 \cdot R} - \frac{R + \Delta R}{2 \cdot R}\right) \cdot U \quad U_{AB} = -\frac{2 \cdot \Delta R}{2 \cdot R} \cdot U$$

$$U_{AB} = -0{,}001 \cdot 6\ V \quad \underline{\underline{U_{AB} = -6\ mV}}$$

8   Design und Erstellen mechatronischer Systeme

8.3 Elektrische Antriebe

zu $\boxed{60}$

Europa: $\quad n_{d50} = \dfrac{50\ s^{-1}}{6} \quad n_{d50} = 8,\bar{3}\ s^{-1} \cdot 60\,\dfrac{s}{min}$

$$\underline{\underline{n_{d50} = 500\ min^{-1}}}$$

USA: $\quad n_{d60} = \dfrac{60\ s^{-1}}{6} \quad n_{d60} = 10\ s^{-1} \cdot 60\,\dfrac{s}{min}$

$$\underline{\underline{n_{d60} = 600\ min^{-1}}}$$

zu $\boxed{62}$

$n_d = \dfrac{f}{p} \quad n_d = \dfrac{50\ s^{-1}}{2} \cdot 60\,\dfrac{s}{min} \quad \underline{n_d = 1\,500\ min^{-1}}$

$s = \dfrac{n_d - n}{n_d} \cdot 100\ \% \quad s = \dfrac{1\,500\ min^{-1} - 1\,420\ min^{-1}}{1\,500\ min^{-1}} \cdot 100\ \%$

$$\underline{\underline{s = 5,\bar{3}\ \%}}$$

zu $\boxed{72}$

Typ 132S und $P_n = 2{,}2$ **kW** liefern folgende Betriebswerte:
$n_d = 1000\ min^{-1} \quad n = 910\ min^{-1} \quad \cos\varphi = 0{,}74 \quad \eta = 77\ \%$

a) $s = \dfrac{n_d - n}{n_d} \cdot 100\ \% \quad s = \dfrac{1\,000\ min^{-1} - 900\ min^{-1}}{1\,000\ min^{-1}} \cdot 100\ \%$

$$\underline{\underline{s = 9\ \%}}$$

b) $f_2 = s \cdot f_1 \quad f_2 = 0{,}09 \cdot 50\ Hz \quad \underline{f_2 = 4{,}5\ Hz}$

c) $\eta = \dfrac{P_{ab}}{P_{zu}} \Rightarrow P_{zu} = \dfrac{P_{ab}}{\eta} \quad P_{zu} = \dfrac{2{,}2\ kW}{0{,}77} \quad \underline{P_{zu} = 2\,857\ W}$

$$P_{zu} = U \cdot I \cdot \sqrt{3} \cdot \cos\varphi \Rightarrow I = \frac{P_{zu}}{U \cdot \sqrt{3} \cdot \cos\varphi} \qquad I = \frac{2\,857 \text{ W}}{400 \text{ V} \cdot \sqrt{3} \cdot 0{,}74}$$

$$\underline{\underline{I = 5{,}57 \text{ A}}}$$

d) $P_n = P_{ab} = 2 \cdot \pi \cdot M \cdot n \Rightarrow M = \dfrac{P_{ab}}{2 \cdot \pi \cdot n}$

$$M = \frac{2{,}2 \text{ kW}}{2 \cdot \pi \cdot 910 \text{ min}^{-1}} \cdot 60 \frac{s}{\text{min}} \qquad \underline{\underline{M = 23{,}1 \text{ Nm}}}$$

zu 91

b) $P_{zu} = U_a \cdot I_a + U_f \cdot I_F \qquad P_{zu} = 220 \text{ V} \cdot 2{,}2 \text{ A} + 220 \text{ V} \cdot 0{,}29 \text{ A}$

$$\underline{\underline{P_{zu} = 547{,}8 \text{ W}}} \qquad P_{ab} = P_n = 350 \text{ W}$$

$$\eta = \frac{P_{ab}}{P_{zu}} \cdot 100 \text{ \%} \qquad \eta = \frac{350 \text{ W}}{547{,}8 \text{ W}} \cdot 100 \text{ \%} \qquad \underline{\underline{\eta = 63{,}9 \text{ \%}}}$$

$$M = \frac{P_{ab}}{2 \cdot \pi \cdot n} \qquad M = \frac{350 \text{ W}}{2 \cdot \pi \cdot 1\,300 \text{ min}^{-1}} \cdot 60 \frac{s}{\text{min}} \qquad \underline{\underline{M = 2{,}57 \text{ Nm}}}$$

zu 92

a) $I_{max} = \dfrac{U_n - U_B}{R_a + R_f + R_w} \qquad I_{max} = \dfrac{220 \text{ V} - 2 \cdot 1{,}1 \text{ V}}{2{,}3 \ \Omega + 1{,}0 \ \Omega + 1{,}1 \ \Omega}$

$$\underline{\underline{I_{max} = 49{,}5 \text{ A}}}$$

b) $I_{zul} = 1{,}5 \cdot I_N \qquad I_{zul} = 1{,}5 \cdot 20 \text{ A} \qquad \underline{\underline{I_{zul} = 30 \text{ A}}}$

c) $U_i = U_n - I_n \cdot (R_a + R_f + R_w) - U_B$

$\quad U_i = 220 \text{ V} - 20 \text{ A} \cdot (2{,}3 \ \Omega + 1{,}0 \ \Omega + 1{,}1 \ \Omega) - 2{,}2 \text{ V}$

$$\underline{\underline{U_i = 129{,}8 \text{ V}}}$$

d) $R_{ges} = \dfrac{U_n - U_B}{I_{zul}} \qquad R_{ges} = \dfrac{220 \text{ V} - 2{,}2 \text{ V}}{30 \text{ A}} \qquad \underline{\underline{R_{ges} = 7{,}26 \ \Omega}}$

$$R_v = R_{ges} - R_a - R_f - R_w \quad R_v = 7{,}26\ \Omega - 2{,}3\ \Omega - 1{,}0\ \Omega - 1{,}1\ \Omega$$

$$\underline{\underline{R_v = 2{,}86\ \Omega}}$$

e) $P_{zu} = U_n \cdot I_n \quad P_{zu} = 220\ V \cdot 20\ A \quad \underline{P_{zu} = 4{,}4\ kW}$

$$\eta = \frac{P_{ab}}{P_{zu}} \cdot 100\ \% \quad \eta = \frac{3\ kW}{4{,}4\ kW} \cdot 100\ \% \quad \underline{\underline{\eta = 68{,}2\ \%}}$$

zu 93

a) $I_a = I_n - I_r \quad I_a = 35\ A - 1{,}4\ A \quad \underline{I_a = 33{,}6\ A}$

b) $R_f = \dfrac{U_n}{I_r} \quad R_f = \dfrac{220\ V}{1{,}4\ A} \quad \underline{R_f = 157\ \Omega}$

c) $P_v = P_{zu} - P_{ab} \Rightarrow P_v = U_n \cdot I_n - P_{ab} \quad P_v = 220\ V \cdot 35\ A - 6\ kW$

$$\underline{P_v = 1\,700\ W} \quad P_v = U_n \cdot I_f + I_a^2 \cdot R_a \Rightarrow R_a = \frac{P_v - U_n \cdot I_f}{I_a^2}$$

$$R_a = \frac{1\,700\ W - 220\ V \cdot 1{,}4\ A}{(33{,}6\ A)^2} \quad \underline{R_a = 1{,}23\ \Omega}$$

d) $\eta = \dfrac{P_{ab}}{P_{zu}} \cdot 100\ \% \Rightarrow \eta = \dfrac{P_{ab}}{U_n \cdot I_n} \cdot 100\ \%$

$$\eta = \frac{6\ kW}{220\ V \cdot 35\ A} \cdot 100\ \% \quad \underline{\underline{\eta = 77{,}9\ \%}}$$

10 Planung der Montage und Demontage

zu 23

Gegeben: $\quad F_G = 10\ kN \quad \alpha_1 = 60° \quad \alpha_2 = 150°$

Gesucht: $\quad F_S$

1) $F_S = \dfrac{F}{2} \cdot \dfrac{1}{\cos\left(\dfrac{\alpha}{2}\right)} \quad F_S = \dfrac{F_G}{2 \cdot \cos 30°} \quad F_S = \dfrac{10\ kN}{2 \cdot \cos 30°} \quad \underline{F_S = 6{,}1\ kN}$

2) $F_S = \dfrac{F_G}{2 \cdot \cos 75°} \quad F_S = \dfrac{10\ kN}{2 \cdot \cos 75°} \quad \underline{\underline{F_S = 19{,}32\ kN}}$

13 Projektaufgaben

Projektaufgabe 1

1. Baugruppe 1: Überstromschutzeinrichtung des Primärkreises
   Baugruppe 2: Transformator
   Baugruppe 3: Brückengleichrichter
   Baugruppe 4: Ladekondensator oder Glättungskondensator
   Baugruppe 5: RC-Siebglied
   Baugruppe 6: Überstromschutzeinrichtung des Sekundärkreises
   Baugruppe 7: Betriebsspannungsanzeige

2. $I_N = \dfrac{P_N}{U_N}$; $I_N = \dfrac{25\ VA}{230\ V}$; $I_N = 0{,}108\ A$

   Als F1 ist eine träge Sicherung mit einem Nennstrom von
   $I_N = 100\ mA$ zu verwenden (T 0,1/250 V).

3. B40C1500/1000:   B bedeutet   Schaltungskurzzeichen für Brückenschaltung

                      40 bedeutet   maximale effektive Eingangsspannung in V

                      C bedeutet   kapazitive Last (Glättung) zulässig

                      1500 bedeutet   Bemessungsstrom in mA mit Kühlkörper

                      1000 bedeutet   Bemessungsstrom in mA ohne Kühlkörper

4.

5. Siebwiderstand R_S:

   $R_S = \dfrac{U_2 - U_{RL}}{I_{RS}}$; $R_S = \dfrac{16{,}6\ V - 12\ V}{0{,}82\ A}$; $\underline{\underline{R_S = 5{,}61\ \Omega}}$

   gewählt: $\underline{\underline{R_S = 5{,}6\ \Omega}}$

   $P_{RS} = \dfrac{(U_2 - U_{RL})^2}{R_S}$; $P_{RS} = \dfrac{(16{,}6\ V - 12\ V)^2}{5{,}6\ \Omega}$; $\underline{\underline{P_{RS} = 3{,}8\ W}}$

Ladekondensator C_L:

$$U_{2Br} \approx \frac{u_{2Brss}}{2 \cdot \sqrt{3}} \quad \Leftrightarrow \quad u_{2Brss} \approx U_{2Br} \cdot 2 \cdot \sqrt{3}\,; \quad u_{2Brss} \approx 0{,}84\ V \cdot 2 \cdot \sqrt{3}\,;$$

$$\underline{u_{2Brss} \approx 2{,}91\ V}\,.$$

$$u_{2Brss} \approx \frac{0{,}75 \cdot I_{RS}}{f_{Br} \cdot C_L} \quad \Leftrightarrow \quad C_L \approx \frac{0{,}75 \cdot (I_F + I_{RL})}{f_{Br} \cdot u_{2Brss}}\,;$$

$$C_L \approx \frac{0{,}75 \cdot (0{,}8\ A + 0{,}02\ A)}{100\frac{1}{2} \cdot 2{,}91\ V}\,; \quad \text{gewählt:} \quad \underline{C_L \approx 2113\ \mu F}\,;$$

$$\underline{\underline{C_L \approx 2200\ \mu F}}$$

Siebkondensator C_s:

$$S = \frac{U_{2Br}}{U_{RLBr}}\,; \quad S = \frac{0{,}84\ V}{0{,}12\ V}\,; \quad S = 7\,;$$

$$S = \sqrt{(2 \cdot \pi \cdot f_{Br} \cdot R_S \cdot C_S)^2 + 1} \quad \Leftrightarrow \quad S = (2 \cdot \pi \cdot f_{Br} \cdot R_S \cdot C_S)^2 + 1\,;$$

$$S^2 - 1 = (2 \cdot \pi \cdot f_{Br} \cdot R_S \cdot C_S)^2 \quad \Leftrightarrow \quad \sqrt{S^2 - 1} = 2 \cdot \pi \cdot f_{Br} \cdot R_S \cdot C_S^{\,2} \quad \Leftrightarrow$$

$$C_S = \frac{\sqrt{S^2 - 1}}{2 \cdot \pi \cdot f_{Br} \cdot R_S}\,; \quad C_S = \frac{\sqrt{7^2 - 1}}{2 \cdot \pi \cdot 100\frac{1}{s} \cdot 5{,}6\ \Omega}\,; \quad \underline{C_S = 1969\ \mu F}$$

$$\text{gewählt:} \quad \underline{\underline{C_S = 2000\ \mu F}}$$

6. Vorwiderstand R_V:

$$R_V = \frac{U_{RL} - U_F}{I_F}\,; \quad R_V = \frac{12\ V - 1{,}8\ V}{0{,}02\ A}\,; \quad \underline{R_V = 510\ \Omega}$$

$$\text{gewählt:} \quad \underline{\underline{R_V = 510\ \Omega}}$$

$$P_{RV} = \frac{(U_{RL} - U_F)^2}{R_L}\,; \quad P_{RV} = \frac{(12\ V - 1{,}8\ V)^2}{510\ \Omega}\,; \quad \underline{\underline{P_{RV} = 204\ mW}}$$

7. Differentieller Widerstand r_F der Diode im Arbeitspunkt:

$$U_{F1} \approx 1{,}73\ V\,; \quad U_{F2} \approx 1{,}83\ V : \Delta U_F = U_{F2} - U_{F1}\,;$$

$$\Delta U_F \approx 1{,}83\ V - 1{,}73\ V\,; \quad \Delta U_F \approx 0{,}1\ V\,; \quad I_{F1} \approx 0\ mA\,;$$

$$I_{F2} \approx 27\ mA\,; \quad \Delta I_F = I_{F2} - I_{F1}\,; \quad \Delta I_F \approx 27\ mA - 0\ mA\,;$$

$$\Delta I_F \approx 27\ mA\,;$$

$$r_F = \frac{\Delta U_F}{\Delta I_F}; \quad r_F \approx \frac{0,1\,V}{27\,mA}; \quad r_F \approx 3,7\,\Omega$$

8. $R_{L\,min} = \frac{U_{RL}}{I_{L\,max}} \quad R_{L\,min} = \frac{12\,V}{0,8\,V}; \quad R_{L\,min} = 15\,\Omega$

9. Mögliche Ursachen für zu niedrige Gleichspannung und zu hohe Brummspannung können sein:
   - Eine Diode des Brückengleichrichters ist hochohmig geworden; damit wird aus der Zweipulsgleichrichtung ($U = u/\sqrt{2}$)eine Einpulsgleichrichtung ($U = u/2$).
   - Der Ladekondensator C_L hat Kapazitätsverlust, sodass er die Restwelligkeit nicht mehr genug glätten kann.

Projektaufgabe 2

1. $\vartheta = 10\,°C$: $R_\vartheta \approx 200\,k\Omega$; ;
   $\vartheta = 100\,°C$: $R_\vartheta \approx 7\,k\Omega$; .

2. $U_{AB} = 0 \Rightarrow \frac{R_{100}}{R_{B2}} = \frac{R_{B3}}{R_{B4}} \Rightarrow R_{B3} = \frac{R_{100}}{R_{B2}} \cdot R_{B4}$;

$$R_{B3} = \frac{7\,k\Omega}{10\,k\Omega} \cdot 12\,k\Omega; \quad R_{B3} = 8,4\,k\Omega$$

3. $U_{AB} = \left(\frac{R_{B2}}{R_\vartheta + R_{B2}} - \frac{R_{B4}}{R_{B3} + R_{B4}}\right) \cdot U_S; \quad U_{AB} = U_{B2} - U_{B4}$;

$\vartheta = 10\,°C : U_{B2} = \frac{R_{B2}}{R_{10} + R_{B2}} \cdot U_S$;

$$U_{B2} = \frac{10\,k\Omega}{200\,k\Omega + 10\,k\Omega} \cdot 5\,V; \quad U_{B2} = 0,238\,V$$

$$U_{B4} = \frac{R_{B4}}{R_{B3} + R_{B4}} \cdot U_S; \quad U_{B4} = \frac{12\,k\Omega}{8,4\,k\Omega + 12\,k\Omega} \cdot 5\,V$$

$$U_{B4} = 2,941\,V$$

$$U_{AB} = 0,238\,V - 2,941\,V; \quad U_{AB} = -2,703\,V$$

$$\vartheta = 100\,°C : U_{B2} = \frac{R_{B2}}{R_{100} + R_{B2}} \cdot U_S;$$

$$U_{B2} = \frac{10\,k\Omega}{7\,k\Omega + 10\,k\Omega} \cdot 5\,V; \qquad \underline{\underline{U_{B2} = 2{,}941\,V}}$$

$$U_{B4} = \frac{R_{B4}}{R_{B3} + R_{B4}} \cdot U_S; \quad U_{B4} = \frac{12\,k\Omega}{8{,}4\,k\Omega + 12\,k\Omega} \cdot 5\,V;$$

$$\underline{\underline{U_{B4} = 2{,}941\,V}}$$

$$U_{B2} = U_{B4} \quad \Rightarrow \quad \text{Brücke abgeglichen} \quad \Rightarrow \quad \underline{\underline{U_{AB} = 0\,V}}$$

4. $U_A = \dfrac{R_{22} \cdot (R_{11} + R_{21})}{R_{11} \cdot (R_{12} + R_{22})} \cdot U_{B4} - \dfrac{R_{21}}{R_{11}} \cdot U_{B2};$

$$\vartheta = 10\,°C \;:\; U_A = \frac{R_{22} \cdot (R_{11} + R_{21})}{R_{11} \cdot (R_{12} + R_{22})} \cdot U_{B4} - \frac{R_{21}}{R_{11}} \cdot U_{B2} \Rightarrow$$

$$U_A + \frac{R_{21}}{R_{11}} \cdot U_{B2} = \frac{R_{22} \cdot (R_{11} + R_{21})}{R_{11} \cdot (R_{12} + R_{22})} \cdot U_{B4} \Rightarrow$$

$$\frac{U_A}{U_{B4}} + \frac{R_{21}}{R_{11}} \cdot \frac{U_{B2}}{U_{B4}} = \frac{R_{22} \cdot (R_{11} + R_{21})}{R_{11} \cdot (R_{12} + R_{22})} \qquad \Rightarrow$$

$$R_{11} \cdot (R_{12} + R_{22}) = \frac{R_{22} \cdot (R_{11} + R_{21})}{\left(\dfrac{U_A}{U_{B4}} + \dfrac{R_{21}}{R_{11}} \cdot \dfrac{U_{B2}}{U_{B4}} \right)} \qquad \Rightarrow$$

$$R_{12} = \frac{R_{22} \cdot (R_{11} + R_{21})}{R_{11} \cdot \left(\dfrac{U_A}{U_{B4}} + \dfrac{R_{21}}{R_{11}} \cdot \dfrac{U_{B2}}{U_{B4}} \right)} - R_{22};$$

$$R_{12} = \frac{100\,k\Omega \cdot (22\,k\Omega + 100\,k\Omega)}{22\,k\Omega \cdot \dfrac{13\,V}{2{,}941\,V} + 100\,k\Omega \cdot \dfrac{0{,}238\,V}{2{,}941\,V}} - 100\,k\Omega;$$

$$\underline{\underline{R_{12} = 15{,}8\,k\Omega}}$$

5. $R_3 = \dfrac{U_A - U_{F3} - U_{F4}}{I_{F4}}; \quad R_3 = \dfrac{13\,V - 0{,}7\,V - 1{,}6\,V}{5\,mA};$

$$\underline{\underline{R_3 = 2140\,\Omega}}$$

$$\text{E -24-Reihe:} \quad \underline{\underline{R_3 = 2{,}2\,k\Omega}}$$

© Holland + Josenhans

6. Die Operationsverstärker OP1 und OP2 werden als nicht invertierende Verstärker (Impedanzwandler) betrieben, der Operationsverstärker OP3 arbeitet als Differenz- oder Subtrahierverstärker.

7. $R_6 = \dfrac{U_\sim^2}{P_6}$, $\quad R_6 = \dfrac{(230\ \text{V})^2}{2200\ \text{W}}$; $\quad \underline{R_6 = 24\ \Omega}$

8. $I_6 = \dfrac{U_\sim^2}{R_6}$; $\quad R_6 = \dfrac{230\ \text{V}}{24\ \Omega}$; $\quad \underline{I_6 = 9{,}57\ \text{A}}$

Als F1 muss eine superflinke Sicherung mit einem Nennstrom von $I_n = 10$ A verwendet werden (FF 10/250 V).

9. Mit dem Potenziometer kann der Zündwinkel voreingestellt werden.

10. V1: Triac

    V2: Diac

    V4: Optokoppler

11. Ist der Heißleiter (NTC-Widerstand) kalt, so hat er einen hohen Widerstandswert. Deshalb liegt an Punkt A der Brückenschaltung ein niedrigeres Potenzial als an Punkt B. Die beiden Operationsverstärker OP1 und OP2 arbeiten als Impedanzwandler ($V_u = 1$). Sie verhindern, dass die Brückenschaltung durch den Differenzverstärker OP3 belastet wird. Der nicht invertierende Eingang des Operationsverstärkers hat ein höheres Potenzial als der invertierende Eingang. Diese Eingangsdifferenz wird verstärkt, sodass die Ausgangsspannung größer null ist und die Leuchtdiode des Optokopplers leuchtet. Der lichtabhängige Widerstand des Optokopplers wird niederohmig. Dadurch wird das Triac angesteuert, der Heizwiderstand erwärmt das Heizbad und damit den Heißleiter. Durch die Erwärmung sinkt der Widerstand des Heißleiters. Der Betrag der Brückenspannung sinkt und damit sinkt auch die Ausgangsspannung. Das Triac wird nicht mehr so niederohmig angesteuert, der Zündzeitpunkt und damit der Stromfluss erfolgt später, der Heizwiderstand wird nicht mehr so heiß. Sind 100 °C erreicht, so ist die Brückenspannung null und damit die Ausgangsspannung null, das Triac wird nicht mehr angesteuert, der Heizwiderstand erkaltet. Der Regelvorgang setzt ein, sobald der Heißleiter abkühlt.

Projektaufgabe 3

1. Baugruppe 1: Gleichrichter,
   Baugruppe 2: Gleichspannungszwischenkreis,
   Baugruppe 3: Wechselrichter,
   Baugruppe 4: Steuerung

2. B2U, ungesteuerte Zweipuls-Brückenschaltung

3. R3 ist der Bremschopper. Elektrisches Bremsen (4-Quadrantenbe-
   trieb) ist nur bei angeschlossenem Chopperwiderstand möglich.

4. IGBT (insulated gate bipolar transistor) P-Kanal, Verarmungstyp

5. $U_{ZKmax} = \hat{u}$; $U_{ZKmax} = U \cdot \sqrt{2}$; $U_{ZKmax} = 230\,V \cdot \sqrt{2}$;

   $\underline{U_{ZKmax} = 325\,V}$

6. $U_{Cmax} = \dfrac{U_{ZKmax}}{2}$; $U_{Cmax} = \dfrac{380\,V}{2}$; $\underline{U_{Cmax} = 190\,V}$

   $\tau = R_1 \cdot C_1$; $\tau = 27\,k\Omega \cdot 1000\,\mu F$; $\underline{\tau = 27\,s}$;

   $u_c(t) = U_{Cmax} \cdot e^{-\frac{t}{\tau}}$; $u_c(60\,s) = 190\,V \cdot e^{-\frac{60\,s}{27\,s}}$;

   $\underline{u_c(60\,s) = 20,59\,V}$; $u_{ZK}(60\,s) = 2 \cdot u_c(60\,s)$;

   $u_{ZK}(60\,s) = 2 \cdot 20,59\,V$; $\underline{U_{ZK} = 41,18\,V}$

7. Der Motor ist in Dreieckschaltung anzu-
   schließen (siehe Abbildung).

8. $U/f = \dfrac{230\,V}{50\,Hz}$; $\underline{U/f = 4,6\ \dfrac{V}{Hz}}$

9. Der Motor hat zwei Polpaare. $n_f = \dfrac{f}{p}$;

   $n_{f50} = \dfrac{50\,Hz}{2}$; $n_{f50} = 1500\ \dfrac{1}{min}$

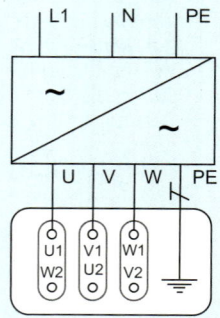

Berechnung des Schlupfes:

$$s = \frac{n_{f50} - n_{n50}}{n_{f50}}; \quad s = \frac{1500\,\frac{1}{min} - 1405\,\frac{1}{min}}{1500\,\frac{1}{min}}; \quad \underline{s = 6,33\,\%};$$

$$n_{f35} = \frac{35\,Hz}{2}; \quad n_{f35} = 1050\,\frac{1}{min}; \quad n_{n35} = n_{f35} \cdot (1 - s);$$

$$\underline{\underline{n_{n35} = 983,5\,\frac{1}{min}}}$$

10. Umrichterausgangsleitungen sind in der Regel abgeschirmt auszuwählen. Beim Anschluss ist auf eine großflächige Verbindung zwischen Schirm und Gehäusepotenzial zu achten. Die maximale Länge dieser Leitungen ist begrenzt. Herstellervorschriften sind zu beachten. Aus EMV-Gründen sollten diese Leitungen zudem getrennt von Mess- und Steuerleitungen verlegt werden.

11. $\eta = \dfrac{P_{mech}}{P_{el}}; \quad P_{el} = \dfrac{P_{mech}}{\eta}; \quad P_{el} = \dfrac{1,5\,kW}{0,82}; \quad \underline{P_{el} = 1,83\,kW};$

$$P_{el} = \sqrt{3} \cdot U \cdot I \cdot \cos\varphi; \quad I = \frac{P_{el}}{\sqrt{3} \cdot U \cdot \cos\varphi};$$

$$I = \frac{1,83\,kW}{\sqrt{3} \cdot 230\,V \cdot 0,86}; \quad \underline{\underline{I = 5,34\,A}}$$

12. Wenn die Rampe c) gewählt wird, ist die Beschleunigungsrampe flacher. Dadurch wird das Beschleunigungsmoment und somit der Motorstrom während der Beschleunigungsphase verringert.

13. Die rückgespeiste Leistung ist zu groß. Es gibt 2 (3) Möglichkeiten:
    a) Bremsrampe flacher wählen ⇒ Erhöhung der Bremszeit
    b) Chopperwiderstand austauschen gegen einen Widerstand höherer Leistung (Achtung, Maximalstrom Choppertransistor beachten, Herstellerunterlagen)
    c) Theoretische Möglichkeit: Netzrückspeiseeinrichtung (unüblich bei Geräten so kleiner Leistung, Abbremsen im Notausfall wäre bei Netzausfall nicht möglich)

Projektaufgabe 4

1. $W = m \cdot g \cdot h$; $\quad W = (3000 \text{ kg} + 750 \text{ kg}) \cdot 9,81 \cdot \dfrac{m}{s^2} \cdot 3 \text{ m}$:

   $\underline{W = 110,36 \text{ kNm}}$

2. $P = \dfrac{W}{t}$ mit $W = m \cdot g \cdot h$ und $v = \dfrac{h}{t} \Rightarrow t = \dfrac{h}{v}$ folgt

   $P = \dfrac{m \cdot g \cdot h \cdot v}{h}$; $\quad P = m \cdot g \cdot v$;

   $P = (0,5 \cdot 3000 \text{ kg} + 750 \text{ kg}) \cdot 9,81 \dfrac{m}{s^2} \cdot 0,4 \dfrac{m}{s}$; $\quad \underline{P = 8,829 \text{ kW}}$

3. Aus Typenschlüssel: Außendurchmesser Kolbenstange = 100 mm, Wandstärke 5 mm

   $\sigma = \dfrac{F}{S_0}$; $\quad$ mit $F = m \cdot g$ und $S_0 = \dfrac{d^2 \cdot \pi}{4} - \dfrac{(d - 2 \cdot w)^2 \cdot \pi}{4}$ folgt:

   $\sigma = \dfrac{m \cdot g}{\dfrac{d^2 \cdot \pi}{4} - \dfrac{(d - 2 \cdot w)^2 \cdot \pi}{4}}$;

   $\sigma = \dfrac{(3000 \text{ kg} + 750 \text{ kg}) \, 9,81 \dfrac{m}{s^2}}{\dfrac{(100 \text{ mm})^2 \cdot \pi}{4} - \dfrac{(100 \text{ mm} - 2 \cdot 5 \text{ mm})^2 \cdot \pi}{4}}$;

   $\underline{\sigma = 24,65 \dfrac{N}{mm^2}}$

4. Whitworth-Rohrgewinde DIN ISO 228.

5. $P = \dfrac{F}{A}$; $\quad$ mit $F = m \cdot g$ und $A = \dfrac{d^2 \cdot \pi}{4}$ (aus Maßblatt, wirksame

   Kolbenfläche Maß A) folgt:

   $P = \dfrac{m \cdot g}{\dfrac{d^2 \cdot \pi}{4}}$; $\quad P = \dfrac{(3000 \text{ kg} + 750 \text{ kg}) \cdot 9,81 \dfrac{m}{s^2}}{\dfrac{(100 \text{ mm})^2 \cdot \pi}{4}}$.

$$P = 468{,}39 \ \frac{N}{cm^2} ; \quad \underline{\underline{P = 46{,}8 \ bar}}$$

6. Aus der zugehörigen Liste folgt eine Leistung von 20,6 kW.

7. $P_{el} = \dfrac{P_{mech}}{\eta} ; \quad P_{el} = \dfrac{22 \ kW}{0{,}9} ; \quad \underline{\underline{P_{el} = 24{,}4 \ kW}};$

   $P_{el} = U \cdot I \cdot \sqrt{3} \cdot \cos\varphi \Rightarrow I = \dfrac{P_{el}}{U \cdot \sqrt{3} \cdot \cos\varphi} ;$

   $I = \dfrac{24{,}4 \ kW}{400 \ V \cdot \sqrt{3} \cdot 0{,}85} ; \quad \underline{\underline{I = 41{,}5 \ A}}$

8. Gewählt: Motor Typ 180M (P = 22 kW, 1 Polpaar).

   a) Nennstrom: $\underline{\underline{I_N = 42{,}5 \ A}}$

   b) Wirkungsgrad: $\underline{\underline{\eta = 89{,}5 \ \%}}$

   c) Nennschlupf: $s_N = \dfrac{n_d - n_n}{n_d} \cdot 100 \ \% ;$

   $s_N = \dfrac{3000 \ min^{-1} - 2950 \ min^{-1}}{3000 \ min^{-1}} \cdot 100 \ \% ; \quad \underline{\underline{s_N = 1{,}\bar{6} \ \%}}$

   d) Nennmoment: $M_N = \dfrac{P}{2 \cdot \pi \cdot n_N} ;$

   $M_N = \dfrac{22 \ kW}{2 \cdot \pi \cdot 2950 \ min^{-1}} \cdot \dfrac{60 \ s}{min} ; \quad \underline{\underline{M_N = 71{,}2 \ Nm}}$

   e) Leistungsfaktor: $\underline{\underline{\cos\varphi = 0{,}88}}$

9. Die Abkürzung IM B5 bedeutet Flanschbefestigung, waagerechte Lage, zwei Lagerschilde, Flanschanbau.

10. 1. Freischalten der Aufzugsanlage (am Hauptschalter)

    2. Gegen Wiedereinschalten sichern (z. B. Vorhängeschloss am Hauptschalter)

    3. Deckel des Klemmenkastens am Motor abschrauben

    4. Spannungsfreiheit feststellen (allpolige Messung mit zweipoligem Messgerät; Kontrolle, ob das Messgerät in Ordnung ist)

5. Motor mit geeigneter Vorrichtung (Flaschenzug, Hebeeinrichtung, Tragkraft beachten) mittels der Transportöse sichern (Gewicht ca. 165 kg)

6. Anschluss der Außenleiter notieren (für gleiches Drehfeld !!)

7. Elektrische Leitung abklemmen

8. Kabelverschraubung lösen und Leitung entfernen

9. Befestigungsschrauben am Flansch vorsichtig lösen, dabei immer Sicherung mit Hebezeug im Auge behalten

10. Befestigungsschrauben entfernen, sofern keine Spannung auf die Schrauben wirkt, ansonsten Hebeeinrichtung korrigieren

11. Motor nach hinten von Flansch entfernen, ggf. Montierhebel benutzen, dabei darauf achten, dass die Motorwelle nicht verkantet.

12. Motor mit Hebeeinrichtung absetzen

13. Wellenstumpf des neuen Motors einfetten

14. Neuen Motor mittels Hebeeinrichtung auf die Kupplung führen.

15. Motorwelle auf die Kupplung führen, dabei auf richtigen Sitz des Keiles achten.

16. Motor parallel nach hinten schieben, Sitz des Motors mit der Fühlerlehre überprüfen

17. Befestigungsschrauben über Kreuz anziehen (in mehreren Durchgängen)

18. Hebevorrichtung demontieren

19. Kabelverschraubung montieren

20. Leitung einführen

21. Anschluss der Leitungen nach den Notizen für gleiches Drehfeld

22. Kabelverschraubung anziehen (zur Abdichtung und Zugentlastung)

23. Sichtprüfung des Anschlusses (Isolationsbeschädigungen, Leitungsführung etc.)

24. Deckel Klemmenkasten montieren

25. Anlage einschalten, Kontrolle der Drehrichtung, Funktionsprüfung

11. Die Werte geben die Festigkeitsklasse der Schraube an.

Der Wert 5.6 bedeutet: Zugfestigkeit $500 \dfrac{N}{mm^2}$,

Streckgrenze $\dfrac{500 \cdot 6}{10} = 300 \dfrac{N}{mm^2}$.

Die Schraube mit der Kennzeichnung 8.8 hat höhere Werte

(Zugfestigkeit $800 \dfrac{N}{mm^2}$, Streckgrenze $\dfrac{800 \cdot 8}{10} = 640 \dfrac{N}{mm^2}$)

und kann somit verwendet werden.

12a. $\Delta U = \dfrac{\sqrt{3} \cdot l \cdot I \cdot cos\varphi}{\gamma \cdot A}$; $\quad \Delta U = \dfrac{\sqrt{3} \cdot 35 \text{ m} \cdot 42,5 \text{ A} \cdot 0,88}{56 \dfrac{m}{\Omega \cdot mm^2} \cdot 10 \text{ mm}^2}$;

$\underline{\underline{\Delta U = 4,05 \text{ V}}}$; $\quad u_v\% = \dfrac{\Delta U}{U} \cdot 100 \%$; $\quad u_v\% = \dfrac{4,05 \text{ V}}{400 \text{ V}} \cdot 100 \%$;

$\underline{\underline{u_v\% = 1,01 \%}}$.

Da der erlaubte prozentuale Spannungsfall $u_v = 3 \%$ beträgt, sind die TAB DIN 18015-1 erfüllt.

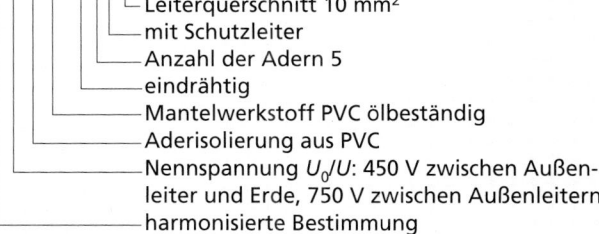

H07VV5-U5G10
- Leiterquerschnitt 10 mm²
- mit Schutzleiter
- Anzahl der Adern 5
- eindrähtig
- Mantelwerkstoff PVC ölbeständig
- Aderisolierung aus PVC
- Nennspannung U_0/U: 450 V zwischen Außen-leiter und Erde, 750 V zwischen Außenleitern
- harmonisierte Bestimmung

b) Verlegeart B2, Anzahl der belasteten Adern 3:
⇒ max. zulässige Strombelastbarkeit $I_z = 50$ A,
⇒ Nennstrom der Schutzeinrichtung $I_n = 50$ A.

Die Leitung H07VV5-U5G10 kann verwendet werden, da eine Belastung bis zu 50 A zulässig ist.

c) Anzahl der mehradrigen Leitungen mit 3 belasteten Adern: 4

⇒ Umrechnungsfaktor für die Anzahl der mehradrigen Leitungen $f_2 = 0,65$
⇒ Umrechnungsfaktor für die Umgebungstemperatur $f_3 = 0,94$.
⇒ Strombelastbarkeit unter den angegebenen Bedingungen:

$I'_z = I_z \cdot f_2 \cdot f_3$;　$I'_z = 50\ A \cdot 0,65 \cdot 0,94$;　$\underline{I'_z = 30,6\ A}$. .

Die Leitungen H07VV5-U5G10 werden überlastet.
Maßnahme: Verlegung einer Leitung H07VV5-U5G25:
zulässiger Belastungsstrom　$I'_z = 85\ A \cdot 0,65 \cdot 0,94$: $I'_z = 51,93\ A$;
die Leitungen sind abzusichern mit einem Leitungsschutz-
schalter mit　$\underline{I_n = 50\ A}$

13. 22 kW entspricht Baugröße 180M, aus Tabellenbuch: $d = 48$ mm.

14. Die Isolierstoffklasse F gibt die höchstzulässige Dauertemperatur des Isolierstoffs (z. B. Glasfaser, Silikatfiber, Glimmer mit Kunstharzen getränkt) mit 155 °C an.

15. Nein, da S1 Dauerbetrieb.

16. Ja, Anlaufstrombegrenzung in diesem Fall durch Stern/Dreieck-Schaltung, Sanftanlasser oder Betrieb mit Frequenzumrichter.

17.

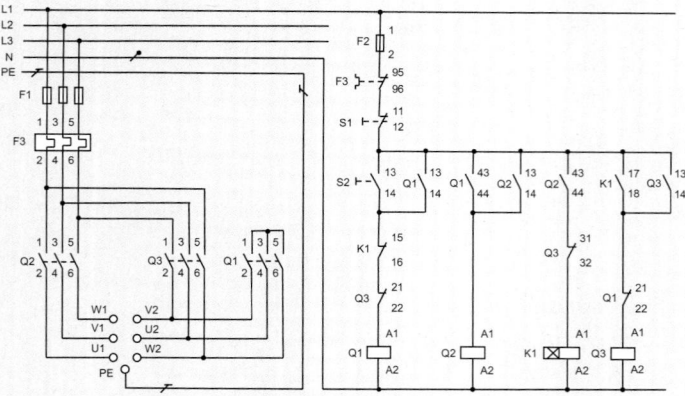

18. Das Motorschutzrelais wird auf den Nennstrom in Dreieckbetrieb (I = 42,5 A) eingestellt.

19. Motorvollschutz mittels Motorvollschutzauslösegerät.
    Vorteil: Es wird die Temperatur der Motorwicklung überwacht.
    Bei Schutz mit Motorschutzrelais kann die Motorwicklung im Fehlerfall durch mehrfachen Reset am Auslösegerät mit anschließendem Neustart zerstört werden, da die Bimetalle im Motorschutzrelais schneller abkühlen als die Motorwicklung.

20. SPS-Beschaltung:

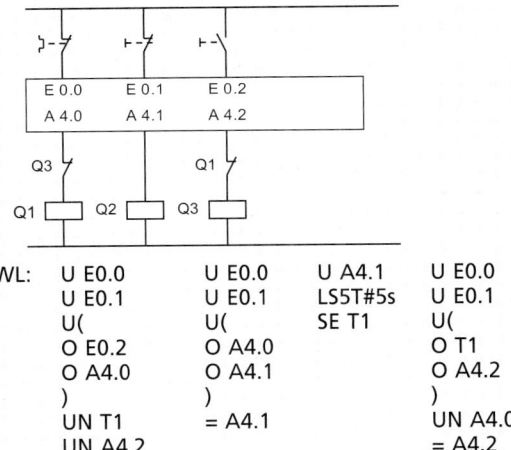

AWL:
U E0.0	U E0.0	U A4.1	U E0.0
U E0.1	U E0.1	LS5T#5s	U E0.1
U(	U(	SE T1	U(
O E0.2	O A4.0		O T1
O A4.0	O A4.1		O A4.2
)	)		)
UN T1	= A4.1		UN A4.0
UN A4.2			= A4.2
= A4.0			

FUP:

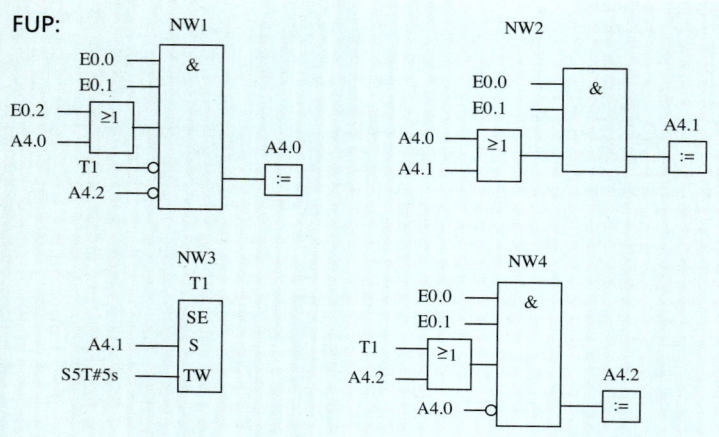

AWL mit Setzen und Rücksetzen

NW1	NW2	NW3	NW4
U E0.2	U A4.0	U A4.1	U T1
S A4.0	S A4.1	LS5T#5s	U A4.1
ON E0.0	ON E0.0	SE T1	S A4.2
ON E0.1	ON E0.1		ON E0.0
O T1	R A4.1		ON E0.1
O A4.2			O A4.0
R A4.0			R A4.2

FUP mit Setzen und Rücksetzen:

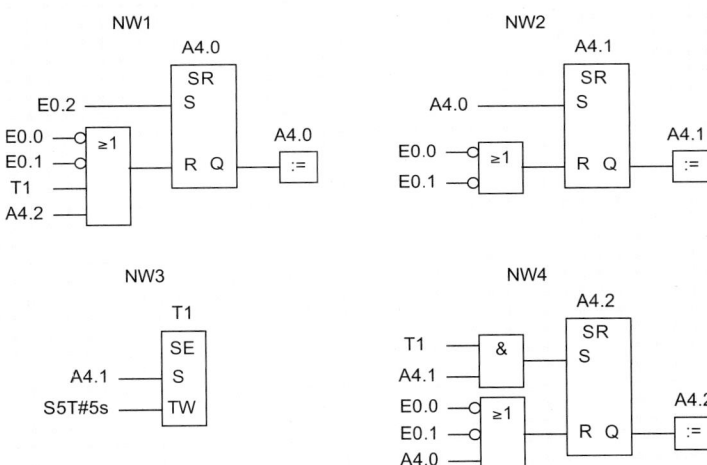

Projektaufgabe 5

1. Steuerung als Schützschaltung:

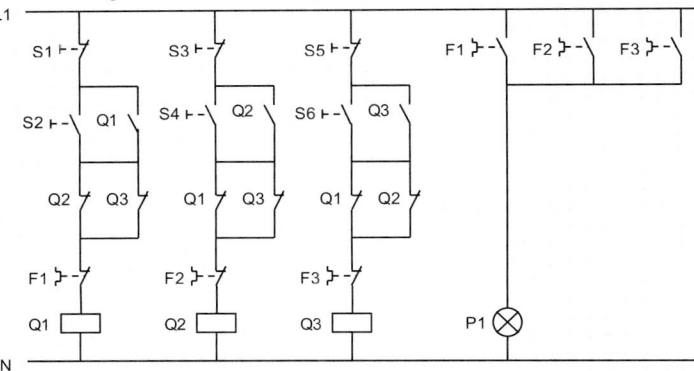

2. Steuerung mit digitalen Grundbausteinen:

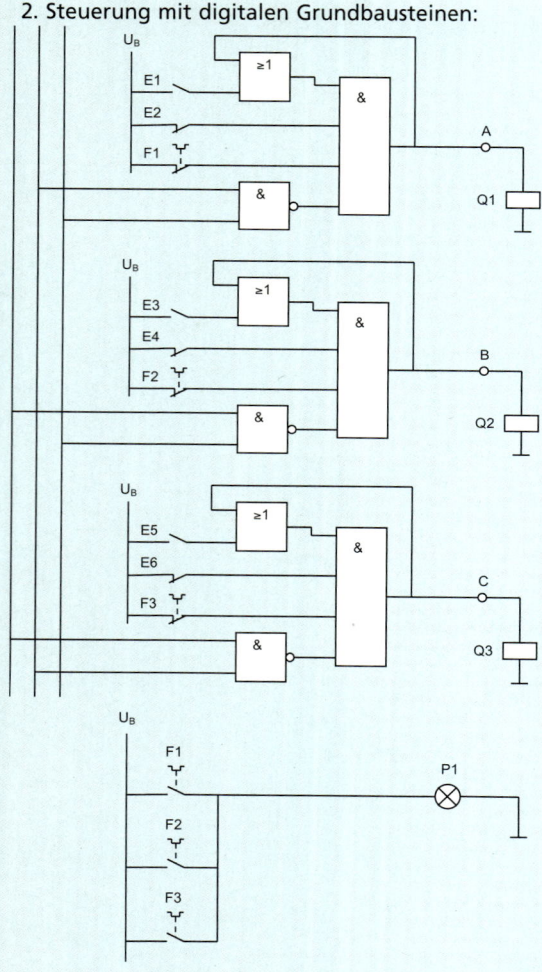

3. Steuerung SPS-Programm in AWL und FUP/FBS:

AWL:

U E0.0	U E0.2	U E0.4	O E0.6
U (	U (	U (	O E0.7
O E0.1	O E0.3	O E0.5	O E1.0
O A4.0	O A4.1	O A4.2	= A4.3
)	)	)	
U (	U (	U (	
ON A4.1	ON A4.0	ON A4.0	
ON A4.2	ON A4.2	ON A4.1	
)	)	)	
UN E0.6	UN E0.7	UN E1.0	
= A4.0	= A4.1	= A4.2	

FUB/FBS:

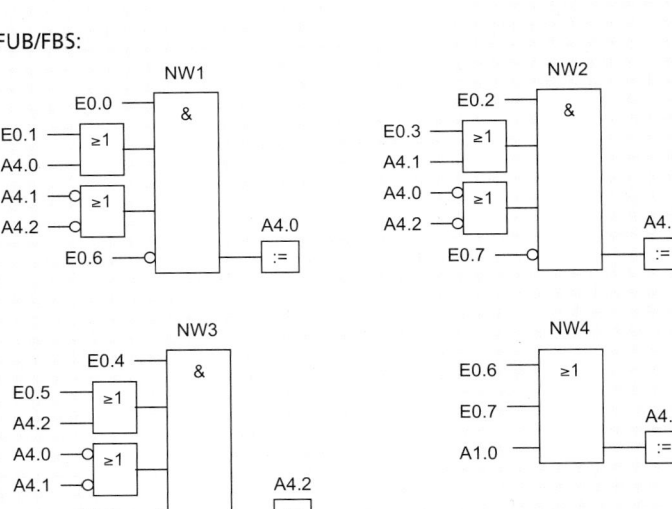

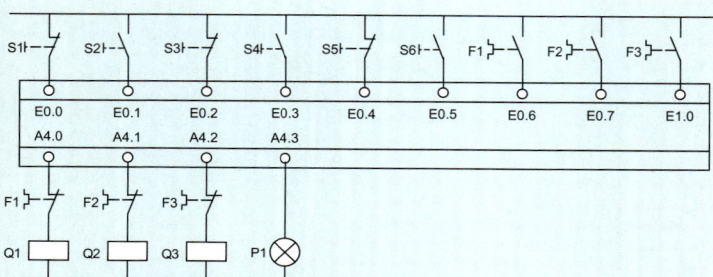

18 Sachwortverzeichnis

18.1 Sachwortverzeichnis Englisch